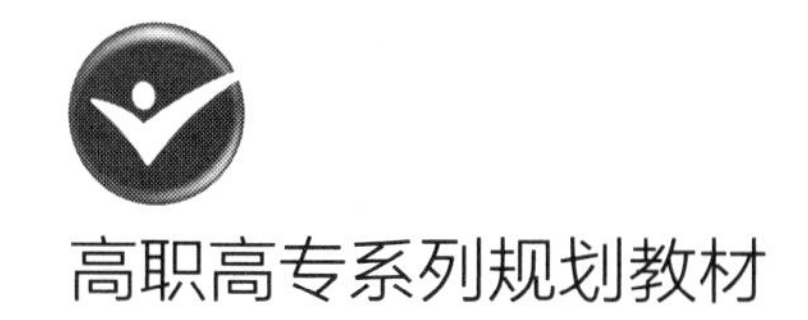

高职高专系列规划教材

食品发酵技术

第二版

岳春　主编

化学工业出版社

·北京·

内 容 简 介

《食品发酵技术》(第二版) 广泛吸纳了同行的建议，结合生产实际，丰富生产应用开发实例，将食品发酵相关专业必需的基础理论知识与必要的工程技术知识进行了有机结合，并积极反映近年来食品发酵行业的新技术、新成果。

本书理论知识包括绪论、发酵食品原理、白酒生产技术、啤酒生产技术、葡萄酒生产技术、黄酒生产技术、食醋生产技术、酱油生产技术、味精生产技术、发酵豆制品生产技术、发酵乳制品生产技术、发酵果蔬制品生产技术、柠檬酸生产技术、黄原胶及单细胞蛋白生产技术、新型发酵食品及新型发酵技术；实训部分包括酵母菌的分离、啤酒生产工艺研究、葡萄酒生产工艺研究、黄酒生产工艺研究、醋酸菌的分离、食醋生产工艺研究、酱油生产工艺研究、豆腐乳生产工艺研究、乳酸菌的分离、酸乳生产工艺研究、泡菜生产工艺研究。本书配有电子课件，可从 www.cipedu.com.cn 下载参考。

本书适宜作为高职高专院校食品类专业的教材，同时也可供本科、大中专、中职、技校等相关专业的师生参考使用，也可作为企业工程技术人员的技术参考书和企业员工技术培训教材。

图书在版编目 (CIP) 数据

食品发酵技术/岳春主编. —2 版 .—北京：化学工业出版社，2020.8(2024.2 重印)
高职高专系列规划教材
ISBN 978-7-122-36840-9

Ⅰ.①食… Ⅱ.①岳… Ⅲ.①食品-发酵-高等职业教育-教材 Ⅳ.①TS201.3

中国版本图书馆 CIP 数据核字 (2020) 第 080219 号

责任编辑：迟 蕾 李植峰　　装帧设计：王晓宇
责任校对：盛 琦

出版发行：化学工业出版社 (北京市东城区青年湖南街 13 号 邮政编码 100011)
印 刷：北京云浩印刷有限责任公司
装 订：三河市振勇印装有限公司
787mm×1092mm 1/16 印张 16½ 字数 418 千字 2024 年 2 月北京第 2 版第 4 次印刷

购书咨询：010-64518888　　售后服务：010-64518899
网 址：http://www.cip.com.cn
凡购买本书，如有缺损质量问题，本社销售中心负责调换。

定 价：49.80 元

《食品发酵技术》（第二版）编写人员

主　　编　岳　春

副 主 编　胡斌杰　刘兰泉

参编人员　（按照姓名汉语拼音排列）

苟梦星　（郑州工程技术学院）
胡斌杰　（开封大学）
华慧颖　（郑州工程技术学院）
贾翠娟　（济宁职业技术学院）
雷湘兰　（海南职业技术学院）
李福泉　（内江职业技术学院）
李江岱　（河南工业职业技术学院）
李书霞　（河南三色鸽乳业有限公司）
刘桂香　（苏州农业职业技术学院）
刘兰泉　（重庆三峡职业学院）
逯　昀　（商丘职业技术学院）
马玉玲　（内蒙古农业大学职业技术学院）
孙美玲　（湖北大学知行学院）
王金刚　（河南润之酒业有限公司）
王振伟　（黄河水利职业技术学院）
岳　春　（南阳理工学院）

前言

人类利用微生物进行发酵生产已有数千年的历史，传统发酵食品起源于食品保藏，几千年前，人类就懂得利用传统生物技术制造酱油、醋、酒、面包、酸乳及其他传统发酵食品。随着科学和技术的发展，发酵所包含的含义越来越广，利用微生物发酵技术生产发酵食品的种类越来越多，尽管人们今天享用的许多产品还离不开传统的发酵工业，但现代生物技术对沿用传统技术的发酵食品行业形成了猛烈的冲击，现代发酵技术给人们带来了一些以前不曾存在的新型发酵产品，如各类新型酒、新型酱油、新型发酵乳、真菌多糖、细菌多糖、发酵饮料、微生物油脂、生物活性物质、单细胞蛋白等。现代发酵技术作为现代生物技术产业化的支撑技术体系，正在接受分子生物学、基因组学、蛋白质组学、生物信息学、系统生物学、生物催化和人工智能控制学等多种前沿学科的密切介入，发酵工程的研究领域迅速拓展。20世纪末代谢工程的异军突起，正是因为现代发酵技术从工程学方面的“分析”与基因工程从基因操作方面的“综合”，成功地实现互补。现代发酵技术正在成为人与微生物合作解决人类面临的能源、资源和环境等持续发展问题的重要研究领域。

本书对食品发酵技术做了较详细的阐述，广泛吸纳了同行的建议，结合生产实际，丰富生产应用开发实例，将食品发酵相关专业必需的基础理论知识与必要的工程技术知识进行了有机结合，并积极反映近年来的食品发酵行业的新技术、新成果。

本书理论知识包括绪论、发酵食品原理、白酒、啤酒、葡萄酒、黄酒、食醋、酱油、味精、发酵豆制品、发酵乳制品、发酵果蔬制品、柠檬酸、黄原胶及单细胞蛋白、国内外新型发酵产品及新型发酵技术成果。实验部分包括菌种选育、啤酒生产工艺研究、葡萄酒生产工艺研究、黄酒生产工艺研究、食醋生产工艺研究、酱油生产工艺研究、发酵豆制品生产工艺研究、发酵乳制品生产工艺研究、发酵果蔬制品生产工艺研究，各学校可根据专业方向和实验条件选做。本书再版修订中，以“工学结合”为切入点，打破传统章节模式，按照模块—项目进行编排，将学习过程与实际工作过程结合，使学习情境与实际工作环境相吻合，实施高职“项目过程性”的教学方法，达到教、学、做相结合，理论与实践一体化的目的。

本书适宜作为高职高专院校食品类专业的教材，同时也可供本科院校、中职学校等相关专业的师生参考使用，也可作为企业工程技术人员的技术参考书和企业员工的技术培训教材。

限于编者的学识和水平，书中难免存在着不妥和疏漏之处，恳请读者提出宝贵意见。

编者

2020年3月

目 录

绪　论

学习目标

1. 了解我国食品发酵工业的历史现状与发展趋势。

2. 理解发酵、发酵食品、食品发酵技术、发酵工艺、发酵工程、现代发酵工程等有关概念及其相互关系。

3. 掌握发酵食品的分类方法、发酵食品的特点、发酵食品的安全性评估与品质控制、发酵技术在现代生物技术中的地位。

人类利用微生物进行发酵生产已有数千年的历史，然而认识到发酵的本质却是近几百年的事。传统发酵食品起源于食品保藏，大多是以促进自然保护、防腐、延长食品保质期、拓展在不同季节的可食性为目的，是保证食品安全性最古老的手段之一。1857 年法国化学家、微生物家巴斯德提出了著名的发酵理论：“一切发酵过程都是微生物作用的结果。”不同种类的微生物可引起不同的发酵过程，巴斯德的理论给发酵技术带来了巨大的影响。此后，发酵从单一的保存食物的技术逐渐发展成为一种独特的食品加工方法。

一、食品发酵技术的有关概念

1. 发酵

发酵是生物氧化的一种方式，一切生物体内都有发酵过程存在。广义的发酵是指微生物进行的一切活动；狭义的发酵是指微生物在厌氧条件下，有机物进行彻底的分解代谢释放能量的过程。在工业生产上，发酵是指在人工控制条件下，微生物通过自身代谢活动，将所吸收的营养物质进行分解、合成，产生各种产品的生产工艺过程，这样定义的发酵就是“工业发酵”。工业发酵应该包括微生物生理学中生物氧化的所有方式：有氧呼吸、无氧呼吸和发酵。

2. 发酵技术

发酵技术是指人们利用微生物的发酵作用，运用一些技术手段控制发酵过程，生产发酵产品的技术。

3. 发酵食品

发酵食品是食品原料经微生物作用所产生的一系列特定的酶催化，所进行的生物、化学反应总和的代谢活动产物。

4. 发酵工艺

通过微生物群体的生命活动（工业发酵）来加工或制作产品，其对应的加工或制作工艺被称为发酵工艺。

5. 发酵工程

发酵工程是指采用现代工程技术手段，利用微生物的某些特定功能，为人类生产有用的产品，或直接把微生物应用于工业生产过程的一种新技术。发酵工程的内容包括菌种的选育、培养基的配制、灭菌、扩大培养和接种、发酵过程和产品的分离提纯等方面。

6. 现代发酵工程

现代发酵工程大大扩展了传统意义上的发酵工程，其内容包括菌种的分离、选育、发酵器设计、空气净化、发酵条件控制以及产品分离、提纯等工艺技术。

二、发酵食品的种类

1. 根据所利用微生物的种类分类

在食品发酵工业中，由于生产工艺的需要，可单选用一种微生物进行发酵，也可选用两种或两种以上不同种类的微生物进行发酵。常见的微生物发酵制品有以下几类。

（1）单用酵母菌进行发酵的制品 如啤酒、葡萄酒、蒸馏酒（威士忌、白兰地）、甘油、食用酵母及B族维生素等。

（2）单用霉菌进行发酵的制品 如糖化酶、曲美蛋白酶、果胶酶、富马酸、苹果酸、柠檬酸、豆腐乳、丹贝、豆豉等。

（3）单用细菌进行发酵的制品 如丁酸、乳酸、谷氨酸、赖氨酸、酸乳、细菌蛋白酶、淀粉酶、果胶酶、纤维素酶等。

（4）酵母菌与霉菌混合使用的发酵制品 如酒酿、日本清酒等。

（5）酵母菌与细菌混合使用的发酵制品 如腌菜、奶酒、双菌饮料、酸面包、果醋等。

（6）酵母菌、霉菌、细菌混合使用的发酵制品 如黄酒、食醋、白酒、酱油及酱类发酵制品等。

2. 根据所利用原料的种类分类

（1）发酵谷物粮食制品 如面包、酸面包、米酒、黄酒、白酒、食醋、格瓦斯等。

（2）发酵豆制品 如酸豆乳、豆腐乳、豆豉、豆酱、酱油、丹贝、纳豆等。

（3）发酵果蔬制品 如果酒、果醋、果汁发酵饮料、蔬菜发酵饮料、泡菜等。

（4）发酵肉制品 如发酵香肠、培根等。

（5）发酵水产制品 如鱼露、虾油、蟹酱、酶香鱼等。

（6）其他原料发酵制品 如食用菌发酵产品、藻类发酵产品等。

3. 根据传统发酵食品和现代发酵食品的概念分类

（1）传统发酵食品 如白酒、啤酒、黄酒、葡萄酒、清酒、酱油、食醋、豆酱、泡菜、纳豆、丹贝、鱼露、发酵香肠等。

（2）现代发酵食品 如柠檬酸、苹果酸、醋酸、淀粉酶、蛋白酶、真菌多糖、细菌多糖、红曲米、维生素C、维生素B_2、维生素B_{12}、发酵饮料、微生物油脂、食用酵母、单细胞蛋白等。

4. 根据发酵工业部门分类

（1）酿酒工业产品 如白酒、啤酒、黄酒、葡萄酒、清酒、白兰地、威士忌等。

（2）调味品酿造工业产品 如酱油、食醋、豆酱、泡菜、纳豆等。

（3）有机酸发酵工业产品 如柠檬酸、苹果酸、葡萄糖酸、醋酸等。

（4）酶制剂发酵工业产品 如淀粉酶、果胶酶、纤维素酶、超氧化物歧化酶（SOD）等。

（5）氨基酸发酵工业产品 如苏氨酸、鸟氨酸、谷氨酸、赖氨酸等。

（6）功能性食品生产工业产品 如葡聚糖、灵芝多糖、微生物油脂、微生态制剂等。

（7）食品添加剂生产工业产品 如黄原胶、乳酸菌素、红曲色素等。

（8）菌体制造工业产品 如单细胞蛋白、食用菌、藻类、酵母等。

（9）维生素发酵工业产品 如维生素C、维生素B_2、维生素B_{12}、L-肉碱等。

（10）核苷酸发酵工业产品 如ATP、IMP、GMP等。

（11）其他新型发酵食品工业产品 如发酵饮料、食用菌发酵产品、生理活性物质等。

5. 根据产品性质分类

（1）生物代谢产物发酵产品 以生物体代谢产物为产品的发酵产品，包括初级代谢产物、中间代谢产物和次级代谢产物。如各种氨基酸、核苷酸、蛋白质、核酸、脂类、糖类等。

（2）酶制剂发酵产品 目前，发酵食品工业用酶大多来自微生物发酵生产的酶，如淀粉酶、纤维素酶、蛋白酶、果胶酶、脂肪酶、蔗糖酶、凝乳酶、葡萄糖异构酶、乳糖酶等。此外，曲的生产也可以看成是复合酶制剂生产。

（3）生物转化发酵产品 生物转化是指利用生物细胞中的一种或多种酶，作用于一些化合物的特定部位（基团），使其转变成结构相似但具有更大经济价值的化合物的生化反应。生物转化的最终产物并不是微生物细胞利用营养物质经代谢而产生的，而是微生物细胞的酶或酶系作用于底物某一特定部位，进行化学反应而形成的。生物转化可进行的转化反应包括脱氢、氧化、脱水、缩合、脱羧、羟化、氨化、脱氨、异构化等，这类产品包括多种。发酵工业中比较重要的是甾体转化。

（4）菌体制造产品 以获得具有特定用途的微生物菌体细胞为目的进行发酵，得到的产品，包括单细胞蛋白、藻类、酵母、食用菌等。

三、发酵食品的特点

1. 有利于保藏食品

发酵保藏是食品保藏的方法之一，食品经过发酵改变了渗透压、酸度等，从而可以抑制腐败微生物的生长，有利于延长食品保存的时间。

2. 经过发酵的食品营养价值有所提高

某些食品经发酵后可以提高其营养成分如蛋白质等的含量，并可提高其吸收率。有些食品通过微生物的发酵作用，可产生维生素B_1、维生素B_2、维生素B_{12}，其营养价值可大大提高。

3. 易于消化吸收

某些食品经发酵后其营养成分（如蛋白质、糖类、脂肪等）经过发酵作用可以降解为氨基酸、有机酸、单糖等小分子物质，一些不能被人体利用的物质（如乳糖、棉籽糖、水苏糖等）经发酵后转变成能被人体利用的形式，更易于消化吸收。

4. 提高食品的安全性

某些食品（如薯类）含有对人体有害的氰基化合物，经发酵后使其转化成安全无毒的物质，提高了食品的食用安全性。

5. 改善食品的风味和结构

如木薯经发酵产生甘露醇和双乙酰而改善风味；酸乳发酵生成乙醛、双乙酰和3-羟基丁酮等，得到愉快的口感；蛋白酶水解酪蛋白使奶酪具有理想的柔软结构等。

6. 保健作用

某些食品经发酵后，不仅能产生酸类和醇类等，还可产生抗生素（如嗜酸乳菌素等），对于一般致病菌有抑制作用。发酵食品如酸乳等，除可抑制致病菌外，对肠内腐败菌的抑制力也很强；有些发酵食品还具有辅助防治心血管疾病、改善便秘、降低胆固醇、提高免疫功能和抗癌等作用。

四、发酵食品的安全性评估与安全控制

1. 发酵食品安全性

发酵食品安全性是近年来伴随食品安全性的提出而产生和发展起来的。发酵食品中危害人体健康和安全的有毒有害物质有三大类，即：生物类有毒有害物质，主要包括病原微生物、微生物毒素及其他生物毒素；化学类有毒有害物质，主要包括残留农药、过敏物质及其他有害物质等；物理类有害物质，主要包括毛发、沙石、金属和放射性残留。当前影响较大的危害物主要有动植物天然毒素、残留农药、真菌毒素、食源性致病菌和毒素、滥用食品添加剂等，发酵用菌株的潜在安全性与发酵食品的安全性也有密切关联。上述有毒有害物质的来源主要涉及生产过程中所用的菌种、食品原辅料、环境污染、生产工艺、生产设备等环节。

首先，发酵食品工业用菌种的安全性是评价发酵食品安全性的主要方面，主要包括细菌、酵母菌、真菌和放线菌这四类菌。食品工业用菌种可能造成的安全问题主要包括以下四个方面。

① 微生物对人体的毒害性，即菌种的致病性问题；

② 生产菌种所产生的有毒代谢产物、抗生素、激素等对人体的潜在危害问题；

③ 利用基因重组技术所引发的生物安全问题；

④ 相关生产过程中微生物的污染问题。

发酵食品除了注意菌种的纯度、严格选用培养基的原料、在发酵过程中严格防止有害杂菌的污染外，还应特别注意核算含量的问题。在食用单细胞蛋白的生产中，酵母菌体内往往含有大量的核酸，一般可达到8%～25%，大部分为核糖核酸（RNA）。膳食中的核酸在人体的最终代谢产物为尿酸，大量食用时可引起血浆尿酸浓度过高，易使尿酸在关节和软组织中沉淀。另外，还存在食用微生物营养成分的不平衡问题，主要指蛋白质氨基酸组成不平衡，可以通过改善培养条件或将产品进行营养强化加以解决。

其次，转基因生物产品的食用安全性，已成为阻碍生物技术在发酵食品工业中应用的最大问题。日本于1991年出台了《基因重组食品添加剂安全性评价指针》，明确提出，凡是通过重组DNA技术改造的微生物，其产生的各种酶、多肽及其他生物因子，必须经过安全性评价才能上市。随后，欧美各国就有大量经重组DNA技术改良的农作物出现在国际市场上，又于1996年将种子植物转基因后的食用安全性纳入了评价范围。我国农业农村部于1996年也颁布了《农作物基因工程安全管理办法》，提出农业转基因生物的范围，对农业转基因生物的研究试验、生产加工、经营、进出口、监督检查以及惩罚都做出了详细的规定。2001年，我国又正式颁布实施《农业转基因生物安全管理条例》，并制定了《农业转基因生物进口安全管理办法》和《农业转基因生物标识管理办法》，要求从2002年3月20日起，含有转基因成分的大豆、番茄、棉花、玉米、油菜五种农作物及其产品（如大豆油），需采用规范中文标明转基因成分，才能加工和销售，未标明或不按规定标明的，不得进口或销售；同时还要按危害程度，对农业转基因生物进行分级。尽管到目前为止，仅有食用转基因玉米出现过蛋白质过敏的报道，但由于基因表达的时序性，以及人体本身免疫调节系统的存在，使人们对转基因食品的安全性仍然不能完全放心，而且由于缺乏对蛋白质空间结构的精确分析手段，目前还无法鉴定基因异体表达的蛋白质与目标蛋白质的一致性，因此，转基因食品的安全性问题会在较长的时间内困扰着人们。今后，国内市场上进口的转基因食品会越来越多，转基因食品与人们身体健康的关系也将越来越密切。

最后，在于发酵工艺本身。在发酵过程中，总会有一些“副产品”伴随产生。例如酒的主要成分是乙醇，但酿制过程中在产生乙醇的同时，还会产生甲醇和高级醇。甲醇会损伤人体视觉神经，过量会使人双目失明甚至死亡，而高级醇同样会抑制人体神经系统，使人产生头痛或头晕的感觉。酿酒过程中甲醇和高级醇的产生是不可避免的，按正规的生产工艺进行操作，比如用蒸馏的办法就可以降低其他醇类的含量。但现在有很多小规模生产实体的工艺通常不成熟，制造的产品不合格，也向市场销售，对饮用者身体健康造成损害。另一方面则是由生产者的直接造假导致的。比如酱油的生产，传统的方法是用微生物将大豆中的蛋白质降解成氨基酸，但生产周期较长，产量低。于是许多厂家就直接用酸水解植物蛋白进行生产，以追求短期利润最大化。但在这一反应过程中会产生致癌物质三氯丙醇。另外，传统发酵食品多为小作坊式的生产，容易因工艺不稳定而无法保证食品安全，某些不法商贩唯利是图，使食品安全事故频频发生。如某些生产咸菜的作坊使用工业盐进行腌制，一些制售米酒的小摊小贩甚至会向米酒中添加剧毒农药敌敌畏来防止米酒变红变味，以延长销售期。这些都会对人体造成很大危害。

2. 发酵食品的安全控制

发酵食品的安全控制体系目前运用广泛且十分有效的主要是HACCP、ISO 9000和GMP三种食品安全生产控制体系。

与发酵食品安全生产与品质控制相关的国际组织主要有：国际食品法典委员会、世界卫生组织、世界粮食计划署、联合国粮食及农业组织等。我国也在抓紧制定和完善食品法规，推行各种食品安全现代控制体系，以科学的办法强化发酵食品的安全控制与管理。

五、食品发酵工业的发展历史与现状

1. 传统发酵食品生产阶段

几千年前，我国人民就知道用豆类发酵来制造酱油、豆腐乳，用曲酿酒、制醋，这些传统发酵食品风味独特、营养丰富，都体现了微生物在发酵过程中于一定条件下发生生化反应的结果。许多农副产品的深加工，也都是依靠发酵来完成的。如饮料中茶叶、咖啡的发酵加工，饴糖及果葡糖浆的制造等。我国早在3000多年前就已掌握了微生物“霉菌”生物繁殖的规律，已能使用麦芽、谷芽制成糵，作为糖化发酵剂酿醴；使用谷物发霉制成曲，把糖化和酒精发酵结合起来，作为糖化发酵剂酿酒。《尚书》中就有“若作酒醴，尔惟曲糵”的记载。我国也有着悠久的面粉发酵历史，在周代的时候已经将发酵运用在饼食上了，能根据需要对面团进行分类调制。当时已有了冷水面团、热水面团、蜜水面团、油酥面团、发酵面团之分。中国最早的谷物酒是醴和酒，这两种酒按不同的方法酿造，醴相当于啤酒，用麦芽酿成，酒是用酒曲酿成。它们在我国的酿酒业中曾经占据过重要的地位。我国酿造葡萄酒也有近5000年历史，可以追溯到新石器时代，那时候的古人已经懂得用稻米、蜂蜜和野葡萄等酿酒，不过当时仅仅是家庭作坊式生产。这一时代称为天然发酵工业时代。

到了17世纪，随着西方近代资本主义制度的建立，生产力得到了前所未有的发展，人们的知识水平得到了大幅度的提高，给发酵业的发展带来了契机。自1676年荷兰人列文·虎克用自制的显微镜发现微生物开始，各国科技工作者纷纷对“自然发生说”提出质疑，并将发酵产物与微生物联系在一起。到了19世纪，巴斯德通过近20年潜心研究，以自己的科学结论说服了“自然发生说”，提出了“一切发酵过程都是微生物作用的结果，是生命过程”的理论，使发酵业在深度和广度上不断得到发展，并与工程学结合形成新兴的学科——微生物发酵工程学。这个时期人类掌握了纯培养技术，可以人为地控制微生物的发酵进程，从而使发酵技术得到巨大的改良，提高了产品的稳定性。从19世纪末到20世纪30年代的发酵产品有乳酸、酒精、面包酵母、柠檬酸、淀粉酶、蛋白酶等，其发酵技术均为表面培养法。20世纪40年代中期美国抗生素工业兴起，利用深层培养法大规模生产青霉素以及日本谷氨酸盐（味精）发酵成功，大大推动了发酵工业的发展。此时期人们掌握了通气搅拌液体深层发酵技术，这是现代发酵产品的主要生产方式。

2. 现代发酵食品生产阶段

随着科技的进步，现代生物技术在发酵食品的生产中得到了发展和应用，生物技术可分为传统生物技术与现代生物技术。传统生物技术指已有的制造酱、醋、酒、面包、奶酪、酸乳及其他食品的传统工艺；而现代生物技术则指以现代生物学研究成果为基础，以基因工程为核心的新兴学科，主要包括基因工程、细胞工程、酶工程、发酵工程和生物化学工程等。现代发酵技术与传统发酵技术有着很大的不同，主要表现在以下几方面。

① 所使用的微生物是经过选育的优良菌种，并经过纯化，具有更强的生产能力；

② 发酵条件的选用更加合理，并加以自动控制，生产效率更高；

③ 生产规模大，产品种类繁多。

随着科学和技术的发展，发酵所包括的含义越来越广。一些传统发酵产品通过采用现代生物技术特别是酶技术加以改造，减轻了劳动强度，提高了劳动生产率和产品质量。在20世纪60年代后期逐步形成了以发酵法生产谷氨酸为代表的氨基酸工业；以发酵法生产柠檬酸为代表的有机酸工业；以微生物深层发酵法生产淀粉酶类为代表的酶制剂工业；以酶法生产葡萄糖、果葡糖浆为代表的淀粉糖工业；其他还有酶法水解酵母蛋白生产的酵母调味液，酶法生产苯丙氨酸，酶法生产单脂肪酸甘油酯等。20世纪70年代以石油为原料生产单细胞蛋白，使发酵工程从单一依靠碳水化合物向非碳水化合物过渡，从单纯依靠农产品发展到利用矿产资源（如天然气、烷烃等）原料的开发。20世纪80年代初基因工程的发展，人们能按需要设计和培育各种工程菌，在大大提高发酵工程产品质量的同时，节约能源，降低成本，使发酵技术实现新的革命。

尽管人们今天享用的许多产品还离不开传统的发酵工业，但现代生物技术对沿用传统技术的发酵食品行业形成了猛烈的冲击，许多国家正致力于用现代生物技术改造旧工艺的研究。人们已经从又脏又累、卫生条件差的作坊式生产中解放出来，代之而起的是大型、自动化的生产设备。现代发酵技术给人类带来了一些新型发酵产品，如各类新型酒、新型酱油、新型发酵乳、真菌多糖、细菌多糖、发酵饮料、微生物油脂、生物活性物质等。现代发酵技术作为现代生物技术产业化的支撑技术体系，正在接受分子生物学、微生物基因组学、蛋白质组学、生物信息学、系统生物学、生物催化和人工智能控制学等多种前沿学科的密切介入，发酵工程的研究领域迅速拓展。20 世纪末代谢工程的异军突起，正是因为现代发酵技术从工程学方面的“分析”与基因工程从基因操作方面的“综合”，成功地实现互补。现代发酵技术正在成为人与微生物合作解决人类面临的能源、资源和环境等持续发展问题的重要研究领域。

六、食品发酵工业的发展趋势

现代发酵技术包括微生物资源开发利用；微生物菌种的选育、培养；固定化细胞技术；生物反应器设计；发酵条件的利用及自动化控制；产品的分离提纯等，现在已逐渐趋于成熟，并在工业生产中创造出了巨大的经济效益，创立了划时代的发酵工业。随着生物技术的高速发展，发酵技术也得到了迅速发展，人们已经感受到了集现代科学技术之大成，运用基因工程、细胞工程和酶工程改良菌种，采用高产工程菌并利用现代工业手段从多方面对旧工艺进行改造所带来的实惠。生物技术中的基因工程、酶工程等研究成果为它注入了新的内容，使传统的发酵工艺焕发“青春”，赋予了微生物发酵技术新的生命力，使微生物发酵制品的品种不断增加。

现代发酵工程自抗生素工业建立继而兴起后，氨基酸、柠檬酸、酶制剂、甾体激素、维生素、单细胞蛋白、微生物农药等独立工业体系也相继兴起。氨基酸发酵是除抗生素之外最大宗的微生物工程产品。其中，产量最大的是谷氨酸的生产，我国用发酵法生产维生素的品种有维生素 B_2、维生素 B_6、维生素 B_{12}、维生素 C 等。我国生产维生素 C 采用的两步发酵法新工艺，居世界领先地位，已经在全国推广。我国在用微生物方法生产甾体激素方面也有一定基础，有了系列产品。从生物技术的发展趋势、食品发酵技术与生物技术的关系来分析，现代食品发酵技术主要通过生物技术几个方面的应用得到发展。

一是基因工程的应用。即以 DNA 重组技术或克隆技术为手段，实现动物、植物和微生物等的基因转移或 DNA 重组，以改良食品原料或微生物菌种。如利用基因工程技术改良食品加工的原料，改良微生物菌种的性能，生产酶制剂，生产保健食品的有效成分等。

二是细胞工程的应用。细胞工程的应用即以细胞生物学的方法，按照人们预定的设计，有计划地改造遗传物质和细胞培养技术，包括细胞融合技术及动植物大量控制性培养技术，生产各种保健食品的有效成分、新型食品和食品添加剂。

三是酶工程的应用。酶是活细胞产生的具有高度催化活性和高度专一性的生物催化剂，可应用于食品生产过程中促进物质的转化。如纤维素酶在果汁生产、蔬菜汁生产、速溶茶生产、酱油酿造、制酒等食品工业中应用广泛。

四是发酵工程的应用。即采用现代发酵设备，使经优选的细胞或现代技术改造的菌株进行放大培养和控制性发酵，工业化生产预定的食品或食品的功能成分。

通过生物技术的应用，食品发酵技术将有以下几个方面的发展。

1. 基因工程和细胞工程的应用

（1）食品资源的改良　对食品资源的改造应用现代生物技术，特别是对DNA进行操作，将DNA片段从一个生物转移至另一个生物（重组DNA技术），从而可将生物的特定性状转移到植物、动物和微生物中。与此同时，人们采用细胞生物学方法，建立了细胞融合技术，并进行动物、植物细胞大量控制性培养，按照预定的设计改造遗传物质。基因工程和细胞工程技术的应用，一方面提高了农作物产量，改善农作物的抗虫、抗病、抗除草剂和抗寒等能力；另一方面使食品及发酵食品的营养价值、风味品质得到改善。

（2）实现重要产品的高水平、低成本生产　氨基酸是我国新型的发酵工业产品之一，目前，已有5种氨基酸用重组菌实现了工业化生产，达到较高水平（苏氨酸60g/L、组氨酸42g/L、脯氨酸75g/L、丝氨酸40g/L和苯丙氨酸60g/L）。生物技术专家还将霉菌的淀粉酶基因转入酵母中，使其能直接利用淀粉生产酒精，省掉了高温蒸煮工序，可节约60%的能源，生产周期大为缩短。这对我国酒精工业将产生重大影响。

（3）啤酒酵母的改造　双乙酰是影响啤酒风味成熟的主体成分，利用基因工程将α-乙酰乳酸脱羧酶基因克隆到啤酒酵母中进行表达，可降低啤酒双乙酰含量而改善啤酒风味。选育出分解β-葡聚糖和糊精的啤酒酵母，能够明显提高麦芽汁的分解率并改善啤酒质量。构建具有优良嗜杀其他菌类活性的嗜杀啤酒酵母，成为实现纯种发酵的重要措施。

（4）构建基因工程菌生产食品酶制剂　利用基因工程技术，不但可以成倍地提高酶的活性，而且还可将生物酶基因克隆到微生物中，构建基因工程菌来生产酶。转基因微生物生产酶有许多优点，如产量高、品质均一、稳定性好、价格低等。第一个应用于食品的基因工程酶为凝乳酶，它是干酪生产中起凝乳作用的关键酶，传统来源是从小牛皱胃液中提取，这会造成全球性小牛短缺，酶成本不断提高。人们曾经尝试用微生物代用品或其他动物来源的凝乳酶，但效果均不理想，基因工程解决了这一难题。近年来用基因工程菌发酵生产的食品酶制剂主要有：凝乳酶、α-淀粉酶、葡萄糖氧化酶、葡萄糖异构酶、转化酶、普鲁兰多糖酶（茁霉多糖酶）、脂肪酶、α-半乳糖苷酶、β-半乳糖苷酶、α-乙酰乳酸脱羧酶、溶菌酶、碱性蛋白酶等。

（5）改良食品微生物的生产性能　由于微生物的遗传变异性及生理代谢的可塑性是其他生物难以比拟的，因此微生物资源的开发具有很大潜力。目前的工作包括：采用常规的诱变、杂交方法，与细胞融合、基因工程技术结合，进行菌种改造，采用基因工程和细胞工程技术构建"基因工程菌"。

2. 酶工程和发酵工程的应用

（1）酶制剂应用于食品组分的改性方面取得进展　蛋白酶可改善蛋白质的溶解性，新型食品酶制剂转谷氨酰胺酶可使蛋白质分子间发生交联，可应用于增加大豆蛋白的胶凝性能，使肉制品等添加大豆蛋白后具有更好的品质。在食品加工过程中，通过添加一些酶类，可以改善产品的色泽、风味和质构，如用葡萄糖氧化酶可去除蛋液中的葡萄糖，改善蛋制品的色泽；用脂肪酶和蛋白酶可加速奶酪的成熟；葡萄糖苷酶可用于果汁和果酒的增香；木瓜蛋白酶可分解胶原蛋白，用于肉的嫩化。对含有难消化成分的食品，可通过添加一些酶类，改善这些食品的营养和消化利用性能。

（2）利用生物技术开发新食品材料　近年来，国际市场上出现了许多可应用于食品工业的生物技术新产品，如新的甜味剂、酸味剂、鲜味剂、增稠剂、增香剂、胶凝剂、防腐剂和稳定剂等，大大丰富了食品工业的内容，推动了食品加工质量的改进。我国在核酸系调味料、环糊精、糖醇和天冬甜精等甜味剂、黄原胶等多糖类物质及必需氨基酸等物质的开发方面已有一定的进展，但基本上还处于工业化生产前或初级生产的开发阶段。

(3) 利用发酵技术改造传统的食品加工工艺

① 以微生物发酵代替化学合成　最典型的是使用双酶法糖化发酵工艺取代传统的酸法水解工艺，可提高原料利用率10%左右，已广泛应用于味精生产。

氨基酸生产过去都采用动植物蛋白提取和化学合成法生产，而采用基因工程和细胞融合技术生成的“工程菌”进行发酵，其生产成本下降、污染减少，产量可成倍增加。

② 以现代发酵工程改造传统发酵食品　利用现代发酵工程技术改革传统工艺，已取得明显效果，例如在传统酿酒工艺过程中，构建由己酸菌和甲烷菌组成的“人工老窖”，大大提高了产品的产量和成品味感；多年来人们一直用酵母发酵生产酒精，近年来广泛研究了细菌发酵生产酒精，以期得到耐高温、耐酒精的新菌种。

我国传统酿造制品，如酱油、醋、黄酒、豆腐乳等，利用优选的菌种发酵，提高了原料利用率，缩短了发酵周期，改良其风味和品质，取得了一定成效。

此外，固定化细胞发酵技术的应用研究也取得了进展，如在啤酒生产中，国外采用固定化酵母的连续发酵工艺进行啤酒酿造，在生物反应器中把酵母吸附于不动载体上，缓缓流入麦芽汁，啤酒的发酵时间缩短到1d，甚至90min，而生物反应器中的酵母菌连续发酵3个月活性不降低，为制造“生物啤酒”开创了新途径。

(4) 功能性食品添加剂的开发　根据国际上对食品添加剂的要求，用生物法代替化学合成的食品添加剂已成为食品添加剂生产的首选方法，迫切需要开发的有保鲜剂、香精香料、防腐剂、天然色素等，特别是要大力开发功能性食品添加剂，如有助于免疫调节、延缓衰老、抗疲劳、耐缺氧、抗辐射、调节血脂、调节肠胃的功能性添加剂。目前，国内外重点研究开发的食品添加剂有：甜味剂中的木糖醇、阿拉伯糖醇、甜味多肽等；酸味剂中的L-苹果酸、L-琥珀酸等；增稠剂中的黄原胶、普鲁兰多糖、热凝性多糖等；风味剂中的多种核苷酸、琥珀酸钠等；芳香剂中的脂肪酸酯、异丁醇等；色素中的类胡萝卜素、红曲霉色素、虾青素、番茄红素等；维生素中的维生素C、维生素B_{12}、核黄素等；生物活性添加剂中的各种保健活菌、活性多肽等。

(5) 功能性保健食品的开发　现在世界上利用发酵法或酶法制造的功能性保健食品已有低聚糖、糖醇、单细胞蛋白、微生物油脂、EPA、DHA、α-亚麻酸、有益菌类、有机形式的微量元素、微生态制剂、红曲素、螺旋藻、功能性多糖类、维生素、超氧化物歧化酶（SOD）等；利用酶工程制取高蛋白、富含多种氨基酸和微量元素的功能食品，如以动植物、微生物蛋白为原料，利用酶技术将蛋白质分解成多肽和氨基酸，可作为功能食品或营养强化食品的原料；利用乳糖酶水解乳糖，加工出低乳糖食品作为乳糖不耐受者的保健饮品。

(6) 发酵法生产食药用真菌　功能性的有效成分主要来自那些名贵中药材，如灵芝、冬虫夏草、茯苓、香菇、蜜环菌等食药用真菌，因为这些真核微生物含调节机体免疫功能、抗癌或抗肿瘤、防衰老的有效成分，这是发展功能性食品的一个最主要原料来源。一方面直接取自天然源的药用真菌，用于功能性食品的开发；另一方面通过发酵途径实行工业化生产。灵芝、冬虫夏草等食药用真菌发酵培养都取得成功，通过发酵途径生产这种食药用真菌所具有的有效成分，按科学配比掺入功能性食品的研制，必将为人类保健发挥特定的功能作用。

1．简述发酵的含义。

2．试述发酵技术、发酵工程与现代生物技术三者的关系。

3．根据目前国内外发酵食品的生产现状，你认为应如何对发酵食品进行安全性评估与控制？

4．试述发酵工业的历史现状与发展趋势。

模块一　发酵食品原理

学习目标

1. 了解各种发酵食品及其相关微生物的种类。
2. 掌握发酵食品生产和加工过程中的发酵条件及过程控制。

必备知识

在自然界数以万计的微生物种类中，有些是发酵食品生产中的有益菌，有些是发酵食品生产中的有害菌。本模块主要介绍与其发酵密切相关的几种微生物。

一、发酵食品与酵母菌

酵母广泛分布于自然界中，已知有几百种，是生产中应用较早和较为重要的一类微生物，主要用于面包发酵、酒精制造和酿酒中。在酱油、腐乳等产品的生产过程中，有些酵母和乳酸菌协同作用，使产品产生特有的香味。在发酵食品生产中主要使用的酵母菌有以下几种。

1. 面包酵母

面包酵母亦称压榨酵母、新鲜酵母、活性干酵母，是做面包时发酵用的酵母。面包酵母的主要特性是利用发酵糖类产生的大量二氧化碳和少量酒精、醛类及有机酸，来提高面包风味。发酵麦芽糖速度快，所以制成的酵母耐久性强。

2. 酿酒酵母

酿酒酵母又名啤酒酵母。啤酒酵母是酿造啤酒的典型上面酵母，广泛应用于啤酒、白酒、果酒的酿造和面包的制造，由于菌体的维生素、蛋白质含量高，亦可作药用和饲料酵母，具有较高的经济价值。啤酒酵母分布也很广泛，分布在各种水果的表面、发酵的果汁、土壤和酒曲中。按照细胞长和宽的比例可分为 3 种。

（1）德国 2 号和德国 12 号　是啤酒酵母种中有名的生产种，因其不能耐高浓度盐类，除了用作饮料酒酿造和面包制造的菌种外，只适用于糖化淀粉原料生产酒精和白酒。

（2）葡萄酒酵母　主要用途为酿造葡萄酒和果酒，也有的用于啤酒业、蒸馏酒业和酵母工业。

（3）台湾 396 号酵母 常用来发酵甘蔗糖蜜生产酒精，这是因其能耐高渗透压，可以经受高浓度的盐。

3. 球拟酵母

球拟酵母能使葡萄糖转化为多元醇。有的菌种具有酒精发酵力，如在工业上利用糖蜜生产甘油；有的菌种比较耐高渗透压，如酱油生产中的易变球拟酵母及埃契拟酵母。

4. 卡尔斯伯酵母

卡尔斯伯酵母因产于丹麦卡尔斯伯而得名，是啤酒酿造中的典型下面酵母，能发酵葡萄糖、半乳糖、蔗糖、麦芽糖及全部棉籽糖。它与啤酒酵母的主要区别是全发酵棉籽糖，不同化硝酸盐，稍能利用酒精。供啤酒酿造底层发酵或作药用和饲料用。此外，它还是维生素测定菌，可用于测定泛酸、硫胺素、吡哆醇、肌醇。

5. 汉逊酵母属酵母

汉逊酵母属酵母多能产生乙酸乙酯，并可使葡萄糖产生甘露葡萄糖，应用于纺织工业及食品工业。它有降解核酸的能力，并能微弱利用十六烷烃。它也常是饮料酒类的污染菌，在其表面生成菌醭。由于此属酵母的大部分种能利用酒精为碳源，例如异常汉逊酵母。异常汉逊酵母产生乙酸乙酯，故常对食品的风味起一定的作用。例如，可用于无盐发酵酱油的增香，参与薯干为原料的白酒的酿造，经浸香和串香法可酿造出比一般薯干白酒味道醇厚的白酒。

二、发酵食品与细菌

1. 醋酸杆菌属

醋酸杆菌属细菌有较强的氧化能力，能将乙醇氧化为醋酸。虽然对制醋工业有利，但是对酒类及饮料生产有害。一般在发酵的粮食、腐烂的水果和蔬菜及变酸的酒类和果汁中常出现本属细菌。在制醋工业中常用的菌种如下。

（1）中科 AS. 41 醋酸菌 这是我国食醋生产中常用菌种之一，生理特性为好气性，最适培养温度为 28～30℃，最适生酸温度为 28～33℃，最适 pH 为3.5～6.0。在含酒精 8%的发酵醪中尚能很好生长，最高产酸量达 7%～9%（以醋酸计）。其转化蔗糖的能力很弱，产葡萄酸能力也很弱，能使醋酸氧化为二氧化碳和水，并能同化铵盐。

（2）沪酿 1.01 醋酸菌 此菌为我国食醋生产常用菌种之一，生理特性为好气性，在含酒精的培养液中，常在表面生长，形成淡青灰色薄膜。它能利用酒精氧化为醋酸时所释放出的能量而生存，或利用各种醇类及双糖类的氧化能而生存。在环境不良、营养不足或长久培养时，细胞有的呈伸长形、线状或棒状，有的呈膨大状或分枝状。

（3）醋化醋杆菌 此菌是食醋酿造的优良菌种，能使黄酒等低度酒酸败。

（4）恶臭醋酸菌 此菌是食醋酿造的优良菌种，老菌株形态可变，其退化型呈伸长形、线形或杆形，有的甚至呈管状膨大。

（5）许氏醋酸杆菌 此菌是国外有名的速酿醋菌种，也是目前制醋工业中较重要的菌种之一。在液体中生长的最适温度为 25～27.5℃，固体培养的最适温度为 28～30℃，最高生长温度为 37℃。此菌产酸可高达 11.5%，对醋酸没有进一步的氧化作用。

（6）胶膜醋酸杆菌 此菌是一种特殊的醋酸菌，它可在酒类的液体中繁殖，可引起酒液酸败、变黏。其生酸能力弱，能再分解醋酸，故为制醋工业的有害菌。

2. 乳酸杆菌属

乳酸杆菌属为革兰阳性菌，通常为细长的杆菌，根据它利用葡萄糖进行同型发酵或异型发酵的特性，将本属分为两群，即同型发酵群和异型发酵群。在酸乳、干酪等乳制品的生产中常用的菌种如下。

（1）乳酸乳杆菌 它是微好氧或厌氧的细菌，对营养的要求高，最适生长温度为40～43℃，同型发酵，分解葡萄糖产生D-(－)-乳酸，能凝固牛乳，产酸度约为1.6°T，用于制造干酪。

（2）德氏乳杆菌 微好氧性，最适生长温度为45℃。对牛乳无作用，能发酵葡萄糖、麦芽糖、蔗糖、果糖、半乳糖、糊精，不发酵乳糖等，能产生1.6％的左旋乳糖。此菌在乳酸制造和乳酸钙制造工业中应用甚广。

（3）植物乳杆菌 它是植物和乳制品中常见的乳酸杆菌，在葡萄糖、乳糖等中都能产生消旋乳糖，产酸达到1.2％，最适生长温度为30℃。在干酪、奶子酒、发酵面团及泡菜中均有这种乳酸杆菌。

（4）保加利亚乳杆菌 此菌是酸乳生产的知名菌。该菌与乳酸乳杆菌关系密切，形态上无区别，只是糖类发酵比乳酸乳杆菌差，是乳酸乳杆菌的变种。由于它是从保加利亚的酸乳中分离出来，因此而得名。

（5）干酪乳杆菌 同型发酵，产L-(＋)-乳酸多于D-(－)-乳酸，用于生产乳酸、干酪及青贮饲料。

3. 芽孢杆菌属

芽孢杆菌属为革兰阳性菌，需氧，能产生芽孢。在自然界分布很广，在土壤及空气中尤为常见。其中枯草芽孢杆菌是著名的分解蛋白酶及淀粉酶的菌种；纳豆芽孢杆菌（纳豆菌）是豆豉的生产菌；多黏芽孢杆菌是生产多黏菌素的菌种。有的菌株也会引起米饭及面包腐败变质。

纳豆菌，属枯草芽孢杆菌纳豆菌亚种，好氧，有芽孢，极易成链，有鞭毛，因而具有运动性。纳豆菌在肉汤中生长不浑浊或极少浑浊，表面有一层白色有皱褶菌膜，能发酵葡萄糖、木糖、甘露醇产酸，不产气，在7％氯化钠培养基中仍能生长。菌体有荚膜，在0～100℃可存活，最适生长温度为40～42℃，低于10℃不能生长，50℃生长不好，30℃时的繁殖速率仅为40℃时的一半。在纳豆生产过程中，要求相对湿度在85％以上，否则纳豆菌的生长受到抑制。纳豆菌在生长繁殖过程中，可产生淀粉酶、蛋白酶、脱氨酶和纳豆激酶等多种酶类化合物。

4. 链球菌属

链球菌属为革兰阳性菌，呈短链或长链状排列，其中有些是制造发酵食品有用的发酵菌种。

（1）乳链球菌 可发酵多种糖类，在葡萄糖肉汤培养基中能使pH下降到4.5～5，不水解淀粉及明胶，适宜生长温度为10～40℃，于45℃不生长，在4％氯化钠培养基中生长，在6.5％氯化钠培养基中不生长；在pH 9.2时生长，pH 9.6时不生长；无酪氨酸脱氢酶，应用于乳制品及我国传统食品工业。

（2）嗜热链球菌 最适生长温度为40～45℃，高于53℃不生长，低于20℃不生长，在65℃下加热30min菌种仍可存活。它常存在于牛乳、酸乳及其他乳制品中。

5. 明串珠菌属

明串珠菌属为革兰阳性菌。菌种呈圆形或卵圆形，菌体排列成链状，能在含高浓度糖的食物中生长，常存在于水果、蔬菜中。嗜橙明串珠菌和戊糖明串珠菌可作为制造乳制品的发酵剂。

三、发酵食品与霉菌

霉菌是真菌的一部分，在自然界分布极广，已知的有5000种以上，在发酵食品中经常使用的有以下几种。

1. 曲霉属

（1）米曲霉 菌落初期为白色，质地疏松，继而变为黄褐色至淡绿色，不呈真正绿色，反面无色；生产淀粉酶、蛋白酶的能力较强，应用于酿酒、酱油的生产，一般情况下不产生黄曲霉毒素。

（2）黑曲霉 菌丝初期为白色，常出现鲜黄色区域，后期为厚绒状，呈黑色，反面无色或中央部分略带黄褐色。这类菌在自然界分布极广，能生长于各种基质上产生糖化酶、果胶酶，可广泛用于酒及酒精工业生产中作为糖化剂，也是生产柠檬酸的优良菌种。

（3）黄曲霉 在生长培养基上，菌落生长的速度较快，早期为黄色，后期变为黄绿色，老熟后呈褐绿色，培养的最适温度为37℃，产生液化型淀粉酶的能力比黑曲霉强，蛋白质分解能力仅次于米曲霉。黄曲霉的某些菌系可产生黄曲霉毒素，特别在花生或花生饼粕上易于形成，能引起家禽、家畜严重中毒甚至死亡，还能够致癌。为了防止其污染食品，现已停止在食品生产中使用黄曲霉3.870号，改用不产生毒素的黄曲霉3.951号。

2. 红曲霉属

红曲霉，属散囊菌目，红曲科，菌在培养基上生长时，菌丝最初为白色，以后呈淡粉色、紫红色或灰黑色等，通常都能形成红色素；生长温度范围为26～42℃，最适温度为32～35℃，最适pH为3.5～5，能耐pH 2.5，耐10%（体积分数）的酒精浓度；可以利用多种糖类或酸类为碳源，能同化硝酸钠、硝酸铵、硫酸铵，而以有机胺为最好的氮源。

红曲霉能产生淀粉酶、麦芽糖酶、蛋白酶、柠檬酸、琥珀酸、乙醇等，由于能产生红色色素，可作为食品加工中天然红色色素的来源。如在红腐乳、饮料、肉类加工中用的红曲米，就是用红曲霉制作的。红曲霉的用途很多，它可用于酿酒、制醋，作豆腐乳的着色剂，并可用作食品染色剂和调味剂，还可用作中药。

3. 根霉属

根霉的形态结构与毛霉类似，能产生淀粉酶，使淀粉转化为糖，是酿酒工业常用的发酵菌。但根霉常会引起粮食及其制品霉变。其代表菌种有：黑根霉、米根霉、无根根霉。

（1）黑根霉 菌落生长初期为白色，后期为灰褐色至黑褐色，匍匐枝爬行，无色；假根非常发达，呈根状，棕褐色。此菌的最适生长温度为30℃，37℃时不能生长；有发酵乙醇的能力，但极微弱；能产生果胶酶，常引起水果的腐烂和甘薯的软腐。

（2）米根霉 菌落疏松或稠密，初期为白色，后期为灰褐色至黑褐色，最适温度为37℃，41℃时不能生长。此菌有糖化淀粉、转化蔗糖的能力。

（3）无根根霉 菌落初期为白色，后期为褐色；匍匐枝分化不明显；假根极不发达，呈短指状或无假根。它可发酵豆类和谷类食品。

4. 毛霉属

毛霉的外形呈毛状，菌丝细胞为无横隔、单细胞组成，出现多核，菌丝呈分枝状。毛霉具有分解蛋白质的功能，如用来制造腐乳，可使腐乳产生芳香物质和蛋白质分解物（鲜味）。

某些菌种具有较强的糖化力，也可用于酒精和有机酸工业原料的糖化和发酵。另外，毛霉还常生长在水果、果酱、蔬菜、糕点、乳制品、肉类等食品上，引起食品腐败变质。现简单介绍鲁氏毛霉和总状毛霉。

(1) 鲁氏毛霉　此菌种最初是从中国小曲中分离出来的，也是毛霉中最早用于以淀粉为原料生产乙醇的一个菌种。菌落在马铃薯培养基上呈黄色，在大米培养基上略带白色。孢子囊呈假轴状分枝，厚垣孢子数量很多，大小不一，黄色至褐色，无接合孢子。鲁氏毛霉能产生蛋白酶，有分解大豆蛋白的能力，我国多用来生产豆腐乳。

(2) 总状毛霉　菌丝呈灰白色，菌丝直立而稍短，孢子囊柄总状分枝。孢子囊呈球状，黄褐色。接合孢子呈球状，有粗糙的突起，形成大量的厚垣孢子，分布在菌丝体、孢子囊柄甚至囊轴上，形状、大小不一，光滑，无色或黄色。我国四川的豆豉即用此菌制成。此菌是毛霉中分布最广泛的一种，在土壤中、长霉的材料上、空气中和各种粪便中都能找到。

四、螺旋藻

螺旋藻属于蓝藻门，细胞外无荚膜，无有丝分裂器，细胞壁也与细菌相似，由多黏复合物构成，并含二氨基庚二酸，革兰染色阴性。螺旋藻外观为青绿色，显微镜下观察呈螺旋状，它是由多细胞组成的螺旋状盘曲的不分枝的丝状体。螺旋藻与其他植物一样，能利用阳光、二氧化碳和矿物质合成有机物，同时放出氧气，光合效率高，单位面积产量比大田作物高出数十倍。大多数螺旋藻最适生长温度为25～36℃，最适pH为9～11，在这样的环境条件下，其他许多生物都难以生存，而螺旋藻却能迅速生长繁殖。本身可作为微生物菌体食品。

五、生产单细胞蛋白的微生物种类

适宜于生产单细胞蛋白的微生物种类是多种多样的，包括酵母菌中的食用酵母、压榨酵母、啤酒酵母、假丝酵母等；霉菌中的曲霉、头孢霉等；细菌中的嗜甲醇细菌、甲醇链球菌等。酵母菌是生产单细胞蛋白的重要来源，因为酵母细胞内含丰富的蛋白质、核酸等营养成分；培养酵母的营养简单，生长速度快。

项目　发酵条件及过程控制

为了控制整个发酵过程，必须了解微生物在发酵过程中的代谢变化规律。通过各种检测方法，测定各种发酵参数（如细胞浓度、碳氮源等物质的消耗、产物浓度等）随时间变化的情况，以便能够控制发酵过程，使菌种的生产能力得到充分发挥。目前生产中较常见的参数主要包括温度、pH、溶解氧、空气流量、基质浓度、泡沫、搅拌速率等。

一、温度对发酵过程的影响及其控制

对微生物发酵来说，温度的影响是多方面的，可以影响各种发酵条件，最终影响微生物的生长和产物形成。

1. 温度对发酵过程的影响

(1) 温度对微生物的影响　各种微生物都有其最适的生长温度范围，在此范围内，微生物的生长最快。同一种微生物的不同生长阶段对温度的敏感性不同，延迟期对温度十分敏感，如将细菌置于较低温度时，延迟期较长；将其置于最适温度时，延迟期缩短。在一定温度范围内（最低萌发温度→最适萌发温度），孢子萌发所需时间随温度升高而缩短。稳定生长期的细菌对温度不敏感，其生长速率主要取决于溶解氧。

（2）温度对酶的影响 温度越高，酶反应速度越快，微生物细胞代谢加快，产物提前生成。但温度升高，酶的失活也加快，表现为微生物细胞容易衰老，使发酵周期缩短，从而影响发酵过程最终产物的产量。

（3）温度对微生物培养液的物理性质的影响 改变培养液的物理性质会影响到微生物细胞的生长。例如，温度通过影响氧在培养液中的溶解、传递速度等，进而影响发酵过程。

（4）温度对代谢产物的生物合成的影响 例如，在四环素的发酵过程中，生产菌株金色链霉菌同时代谢产生四环素和金霉素。当温度低于30℃时，金色链霉菌合成金霉素的能力较强；随温度升高，合成四环素的能力也逐渐增强；当温度升高到35℃时，则只合成四环素，而金霉素的合成几乎处于停止状态。

（5）同一菌株的细胞生长和代谢产物积累的最适温度往往不同 例如，黑曲霉的最适生长温度为37℃，而产生糖化酶和柠檬酸的最适温度都是32～34℃；谷氨酸生长的最适温度为30～32℃，而代谢产生谷氨酸的最适温度为34～37℃。

2. 影响发酵温度的因素

（1）发酵热（$Q_{发酵}$） 所谓发酵热即发酵过程中释放出来的净热量，以J/(m^3·h）为单位，它是由产热因素和散热因素两方面所决定的：

$$Q_{发酵}=Q_{生物}+Q_{搅拌}-Q_{蒸发}-Q_{显}-Q_{辐射}$$

（2）生物热（$Q_{生物}$） 微生物在生长繁殖过程中，本身产生的大量热称为生物热。这种热主要来源于营养物质（如糖类、蛋白质和脂肪等）的分解产生的大量能量，除此之外，在一些代谢途径中，高能磷酸键能可以以热的形式散发出去。

生物热产生的大小有明显的阶段性，在孢子发芽和生长初期，生物热的产生是有限的，当进入对数生长期以后，生物热就大量产生，成为发酵过程热平衡的主要因素。此后，生物热的产生开始减少，随着菌体的逐步衰老、自溶，越趋低落。

（3）搅拌热（$Q_{搅拌}$） 在好气发酵中，搅拌带动液体做机械运动，造成液体之间、液体与设备之间发生摩擦，这样机械搅拌的动能以摩擦放热的方式，使热量散发在发酵液中，即搅拌热。搅拌热可以这样估算：

$$Q_{搅拌}=\frac{P}{V}\times 3600$$

式中 P/V——通气条件下，单位体积发酵液所消耗的功率，kW/m^3；

3600——热功当量，kJ/(kW·h)。

（4）蒸发热（$Q_{蒸发}$） 通气时，进入发酵罐的空气与发酵液可以进行热交换，使温度下降，并且空气带走了一部分水蒸气，这些水蒸气由发酵液中蒸发时，带走了发酵液中的热量，使温度下降。被排出的水蒸气和空气夹带着部分显热（$Q_{显}$）散失到罐外的热量称为蒸发热。

（5）辐射热（$Q_{辐射}$） 因发酵罐温度与罐外温度不同，即存在着温差，发酵液中有部分热量通过罐壁向外辐射，这些热量称为辐射热。

3. 发酵过程的温度控制

一般来说，接种后应适当提高培养温度，以利于孢子的萌发或加快微生物的生长、繁殖，而此时发酵液的温度大多数是下降的；当发酵液的温度表现为上升时，温度应控制在微生物生长的最适温度；到发酵旺盛阶段，温度应控制在低于生长最适温度的水平上，即应该与微生物代谢产物合成的最适温度相一致；发酵后期，温度会出现下降的趋势，直到发酵成熟即可放罐。

在发酵过程中，如果所培养的微生物能承受稍高的温度进行生长和繁殖，对生产是有利的，既可以减少杂菌污染的机会，又可以减少夏季培养中所需要的降温辅助设备。因此，筛选和培育耐高温的微生物菌种具有重要意义。

生产上为了使发酵温度维持在一定的范围内，常在发酵设备上安装热交换器，例如采用夹套、排管或蛇管等进行调温。冬季发酵生产时，还需要对空气进行加热。

所谓发酵最适温度，是指最适于微生物的生长或发酵产物的生成的温度。不同种类的微生物、不同的培养条件以及不同的生长阶段，最适温度也应有所不同。

发酵温度的选择还与培养过程所用的培养基成分和浓度有关。当使用较稀或较容易利用的培养基时，提高温度往往会使营养物质过早耗尽，导致微生物细胞过早自溶，使发酵产物的产量降低。

发酵温度的选择还要参考其他的发酵条件灵活掌握。例如，在通气条件较差时，发酵温度应低一些，因为温度较低可以提高培养液的溶解氧浓度，同时减缓微生物的生长速度，从而能克服通气不足所造成的代谢异常问题。

二、pH 对发酵过程的影响及其控制

1. pH 对发酵过程的影响

大多数细菌的最适生长 pH 为 6.5～7.5，霉菌一般为 pH 4.0～6.0，酵母菌一般为 pH 3.8～6.0，放线菌一般为 pH 7.0～8.0。微生物生长 pH 可以分为最低、最适和最高三种。微生物生长的最适 pH 和发酵产物形成的最适 pH 往往是不同的。

pH 对微生物的生长繁殖和代谢产物形成的影响主要有以下几方面。

① pH 会影响菌体的生物活性和形态；

② pH 影响酶的活性，pH 过高或过低能抑制微生物体内某些酶的活性，使得微生物细胞生长和代谢受阻；

③ pH 的改变往往引起某些酶的激活或抑制，使生物合成途径发生改变，代谢产物发生变化。

2. 发酵过程中的 pH 控制

pH 的调节和控制方法应根据实际生产情况加以分析，再做出选择。pH 调节和控制的主要方法如下。

① 调节培养基的原始 pH，或加入缓冲物质，如磷酸盐、碳酸钙等，制成缓冲能力强、pH 变化不大的培养基。

② 选用不同代谢速度的碳源和氮源种类及恰当比例，是调控 pH 的基础条件。

③ 在发酵过程中加入弱酸或弱碱进行 pH 的调节，合理地控制发酵过程。如果用弱酸或弱碱调节 pH 仍不能改善发酵状况时，通过及时补料的方法，既能调节培养液的 pH，又可以补充营养物质，增加培养液的浓度和减少阻遏作用，提高发酵产物的产率，这种方法已在工业发酵过程中收到了明显的效果。

④ 采用生理酸性盐作为碳源时，由于 NH_4^+ 被微生物利用后，剩下的酸根离子会引起发酵液 pH 的下降；向培养液中加入碳酸钙可以调节 pH。但需要注意的是，由于碳酸钙的加入量一般都很大，容易沾染杂菌。

⑤ 在发酵过程中，根据 pH 的变化，流加液氨或氨水，既可调节 pH，又可作为氮源。流加尿素作为氮源，同时调节 pH，是目前国内味精厂等食品企业普遍采用的方法。

控制 pH 的其他措施还有：改变搅拌转速或通风量，以改变溶解氧浓度，控制有机酸的积累量及其代谢速度；改变温度，以控制微生物代谢速度；改变罐压及通风量，改变溶解二氧化碳浓度；改变加入的消泡剂用量或加糖量，调节有机酸的积累量等。

三、溶解氧对发酵过程的影响及其控制

发酵工业用菌种多属好氧菌，在好氧性发酵中，通常需要供给大量的空气才能满足菌体对氧的需求，同时，通过搅拌和在罐内设置挡板使气体分散，以增加溶解氧的浓度。但氧气属于难溶性气体，常常是发酵生产的限制性因素。

1. 溶解氧对发酵过程的影响

好氧性微生物发酵时，主要是利用溶解于水中的氧，不影响微生物呼吸时的最低溶解氧浓度称为临界溶解氧浓度。临界溶解氧浓度不仅取决于微生物本身的呼吸强度，还受到培养基的组分、菌龄、代谢物的积累、温度等其他条件的影响。在临界溶解氧浓度以下时，溶解氧是菌体生长的限制因素，菌体生长速率随着溶解氧的增加而显著增加；达到临界值时，溶解氧已不是菌体生长的限制性因素。过低的溶解氧，首先影响微生物的呼吸，进而造成代谢异常；过高的溶解氧对代谢产物的合成未必有利，因为溶解氧不仅为生长提供氧，同时也为代谢提供氧，并造成一定的微生物生理环境，可以影响培养基的氧化还原电位。

2. 发酵过程中溶解氧的控制

按照双膜理论，发酵过程中溶解氧的控制涉及的因素比较多，主要因素有：氧的传递速率（N）；溶液中饱和溶解氧浓度（c^*）；溶液中的溶解氧浓度（c_L）；以浓度差为推动力的氧传质系数（k_L）；比表面积（单位体积溶液所含有的气液接触面积，用 a 表示）。因为 a 很难测定，所以将 k_La 当成一项，称为液相体积氧传递系数，又称溶氧系数。

（1）提高饱和溶解氧浓度的方法 影响 c^* 的因素有温度、溶液的组成、氧的分压等。由于发酵培养基的组成和培养温度是依据生产菌种的生理特性和生物合成代谢产物的需要而确定的，因而不可任意改动，但在分批发酵的中后期，通过补入部分灭菌水，降低发酵液的表观黏度，以此改善通气效果。直接提高发酵罐压或向发酵液通入纯氧气来提高氧分压的方法有很大的局限性，而采用富集氧的方法，如将空气通过装有吸附氮的介质的装置，降低空气中的氮分压，经过这种富集氧的空气用于发酵，提高氧分压，是值得深入研究的有效方法。

（2）降低发酵液中溶解氧浓度的方法 影响发酵液中溶解氧浓度的主要因素有通气量和搅拌速率等。通过减小通气量或降低搅拌速率，可以降低发酵液中的溶解氧浓度，但发酵液中的溶解氧浓度不能低于溶解氧临界浓度，否则，将影响微生物的呼吸作用。因此，在实际发酵生产中，通过降低溶解氧浓度来提高氧传递的推动力，受到很大局限。

（3）提高液相体积氧传递系数的方法 经过长时间的研究和生产实践证实，影响发酵设备 k_La 的主要因素有搅拌效率、空气流速、发酵液的理化性质、泡沫状态、空气分布器形状和发酵罐的结构等。根据实际生产管理经验，可得出如下基本结论。

① 提高搅拌效率，可提高 k_La；

② 适当增加通风量，同时提高搅拌效率，这样，既可提高空气流速，又可减少气泡直径，从而可提高 k_La；

③ 适当增加罐压并采用富集氧的方法，可提高氧分压，进而提高 k_La；

④ 在可能的情况下，尽量降低发酵液的浓度和黏度，可提高 k_La；

⑤ 采用机械消泡或化学消泡剂，及时消除发酵过程中产生的泡沫，可降低氧在发酵液中的传质阻力，从而提高 $k_{L}a$；

⑥ 采用径高比小的发酵罐或大型发酵罐进行发酵，可提高 $k_{L}a$。

四、基质浓度对发酵过程的影响及补料的控制

1. 基质浓度对发酵的影响

基质的种类和浓度与发酵代谢有密切关系，选择适当的基质和控制适当的浓度，是提高代谢产物产量的重要方法，过高或过低的基质浓度对微生物的生长都将产生不利影响。高浓度基质会引起碳分解代谢物阻遏现象，并阻碍产物的形成。另外，基质浓度过高，发酵液非常黏稠，传质状况很差，通气搅拌困难，发酵难以进行。因此，现代发酵工厂很多都采用分批补料发酵工艺，分批补料发酵工艺还经常作为纠正异常发酵的一个重要手段。

2. 补料的控制

补料是指发酵过程中补充某些维持微生物的生长和代谢产物积累所需要的营养物质。补料的方式有很多，有连续流加、不连续流加或多周期流加等。

发酵中途补料起重要的作用：丰富培养基，避免菌体过早衰老，使产物合成的旺盛期延长，控制 pH 和代谢方向，改善通气效果，避免菌体生长可能受到的抑制。发酵过程中因通气和蒸发，使发酵液体积减少，因此补料还能补足发酵液的体积。

补料的物质包括碳源、氮源、水及其他物质。碳源有葡萄糖、饴糖、蔗糖、糊精、淀粉、作为消泡剂的油脂等。氮源有蛋白胨、花生饼粉、玉米浆、尿素等。

优化补料速率是补料控制中十分重要的一环，因为养分和前体物质需要维持适当的浓度，而它们则以不同的速率被消耗，所以补料速率要根据微生物对营养物质的消耗速率及所设定的培养液中最低维持浓度而定。

五、泡沫对发酵过程的影响及其控制

1. 泡沫对发酵的影响

过多的持久性泡沫会对发酵产生很多不利的影响，主要表现在以下几方面。

① 使发酵罐的装填系数减少，发酵罐的装填系数（料液体积/发酵罐容积）一般取0.7左右，通常充满余下空间的泡沫约占所需培养基的10%，且配比也不完全与主体培养基相同；

② 造成大量逃液，导致产物的损失；

③ 泡沫“顶罐”，有可能使培养基从搅拌轴处渗出，增加染菌的机会；

④ 影响通气搅拌的正常进行，妨碍微生物的呼吸，造成发酵异常，导致最终产物产量下降；

⑤ 使微生物菌体提早自溶，这一过程的发展又会促使更多的泡沫生成。

因此，控制发酵过程中产生的泡沫，是使发酵过程顺利进行和稳定、高产的重要保障。

2. 发酵过程中泡沫的消除与控制

（1）化学消泡法 化学消泡是一种使用化学消泡剂进行消泡的方法。其优点是消泡效果好，作用迅速，用量少，不耗能，也不需要改造现有设备。这是目前应用最广的消泡方法。缺点在于可能增加发酵液感染杂菌的机会，消泡剂的加入有时会影响发酵或给提炼工序带来麻烦，增加下游工段的负担。发酵工业上常用的化学消泡剂主要有：天然油脂类，包括花生油、玉米油、菜籽油、鱼油等；聚醚类，包括 GPE、PPE、SPE 等；醇类，包括聚二醇、

十八醇等。

（2）物理消泡法 物理消泡法就是利用改变温度和培养剂的成分等方法，使泡沫黏度或弹性降低，从而使泡沫破裂，这种方法在发酵工业上较少应用。

（3）机械消泡法 机械消泡就是靠机械力打碎泡沫或改变压力，促使气泡破裂。消泡装置可以安装在罐内或罐外。机械消泡的优点在于不需要引入外界物质，从而减少杂菌，节省原材料，不会增加下游工段的负担；缺点是不能从根本上消除泡沫。机械消泡主要装置类型有耙式消泡器、涡轮式消泡器、离心式消泡器等。

六、其他因子的在线控制

除了以上涉及的各种控制措施外，还可以对影响菌体生长和产物形成的某些化学因素进行连续的监测，即在线监测，以保证发酵过程控制在良好的水平。目前，已发展了许多与此相关的技术。

1. 离子选择性传感器

可以利用离子选择性传感器来测定 NH_4^+、Ca^{2+}、K^+、Mg^{2+}、PO_4^{3-} 的浓度，从而对发酵过程进行监测和控制。然而，这类传感器的不足是对加热蒸汽灭菌极为敏感。

2. 酶电极

选择一种与 pH 或氧变化有关的酶，并包埋在 pH 电极中或与电极紧密接触的膜上，形成一支酶电极，测定培养基中一些营养成分的浓度，用于控制发酵。

3. 微生物电极

当前，已经建立了包埋全细胞的微生物电极来进行在线监测，这种微生物电极已应用于糖、乙酸、乙醇等的发酵控制中。

4. 质谱仪

质谱仪能够监测气体分压（氧气、二氧化碳等）和挥发性物质（甲醇、乙醇、简单有机酸等），已经在发酵食品等行业中广泛使用，而且全过程的响应时间很短，约 10s 左右，故可用于在线分析。

5. 荧光计

细胞内的 NAD^+ 浓度通常是保持恒定的，因此，利用荧光技术测定连续培养系统中细胞内 NAD^+-NADH 的水平，就可能有在原位跟踪细胞摄取葡萄糖的效果。现已研制出一种小型的、能装入发酵器监测 NADH 且可以灭菌的设备，这种在线监测具有专一性高、敏感性强和稳定性好等特点。

发酵条件和过程控制还包括设备及管道清洗与消毒的控制等，由于发酵罐的容量正在逐步增大，同时工艺越来越复杂，所用的管道也越来越复杂，所以过去的很多清洗方法已不适用，必须采用自动化的喷洗装置等设备，应用较多的是 CIP 系统。

1. 什么是发酵食品？

2. 试述细菌发酵食品、真菌发酵食品和微生物菌体食品的基本种类及其相关微生物种类。

3. 试述发酵食品在生产和加工过程中主要的发酵条件及过程控制的基本要求。

实训一 酵母菌的分离

【实训目的】

了解菌落特征，掌握酵母菌的培养分离技术，掌握划线技术操作。

【实训原理】

利用酵母菌的加富培养基，创造该菌的适宜生长条件，便于从酒曲中分离酵母菌。在液体培养基中，酵母菌比霉菌生长快，利用酸性培养基又能抑制细菌的生长。因此用酸性的液体培养基可获得酵母菌的加富培养，然后再在固体培养基上进行划线分离。

【实训材料】

（1）培养基

① 乳酸豆芽汁蔗糖培养液，121℃灭菌 30min。

② 豆芽汁蔗糖琼脂培养基，121℃灭菌 30min。

（2）用品　酒曲，1mL 无菌吸管，无菌培养皿。

【实训步骤】

取酒曲少许，放入一管乳酸豆芽汁蔗糖培养液中，在 28～30℃培养 24h。用无菌吸管吸取培养后的上清液 0.1mL 注入另一管乳酸豆芽汁蔗糖培养液中，再培养 24h，制水浸片镜检。

用划线法，分离上述加富培养液，获得单个菌落。反复纯化最后得到纯的酵母菌。

【实训报告】

记述酵母菌的培养分离的过程。

【实训思考】

1. 绘出酵母菌的形态图，并描述菌落特征。

2. 为什么在进行加富培养时，要用酸性培养液，而在进行划线分离培养时可不用酸性培养基?

模块二　白酒生产技术

学习目标

1. 掌握白酒按香型分类的方法。
2. 掌握白酒生产中的微生物，学习大曲和小曲的生产技术。
3. 掌握主要大曲酒的生产工艺及操作，了解小曲酒生产技术。
4. 了解新工艺白酒生产技术。
5. 掌握白酒的质量规格及感官评定。

必备知识

一、白酒生产的历史、现状与发展趋势

1. 白酒生产的历史与现状

白酒是用高粱、玉米、甘薯或其他原料发酵、蒸馏而成，因无色，所以称白酒，因其含酒精量较高，又称为烧酒或高度酒。中国白酒历史悠久，酒和酒类文化一直占据着重要地位。中华人民共和国成立后，中国白酒工业逐渐发展壮大。1949 年，全国白酒总产量约 11 万吨，1953 年达到 47.6 万吨。改革开放以后，特别是 1984 年秋，酿酒原料放开以后，加之粮食连年丰收，白酒工业有了飞速发展。1981～1995 年间，白酒总产量增加了 442 万吨，平均每年增加 29.5 万吨。到了 1996 年，总量达到 801.3 万吨。2016 年，我国白酒产量累计达 1300 万吨。白酒工业的飞速发展，不仅表现为产量剧增，更重要的是白酒酿造技术不断进步，产品品种不断增加和产品质量不断提高。

2. 白酒生产的发展趋势

1987 年 3 月的贵阳会议上，提出了“优质、低度、多品种”的发展方向，逐步实现“高度酒向低度酒转变，蒸馏酒向酿造酒转变，粮食酒向果类酒转变，普通酒向优质酒转变”的方针。

(1) 高度白酒向低度白酒转变　“优质、低度、营养、保健”在今后相当长的一段时间里是白酒的发展方向。38°以下的白酒将占白酒总量的 80%以上，其中 20°～30°的白酒，特别是米香型营养保健白酒将占一定的比例。

(2) 普通白酒向优质白酒转变 普通白酒向优质白酒转变的趋势使传统的名优白酒将有选择地发展，大力发展酿造技术进步、适应多数人口味的名优白酒。

(3) 白酒产品结构的调整 白酒产品结构的调整主要表现在几个方面：一是传统白酒进一步得到继承和发扬；二是液态法和固液结合法生产白酒将进一步规范；三是积极开发净爽类白酒。

二、白酒的种类、成分及营养价值

1. 白酒的种类

中国白酒产品品种繁多，分类方法也很多，目前通用的分类方法有以下几种。

(1) 按生产工艺分类

① 固态法白酒 发酵、蒸馏为固态工艺，是白酒生产的传统工艺，目前全国和地方名优白酒多采用此工艺酿制。

② 半固态法白酒 发酵、蒸馏为半固态工艺，盛行于南方各省生产米酒。

③ 液态法白酒 发酵、蒸馏都在液态下进行。

(2) 按使用的糖化发酵剂分类

① 大曲酒 以大曲为糖化发酵剂，又分为中温曲酒、中高温曲酒和高温曲酒。

② 小曲酒 以小曲为糖化发酵剂，又可分为固态发酵和半固态发酵两种工艺。

③ 麸曲酒 以麸曲为糖化发酵剂，以纯种酵母培养制成酒母作发酵剂。

(3) 按酒精含量分类

① 高度白酒 酒精度50%vol～65%vol的白酒。

② 中度白酒 酒精度40%vol～49%vol的白酒。

③ 低度白酒 酒精度40%vol以下的白酒，一般不低于20%vol。

(4) 按香型分类 分为酱、浓、清、米、凤五大香型和其他五小香型。

① 酱香型 又称茅香型，以贵州茅台酒为代表，主体香气比较复杂，以“酱”香为主，“焦”“糊”香气谐调一致。

② 浓香型 又称窖香型，以泸州老窖特曲、五粮液、洋河大曲、古井贡酒等为代表，发酵原料以高粱为主的多种原料，采用混蒸续渣工艺，主要香气成分是己酸乙酯和适量丁酸乙酯。

③ 清香型 也称汾香型，以山西杏花村汾酒为代表，采用清蒸清渣发酵工艺，主要香气成分为乙酸乙酯和适量乳酸乙酯。

④ 米香型 以广西桂林三花酒为代表，也称蜜香型，酿造特点是“大米为原料，小曲固态糖化，液态发酵蒸馏”。

⑤ 凤香型 以陕西西凤酒为代表，酿造特点是“续渣配料，新窖泥发酵，发酵期短，酒海贮存”。

⑥ 其他五小香型 包括药香型、兼香型、芝麻香型、特型香型和豉香型等。此外还涌现出具有特殊风格的白酒品种，如混合香型和老白干型等。

2. 白酒的成分

白酒的成分主要是乙醇和水，其他微量成分还有醇类、醛类、酮类、酸类以及酯类等。

(1) 醇类 白酒中醇类很多，一般含三个碳以上的醇，称为高级醇，主要以异戊醇和异丁醇为主，其次为正丙醇、仲丁醇、正丁醇和正己醇，还有2,3-丁二醇、β-苯乙醇和丙三醇等。适量的高级醇是白酒中不可缺少的香气和风味物质，也是形成香味物质的前驱体。

（2）酯类 是白酒中含量最多的香味成分之一，种类较多，大多以乙酯形式存在，具有水果芳香和口味，使人产生喜悦感，中国名优白酒中以乙酸乙酯、己酸乙酯和乳酸乙酯等为主，通称为三大酯，其次是丁酸乙酯、戊酸乙酯和乙酸异戊酯等，其含量与白酒的品种和香型有关。

（3）酸类 白酒中的酸味有机酸分为挥发酸和不挥发酸两种。挥发酸有甲酸、乙酸、丙酸、丁酸、己酸、辛酸；不挥发酸有乳酸、苹果酸、葡萄糖酸、酒石酸、琥珀酸等。乙酸和乳酸是白酒中含量最高的两种酸。含有适量的有机酸能使酒体丰满、醇厚，回味悠长。

（4）羰基化合物 白酒中的羰基化合物种类较多，包括醛类和酮类，各具有不同的香气和口味，对形成酒的主体香味有一定的作用。醛类的香味最为强烈，与醛相应的酸、醇和酯的香味仅有醛的数十分之一至数百分之一，而且它们的极限浓度大致相同。白酒中主要醛类为乙醛和乙缩醛。酒中的醛类含量应适当，才能对酒的口味有好处。

3. 白酒的营养价值

现代医学研究表明，适量饮酒有助于全身组织特别是动脉血管平滑肌松弛和扩张、增强血液循环、增加血液中高密度脂蛋白（HDL）、有利于血压降低和保护心肌组织、防止心脏动脉粥样硬化沉淀物的形成。此外，适量饮酒有助于健胃、增加食欲、促进新陈代谢、增强免疫力和抵抗力。

三、白酒生产的原辅料及处理

白酒生产的原料有粮食、谷物等。由于白酒的品种不同，使用的原料各异。酿酒原料的不同和原料的质量优劣，与产出的酒质量和风格有极密切的关系，因此在生产中要严格选料。

1. 主要原料

（1）高粱 高粱按其所含的淀粉性质分为粳高粱和糯高粱。粳高粱含直链淀粉较多，结构紧密，较难溶于水，蛋白质含量高于糯高粱。糯高粱中的淀粉几乎完全是支链淀粉，淀粉含量虽较粳高粱低，但具有吸水性强、容易糊化的特点，出酒率高，是历史悠久的酿酒原料。

（2）玉米 玉米的淀粉主要集中在胚乳内，颗粒结构紧密，质地坚硬，蒸煮时间要很长才能充分糊化，玉米胚芽中含有占原料量5%左右的脂肪，容易在发酵过程中氧化而产生异味，所以玉米作原料酿酒不如高粱酿出的酒纯净。

（3）大米 大米的淀粉含量70%以上，质地纯正，结构疏松，利于糊化，蛋白质、脂肪及纤维素等含量较少。在混蒸式的蒸馏中，可将饭味带入酒中，酿出的酒具有爽净的特点，故有“大米酿酒净”之说。

（4）小麦 小麦不但是制曲的主要原料，而且是酿酒的原料之一。小麦中含有丰富的糖类（主要是淀粉）及其他成分，钾、铁、磷、硫、镁等含量也适当。小麦的黏着力强，营养丰富，在发酵中产热量较大，所以生产中单独使用应慎重。

（5）豌豆 豌豆的淀粉含量较低，含蛋白质20%～25%，富含糖分及维生素A、维生素B_1、维生素B_2和维生素C，制曲时一般与大麦混用，可弥补大麦蛋白质的不足，但用量不宜过多。

（6）甘薯 薯干原料质地疏松，吸水能力强，糊化温度为53～64℃，容易糊化，出酒率高，但成品酒中带有不愉快的薯干味，采用固态法酿制的白酒比液态法酿制的白酒薯干气味更重。甘薯中含有果胶质，影响蒸煮的黏度。蒸煮过程中，果胶质受热分解成果胶酸，进一步分解生成甲醇，所以使用薯干作酿酒原料时，应尽量降低白酒中的甲醇含量。

2. 主要辅料

白酒中使用的辅料，主要用于调整酒醅的淀粉浓度、酸度、水分、发酵温度，使酒醅疏松不腻，有一定的含氧量，保证正常的发酵和提高蒸馏效率。

(1) 稻壳 稻壳是酿制大曲酒的主要辅料，也是麸曲酒的上等辅料，是一种优良的填充剂，生产中用量的多少和质量的优劣，对产品的产量、质量影响很大。稻壳中含有多缩戊糖和果胶质，在酿酒过程中生成糠醛和甲醇等物质，使用前必须清蒸20～30min，以除去异杂味和减少在酿酒中可能产生的有害物质。

(2) 谷糠 谷糠是指小米或黍米的外壳，酿酒中用的是粗谷糠。粗谷糠的疏松度和吸水性均较好，作酿酒生产的辅料比其他辅料用量少，疏松酒醅的性能好，发酵界面大。在小米产区酿制的优质白酒多选用谷糠为辅料。用清蒸的谷糠酿酒，能赋予白酒特有的醇香和糟香。

(3) 高粱壳 高粱壳质地疏松，仅次于稻壳，吸水性差，入窖水分不宜过大。高粱壳中的单宁含量较高，会给酒带来涩味。

3. 原料处理

(1) 制曲原料处理

① 高温大曲 制曲所用原料是小麦，除尘、除杂后，加入2%～3%温度60～80℃的水，拌匀并润湿3～4h后，用钢磨粉碎，要求通过20目筛细粉占混粉的40%～50%。

② 中高温大曲 有单独用小麦制曲的，有用小麦、大麦和豌豆等混合制曲的，也有以小麦为主，添加少量大麦或高粱。将原料按比例混合均匀后，进行粉碎。原料的粉碎度与原料品种、配合比例有关。

③ 中温大曲 原料是60%的大麦和40%的豌豆，均匀混合后粉碎。粉碎度要求通过20目筛的细粉，冬季占20%，夏季占30%。粉碎后加水搅拌，加水量一般为50%～55%。水温夏季以14～16℃，春秋季以25～30℃，冬季以30～35℃为宜。

④ 药小曲 以生米粉为原料。大米加水浸泡，夏天2～3h，冬天6h左右。沥干后粉碎成粉状，取其中1/4用180目筛筛出5kg细粉作裹粉。

⑤ 酒饼 原料是大米和黄豆等，大米浸泡3～4h后冲洗、沥干，置甑中蒸熟；黄豆加水蒸熟，取出后与米饭混合，冷却备用。

(2) 大曲酒原料处理

① 浓香型大曲 原料可只使用高粱，也可使用高粱、玉米、大米、糯米、小麦等多种原料。原料必须粉碎，粉碎度以通过20目筛的占70%～75%为宜。

② 清香型大曲 原料主要是高粱和大曲，所用大曲有清茬、红心和后火三种中温大曲，按比例混合使用。高粱要求粉碎成4～8瓣/粒，细粉不得超过20%。大曲粉碎度，第一次发酵要求能通过1.2mm筛孔的细粉不超过55%，第二次发酵要求能通过1.2mm筛孔的细粉为70%～75%。

(3) 小曲酒原料处理

① 先培菌糖化后发酵 小曲酒生产原料选用优质大米或碎大米，用热水浇淋或用50～60℃温水浸泡约1h，使大米吸水。倒入蒸饭甑内，加盖蒸煮，开大量蒸汽后蒸15～20min，搅松扒平，再加盖蒸煮。开大量蒸汽后蒸20min，饭粒变色，则开盖搅松，泼入占大米量60%的热水。继续盖好蒸15～20min，饭熟后，再泼入占大米量40%的热水并搅松饭粒，

蒸饭至熟透。蒸熟后饭粒含水62%～63%。

② 边糖化边发酵的半固态发酵　小曲白酒以大米为原料，蒸饭采用水泥锅，每锅先加清水110～115kg，通蒸汽加热，煮沸后装粮100kg，加盖煮沸时即行翻拌，并关蒸汽，待米饭吸水饱满后，开小量蒸汽焖20min，即可出饭。

4. 生产用水

白酒酿造生产用水包括：制曲、制酒母用水，生产发酵、勾兑、包装用水等。生产用水质量的优劣，直接关系到糖化发酵能否顺利进行和成品酒的品质。

（1）水源的选择　水源地要求水量充沛稳定，水质优良、清洁，水温较低。自来水、河川水、湖沼水、井水和泉水都能作为白酒生产水源，但需经过处理后使用。

（2）水质的要求　白酒用水要求无色透明，无悬浮物，无沉淀，凡是呈现微黄、浑浊、悬浮小颗粒的水，必须经过处理才能使用。

水的硬度是指水中存在钙、镁等金属盐的总量，采用德国度表示水的硬度（DH），0°～4°为最软水，4.1°～8.0°为软水，8.1°～12°为普通硬水，12.1°～18°为中硬水，18.1°～30°为硬水，30°以上为最硬水。白酒酿造水一般在硬水以下的硬度均可使用，但勾兑用水要求硬度在8°以下。

（3）水质的处理　水的硬度过高会对白酒生产带来影响，一般生产中采用离子交换法、硅藻土过滤机等进行处理。

四、白酒生产的基本原理及相关微生物

1. 白酒生产的基本原理

白酒发酵的基本原理主要是酵母的糖代谢过程，酵母消耗还原性糖，一部分通过异化和同化作用，合成酵母本身物质，绝大部分通过代谢作用释放出能量，产生乙醇等代谢产物，并释放二氧化碳。

（1）淀粉原料分解　淀粉质原料经润水、蒸煮糊化后，为酶作用于底物创造了有利条件。借助曲的作用，由曲霉分泌的淀粉酶、糖化酶把淀粉转化为糊精和可发酵性糖。曲中起糖化作用的酶主要有淀粉-1,4-葡萄糖苷酶、淀粉-1,6-糊精酶、淀粉-1,6-葡萄糖苷酶和α-淀粉酶等。

（2）酒精发酵　酒精发酵是酵母菌在厌氧条件下经过菌体内一系列酶的作用，将可发酵性糖转化成酒精和二氧化碳，然后通过细胞膜将产物排出菌体外。参与酒精发酵的酶包括糖酵解途径的各种酶以及丙酮酸脱羧酶、乙醇脱氢酶等。

在酒精发酵过程中，大部分的葡萄糖被转化为酒精和二氧化碳，酵母菌的增殖也消耗一部分糖，同时生成醛类、高级醇、有机酸以及微量酯类等副产物。

（3）有机酸的形成　白酒中的有机酸部分来自原料、酒母和曲，大部分是发酵过程中酵母代谢而产生，如琥珀酸等。正常的白酒发酵酒醅中，有机酸以乙酸和乳酸为主。有机酸的种类和含量的多少，因酒的类型、香型和批次等不同而异。

（4）蛋白质的变化　白酒生产原料中有大米和小麦等含有一定量蛋白质的原料，同时制曲原料中也含有蛋白质。在发酵过程中，蛋白质受曲中蛋白酶的分解作用，形成肽和氨基酸。生成的氨基酸一部分被酵母同化，成为合成酵母蛋白质的原料，同时生成高级醇。高级醇类在白酒中有着重要的地位，它们是酒中醇甜和助香的主要物质，也是形成香味物质的前驱体。在发酵和陈酿过程中，有机酸和高级醇发生酯化反应成酯，成为白酒呈香的主要物质。

2. 白酒生产中的微生物

与白酒酿造有关的微生物主要是酵母菌、细菌和霉菌，在白酒生产中对酒的质量、产量起到重要的作用。

（1）霉菌 白酒生产常见的霉菌菌种有曲霉、根霉、青霉、毛霉、拟内孢霉等。

① 曲霉 是酿酒所用的糖化菌种，是与制酒关系最密切的一类菌。菌种的好坏与出酒率和产品的质量关系密切。白酒生产中常见的曲霉有黑霉菌、黄曲霉、米曲霉、红曲霉。

② 根霉 在自然界分布很广，常生长在淀粉基质上，空气中也有大量的根霉孢子。根霉是小曲酒的糖化菌种。

（2）酵母菌 白酒生产中常见的酵母菌菌种有酒精酵母、产酯酵母、假丝酵母、汉逊酵母、毕赤酵母和球拟酵母等。

① 酒精酵母 产酒精能力强，其形态以椭圆形、卵形、球形为多，一般以出芽的方式进行繁殖。

② 产酯酵母 其具有产酯能力，能使酒醅中含酯量增加，并呈独特的香气，也称为生香酵母。

（3）细菌 白酒生产中常见的细菌菌种有乳酸菌、醋酸菌、丁酸菌和己酸菌等。

① 乳酸菌 大曲和酒醅中都存在乳酸菌。乳酸菌能发酵糖类在酒醅内产生大量的乳酸，乳酸通过酯化产生乳酸乙酯，从而使白酒具有独特的香味。因此白酒生产需要适量的乳酸菌，但乳酸过量会使酒醅酸度过大，影响出酒率和酒质，酒中含乳酸乙酯过多，会造成酒主体香不突出。

② 醋酸菌 白酒生产中不可避免的菌类。固态法白酒是开放式的，操作中势必感染一些醋酸菌，成为白酒中醋酸的主要来源。

③ 丁酸菌和己酸菌 为梭状芽孢杆菌，生长在浓香型大曲生产使用的窖泥中，其利用酒醅浸润到窖泥中的营养物质产生丁酸和己酸。正是这些窖泥中的功能菌的作用，才生产出窖香浓郁、回味悠长的曲酒。

在白酒生产中，微生物的扩大培养是由制曲工艺来完成的。一般先以粉碎的谷物为原料来富集微生物制成酒曲，再用曲促使原料经糖化发酵酿成酒。白酒生产常用的曲有大曲、小曲和麸曲。

项目一 大曲白酒的生产

大曲酒采用大曲作为糖化发酵剂，以含淀粉物质为原料，经固态发酵和蒸馏而成。大曲白酒生产分为清渣和续渣两种方法，清香型酒大多采用清渣法，而浓香型酒和酱香型酒则采用续渣法生产。在大曲酒生产中一般将原料蒸煮称为“蒸”；将酒醅的蒸馏称为“烧”；粉碎的生原料一般称为“渣”，茅台酒生产中称为“沙”，汾酒生产中称为“糁”。酒醅，是指经固态发酵后，含有一定量酒精的固体醅子。根据生产中原料蒸煮和酒醅蒸馏时的配料不同，又可分为清蒸清渣、清蒸续渣、混蒸续渣等工艺，这些工艺方法的选用，则要根据所生产产品的香型和风格来决定。

一、大曲的生产

小麦或大麦和豌豆等粮食原料，经过粉碎，加水、加或不加母曲压制成长方形坯，体积、质量因厂而异，在曲室内经过升温，保温培菌，再经过风干、贮藏，即成为大曲。大曲一般要求贮藏3个月以上才予以使用。大曲按制曲温度分为高温大曲、中高温大曲、中温大曲。以高温大曲生产工艺为例，介绍大曲生产工艺。

1. 工艺流程

高温大曲以纯小麦为原料培养而成，酱香型白酒多用高温大曲，部分浓香型白酒也用高温大曲，工艺流程见图2-1。

母曲↓拌和，水↓踩曲，稻草↓翻曲

小麦→润料→磨碎→粗麦粉→拌和→踩曲→堆积培养→翻曲→出房→贮存→成品曲

图2-1 高温大曲工艺流程

2. 工艺要点

（1）拌料踩曲 拌曲料时一般加水量为原料质量的40%～42%。母曲用量夏季为4%～5%，冬季为5%～8%。踩曲目前多采用踩曲机压制成块，要求松而不散。

（2）堆积培养 曲坯进曲室前，先将稻草铺在曲室靠墙一面，厚度约为15cm，可用旧草垫铺，但要求干燥无霉烂。曲坯排放的方式是：将曲块侧立，横三块、竖三块地交叉堆放。曲块之间塞以新旧搭配的稻草，避免曲块之间相互粘连，以便于曲块通气、散热和制曲后期的干燥。当一层曲坯排满后，铺一层厚约7cm的稻草，再排第二层，直到堆放到4～5层，这样即为一行，一般每室可堆六行，留两行作翻曲用。最顶层亦应盖以稻草。

（3）翻曲 曲坯进室后，保温保湿，使微生物大量繁殖，曲坯温度逐渐上升。一般夏季5～6d，冬季7～9d，中间曲块品温可达60～62℃，就要进行翻曲。翻曲要上下层、内外层对调，将内部湿草换出，垫以干草，曲块间仍夹以干草，将湿草留作堆旁盖草。

曲块经一次翻动后，上下调换了位置，品温可降至50℃以下，但1～2d后，品温又很快回升，至二次翻曲（一般进曲室第14天）时品温又升至接近第一次翻曲时的温度。

通过二次翻曲后，曲块的温度还能回升，但后劲已经不足，难以达到一次翻曲的温度。经6～7d品温开始平稳下降，曲块逐渐干燥，再经7～8d，就可略微开门窗换气。40d后，曲温接近室温，曲块已基本干燥，水分降至15%左右，这时可将曲块出室入仓贮存。

（4）贮存 制成的高温曲，分黄、白、黑三种颜色，以具菊花心、红心的金黄色曲为最好，这种曲酱香味好。在曲块拆出后，即应贮存3～4个月，称陈曲，然后再使用。

3. 中高温大曲和中温大曲

中高温大曲又称浓香型中高温大曲，很多浓香型大曲酒厂将中高温大曲与高温大曲按比例配合使用。浓香型中高温大曲通常不加母曲，但也有部分会加入5%左右母曲，因厂而异。

中温大曲也称为清香型中温大曲，中温大曲有清茬曲、后火曲、红心曲三种，在酿酒时可按比例混合使用。

二、浓香型大曲酒的生产

1. 生产工艺

浓香型大曲酒采用典型的混蒸续渣工艺进行操作，特点是“泥窖固态发酵，采用续渣配料，混蒸混烧”。生产的工艺操作主要有两种形式：一是以四川酒为代表的万年糟红粮续渣操作法；二是以苏、鲁、皖、豫一带所产酒为代表的老五甑法工艺类型。这里介绍万年糟红粮续渣操作工艺。

万年糟红粮续渣操作法习惯上又分为两种类型：一是以五粮液、剑南春为代表的“跑窖法”工艺；二是以泸州老窖、全兴大曲为代表的“原窖法”工艺。所谓“跑窖”，就是将这一窖的酒醅经配料蒸粮后装入另一窖池，一窖撵一窖地进行生产。“原窖”则是指发酵酒醅在循环酿制过程中，每一窖的糟醅经过配料、蒸馏取酒后仍返回到本窖池。

以泸州老窖为典型代表的“原窖法”，工艺特征是：混蒸混烧，肥泥老窖，万年糟。发酵好的粮醅称为母糟，母糟配粮后为粮糟，粮糟发酵后蒸得的酒为粮糟酒。母糟不配粮蒸酒为红糟，蒸得的酒为红糟酒，红糟蒸酒后不打量水，只加曲作为面糟用。多次循环发酵的母糟为万年糟。

万年糟红粮续渣生产工艺流程见图 2-2 所示。

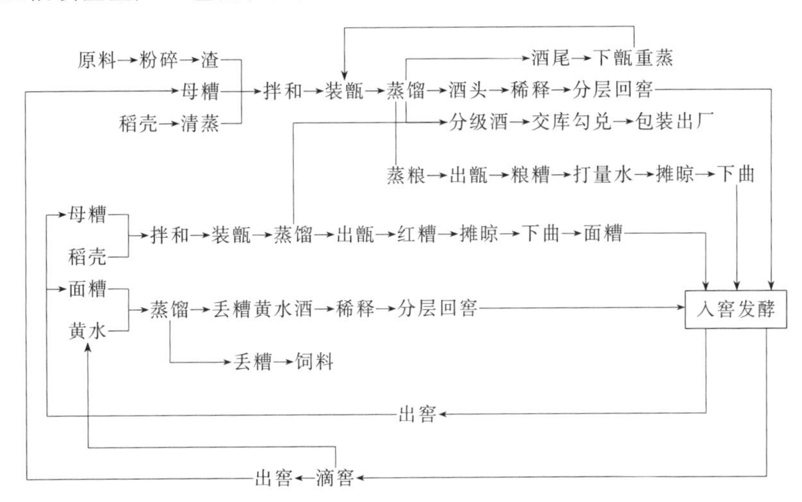

图 2-2 万年糟红粮续渣生产工艺流程

引自：陆寿鹏. 白酒生产技术. 北京：科学出版社，2004.

2. 工艺要点

(1) 续糟配料 浓香型大曲酒采用的混蒸续糟法工艺，配料中的母糟能够给予成品酒特殊风味，提供发酵成香的前体物质，可以调节酸度，有利于淀粉糊化。

在蒸粮前 50～60min，挖出约够一甑的母糟，倒入粮粉，拌和两次，要求拌散、和匀。收堆后，随即撒上熟糠。上甑之前 10～15min 进行第二次拌和，把糠壳搅匀，堆圆，准备上甑。配料时，不能将粮粉与稻壳同时倒入，以免粮粉进入稻壳内，拌和不匀。

(2) 蒸馏摘酒 窖上面是 1～2 甑面糟（回糟），故先蒸面糟。蒸面糟时，可在底锅中倒入黄水，蒸出的酒，称为“丢糟黄水酒”。蒸后的面糟成为丢糟，可作为饲料出售。

蒸完面糟，即蒸粮糟（大渣），需要更换底锅水。上甑时做到轻撒匀铺，避免塌气。开始流酒时截去酒头 0.25～0.5kg，然后量质摘酒，分质贮存，严格把关，流酒温度以 25～35℃较好。蒸酒时要求缓火蒸酒，火力均匀。断花时摘酒尾，用于下一甑复蒸。流酒时间 40～50min，流酒速度 3～4kg/min。

(3) 出甑、打量水、摊晾 粮糟蒸后挖出，堆在甑边，立即打入 85℃以上的热水，称为打量水，用量视季节不同而异。一般出甑粮糟的含水量为 50%左右，打量水以后，入窖粮糟的含水量应为 53%～55%。打量水用量，系指全窖平均数，在实际操作中，有的是全窖上下层一样，有的是底层较少，逐层增加，上层最多，即所谓“打梯度水”，这种打法有利于调节水分均匀。

摊晾是将出甑粮糟迅速均匀冷却至适当的入窖温度，并尽可能地促使粮糟的挥发酸和表面的水分大量挥发，但不可摊晾过久，以免感染更多的杂菌。摊晾时间，一般夏季为40min，冬季为20～25min。

(4) 下曲、入窖 当酒醅冷却到下曲温度时，即可下曲，下曲温度冬季17～20℃，夏季低于室温2～3℃，下曲量冬季为20%，夏季为19%～20%。

摊晾下曲完毕即可入窖。入窖时，先在窖底均匀撒入曲粉1～1.5kg。粮糟入窖温度根据季节、气温的不同而有差别，冬春两季，入窖温度17～20℃；夏秋两季，入窖温度20～27℃或略低于室温2～3℃。入窖后粮糟适当扒平、踩紧，装入粮糟不得高于地面，加入面糟形成的窖帽，高度不可超过窖面0.8～1m，铺出窖边不超过5cm。

(5) 封窖和窖池管理 装完面糟后，用黄泥密封，泥厚8～10cm。加强发酵期间窖池的管理极为重要，每日要清窖一次，保持窖帽表面清洁，避免出现裂口，如出现裂口必须及时清理。发酵期间，在清窖的同时，检查一次窖内温度的变化和观察吹口的变化情况。发酵完成后就可出窖堆放，所得到发酵糟即母糟。母糟与高粱粉、稻壳按一定比例配料搅拌，上甑，蒸粮蒸酒。

(6) 勾兑 不同层次的粮糟蒸出的酒，醇、香、甜等各有突出的特点，质量差异很大。因此必须进行勾兑，使出厂的酒质量一致。

(7) 贮存 新蒸馏出来的酒只能算半成品，必须经过一定时间的贮存才能为成品。经过贮存的酒，香气和味道都比新酒有明显的醇厚感。一般名酒贮存期为3年，而大曲酒亦应贮存半年以上，这样才能提高酒的质量。

三、清香型大曲酒的生产

清香型白酒的生产工艺以汾酒为代表，采用清蒸二次清、地缸、固态、分离发酵法。设备用陶瓷缸，封口用石板，场地、晾堂用砖或水泥地，刷洗干净以保证汾酒的清香、醇正。

清香型白酒生产所采用原料以高粱为主，使用的大曲为中温大曲，分为清茬、红心和后火三种，按比例混合使用，一般为清茬∶红心∶后火＝3∶3∶4。高粱和大曲的粉碎度要求随生产工艺而变化。

四、酱香型大曲酒的生产

酱香型大曲酒以茅台酒为典型代表，生产原料为高粱，使用高温大曲。工艺特点为两次投料，高温堆积，采用条石筑的发酵窖，多轮次发酵，高温流酒。生产工艺比较复杂、周期长，原料高粱从投料酿酒发酵开始，需经8轮次，每轮次1个月分层取酒，分别贮存3年后，才能进行勾兑。

项目二　小曲白酒的生产

使用小曲为糖化发酵剂酿造而成的蒸馏酒叫作小曲酒。小曲酒生产根据所用原料和生产工艺，常分为固态法工艺和半固态法工艺。半固态发酵法生产小曲白酒，又可分为先培菌糖化后发酵和边糖化边发酵两种传统工艺。

一、小曲的生产

小曲生产多采用自然培菌或纯种培养，用米粉、米糠及少量中草药为原料，在较短的周期内（7～15d）和较低的制曲温度（25～30℃）下生产，曲块外形尺寸一般比大曲小，形状不一。小曲按添加中草药与否分为药小曲和无药小曲，药小曲又分为单一药小曲和多药小曲。下面以单一药小曲生产工艺为例介绍小曲生产技术。

1. 工艺流程

药小曲又名酒药或酒曲丸，是以生米粉为原料，只添加一种中草药粉，接种曲母培养制成的。工艺流程见图 2-3。

水 ↓ 大米→浸泡→粉碎→配料→接种（↓曲母）→制坯→裹粉（↓细米粉、曲母）→入曲室→培曲→出曲→干燥→成品

香草粉→粉碎→过筛→香药（↑配料）

图 2-3 单一药小曲生产工艺流程

2. 工艺要点

（1）制坯 按原料配比进行配料，混合均匀，制成饼团，放在饼架上压平，用刀切成 2cm×2cm×2cm 的粒状，用竹筛筛圆成药坯。

（2）裹粉 将细米粉和曲母粉混合均匀作为裹粉，然后全部均匀地裹到酒药坯上，将药坯分装于小竹筛中摊平，入曲室培养。

（3）培曲 根据小曲中微生物生长过程，分为三个阶段。

① 前期 酒药坯入室后，经 24h 左右，室温保持在 28～31℃，品温为 33～34℃，最高不超过 37℃，当霉菌繁殖旺盛、有菌丝倒下、坯表面起白泡时，将药坯上盖的覆盖物掀开。

② 中期 培养 24h 后，酵母开始大量繁殖，室温控制在 28～30℃，品温不超过 35℃，保持 24h。

③ 后期 培养 48h 后，品温逐渐下降，曲子成熟，即可出曲。

（4）出曲、干燥 出曲后于 40～45℃的烘房内烘干或晒干，贮存备用。

二、小曲白酒的生产

以广西桂林三花酒为例介绍小曲白酒生产工艺。

1. 工艺流程

广西桂林三花酒是先培菌糖化后发酵工艺的典型代表，特点是前期固态培菌糖化，后期为半固态发酵，再经蒸馏而成。工艺流程见图 2-4。

水 ↓ 大米→浇淋→蒸饭→摊冷→拌料（↓药小曲粉）→下缸→发酵→蒸馏→陈酿→成品

图 2-4 先培菌糖化后发酵工艺流程

2. 工艺要点

（1）拌料 蒸熟的饭料倒入拌料机中，将饭团搅散扬凉摊冷至品温 32～37℃，即加入原料量 0.8%～1.0%的小曲粉拌匀。

（2）下缸 拌匀的饭料及时倒入饭缸内，每缸约 15～20kg（以原料计），饭的厚度约为 10～13cm，中央挖一空洞，以利于足够的空气进行培菌和糖化。通常在品温降至 30～34℃时，将缸口盖严，使其进行培菌糖化，糖化进行时，温度逐渐上升，约经 20～22h，品温达到 37～39℃为宜，最高不得超过 42℃，糖化总时间为 20～24h，糖化率达到 80%～90%即可。

（3）发酵 糖化约 24h 后，加水拌匀，使品温为 36℃左右（夏天 34～36℃，冬天36～37℃），加水量为原料量的 120%～125%，泡水后醅料的糖分含量应为 9%～10%，总酸不超过 0.7%，酒精含量 2%～3%（容量）为正常。将加水拌匀的醅料转入发酵缸发酵6～7d，

适当做好保温和降温工作。成熟酒醅的残糖接近于零，酒精含量为11%～12%，总酸含量0.8%～1.2%。

(4) 蒸馏 采用卧式或立式蒸馏釜设备，间歇蒸馏工艺，掐头去尾，酒尾转入下一釜蒸馏。通蒸汽加热进行蒸馏，初蒸时，保持蒸汽压力0.4MPa，出酒时保持0.05～0.15MPa，蒸酒时火力要均匀，接酒时的酒温在30℃以下。酒初流出时，低沸点的杂质较多，一般应截去5～10kg酒头，此后接取中流酒，酒尾另接取转入下一釜蒸馏。

(5) 陈酿 成品经质量检查，鉴定其色、香、味后，由化验室取样进行化验，合格后入库，陈酿半年至一年半以上，再进行检查化验，勾兑瓶装得成品酒。

知识拓展

一、新型白酒生产工艺

应用现代化酒精工艺生产食用酒精，再进行串香、调香和固液结合法生产白酒，称为液态法生产白酒，是白酒生产的最新工艺。

1. 工艺流程

以固液料三结合法为例，新型白酒的生产工艺流程见图2-5。

酒体设计→食用酒精→稀释→除杂脱臭→澄清过滤→加固态法白酒→调香→贮存→成品

图2-5 新型白酒生产工艺流程

2. 工艺要点

(1) 酒体设计 根据工厂的实际生产能力、工艺特点、技术条件、产品质量等情况，在保证卫生、质量均符合国家标准的前提下，设计出不同风格特色的酒体。

(2) 食用酒精及处理 食用酒精分为特级、优级和普通级三类。为了改善低级酒精的质量，在勾调前，可对酒精进行脱臭净化处理。对酒精进行降度处理时，降度用水必须使用无色、无臭、无味且符合生活饮用水标准，经过离子交换树脂处理，再经活性炭处理过滤后的软化水。

(3) 加固态法白酒 各项卫生、理化指标必须符合国家标准，并且气味醇正，无怪杂味，香味谐调，酒尾较净，能够满足配制新工艺白酒的要求。当然，固态白酒的质量越好，其配制白酒的质量也就越高。固态法白酒的用量一般为酒基的5%～30%。

(4) 调香 新型白酒调兑时，使用香精香料要严格按照GB 2760—2014《食品安全国家标准 食品添加剂使用标准》。在具体配制过程中，香精的种类宜多，用量宜少；既要注意区分醇溶性与水溶性的香精，还要注意配制程序，一般按照酸、醇、酯、醛的顺序加入酒中。

(5) 贮存 为了保证酒精分子和水分子以及各种醇、醛、酸、酯等分子之间更好地缔合，使酒质更加稳定，配制工作完成后，必须要贮存一段时间。但由于加入的食用香精都较易挥发，因此，贮存时间又不宜过长，一般15～20d即可。

二、新型白酒生产的改良工艺

在实际生产中，由于食用酒精等用料的影响，使新型白酒往往出现浮香、味杂、欠谐调等问题。

1. 活性炭改善新型白酒口感

酒类专用炭的立体孔隙结构和巨大的比表面积，使之只有特定的吸附作用，而且不同型号的酒类专用炭具有不同的功能，即分别具有除杂、催陈、除浊等作用。

用活性炭改善新型白酒口感的工艺流程见图 2-6。

酒精、酒头、酒尾→混合→调至 60%（体积分数）左右→加 JT205 型酒类专用炭→搅拌→静置 24 ～ 48h→过滤→调香、调味→降度至 38%（体积分数）→加 JT201 型酒类专用活性炭→搅拌→静置 24 ～ 48h→品评→补香→检验→包装

图 2-6 用活性炭改善新型白酒口感的工艺流程

新型白酒主要以食用酒精为主，并辅以一定量的固态法白酒，再用食用香精勾兑而成。固态法白酒中的异杂味（如苦涩味、糠味、霉味、泥味等）都不可避免地带到酒中，还可能出现酒精的异臭味，酒头、酒尾的怪味和因配方不当而造成的浮香、苦涩等，直接影响产品的质量。新型白酒酒质柔和、爽净，具有酒体清澈透明、酒质优良、有害杂质极少、出酒率高、可塑性强、生产成本适中、劳动效率高、优质品率高等特点。

2. 去除酒精的异臭味

若生产新型白酒的原材料质量差，则原材料就成为其异杂味的主要来源。例如，未经贮存或处理过的酒头、酒尾；酒用香精纯度低，杂质含量高；使用的固态法白酒质量低劣，异杂味重；勾兑容器不净，输酒使用劣质胶管等都会带来异味。

现有的酒精蒸馏设备，虽经多次改进，在排杂提纯上取得了较好的效果，但原料的异杂味［如薯干味（特别是烂薯干）、霉味、糖蜜味等］或多或少带入酒精中，严重影响食用酒精的感官质量。如果这些异杂味较重，即使采用氢氧化钠、高锰酸钾及活性炭三者联合处理，也收效甚微；若重新回蒸，酒精损失较大。因此，加强设备的改造和管理，严格工艺操作，加强蒸煮蒸馏排杂，搞好发酵管理，不使用霉烂变质原料，才是提高酒质量的最佳途径。

3. 保证酒质稳定

新型白酒勾调，离不开食用香料，如果处理不当，会有沉淀析出现象。特别是半成品酒处理清亮后，由于口味欠缺及理化指标达不到要求，需补调，补调后看似清亮便装瓶；或是有的酒沉淀时间过短，酒中杂质没有完全析出，即使处理清亮后（当时）装瓶，在装瓶后仍会出现沉淀。针对上述现象，调配时先在酒精中加入香料搅拌均匀后再降度（浓醇勾兑法），以便使香料充分溶解，并在保证口味及理化指标达到要求的前提下，严格控制香料添加量。同时把酒的沉淀期控制在 7d 以上，尽可能适当延长，以便酒中杂质充分析出，从而能够保证酒质稳定。

项目三 白酒的质量控制

一、原辅料的质量控制

原料种类的不同及质量的好坏，会影响产品质量与出酒率。对于粮谷原料要求颗粒均匀饱满，新鲜，无虫蛀，无霉变，干燥适宜，无泥沙，无异杂味，无其他杂物。

酿酒的辅料，应具有良好的吸水性、适当的自然颗粒度，不含异杂物，新鲜，干燥，无霉变，不含或少含果胶质、多缩戊糖等成分。

制曲原料一般选用含营养物质丰富、能供给微生物生长繁殖、对白酒香味物质形成有益的物质。制曲原料要求颗粒饱满，新鲜，无虫蛀，无霉变，干燥适宜，无异杂味，无泥沙及其他杂物。

二、大曲白酒的质量控制

1. 控制用曲量

生产加曲时，用曲量应按照原料糖化难易、曲子质量优劣、菌种性能、入窖条件等多种因素综合考虑。用曲太少，使糖化速度跟不上发酵速度，影响出酒率；用曲过多，使发酵前期糖化过快，升温过猛，产酸多，降低发酵率，影响出酒率。

2. 清蒸原料辅料

除采用混渣配料工艺的白酒外，清蒸原料，可以提高清香型白酒的质量，对薯干白酒、代用原料酿酒也有很好的作用。固态法白酒主要采用加水清蒸和配醅清蒸两种方法。加水清蒸，在将粮食粉碎后，蒸粮前预先使粮食吸收足够的水分，粮食糊化比较彻底。配醅清蒸，粮食粉碎越细越好，将粮食和清蒸流酒后的糟醅拌和到一起，可使粮食起到焖渣吸水作用。糠壳是固态法白酒生产的主要辅料，不论何种香型和风格的名优白酒及普通白酒，都应采取清蒸辅料的措施。

3. 高温润料

高温润料可使原料吸水充分，易于蒸熟糊化。高温润料会促使高粱中少量果胶分解成甲醇，通过蒸料时排除，可减少成品酒中甲醇含量。

4. 控制入窖条件

准确掌握入窖的淀粉浓度，可提高出酒率。采用低温入窖，可以控制适宜的发酵温度，酵母不易衰老，杂菌不易繁殖，糖化发酵彻底，使淀粉得以充分利用。入窖水分和酸度的高低，会影响出酒率的高低。为了多产酒，应该在不淋浆的前提下，增加用水量，以利于出酒率的提高。要保证酒质，应减少水分，降低出酒率。

5. 适当延长发酵期

名优白酒的发酵期一般都比普通白酒长，适当延长发酵期，可起到以醅养酒、酯化老熟等协调酒体的作用。发酵期延长，成品酒总酯、总酸含量高，各种微生物所产生的微量代谢物多，使酒体绵软、爽口、味长等。但发酵期并不是越长越好，若盲目延长发酵期，不仅会降低发酵率，而且会使成品酒产生异香。

三、白酒的感官要求

（1）浓香型白酒感官要求（根据 GB/T 10781.1—2006） 见表 2-1、表 2-2。

表 2-1　高度酒感官要求

项目	优级	一级
色泽和外观	无色或微黄，清亮透明，无悬浮物，无沉淀①	
香气	具有浓郁的己酸乙酯为主体的复合香气	具有较浓郁的己酸乙酯为主体的复合香气
口味	酒体醇和谐调，绵甜爽净，余味悠长	酒体较醇和谐调，绵甜爽净，余味较长
风格	具有本品典型的风格	具有本品明显的风格

① 当酒的温度低于 10℃时，允许出现白色絮状沉淀物质或失光，10℃以上时应逐渐恢复正常。

表 2-2 低度酒感官要求

项目	优级	一级
色泽和外观	无色或微黄,清亮透明,无悬浮物,无沉淀①	
香气	具有较浓郁的己酸乙酯为主体的复合香气	具有己酸乙酯为主体的复合香气
口味	酒体醇和谐调,绵甜爽净,余味较长	酒体较醇和谐调,绵甜爽净
风格	具有本品典型的风格	具有本品明显的风格

① 当酒的温度低于10℃时，允许出现白色絮状沉淀物质或失光，10℃以上时应逐渐恢复正常。

(2) 酱香型白酒感官要求（根据 GB/T 26760—2011） 见表 2-3、表 2-4。

表 2-3 高度酒感官要求

项目	优级	一级	二级
色泽和外观	无色或微黄,清亮透明,无悬浮物,无沉淀①		
香气	酱香突出,香气幽雅,空杯留香持久	酱香较突出,香气舒适,空杯留香较长	酱香明显,有空杯香
口味	酒体醇厚,丰满,诸味谐调,回味悠长	酒体醇和谐调,回味长	酒体较醇和谐调,回味较长
风格	具有本品典型风格	具有本品明显风格	具有本品风格

① 当酒的温度低于10℃时，允许出现白色絮状沉淀物质或失光，10℃以上时应逐渐恢复正常。

表 2-4 低度酒感官要求

项目	优级	一级	二级
色泽和外观	无色或微黄,清亮透明,无悬浮物,无沉淀①		
香气	酱香较突出,香气较幽雅,空杯留香久	酱香较醇正,空杯留香好	酱香较明显,有空杯香
口味	酒体醇和谐调,味长	酒体柔和谐调,味较长	酒体较柔和谐调,回味尚长
风格	具有本品典型风格	具有本品明显风格	具有本品风格

① 当酒的温度低于10℃时，允许出现白色絮状沉淀物质或失光，10℃以上时应逐渐恢复正常。

(3) 清香型白酒感官要求（根据 GB/T 10781.2—2006） 见表 2-5、表 2-6。

表 2-5 高度酒感官要求

项目	优级	一级
色泽和外观	无色或微黄,清亮透明,无悬浮物,无沉淀①	
香气	清香醇正,具有乙酸乙酯为主体的优雅、谐调的复合香气	清香较醇正,具有乙酸乙酯为主体的复合香气
口味	酒体柔和谐调,绵甜爽净,余味悠长	酒体较柔和谐调,绵甜爽净,有余味
风格	具有本品典型的风格	具有本品明显的风格

① 当酒的温度低于10℃时，允许出现白色絮状沉淀物质或失光，10℃以上时应逐渐恢复正常。

表 2-6 低度酒感官要求

项目	优级	一级
色泽和外观	无色或微黄,清亮透明,无悬浮物,无沉淀①	
香气	清香醇正,具有乙酸乙酯为主体的清雅、谐调的复合香气	清香较醇正,具有乙酸乙酯为主体的香气

续表

项目	优级	一级
口味	酒体柔和谐调，绵甜爽净，余味较长	酒体较柔和谐调，绵甜爽净，有余味
风格	具有本品典型的风格	具有本品明显的风格

① 当酒的温度低于10℃时，允许出现白色絮状沉淀物质或失光，10℃以上时应逐渐恢复正常。

四、白酒的理化指标

(1) 浓香型白酒理化指标（根据 GB/T 10781.1—2006） 见表2-7、表2-8。

表 2-7 高度酒理化要求

项目		优级		一级
酒精度/%vol		41～60	61～68	41～68
总酸(以乙酸计)/(g/L)	≥	0.40		0.30
总酯(以乙酸乙酯计)/(g/L)	≥	2.00		1.50
己酸乙酯/(g/L)		1.20～2.80	1.20～3.50	0.60～2.50
固形物/(g/L)	≤	0.40①		

① 酒精度41%vol～49%vol的酒，固形物可小于或等于0.50g/L。

表 2-8 低度酒理化要求

项目		优级	一级
酒精度/%vol		25～40	
总酸(以乙酸计)/(g/L)	≥	0.30	0.25
总酯(以乙酸乙酯计)/(g/L)	≥	1.50	1.00
己酸乙酯/(g/L)		0.70～2.20	0.40～2.20
固形物/(g/L)	≤	0.70	

(2) 酱香型白酒理化指标（根据 GB/T 26760—2011） 见表2-9、表2-10。

表 2-9 高度酒理化指标

项目		优级	一级	二级
酒精度(20℃)/%vol		45～58①		
总酸(以乙酸计)/(g/L)	≥	1.40	1.40	1.20
总酯(以乙酸乙酯计)/(g/L)	≥	2.20	2.00	1.80
己酸乙酯/(g/L)	≤	0.30	0.40	0.40
固形物/(g/L)	≤	0.70		

① 酒精度实测值与标签值示值允许差为±1.0%vol。

表 2-10 低度酒理化指标

项目		优级	一级	二级
酒精度(20℃)/%vol		32～44①		
总酸(以乙酸计)/(g/L)	≥	0.80	0.80	0.80
总酯(以乙酸乙酯计)/(g/L)	≥	1.50	1.20	1.00
己酸乙酯/(g/L)	≤	0.30	0.40	0.40
固形物/(g/L)	≤	0.70		

① 酒精度实测值与标签值示值允许差为±1.0%vol。

(3) 清香型白酒理化指标(根据 GB/T 10781.2—2006) 见表 2-11、表 2-12。

表 2-11 高度酒理化要求

项目		优级	一级
酒精度/%vol		41～68	
总酸(以乙酸计)/(g/L)	≥	0.40	0.30
总酯(以乙酸乙酯计)/(g/L)	≥	1.00	0.60
乙酸乙酯/(g/L)		0.60～2.60	0.30～2.60
固形物/(g/L)	≤	0.40①	

① 酒精度 41%vol～49%vol 的酒,固形物可小于或等于 0.50g/L。

表 2-12 低度酒理化要求

项目		优级	一级
酒精度/%vol		25～40	
总酸(以乙酸计)/(g/L)	≥	0.25	0.20
总酯(以乙酸乙酯计)/(g/L)	≥	0.70	0.40
乙酸乙酯/(g/L)		0.40～2.20	0.20～2.20
固形物/(g/L)	≤	0.70	

复习题

1. 白酒按香型可分成哪五大类?
2. 白酒酿造的主要原料有哪些?使用制酒原料时有哪些注意事项?
3. 大曲酒生产有哪些特点?
4. 混蒸续渣法有哪些优点?
5. 写出浓香型大曲酒的工艺流程,并说出主要的工艺条件。

模块三　啤酒生产技术

学习目标

1. 熟悉啤酒生产过程中的专业术语，掌握啤酒生产的基本理论和方法。
2. 掌握啤酒生产的原辅料和麦芽汁组成对啤酒质量的影响。
3. 熟悉啤酒的非生物稳定性、生物稳定性和风味稳定性对提高啤酒质量的重要性。

必备知识

一、我国啤酒工业生产简史与发展趋势

啤酒指的是以麦芽（包括特种麦芽）为主要原料，以大米或其他谷物为辅助原料，经麦芽汁的制备，加酒花煮沸，并经酵母发酵酿制而成的，含有二氧化碳、起泡、低酒精度（2.5%vol～7.5%vol）的各类鲜熟啤酒。

啤酒工业的发展与人类的文化和生活有着密切的关系，其具有悠久的历史。最早的啤酒就是利用大麦或小麦为原料，以肉桂为香料，利用原始的自然发酵酿制而成。这种啤酒生产纯属家庭作坊式，同时它也是微生物工业起源之一。我国的啤酒工业主要是在中华人民共和国成立后得到恢复和发展的，特别是改革开放以来实现了啤酒工业生产三级跳，1988 年我国啤酒年产量 660 万吨，位居世界第三；1993 年我国啤酒年产量为 1225 万吨，超过德国位居世界第二；到 2002 年我国啤酒年产量为 2386.83 万吨，超过美国成为世界第一。

就目前来看，我国啤酒厂的企业规模普遍偏小，经济效益十分不理想。特别是国内还存在一些旧厂改制后的中小型啤酒厂，这些厂年产量均低于 10 万吨，所创造的经济价值很低。根据我国啤酒市场的特点，行业内的整合速度有待进一步加快，整合过程需要规范化，企业应向集团化、规模化发展。啤酒企业的品牌意识也有待增强，注重品牌战略的实施，开发出更多特色型、风味型、轻快型、保健型、清爽型的新型产品，满足不同年龄阶段、不同层次的消费者需要。

二、啤酒的种类、成分及营养价值

1. 啤酒的种类

（1）按啤酒色泽分类　淡色啤酒；浓色啤酒；黑啤酒；白啤酒。

(2) 按所用的酵母品种分类 上面发酵啤酒；下面发酵啤酒。

(3) 按原麦芽汁浓度分类 低浓度啤酒；中浓度啤酒；高浓度啤酒。

(4) 按生产方式分类 鲜啤酒；纯生啤酒；熟啤酒。

(5) 按包装容器分类 瓶装啤酒；听装啤酒；桶装啤酒。

(6) 按啤酒生产使用的原料分类 加辅料啤酒；全麦芽啤酒；小麦啤酒。

2. 啤酒的成分及营养价值

啤酒中含有丰富的氨基酸，多种维生素（维生素 B_1、维生素 B_2、维生素 B_6、维生素 B_3 和维生素 B_5），糖类物质，适量的乙醇，还含有较多的无机离子。

三、啤酒生产的原辅料及处理

1. 啤酒酿造原料——大麦

以大麦为主要原料的原因是：①大麦便于发芽，发芽后产生大量水解酶类；②大麦种植遍及全球；③大麦的化学成分适宜酿造啤酒；④大麦不是主粮。

通常用于啤酒酿造的大麦品种很多，分类方法也有多种。如按籽粒生长形态分类，可分为六棱大麦、四棱大麦和二棱大麦三种（图 3-1）。我国啤酒生产中一般采用二棱大麦，因为其淀粉含量高，蛋白质含量相对较低，浸出物含量高。

六棱大麦　四棱大麦　二棱大麦

图 3-1 大麦品种

(1) 大麦的结构 大麦籽粒由胚、胚乳和谷皮组成。

① 胚 是大麦籽粒中有生命力的部分，由原始胚芽、胚根、盾状体和上皮层组成，占麦粒质量的 2%～5%。胚中含有低分子糖类、脂肪、蛋白质、矿物质和维生素，作为开始发芽的营养物质。

② 胚乳 是胚的营养库，由淀粉细胞和蛋白质-脂肪细胞组成，约占麦粒质量的80%～85%。在发芽过程中，胚乳成分不断地分解成小分子糖类和氨基酸，部分供给胚部发育和呼吸消耗，造成制麦损失。

③ 谷皮 由麦粒腹部的内皮和背部的外皮组成，两者都是一层细胞。外皮的延长部分为麦芒。谷皮占麦粒总质量的 7%～13%。谷皮内面是果皮，再里面是种皮。谷皮中绝大部分是纤维素等非水溶性的物质，在制麦时基本没有变化，在麦芽汁过滤时是良好的天然滤层。

(2) 大麦的化学成分

① 淀粉 是最重要的碳水化合物，大麦淀粉含量占总干物质量的 58%～65%，贮藏在胚乳细胞内。大麦淀粉含量越多，大麦的可浸出物也越多，制备麦芽汁时得率越高。其颗粒可分为大颗粒淀粉和小颗粒淀粉两种。二棱大麦中的小颗粒淀粉占 90%，但质量只占 10%。从化学结构上看，又可将大麦淀粉分为直链淀粉和支链淀粉。直链淀粉在麦芽水解酶的作用下，几乎全部转化为麦芽糖；而支链淀粉除生成麦芽糖和葡萄糖外，还生成大量的糊精和异

麦芽糖。糊精是淀粉水解的不完全产物，不能被酵母利用而发酵成醇，但它是构成啤酒酒体的成分之一。

② 半纤维素和麦胶物质　是胚乳细胞壁的组成部分。胚乳细胞内主要含淀粉，在发芽过程中，只有当半纤维素酶将胚乳细胞壁分解之后，其他水解酶类才能进入胚乳细胞分解淀粉等大分子物质。半纤维素和麦胶物质占大麦质量的10%～11%，均由β-葡聚糖和戊聚糖组成。

③ 蛋白质　含量以10.5%为宜。它的主要作用是为酵母提供营养，使啤酒口感醇厚、圆润，丰富啤酒泡沫，使啤酒早期浑浊。根据大麦中的蛋白质在不同溶液中的溶解性和沉淀性可区分为清蛋白、球蛋白、醇溶蛋白、谷蛋白。

④ 多酚物质　大麦中含有0.1%～0.3%的多酚物质，其中最重要的是花色苷、儿茶酸等物质，经过缩合和氧化后，易与蛋白质起交联作用而沉淀下来，这是造成啤酒浑浊的主要原因。如果这一反应发生在麦芽汁煮沸和发酵过程中，可除去某些凝固性蛋白质，有利于提高啤酒的非生物稳定性。

（3）啤酒酿造对大麦质量的要求

① 外观　优良的大麦呈淡黄色，有光泽，具有新鲜稻草的香味，皮薄而有细密纹道，夹杂物不超过2%，麦粒以短胖者为佳。

② 物理指标　按国际通用标准，酿造大麦的腹径分为三级：2.5mm、2.8mm、3.2mm。2.5mm以上的麦粒达85%时属一级大麦。大麦的千粒重应达到30～40g，胚乳状态为粉状的应达到80%以上，大麦发芽率应不低于96%。

③ 化学指标　大麦含水量应在12%～13%，过高容易发霉，过低不利于大麦的生理活性；淀粉含量应达到63%～65%；蛋白质含量要求为9%～13%；总浸出物含量应为72%～80%（以干物质计）。

2. 啤酒酿造辅助原料

（1）大米　大米是啤酒酿造中最常用的辅料。大米的淀粉含量高（75%～82%），无水浸出率高达90%～93%，无花色苷，脂肪含量低（0.20%～1.0%），并含有较多的泡持蛋白。用部分大米代替麦芽，不仅出酒率高，还可以改善啤酒的风味和色泽。我国酿造啤酒时大米的使用量多在25%左右。

（2）玉米　我国少数啤酒厂用玉米作为辅料，形式有玉米颗粒、玉米片、玉米淀粉和膨化玉米四种。玉米中淀粉含量比大米低，但比大麦高。玉米胚芽富含油脂，因油脂破坏啤酒的泡持性，降低起泡能力，氧化后还会产生异味，所以在使用时应预先去除胚芽。

（3）小麦　小麦中蛋白质含量为11.5%～13.8%，糖蛋白含量高，泡沫好；花色苷含量低，有利于啤酒非生物稳定性，风味也很好。麦芽汁中含较多的可溶性氮，发酵较快，啤酒最终的pH低。小麦富含α-淀粉酶和β-淀粉酶，有利于采用快速糖化法。一般使用比例为15%～20%。

（4）大麦　采用大麦作为辅助原料，其使用量为15%～20%，以此制成的麦芽汁黏度稍高，但泡沫较好，啤酒的非生物稳定性较高。

3. 啤酒花和酒花制品

酒花起源较早，9世纪开始添加酒花为香料，15世纪后才确定为啤酒的通用香料。其又称为“蛇麻花”或“忽布”，为多年生蔓性攀援草本植物，雌雄异株，成熟的雌花用于啤酒酿造。啤酒花的功能是：赋予啤酒特有的香味和爽口的苦味，增加麦芽汁和啤酒的防腐能力，提高啤酒的起泡性和泡持性，与麦芽汁共沸时促进蛋白质凝固，增加啤酒的稳定性。目前我国酒花主要产区在新疆、甘肃、宁夏、青海、辽宁、吉林和黑龙江等地。

(1) 酒花的主要化学成分

① 苦味物质　其赋予啤酒愉快、爽口的苦味，主要包括 α-酸（即葎草酮类化合物）、β-酸（即蛇麻酮）及一系列氧化、聚合产物。

② 酒花精油　是酒花腺体的另一种分泌组分，它的气味芳香，是赋予啤酒香气的主要物质。但酒花精油极易挥发，是啤酒开瓶闻香的主要来源。在煮沸时几乎全部挥发，采用分次添加酒花工艺的目的就是要保留适量的酒花精油。

③ 多酚物质　酒花中多酚物质含量为 4%～8%，在啤酒酿造过程中多酚物质有双重作用，在麦芽汁煮沸和冷却时，与蛋白质结合形成热凝固物和冷凝固物，利于麦芽汁的澄清及啤酒的稳定性。但残存于啤酒中的多酚物质又是造成啤酒浑浊的主要因素之一，在啤酒过滤时，可采用 PVPP（交联聚乙烯吡咯烷酮）吸附，以除去啤酒中的多酚物质。

(2) 酒花制品

① 酒花粉　在 45～55℃下将酒花干燥至水分含量为 5%～7%，然后进行粉碎，在密封容器中用惰性气体贮藏。使用酒花粉利用率可提高 10%，不需要酒花分离器，使用方便。

② 酒花浸膏　用有机溶剂或 CO_2 萃取酒花中的有效成分，将酒花浓缩 5～10 倍制成酒花浸膏。在煮沸或发酵成熟后添加，有利于提高酒花的使用效率。

③ 酒花油　其主要是香味成分。在煮沸时添加酒花，会使酒花油的成分挥发或氧化，因此人们生产出纯度很高的酒花油制品，直接在成品啤酒中添加。

4. 啤酒酿造用水

啤酒主要生产用水包括加工用水及洗涤、冷却水两大部分。加工用水中投料水、洗槽水、啤酒稀释用水直接参与啤酒酿造，是啤酒的重要原料之一，在习惯上称酿造水。目前我国工业界主要采用地表水及地下水为生产水源。

水中无机离子对啤酒酿造的影响体现在以下方面。

(1) 水中碳酸盐和重碳酸盐的降酸作用　反应式为：

$$HCO_3^- + H^+ \longrightarrow H_2O + CO_2$$

(2) 水中 Ca^{2+}、Mg^{2+} 的增酸作用　水中存在形成永久硬度的物质 $CaSO_4$ 和 $MgSO_4$ 时，在糖化醪中可使碱性 K_2HPO_4 转化成酸性 KH_2PO_4，使酸度升高，pH 降低。反应式为：

$$3CaSO_4 + 4K_2HPO_4 \longrightarrow Ca_3(PO_4)_2 \downarrow + 2KH_2PO_4 + 3K_2SO_4$$

$$3MgSO_4 + 4K_2HPO_4 \longrightarrow Mg_3(PO_4)_2 \downarrow + 2KH_2PO_4 + 3K_2SO_4$$

(3) Na^+、K^+ 的影响　主要来自原料，其次才是酿造水，Na^+ ∶ K^+ 通常为（50～100）∶（300～400）。

(4) Fe^{2+}、Mn^{2+} 的影响　主要来自含铁土壤和岩石的溶解，也可能来自输水系统，其值应低于 0.2～0.3mg/L。

(5) Pb^{2+}、Sn^{2+}、Cr^{6+}、Zn^{2+} 等的影响　重金属离子是酵母的毒物，会使酶失活，并使啤酒浑浊。除锌之外的重金属离子在酿造水中浓度均应低于 0.05mg/L。

(6) NH_4^+ 的影响　NH_4^+ 一般不会对人体健康和啤酒有直接危害，但当水中 NH_4^+ 含量大于 0.5mg/L，认为是污染水，不宜作酿造水。

(7) SO_4^{2-} 的影响　啤酒酿造中 SO_4^{2-} 常与 Ca^{2+} 结合，在酿造中能消除 HCO_3^- 引起的

酸度，其值在50～70mg/L，过高会引起啤酒的干苦和不愉快味道，使啤酒的挥发性硫化物含量增加。

（8）Cl^- 的影响 对啤酒的澄清和胶体稳定性有重要作用，能赋予啤酒丰满的酒体，爽口、柔和的风味。其值在20～60mg/L范围是生产所必需的。

（9）NO_2^- 的影响 NO_2^- 是公认的强烈致癌物质，也是酵母的强烈毒素，会改变酵母的遗传和发酵性状，甚至抑制发酵。当含量大于0.1mg/L时，则应禁止使用。

（10）F^- 的影响 含有少量的 F^-（0.6～1.7mg/L）可以防止蛀牙，含量太高会引起牙色斑病和不愉快的气味。

（11）SiO_3^{2-} 的影响 高含量的硅酸是酿造水的不利因素。硅酸在啤酒酿造中会和蛋白质结合，形成胶体浑浊，发酵时也会形成胶团吸附在酵母上，降低发酵度，并使啤酒过滤困难。

（12）余氯的影响 氯是强氧化剂，会破坏酶的活性，抑制酵母活性，并和麦芽中酚类结合，形成强烈的氯酚臭。啤酒酿造水中应绝对避免余氯的存在。

四、啤酒生产的基本原理及相关微生物

1. 啤酒生产基本原理

啤酒的生产是依靠纯种啤酒酵母利用麦芽汁中的糖、氨基酸等可发酵性物质通过一系列的生物化学反应，产生乙醇、二氧化碳及其他代谢副产物，从而得到具有独特风味的低度饮料酒。啤酒发酵过程中主要涉及糖类和含氮物质的转化、啤酒风味物质的形成等相关基本理论。

2. 啤酒生产中的微生物——酵母

啤酒酿造中酵母主要起降糖、产生 CO_2 和酒精的作用。

酿造啤酒酵母在分类学上属子囊菌纲原子囊菌亚纲内孢霉目酵母科出芽酵母亚科酵母属。

酵母属中用于啤酒酿造的主要有两个种，分别介绍如下。

（1）啤酒酵母 啤酒酵母呈圆形、卵圆形或腊肠形，根据细胞的长宽比可分为3组。

① 第1组细胞长宽比小于2，主要用于酒精和白酒等蒸馏酒的生产。

② 第2组细胞长宽比为2，细胞出芽长大后不脱落，继续出芽，易形成芽簇——假菌丝，主要用于啤酒和果酒的酿造以及面包发酵。在啤酒酿造中，酵母易漂浮在泡沫层中，可在液面发酵和收集，所以这类酵母又称“上面发酵酵母”。

③ 第3组细胞长宽比大于2，此类酵母可耐高渗透压，用于糖蜜酒精和老姆酒的生产。

（2）葡萄汁酵母 在啤酒酿造界习惯称葡萄汁酵母为“卡尔酵母”或“卡尔斯酵母”。此类酵母的糖类发酵特征相同，均能全部发酵棉籽糖。在啤酒酿造中，发酵结束时此类酵母沉于容器底部，所以又称“下面发酵酵母”。

上面发酵酵母和下面发酵酵母都有很多菌株，而且各国著名的啤酒厂都有自己独特的酵母菌株。这些菌株在形态、细胞大小、发酵力、凝聚力以及形成双乙酰高峰值和双乙酰还原速度均有明显的差别，因此酿成啤酒风味也不同。

项目一　麦芽的制备

将原料大麦制成麦芽，习惯上称为制麦。全制麦过程可分为原料精选和分级、浸麦、发

芽、干燥、除根五个步骤。

一、大麦的精选和分级

1. 大麦的精选

进厂大麦含有各种有害杂质，必须预先精选，方能投料，否则会有害于制麦工艺，直接影响麦芽的质量和啤酒的风味。一般采用的方式有以下 6 种。

(1) 筛析 除去粗大和细碎夹杂物。

(2) 振析 振散泥块，提高筛选效果。

(3) 风析 除灰尘和轻微杂质。

(4) 磁吸 除去铁质等磁性物质。

(5) 滚打 除麦芒和泥块。

(6) 洞埋 利用筛选机中孔洞，分出圆粒或半节粒杂谷。

2. 大麦的分级

大麦的分级是将麦粒按腹径大小的不同分为三个等级。因为麦粒大小之分实质上反映了麦粒的成熟度差异，其化学组成、蛋白质含量都有一定差异，从而影响到麦芽质量。

分级筛常和精选机结合在一起，一般有圆筒分级筛和平板分级筛两种设备。

二、大麦的浸渍

大麦浸渍就是用水浸泡大麦，使大麦吸水和吸氧，为发芽提供条件。在浸渍的同时，可达到洗涤、除尘、除菌的目的，在浸麦水中添加石灰、碱、甲醛等可浸出谷皮中的有害物质。

1. 浸麦理论

新收获的大麦具有休眠机制，需经 6～8 周的贮藏，充分完成休眠期之后才可使用。大麦的另一生理特性是水敏感性，就是当大麦吸收水分至一定程度后，大麦的发芽能力会受到抑制。通常在生产中不宜采用高温浸麦，因为水温高，水中溶解氧少，浸麦不均匀，易污染杂菌导致腐烂。正常浸麦水温为 14～18℃。大麦吸水后，呼吸作用增强，需氧增多，若不及时供氧，将导致分子间呼吸，产生二氧化碳、乙醇、醛、酸等物质，破坏胚的生命力；若充足供氧，可以促进大麦提前萌发，缩短发芽时间，提高成品率。

2. 通风

(1) 通风的作用 供氧，排除 CO_2，翻拌。

(2) 通风方式

① 通入压缩空气 在水浸过程中定期间隔通入压缩空气，由上而下带动物料翻腾。

② 空气休止 大麦浸渍一段时间后，将水排掉，使麦粒暴露于空气中，直至下次进水，物料暴露于空气中的这段时间称为空气休止，这样物料表面可以与空气接触。

③ 吸出 CO_2 将吸风机的吸嘴深入到浸麦槽下部的物料中，在空气休止期间吸出产生的 CO_2，同时新鲜空气被吸入物料中，既可排 CO_2，又可通风。

④ 倒槽 将浸渍大麦从一个浸麦槽倒入另一个浸麦槽，在浸麦槽上方有一个伞状分配器，可以使大麦与空气充分接触。

3. 浸麦度

浸麦度是指大麦浸渍后的含水百分率，是制麦工艺的关键控制点，一般为 43%～48%。

$$浸麦度=\frac{浸后大麦质量-浸前大麦质量+浸前大麦中水分质量}{浸后大麦质量}\times 100\%$$

4. 浸麦的主要设备——浸麦槽

浸麦槽分为锥底浸麦槽和平底浸麦槽。最常用的传统浸麦槽是锥底浸麦槽，有 30m^3、60m^3、80m^3、110m^3 多个系列。如图 3-2 所示，上部为圆柱体，高 1.2～2.0m，下部为锥底，锥角为 45°。锥底浸麦槽的高度不宜过高，因为麦层太厚易造成通风、吸水不均匀，一般麦层高度为 2～2.5m。为了适应大型化生产，浸麦槽容量需达 100～400t，但也不宜过大，否则会使厂房结构过高、麦层过厚，因此研制了平底浸麦槽，一般是圆柱形，高约 3m，直径为 5～20m，投料量为 20～400t。

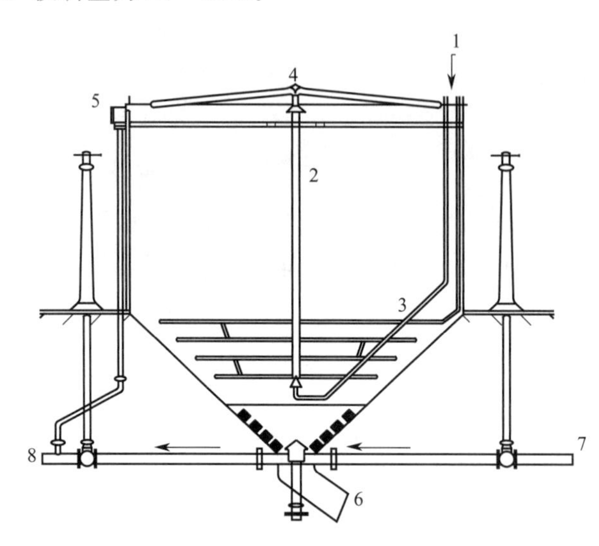

图 3-2 锥底浸麦槽

1—压缩空气进管；2—升溢管；3—多孔环形风管；4—旋转式喷料管；5—溢流口；6—大麦排出口；7—进水口；8—出水口

5. 浸麦方法

（1）断水浸麦法（间歇浸麦法） 指浸水与断水交替进行，将大麦在水中浸渍一段时间，然后排掉水，让麦粒暴露于空气中，再浸水、断水，反复进行直至达到要求的浸麦度。常用的有浸四断四，即浸水时间为 4h，断水时间为 4h，还有浸四断六、浸二断六等。

（2）喷雾浸麦法（喷淋浸麦法） 指浸水断水期间，用水雾对麦粒淋洗，既能保持麦粒表面的水分，又可以排除麦层中的热量和二氧化碳，明显缩短浸麦和发芽时间。因此这种方法耗水量小，供氧充足，发芽速度快。

三、发芽

1. 发芽条件

（1）水分 当麦粒含水量达 35%时即可萌发，达 38%时可均匀发芽，但要达到胚乳充分溶解，麦粒的含水量必须保持在 43%以上。其中，制造深色麦芽宜提高至 45%～48%，而制造浅色麦芽一般控制在 42%～45%。发芽时，水分会蒸发，发芽车间的相对湿度应维持在 85%以上，通风时应采用饱和的湿空气。

（2）温度 分为低温、高温及低高温结合三种，发芽温度的选择应根据大麦的品种及麦芽类型确定。

① 低温发芽 低温发芽时，温度一般为12～16℃，大麦的根和叶芽生长缓慢且均匀，水解酶活性高，浸出物含量高，因呼吸强度弱，制麦损失低，成品麦芽色度低。

② 高温发芽 发芽温度超过18℃则为高温发芽，以不超过22℃为宜。高温发芽制成的麦芽色度高，适宜制深色麦芽。

③ 低高温结合发芽 蛋白质含量高且难溶解的大麦，可采用低高温结合发芽法。前3～4d在12～16℃下发芽，以后在18～20℃下发芽，有的甚至采用高达22℃的发芽温度，以保证胚乳充分溶解。

(3) 通风量 发芽过程中，适当调节麦层空气中氧和二氧化碳的浓度，可以控制麦粒的呼吸作用、麦根的生长以及制麦损失。

发芽初期应及时通风供氧，排除麦层中二氧化碳，在氧气充足的条件下，有利于各种水解酶的形成。如果麦层中二氧化碳含量过高，会导致酶活性降低，严重时可以使麦粒窒息。

发芽后期应适当减小通风量，增大麦层空气中二氧化碳含量，维持在4%～8%比较适宜，一方面可抑制胚芽过度生长，减少制麦损失，另一方面有利于麦芽胚乳溶解。

(4) 通风供氧的方式 有间歇通风、连续通风和循环通风等几种形式。

(5) 发芽周期 由其他发芽条件决定，发芽温度越低，水分越少，麦层含氧量越低，发芽时间就越长。另外，发芽时间还与大麦品种和所制麦芽类型有关，难溶大麦的发芽时间长，制深色麦芽的发芽时间比浅色麦芽长。

2. 麦芽中酶的形成及主要酶类

(1) 酶的形成 未发芽的大麦中仅含有少量酶，而且多数不具有活性。发芽过程中，酶原被激活，同时形成大量新的酶类。发芽开始，胚芽的叶芽和根芽开始发育，同时释放出多种赤霉酸，分泌至糊粉层，诱导产生一系列水解酶。麦芽中存在的酶种类很多，和啤酒酿造关系较密切的有淀粉酶、蛋白分解酶、半纤维素酶、磷酸酯酶及氧化还原酶等。

(2) 淀粉酶 麦芽中主要有两种淀粉酶，即α-淀粉酶和β-淀粉酶。成熟的大麦几乎不含α-淀粉酶，但存在β-淀粉酶。发芽后，糊粉层内会形成大量的α-淀粉酶，原来以束缚态存在的β-淀粉酶也得以游离。

(3) 蛋白分解酶 是分解蛋白质肽键的酶类总称，按其对基质的作用方式可分为内肽酶和端肽酶。内肽酶能切断蛋白质分子的肽键，分解产物为小分子多肽。端肽酶又分为羧肽酶和氨肽酶，羧肽酶从游离羧基端切断肽键，而氨肽酶从游离氨基端切断肽键。

(4) 半纤维素酶 包括内β-葡聚糖酶、外β-葡聚糖酶、纤维二糖酶、昆布二糖酶、内木聚糖酶、外木聚糖酶、木二糖酶及阿拉伯糖苷酶，其中最重要的是β-葡聚糖酶。因为β-葡聚糖的水溶液黏度很大，对麦芽汁过滤、成品啤酒过滤及啤酒的稳定性都可能产生干扰，因此必须通过β-葡聚糖酶彻底将其分解。β-葡聚糖酶一般在发芽后4～5d产酶达到高峰，作用的最适pH为5.5，最适温度为40℃。

3. 发芽过程中的物质变化

(1) 糖类的变化 发芽过程中最主要的物质变化是淀粉受淀粉酶的作用，逐步分解为糊精和糖类，其分解产物部分供给合成新的幼根和幼芽，部分作为呼吸作用的能源，部分以糊精和糖类的形式留在胚乳中。在发芽过程中，淀粉的分解量约为原含量的18%，淀粉的制麦损失为干物质量的4%～5%。在制麦过程中，大部分可溶性糖的含量有所增加，这是由于淀粉、半纤维素及其他多糖被水解成一些可溶性糖，但葡二果聚糖和棉籽糖的含量都逐渐减少，因为它们作为发芽开始的营养源被消耗。

（2）蛋白质的变化 大麦的发芽过程中，蛋白质的变化包括分解与合成，其中分解是主要的。为了衡量蛋白质的分解程度，习惯上以可溶性氮占麦芽总氮的百分率表示，称为蛋白质溶解度（或溶解指数），又称库尔巴哈值。通常认为蛋白质溶解度在35%～45%为合格，最好控制在40%左右，α-氨基氮在120～160mg/100g干麦芽为合格。

（3）半纤维素和麦胶物质的变化 β-葡聚糖是半纤维素和麦胶物质的主要成分，易溶于水形成黏性溶液，其分子量越小，黏度越低。在发芽过程中，随着胚乳的不断溶解，β-葡聚糖被分解，浸出物的溶液黏度也不断下降，可以通过测定黏度来衡量β-葡聚糖含量的相对值。溶解良好的麦芽，其β-葡聚糖分解较充分，用手指捻压胚乳可呈粉状散开。

（4）胚乳的溶解 大麦胚乳是由许多胚乳细胞组成的，胚乳细胞间由蛋白质连接，这些胚乳细胞的细胞壁主要由半纤维素和麦胶物质组成，细胞壁内包含着由蛋白质支撑的大小不同的淀粉颗粒。发芽开始后，蛋白酶先水解连接胚乳细胞的蛋白质薄膜，使胚乳细胞分离，并使胚乳细胞壁暴露出来。半纤维素酶接触细胞壁并将其分解，蛋白酶进入细胞内分解包围淀粉颗粒的蛋白质支撑物，使淀粉颗粒得以与淀粉酶接触而分解。随着可溶性的低分子糖类和含氮物质不断增加，整个胚乳结构由坚韧变为疏松，这种现象就是胚乳溶解。

4. 发芽方式与设备

（1）发芽方式 见图3-3。

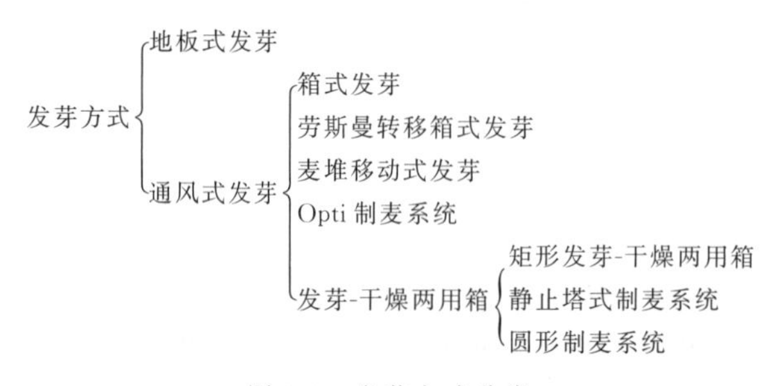

图3-3 发芽方式分类

（2）发芽设备

① 萨拉丁发芽箱 是以发明该方法的法国工程师萨拉丁的名字命名的，它是使用最早、最广泛的箱式发芽设备，我国的发芽设备基本属于此类型。这种设备的箱体是用钢筋水泥或钢板制成的长方体，壁高1～2m，两侧壁上设有齿轮行轨，供翻麦机移动。翻麦机用来翻动麦层，防止麦芽结块，以利通风。发芽箱用开有条孔的不锈钢板作假底，下方为空气室。每个发芽箱配一台风机和一个空气室，便于单箱控制。设备结构如图3-4。

萨拉丁发芽箱的使用要点是：大麦经浸渍后送至发芽箱，前期温度控制在14℃左右，到第4～5天，温度升至18～20℃，以后逐渐下降。最好采用连续通风，若间歇通风，每天早、中、晚各通风1次，每次15min，后期通风的次数和风量应减少，空气相对湿度保持在95%以上。

② 麦堆移动式发芽体系（图3-5） 是一种半连续式生产设备，实际是6～7个萨拉丁发芽箱首尾相连形成一个整体，箱的主要部分与萨拉丁发芽箱结构相同，假底下面的空间被分隔成12～16分室，整个发芽过程每12h为1个单元，每次翻动麦堆向前移动1个分室，经6～8d(即经过12～16次）移动翻麦，完成全发芽过程，最后进入单层干燥炉。

③ 发芽-干燥两用箱 发芽-干燥两用箱在我国最早应用于20世纪70年代，它有以下优点：免去了干燥炉的高层建筑，基建投资有所降低；不需要绿麦芽输送设备和操作；适应于多期扩建，不必停产施工。

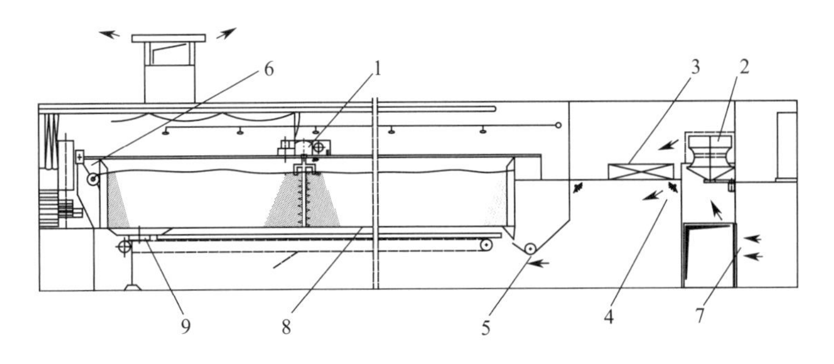

图 3-4 萨拉丁发芽箱

1—翻麦机；2—送风机；3—空气冷却器；4—调湿喷嘴；
5—出料送料机；6—卸料器；7—新空气入口；8—多孔板；9—地板清洗器

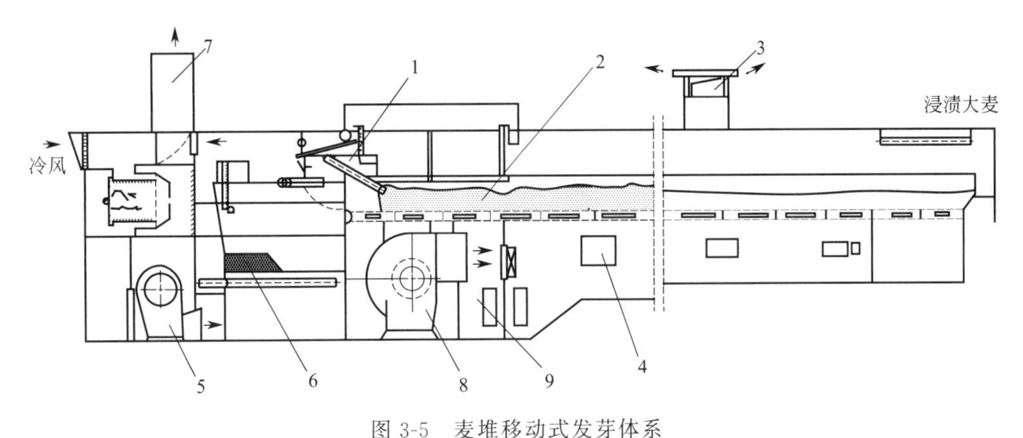

图 3-5 麦堆移动式发芽体系

1—翻麦机；2—麦层；3—排风筒；4—混合空气风道；
5—干燥风机；6—单层干燥炉；7—排潮风筒；8—发芽风机；9—发芽空调室

但这种设备同时具有以下缺点：同一箱内进行低温发芽和高温干燥，建筑物自身的吸热和降温能量消耗大，能源利用不合理；发芽床单位面积的负荷量比一般萨拉丁发芽箱稍低；必须分设热风和冷风两个风道系统；设备条件要求较高。

四、绿麦芽的干燥

1. 干燥的目的

① 发芽结束时，绿麦芽水分在41%～46%，此时不能贮藏，必须通过干燥将水分降低到5%以下，终止酶的作用，停止麦芽的生长和胚乳的溶解。

② 除去绿麦芽的生青味，使麦芽产生特有的色、香、味。

③ 使麦根干燥而易于除去，避免将麦根的不良味道带入啤酒。

2. 干燥过程中物质的变化

(1) 酶的变化 当麦芽含水量在20%以上、温度40℃以下时，麦芽继续生长，胚乳的溶解继续进行。在麦芽干燥阶段，水分含量逐渐降低，温度逐步升高，各种酶的活性均有不同程度的降低，具体变化情况因采用的干燥温度而异。

(2) 糖类的变化 干燥前期，麦芽水分含量大，干燥温度在40℃时，各种淀粉水解酶继续作用，短链糊精和低分子糖的含量有所增加；当水分含量低于15%且温度继续升高时，淀粉水解作用停止。由于部分低分子糖与氨基酸合成类黑精，因此一部分可发酵性糖被消耗。

（3）蛋白质的变化 绿麦芽干燥过程大体分为凋萎期、干燥期、焙焦期三个阶段，在干燥初期，蛋白质的分解作用仍然进行。随着温度的不断升高，麦芽中凝固性氮含量降低，低分子氮因消耗于类黑精的形成而降低，其变化如表 3-1。

表 3-1 绿麦芽干燥过程对蛋白质分解的影响 单位：mg/L

分类	物　质	绿　麦　芽	凋萎麦芽	干燥麦芽
浅色麦芽	可溶性氮	510	511	505
	凝固性氮	144	141	134
	永久可溶性氮	366	370	371
	甲醛氮	87	83	77
深色麦芽	可溶性氮	506	518	396
	凝固性氮	108	140	68
	永久可溶性氮	398	376	328
	甲醛氮	73	75	50

（4）类黑素的形成 麦芽在干燥过程中形成的色泽和香味都源于类黑素的形成。类黑素是一种棕色物质，具胶体性，部分为不溶性物质，部分为不发酵的可溶性物质，对啤酒的起泡性和泡持性有利。

（5）二甲基硫（DMS）的形成 二甲基硫是一种挥发性的硫醚化合物，其阈值为 30μg/L。其形成过程可归纳为：

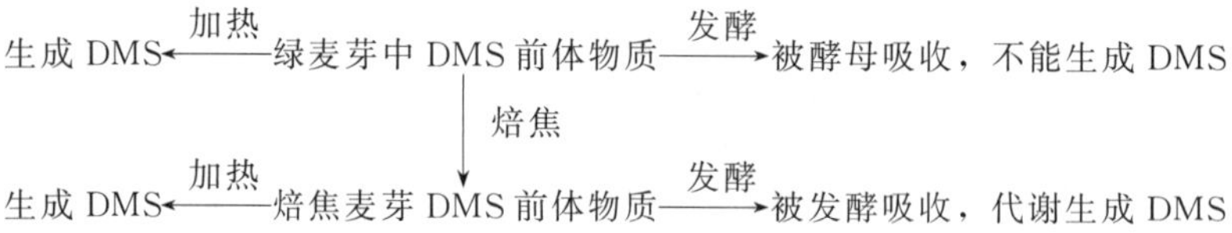

生成 DMS ←(加热)— 绿麦芽中 DMS 前体物质 —(发酵)→ 被酵母吸收，不能生成 DMS

↓ 焙焦

生成 DMS ←(加热)— 焙焦麦芽 DMS 前体物质 —(发酵)→ 被发酵吸收，代谢生成 DMS

3. 干燥工艺

国内常见的干燥炉有双层和三层水平式干燥炉、单层高效干燥炉及发芽-干燥两用箱等。

（1）双（三）层干燥炉干燥工艺

① 双层干燥炉烘干浅色麦芽常见工艺条件

上层（凋萎）：前 6h，热风温度为 35～40℃，麦芽水分由 43%降至 30%；
　　　　　　　后 6h，热风温度为 50～60℃，麦芽水分由 30%降至 10%。

下层（干燥）：前 8～9h，麦温为 45～70℃，麦芽水分由 10%降至 6%；
　　　　　　　后 3～4h，麦温为 80～85℃，麦芽水分由 6%降至 4.5%。

② 三层干燥炉烘干浅色麦芽常见工艺条件

上层：12h，麦温为 35℃左右，水分由 43%降至 25%～30%。

中层：12h，麦温为 35～55℃，水分由 25%～30%降至 8%～12%。

下层：12h，麦温为 50～85℃，水分由 8%～12%降至 4.5%～5%。

空气混合室温度为 90～100℃。

（2）单层高效干燥炉干燥工艺条件

① 凋萎：10～12h，开始时麦温为 40～50℃，水分由 43%降至 10%；结束时麦温为 60～65℃，水分由 10%降至 6%～7%。

② 干燥：3～4h，麦温为 65～80℃，水分由 6%～7%降至 5%。

③ 焙焦：3～4h，麦温为80～85℃，水分在5%以下。

(3) 发芽-干燥两用箱干燥工艺条件

① 凋萎：18h，麦温为50～60℃，水分由43%降至8%～10%。

② 干燥：10h，麦温为65～80℃，水分由8%～10%降至5%。

③ 焙焦：3～4h，麦温为80～85℃，水分在5%以下。

(4) 干燥麦芽除根 麦根带有不良苦味，且吸湿性强，必须除去。将麦芽干燥至水分含量为3%～5%时，停止加热，出炉除根，然后入库贮藏至少1个月，或长至半年即可。经过贮藏的麦芽，玻璃质粒将得到一定程度的改进，蛋白酶和淀粉酶的活性有所提高，浸出物含量提高。

五、麦芽的质量评定

1. 感官评定

将绿麦芽的麦皮剥开，用拇指和食指搓开胚乳，呈粉状散开且感觉细腻者为溶解良好。将干麦芽切断，其断面呈粉状者为溶解良好。用口咬干麦芽，疏松易碎者为溶解良好。同时，叶芽长度越均匀越好，若浅色麦芽的叶芽长度为麦粒长度的3/4者占75%左右，平均长度为麦粒长度的3/4左右，不发芽粒少于5%，则认为优良。

2. 理化标准

(1) 水分 浅色麦芽的出炉水分以3%～5%为宜，深色麦芽的出炉水分以1.5%～3.5%为宜。

(2) 无水浸出物 含量为72%～80%。

(3) 糖化时间 优良浅色麦芽为10～15min，深色麦芽为20～30min。

(4) 色度 浅色麦芽的色度为2.5～4.5EBC单位；深色麦芽的色度为9.5～15.0EBC单位。

(5) 细胞溶解度 使用EBC型粉碎机，按标准操作条件进行粉碎，按粗细粉的差值判断麦芽溶解度的经验值：＜1.5%为优；1.6%～2.2%为良好。

(6) 蛋白溶解度（库尔巴哈值） ＞41%为优；38%～41%为良好。

(7) 糖化力 浅色麦芽的糖化力通常在200～300WK，深色麦芽糖化力通常只有80～120WK。

六、特种麦芽

1. 焦糖麦芽

焦糖麦芽又称焦香麦芽或琥珀麦芽，这种麦芽多用于制造中等深色啤酒，其使用量为啤酒原料的5%～15%。

2. 类黑素麦芽

类黑素麦芽含有丰富的类黑素，呈黄褐色，胚乳为黑褐色，色度不低于14mL 0.1mol/L的碘液，麦芽香味浓，无苦味，用于制造深色啤酒。

3. 乳酸麦芽

乳酸麦芽用于改进碱性糖化用水，降低糖化醪液的pH。糖化配料中加3%～5%的乳酸麦芽可使pH降低0.2。使用乳酸麦芽还可提高酶活性，增加浸出物含量，改良啤酒口味，降低色度，提高泡持性。

4. 黑麦芽

黑麦芽用于生产浓色和黑色啤酒，以增加啤酒色度和焦香味，用量为5%～15%。

5. 尖麦芽和短麦芽

尖麦芽和短麦芽添加量为10%～15%。

项目二　麦芽汁的制备

麦芽汁制备俗称糖化，是将固态的麦芽、非发芽谷物、酒花等加水制备成澄清透明的麦芽汁，主要在糖化车间进行，包括原料的粉碎、原料的糊化和糖化、糖化醪的过滤、混合麦芽汁加酒花煮沸及麦芽汁的澄清、冷却、加氧等一系列加工过程。其工艺流程见图3-6。

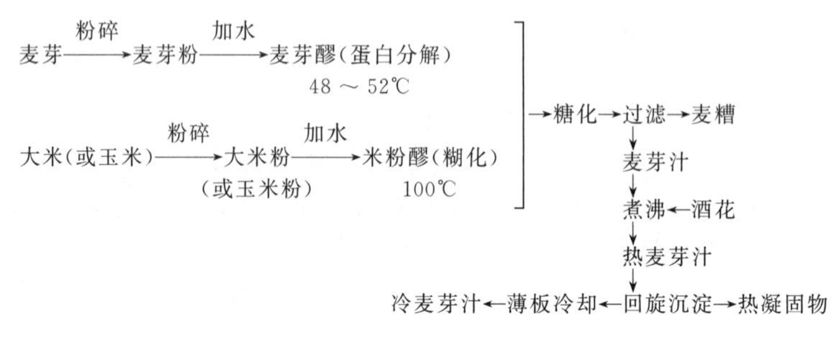

图3-6　麦芽汁制备工艺流程

一、麦芽及辅料的粉碎

麦芽在糖化前必须粉碎。经过粉碎，麦芽中的可溶性物质容易浸出，淀粉粒与酶的接触面积增大，利于酶的作用。

1. 麦芽的干法粉碎

采用辊式粉碎机，粉碎机的对辊间距根据麦芽的腹径及需要的粉碎度进行调节。我国广泛采用四、五、六辊式等多种粉碎机。

麦芽粉碎前，可以在很短的时间内通入蒸汽或热水，使麦皮回潮而失去脆性，这样不仅胚乳的水分含量不会改变，而且粉碎时可保持麦皮的完整性，有利于过滤。麦芽粉碎后，按物料的颗粒大小可分为皮壳、麦芽粗粒、麦芽粉及微粉。

2. 麦芽的湿法粉碎

将麦芽预先在温水中浸泡，使麦芽的含水量达到25%～35%，然后在二辊或四辊式粉碎机中带水粉碎麦芽，在粉碎物中加入30～40℃的糖化水调成匀浆后送至糖化锅。采用湿法粉碎时，由于麦芽皮壳充分吸水变软，粉碎时不易磨碎，有利于过滤；胚乳带水碾磨，较均匀，糖化速度快。

3. 未发芽谷物的粉碎

未发芽谷物的粉碎主要指大米、玉米和大麦的粉碎。由于谷物未发芽，胚乳比较坚硬，因此多采用二辊式粉碎机。粉碎时只要求有较大的粉碎度，以利于辅料的糊化和糖化即可。

二、糖化时的主要物质变化

1. 淀粉的分解

麦芽中淀粉含量为干物质的58%～60%，在糖化过程中，淀粉的分解完全与否，对麦芽汁的收率和啤酒的发酵度有绝对重要的影响，但为了保持啤酒的风味和酒体，麦芽汁中还应保留一定量的糊精。因此，在麦芽汁制备过程中，对淀粉的分解程度应进行控制和检查，常用方法有：①碘液反应，即淀粉分解至不与碘液起呈色反应为止；②糖与非糖之比控制在1∶(0.23～0.35)，在制造深色啤酒时，非糖比例适当提高。

糖化时淀粉的分解主要有以下因素的影响：①麦芽的质量；②非发芽谷物的添加；③糖化温度和 pH；④糖化醪浓度。

2. 蛋白质的变化

大麦中蛋白质的分解大部分是在发芽过程中完成的，麦芽在糖化过程中总的可溶性氮含量仅增加 20%～30%，啤酒麦芽汁中 70%以上的氨基酸直接来自麦芽，而只有 10%～30%是由糖化过程产生的。

水解蛋白质的主要蛋白酶，在糖化时的作用温度为 40～65℃，如采用较高的蛋白休止温度（50～65℃）有利于积累总的可溶性氮，而采用较低的温度（40～50℃）则有利于形成较多的 α-氨基氮。为了促进麦芽蛋白质分解，糖化时应将糖化醪的 pH 调节到 5.0～5.5。

三、糖化方法

糖化方法是指麦芽和非麦芽谷物原料的不溶性固形物转化成可溶性的、有一定组成比例的浸出物。糖化方法分类见图 3-7。

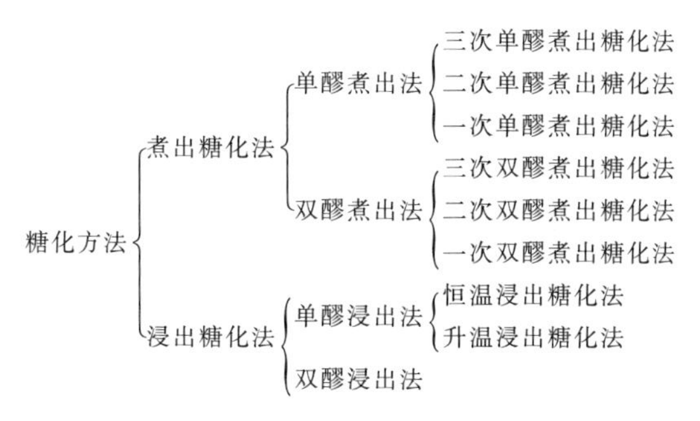

图 3-7 糖化方法分类

因为我国啤酒生产大多数使用非发芽谷物为辅料，故采用的是复式糖化法。当使用部分未发芽谷物作辅料时，由于未发芽谷物中的淀粉包含在胚乳细胞中，必须先破除淀粉细胞壁，使淀粉溶出，再经糊化和液化形成淀粉浆，才能通过麦芽中淀粉酶作用形成可发酵性糖和糊精。未发芽谷物的处理，一般是在糊化锅内加水、加麦芽后，升温至沸。由于包含了辅料的酶和煮沸处理，所以称为复式糖化。

目前，国内广泛采用的是复式一次煮出糖化法，人们习惯称为“双醪二次煮出糖化法”，此法制备的麦芽汁色泽浅，发酵度高。其工艺流程如下。

① 在糖化锅中投入麦芽原料，与热水混合形成糖化醪液，在 50℃下进行糖化；在糊化锅内，投入粉碎后的辅助原料，与热水混合后加温至 50℃，保温 20min 后升温至 70℃进行糊化、液化，然后加热至沸腾，煮沸 30～40min。

② 将糊化醪液泵入糖化锅，与糖化锅中的糖化醪液混合，使全部醪液温度达到 65～68℃，进行淀粉的分解，直至与碘液不反应为止。

③ 取部分醪液泵入糊化锅，迅速加热至沸，泵回糖化锅，使混合后的醪液温度达到糖化终了温度 78～80℃，然后进行过滤操作。

四、麦芽醪的过滤

糖化结束后，应在最短的时间内，将糖化醪中溶于水的浸出物与不溶性的麦糟分开，得到澄清的麦汁，此分离过程称麦芽醪的过滤。麦芽醪的过滤分以下三个过程。

① 残存在糖化醪中仅剩的耐热性 α-淀粉酶，继续将少量的高分子糊精分解成短链糊精和可发酵性糖，提高原料浸出物的收率。

② 以麦糟为滤层，从麦芽醪中分离出头号麦汁。

③ 用热水洗涤麦糟，洗出残存于麦糟中的可溶性固形物，得到洗涤麦汁（或称“二号麦汁”）。

麦芽醪的过滤设备通常有以下三类。

① 过滤槽　依靠液柱静压力为推动力的过滤槽。

② 压滤机　依靠泵送醪液的正压力为推动力的压滤机。

③ 快速渗出槽　依靠液柱正压力和麦芽醪泵抽吸造成的局部负压力为推动力的快速渗出槽。此种设备由于浸出物收率低、耗水量大、过滤效果不佳等缺点而很少使用。

1. 过滤槽法

过滤槽法是最古老的方法，也是应用最普遍的一种过滤方法。它是一圆柱形容器，槽底装有开孔的筛板，过滤筛板既可支撑麦糟，又可构成过滤介质。它以麦芽醪的液柱高度（1.5～2.0m）产生的静压力为推动力，实现过滤。设备结构如图 3-8。

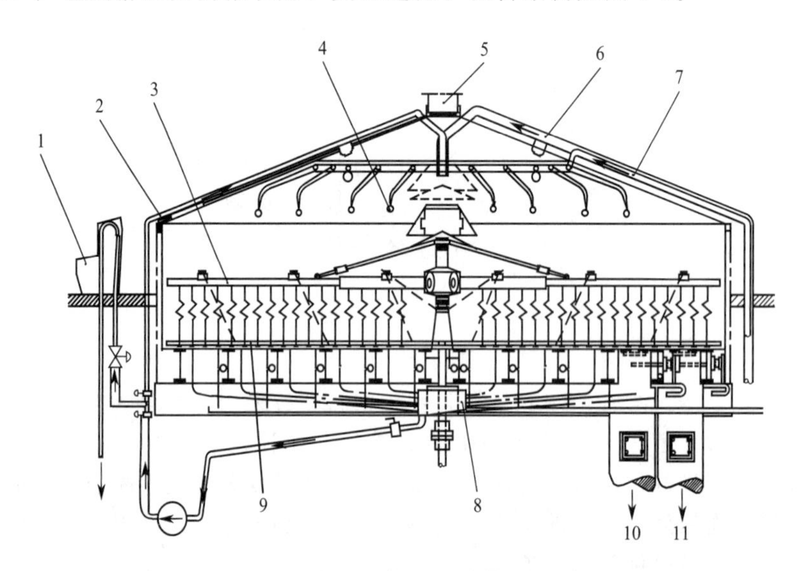

图 3-8　新型过滤槽

1—过滤操作控制台；2—浑浊麦汁回流管；3—耕糟机；4—洗涤水喷嘴；5—二次蒸汽引出口；6—糖化醪入口；7—水；8—滤清麦汁收集槽；9—排糟刮板；10—废水；11—麦糟

(1) 过滤槽法的操作过程

① 将糖化终了的糖化醪液泵入过滤槽中，进行过滤。

② 槽底预先铺好过滤板，并从槽底部引入 78℃的热水直至溢过过滤板以排除过滤板与槽底间的空气。

③ 糖化醪液泵入过滤槽后，利用耕糟机使糖化醪液在槽内均匀分布，然后静置20～30min，使麦糟下沉，形成滤层。

④ 通过麦汁阀或麦汁泵抽出浑浊麦汁，回流至槽内，直至麦汁澄清。然后打开全部麦汁排除阀，收集头号麦汁。

⑤ 待麦糟将要露出麦汁液面时，启动耕糟机，使麦糟层再度疏松，麦汁流出畅通。

⑥ 喷洒78～80℃的热水，洗涤麦糟，根据洗涤效果，可分2～3次进行，最后的残糖浓度达到1.0°P即可结束过滤。

⑦ 麦糟洗涤后，打开排糟孔，启动耕糟机，排出麦糟。

(2) 影响麦汁过滤速度的因素

① 滤层的压差　压差大，过滤的推动力大，滤速快。

② 滤层的渗透性　麦芽粉碎时若能使麦皮破而不碎，则形成的滤层渗透性好；反之则渗透性差。

③ 滤层的厚度　单位过滤面积的投料量越大，麦糟量越多，滤层厚度越高，过滤速度越慢。

④ 过滤的面积　相同质量的麦芽汁，过滤面积越大，过滤所需时间越短，过滤速度越快。

⑤ 麦芽汁的黏度　麦汁黏度与使用的麦芽质量关系很大，麦芽溶解不良，β-葡聚糖分解不完全，就会增加麦汁黏度，造成过滤困难。

对特定面积的滤层而言，麦汁过滤速度为：

$$v=\frac{K\times \text{压差}\times \text{滤层渗透性}}{\text{滤层厚度}\times \text{麦汁黏度}}$$

式中　K——过滤常数。

(3) 加快麦汁过滤速度的措施

① 使用优良麦芽。如果麦芽溶解不好，应添加部分β-葡聚糖酶并加强糖化时蛋白质的分解条件。

② 麦芽粉碎前进行回潮，或采用湿法粉碎，使麦皮破而不碎，改进滤层的渗透性。

③ 采用性能良好的耕糟机。

④ 加强过滤槽的保温设施，避免糟层和过滤槽底冷却。

2. 压滤机法

压滤机法近年发展很快，根据其结构可分为板框式压滤机、袋式压滤机和膜式压滤机三种。但常用设备为板框式压滤机，它由容纳糖化醪液的板框、分离麦汁的滤布及沟纹板组成若干个滤框室，再配以顶板、支架、压紧螺杆组成，其结构见图3-9。

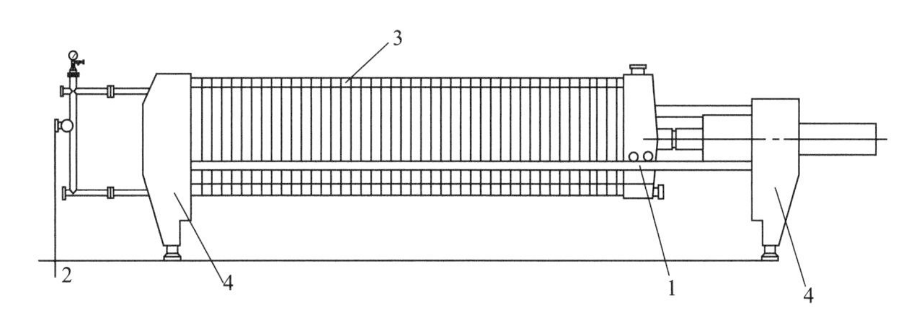

图3-9　板框式压滤机

1—板框支承架；2—混酒入口；3—板和框；4—机座

压滤机的操作过程如下。

① 向安装好的压滤机内泵入80℃热水，静置30min，以预热压滤机并排出机内空气。

② 排出预热水，泵入糖化醪液，醪液泵入前搅拌均匀，以便达到装机均匀，使各板框内所装醪液相等，否则过滤时容易出现短路。

③ 将压滤机的麦汁排出阀在糖化醪液泵入时全部打开，边装料边滤出头号麦汁。未形成良好的滤层时滤过的麦汁较浑浊，可回流至糖化锅，大约30min，头号麦汁可全部滤完。

④ 头号麦汁滤完后，立即泵入洗糟水进行洗糟，洗糟水以与麦汁过滤相反的方向穿过滤布和麦糟层，充分洗出糟内麦汁。

⑤ 洗糟结束，再通入压缩空气，充分排出糟内的残存麦汁，以提高收率。

⑥ 解开压滤机，排出麦糟，洗涤滤布，装机待用。

五、麦汁煮沸与酒花添加

1. 麦汁煮沸

(1) 麦汁煮沸的目的与作用

① 蒸发水分，浓缩麦汁。

② 酶的破坏和麦汁灭菌。

③ 蛋白质变形沉淀。

④ 酒花成分的浸出。

⑤ 排除麦汁中的异杂味。

⑥ 还原物质的形成。

⑦ 降低麦汁中的pH。

⑧ 通过煮沸，消灭麦芽汁中存在的各种有害微生物，保证最终产品的质量。

(2) 麦汁煮沸的设备 传统的煮沸锅均用紫铜板制成，近代普遍采用不锈钢板制成。煮沸锅的外形有圆筒球底、圆筒W底（梨形）、矩形不等边锥底等各种形式。比较普遍的是圆筒球底，配以球形或锥形盖。

传统工艺均采用直火加热，虽然操作困难，但由于热效率高，煮沸后麦汁蛋白质絮凝充分，酿成的啤酒具有光泽，故至今仍有少数工厂使用。近代绝大多数工厂采用间接加热，应用较为普遍的地热源有饱和蒸汽和过热蒸汽。间接加热的加热器有多种形式，小型锅采用锅底夹套加热，大型锅可采用内加热器或外加热器。内加热器主要有列管式、星式、多段式等。内加热器存在局部过热、容易结垢及麦汁色度加深等问题，采用外加热器就克服了这些缺点。

(3) 煮沸强度 指单位时间（h）内蒸发麦汁水分的百分数，又称蒸发强度，用ϕ表示：

$$\phi=\frac{V_1-V_2}{V_1 t}\times 100\%$$

式中 V_1——煮沸前混合麦汁体积，m^3；

V_2——煮沸后混合麦汁体积，m^3；

t——煮沸时间，h；

ϕ——煮沸强度，%/h。

2. 酒花添加

(1) 添加酒花的目的

① 赋予啤酒特有的香味。

② 赋予啤酒爽快的苦味。

③ 提高啤酒的防腐能力。

④ 提高啤酒的非生物稳定性。

⑤ 防止煮沸时窜沫。

(2) 酒花的添加量和添加方法 在我国酒花添加量以每立方米热麦汁添加酒花的质量(kg)计，目前添加量一般为0.8～1.3kg/m^3。酒花添加时应把握以下原则：①香型、苦型酒花并用时，先添加苦型酒花，后添加香型酒花；②在使用同类酒花时，应先加陈酒花，后加新酒花；③分批添加酒花时，开始添加量要少些，然后再提高。

六、麦汁的处理

煮沸结束的热麦汁，在进行啤酒发酵前还需要进行酒花糟分离、热凝固物分离、冷凝固物分离、麦汁冷却、充氧等一系列处理，才能制成发酵麦汁。国内目前采用较多的流程如图3-10。

热麦汁→煮沸锅→泵→回旋沉淀槽→薄板换热器→通风→发酵罐

分离酒花糟＋热凝固物（↓回旋沉淀槽） 离心冷凝固物（↓薄板换热器） 无菌空气（↑通风）

图3-10 麦汁的处理流程

在回旋沉淀槽内，分离酒花糟和热凝固物的同时，麦汁温度降低到55℃。然后利用薄板换热器将麦汁冷却到接种温度。

1. 热凝固物分离

热凝固物又称煮沸凝固物，是在煮沸过程中，麦汁中的蛋白质变性和多酚物质的不断氧化聚合而形成的，同时吸附了部分酒花树脂，在降温到60℃以前，此类凝固物仍不断析出。在发酵前热凝固物应尽量彻底分离，工厂中采用的是回旋沉淀槽法对热凝固物进行分离。

回旋沉淀槽是一个直立的圆柱槽，20世纪80年代以后流行的是平底圆筒体，后来对槽底加以改进，在槽底中心设置一凹形杯，使凝固物沉淀其中，以便排出，其结构如图3-11。

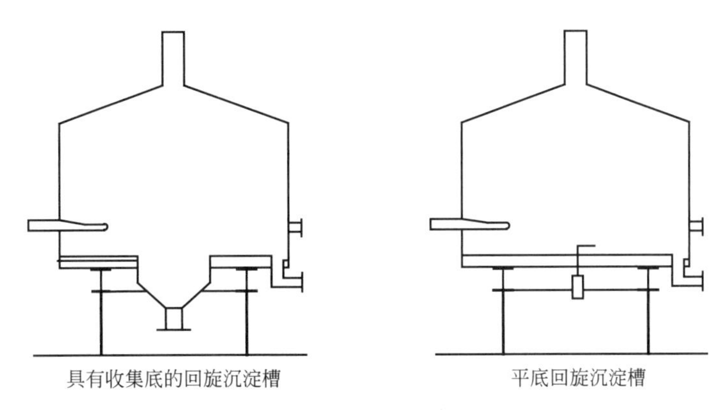

图3-11 回旋沉淀槽

回旋沉淀槽的工作原理是：热麦汁经泵输送，由槽切方向进槽，麦汁在槽内回转产生离心力，由于在槽内转动，离心力的反作用力把热凝固物颗粒推向槽底部中央。回旋沉淀槽的回转速度一般为10r/min左右，切线速度相应为10～20m/s。另外，其分离效果还与麦汁的黏度有关，而黏度与麦汁温度成反比，所以麦汁在泵入前不应冷却。为了充分沉淀热凝固物，麦汁在槽内停留的时间应不少于30min。

2. 冷凝固物分离

冷凝固物也称冷浑浊物，是分离热凝固物后澄清的麦汁，在冷却到50℃以下后，随着冷却的进行，麦汁中重新析出的浑浊物质，在25℃左右析出最多。这种浑浊物的形成过程是可逆的，麦汁加热到60℃以上，麦汁又澄清透明。

分离冷凝固物的主要方法有：①酵母繁殖法，我国很多啤酒厂都采用此法；②冷沉降法；③硅藻土过滤法；④麦汁离心分离法；⑤浮选法。

3. 麦汁的充氧

（1）热麦汁的氧化 麦汁在高温下接触氧，绝大部分是要对麦汁中各类物质进行氧化。对热麦汁氧化有利的一面是热麦汁吸氧，可氧化β-酸形成β-软树脂，赋予啤酒淡雅柔和的苦味；使α-酸、β-酸氧化成软树脂而减少粗糙的苦味；可促进部分球蛋白聚合沉淀，提高啤酒的非生物稳定性。

不利的一面是氧化不可逆的，它破坏了啤酒的还原性；麦汁在高温、高pH下，多酚物质易被氧化成醌，使麦汁色度加深；酒花精油、苦味物质过度氧化会形成脂肪臭和不愉快的苦味。

（2）冷麦汁的充氧 麦汁冷却至接种温度后，要采用无菌压缩空气通风，此时氧化反应微弱，氧在麦汁中呈溶解态，这部分溶解氧是酵母前期发酵繁殖所必需的，也有极少数厂采用纯氧通入麦汁。通风充氧不可在发酵期间进行，否则会延长酵母的停滞期，增加双乙酰含量，并使罐内泡沫增加，影响罐的有效容积。

项目三 啤酒的发酵

一、啤酒酵母的扩大培养

啤酒酵母是啤酒发酵过程和啤酒品质的决定性因素。啤酒工厂生产中酵母是由保存的纯种酵母经过扩大培养，达到一定数量后才使用的。啤酒酵母扩大培养流程见图3-12。

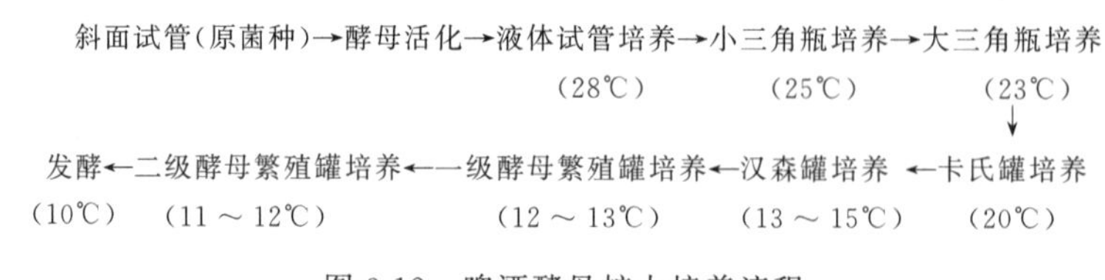

图3-12 啤酒酵母扩大培养流程

在酵母扩大培养过程中，应特别注意以下几个方面。

① 扩大过程中的无菌操作；

② 实验室培养用的麦汁，一般由实验室自己制备，糖化后的麦汁在煮沸时可加蛋清以提高麦汁中的氮源，分装入培养器皿后，在蒸汽杀菌釜内灭菌备用；

③ 卡氏罐以后的各级扩大培养中，麦汁培养基使用量很大，一般由生产车间制备；

④ 移种时间，在对数期移种，可获得出芽最多、死亡率最低、最强壮的细胞。

二、啤酒发酵过程中酵母的代谢

在冷却的麦汁中添加酵母后，啤酒发酵便开始。酵母开始在有氧的条件下，以麦汁中的氨基酸和可发酵性糖为营养源，靠呼吸作用而获得能量；此后便在无氧的条件下，进行酒精发酵，经过对麦汁组分进行一系列复杂的代谢，产生酒精和各种风味物质，构成有独特风味的饮料酒。

在此期间影响啤酒质量的主要因素：①麦汁的组成成分；②啤酒酵母的品种和菌株特性；③投入发酵的酵母数量和质量状况以及在整个发酵中酵母细胞的生活状况；④发酵容器的几何形状、尺寸和材料，会影响发酵流态、酵母的分布和 CO_2 的排出；⑤发酵工艺条件（pH、温度、溶解氧水平、发酵时间）等。

1. 糖类代谢

在啤酒发酵过程中，绝大部分可发酵性糖被酵母代谢生成酒精和二氧化碳，被利用的顺序是：葡萄糖＞果糖＞蔗糖＞麦芽糖＞麦芽三糖，麦芽四糖以上的寡糖、戊糖、异麦芽糖等均不能发酵，将成为啤酒中浸出物的主体。在啤酒正常发酵中，可发酵性糖不是全部发酵成酒精的，有 1.5%～2.5%的糖类转化成发酵副产物（高级醇、有机酸及酯类等），还有 2.0%～2.5%合成新酵母细胞，糖类酒精发酵率为 95%～96%。

2. 氮的同化

麦汁中含有氨基酸、肽类、蛋白质、嘌呤、嘧啶以及其他含氮物质。这些含氮物可供酵母繁殖时同化所用，并且对理化性能和风味品质起主导作用。健康的酵母，其胞外蛋白酶活性很微弱，在啤酒发酵时，对麦汁中的蛋白质分解作用很弱。酵母繁殖、代谢所需的氮源主要依靠麦汁中的氨基酸，麦汁中应有足够的氨基酸才能保证酵母的生长繁殖和发酵作用的顺利进行。

3. 啤酒中风味物质的形成

（1）高级醇类

① 代谢途径　由氨基酸转变成 α-酮酸，酮酸脱羧成醛，醛还原为醇。利用糖代谢合成氨基酸的最后阶段，形成了中间产物 α-酮酸，由此脱羧、还原而形成高级醇。

② 对啤酒风味的影响　高级醇是各种酒类的主要香味和口味物质之一，能使酒类具有丰满的香味和口味，并增加酒的协调性。但高级醇含量过高，便会形成酒中的异杂味，高级醇含量如果超过 100mg/L，则过量饮用容易醉。

③ 影响啤酒中高级醇含量的主要因素　包括酵母菌种、麦汁成分和麦汁浓度、发酵条件等。

（2）醛类　啤酒中检出的醛类有 20 多种，其中乙醛是啤酒发酵过程中产生的主要醛类，是酵母代谢时由丙酮酸不可逆脱羧而形成的。乙醛对啤酒风味的影响很大，当啤酒中乙醛含量高于 10mg/L 时，就有不成熟的口感，给人以不愉快的粗糙苦味感；含量达到 25mg/L 以上，就有强烈的刺激性辛辣感；含量超过 50mg/L，则有无法下咽的刺激感。

（3）有机酸

① 酸的来源　来自麦芽等原料、糖化发酵的生化反应、水及工艺调节的外加酸。国家标准《啤酒》（GB/T 4927—2008）规定了啤酒总酸的上限值，原麦汁浓度为 10.1～14.0°P 的淡色啤酒总酸应≤2.6mL/100mL。

② 总酸对啤酒风味的影响　酸类物质虽然不构成啤酒的香味，但它是主要的呈味物质，含有适量的酸，会使啤酒口感活泼、爽口。

③ 啤酒总酸的控制　主要是控制麦汁的总酸，目前有的啤酒厂酿造用水的碱度太大，糖化时大量加酸调节，使麦汁总酸高。

4. 酯类

（1）酯类的形成　由醇类和羧酸通过单纯酯化反应生成。

$$RCH_2OH + R'COOH \longrightarrow R'COOCH_2R + H_2O$$

（2）挥发性酯类对啤酒风味的影响 啤酒中应含有一定量的挥发性酯，这样才能使啤酒的香味丰满谐调。传统上认为过高的酯含量会有异香味，但国内一些啤酒中乙酸乙酯的含量会大于阈值，存在淡雅的果香味，形成了独特风味。影响酯类含量的因素包括酵母菌种、酵母接种量、发酵温度、麦汁浓度、麦汁通风等。

5. 连二酮类

连二酮是双乙酰和2,3-戊二酮的总称，但对啤酒风味起主要作用的是双乙酰，其在啤酒中的风味阈值在0.1～0.2mg/L，当含量大于0.5mg/L时有明显不愉快的刺激味，近似馊饭味；当含量大于0.2mg/L时有近似烧焦的麦芽味。

（1）形成途径

① 直接由乙酰辅酶A和活性乙醛缩合而成。

② 由α-乙酰乳酸的非酶分解形成双乙酰。

（2）降低双乙酰的措施

① 选择良好的酵母菌种。

② 麦汁组分合理。

③ 增加冷却麦汁的通氧量。

④ 提高双乙酰的还原温度。

⑤ 控制酵母增殖量。

⑥ 利用酶制剂。

⑦ 采取措施提高酒液的还原性，尽量减少酒液与氧接触的机会，以阻止α-乙酰乳酸的氧化。

⑧ 严格加强工艺卫生管理，完善啤酒发酵的原位清洗系统（CIP），杜绝杂菌污染。

6. 含硫化合物

硫是酵母代谢过程中不可缺少的元素，但某些硫的代谢产物对啤酒的风味有破坏作用。啤酒中存在多种含硫化合物，其中绝大部分是非挥发性硫化物，和啤酒的香气关系不大。而挥发性硫化物含量虽低，但会影响啤酒风味，主要包括H_2S、SO_2和硫醇。

三、啤酒的发酵工艺

啤酒发酵过程是啤酒酵母在一定的条件下，利用麦芽汁中的可发酵性物质而进行的正常生命活动，其代谢的产物就是所需的产品——啤酒。根据酵母发酵类型的不同把啤酒分为上面发酵啤酒和下面发酵啤酒两大类，国内主要是生产浅色下面发酵啤酒。

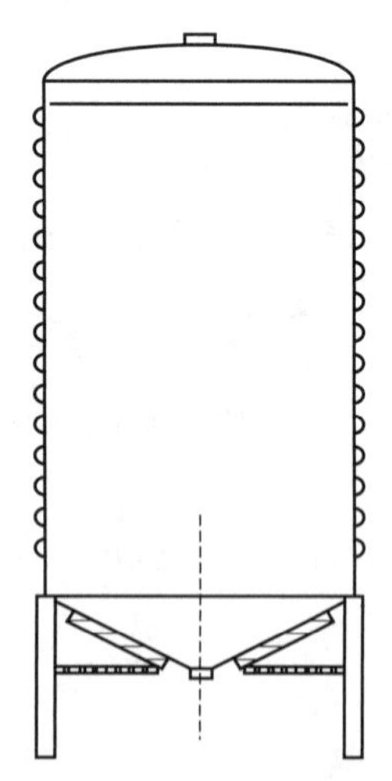

图3-13 圆柱锥形发酵罐

现代发酵技术主要有圆柱露天锥形发酵罐发酵、连续发酵和高浓度稀释发酵等方式，目前大多主要采用的是圆柱锥形发酵罐发酵（图3-13）。

1. 锥形发酵罐的特点

① 发酵罐具有锥底，主发酵后便于回收酵母，采用的酵母菌株应该是凝聚型酵母菌株。

② 罐本身具有冷却夹套或盘管，冷却面积能够满足工艺上的降温要求。一般在圆柱体部分，视罐体高度可分为2～3段冷却，锥底部分一般设有一段冷却，有利于酵母的沉降和保存。

③ 圆柱锥形发酵罐是密闭罐，可以进行CO_2洗涤，也可以回

收 CO_2，可以作发酵罐，也可以作贮酒罐。

④ 罐内的发酵液由于罐体高度而产生 CO_2 梯度。罐底酵母浓度大，发酵快，酒精生成多，造成罐的上下部有密度差。冷却控制罐上部温度低，下部温度高，可以使发酵形成上下的自然对流，罐体越高，对流作用越强。

⑤ 在主发酵结束后不排出酵母，全部酵母都参与后发酵中的双乙酰的还原，可缩短后发酵期。

⑥ 锥形罐的发酵冷却可直接冷却发酵罐和酒液，而且冷却介质在强制循环下，传热系数高，冷耗小。

⑦ 发酵罐清洗、消毒可实现自动化、程序化，采用 CIP 自动程序清洗，工艺卫生更易得到保证。

2. 锥形发酵罐的发酵工艺条件

(1) 进罐方式 以前常采用麦汁混合酵母，每 2～3 批麦汁用一个繁殖罐，使酵母克服滞缓期，进入对数生长期，再泵入发酵罐。现在采用直接进罐法，即冷却麦汁通风后用酵母计量泵定量添加酵母，直接泵入发酵罐。

(2) 接种温度和接种量 为了缩短发酵期，大多采用较高的接种量（0.6%～0.8%），接种后酵母浓度约为 15×10^6 个/mL。

(3) 主发酵温度 用锥形罐发酵时，国内采用的低温发酵温度为 9～10℃，中温发酵温度为 10～11℃。

(4) 双乙酰还原 主发酵结束后，进行双乙酰的还原，此时可不排出酵母，让全部酵母参与双乙酰的还原。当双乙酰还原到工艺要求后，尽快排出酵母，以利于改善酵母泥的品质。

(5) 罐压控制 锥形罐主发酵阶段采用微压（0.01～0.02MPa），主发酵后期封罐使罐压逐步升高，到还原阶段才升至最高值。考虑罐的耐压强度和实际要求，罐压最高控制在 0.07～0.08MPa，以后保持此值至啤酒成熟。

项目四 成品啤酒的生产

啤酒经过发酵或后处理，口味已经成熟，CO_2 已经饱和，酒液也逐渐澄清，再经机械处理，除去酒中悬浮微粒，酒液达到澄清透明，即可进行包装。

一、啤酒的过滤与分离

啤酒过滤与分离方法见图 3-14。

- 啤酒过滤
  - 棉饼过滤法
  - 硅藻土过滤法
    - 板框式硅藻土过滤机
    - 柱式硅藻土过滤机
    - 叶片式硅藻土过滤机
  - 板式过滤机
  - 微孔薄膜过滤法
  - 离心机分离法

图 3-14 啤酒过滤与分离方法

1. 硅藻土过滤法

硅藻土是硅藻的化石，直径只有几微米，有一层薄而坚硬的壳，是一种松软而质轻的粉状矿质，可用作过滤介质。硅藻土过滤机可分为如下三个类型。

（1）板框式硅藻土过滤机 这是早期的产品，多数采用不锈钢制作，由滤板和滤框交替排列而成，板框有导轨支撑，结构与麦汁过滤时使用的硅藻土过滤机相似。其构造简单，活动部件少，维护费用低，过滤能力可通过增减过滤板框而调节，迅速方便；但需经常更换滤布，清洗时劳动强度大。

（2）叶片式硅藻土过滤机 可分立式（图 3-15）和水平式两种，分别装在立式罐体或卧式罐体内。

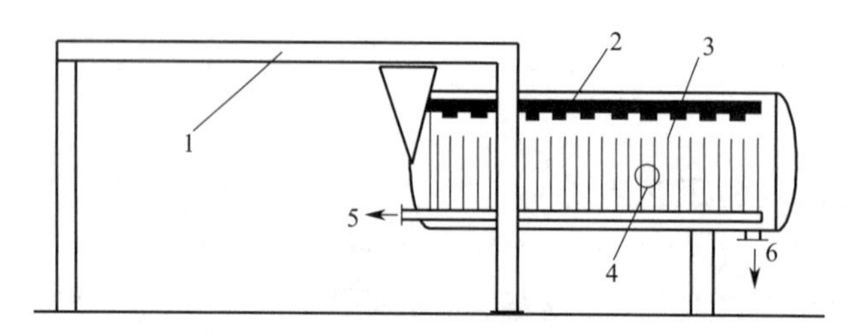

图 3-15 立式叶片式硅藻土过滤机

1—机台框架；2—摆动喷水管；3—过滤叶片；4—啤酒进口；5—清酒出口；6—滤渣出口

立式叶片式硅藻土过滤机的优点是：硅藻土可以在叶片的两侧沉积，过滤效率高，过滤机容积相对较小，制造成本较低；利用顶部冲洗喷管，湿法清除叶片上的滤饼，叶片可往复移动，清洗方便；容易实现自动化控制。该机的缺点是：清除滤饼必须打开机壳；滤床稳定性不如板框式和水平叶片式，过滤时压力如有波动可能造成滤饼脱落。

水平式叶片式硅藻土过滤机的优点是：容易实现自动化；即使过滤时压力有波动，叶片上的硅藻土滤层也可保持稳定。缺点是：硅藻土只沉积在叶片的上表面，单位容积内的过滤面积不如立式的大。

（3）柱式硅藻土过滤机（图 3-16） 过滤单元如蜡烛状，每根烛形柱由许多不锈钢环组成，作为滤层的支撑架，叠装在一根 Y 形金属棒上，酒液从环形盘之间透过，沿中心孔之间的狭缝和 Y 形金属棒的凹形槽流至清酒室。该过滤机的优点是：滤层在柱上，不易变形脱落；滤柱为圆形，过滤面积随滤层的增厚而增加。

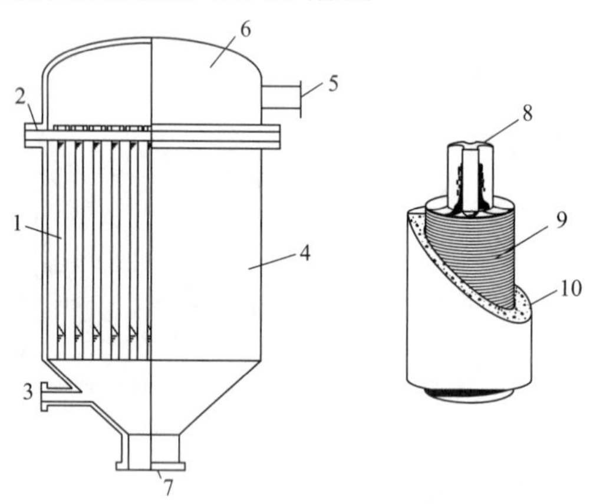

图 3-16 柱式硅藻土过滤机

1—过滤棒；2—隔板；3—啤酒入口；4—机壳；5—清酒入口；6—清酒室；

7—排污口；8—过滤棒；9—环行结构；10—硅藻土层

2. 板式过滤机

板式过滤机是由棉饼过滤机发展而来，用精制木材纤维和棉纤维掺和木棉或硅藻土等吸附剂压制成的滤板作为过滤介质，其中的纤维素形成骨架，要求具有良好的抗腐能力和强度。石棉和硅藻土包埋在纤维素骨架内，石棉起吸附作用，硅藻土可提高通透性，也可用于精滤，滤出无菌啤酒。

3. 微孔薄膜过滤法

微孔薄膜过滤法使用生化稳定性很强的合成纤维和塑料制成的薄膜作为过滤介质。薄膜有很多规格，微孔的孔径为 0.05～14nm，开孔率在 80%左右。啤酒的过滤可用孔径为 1.2nm 的薄膜，生产能力为（2～2.2）×10^4 L/h，膜的寿命为（5～6）×10^5 L。

4. 离心机分离法

离心机分离的应用始于 20 世纪初，是利用离心机将固体颗粒从液体中分离出来。其优缺点主要体现在：转鼓体积小，啤酒损失少，且不易污染；但操作时由于转鼓高速转动而摩擦生热，使已经降温的啤酒再次升温，造成已析出的部分啤酒浑浊物质再度溶解，降低了啤酒的非生物稳定性。

二、啤酒的包装与杀菌

啤酒的包装是啤酒生产的最后一道工序，对啤酒的质量和外观有直接影响，过滤完的啤酒，包装前存放在低温清酒罐中，通常同一批酒应在 24h 内包装完毕。

1. 瓶装啤酒

（1）工艺流程 瓶装啤酒包装工艺流程如图 3-17。

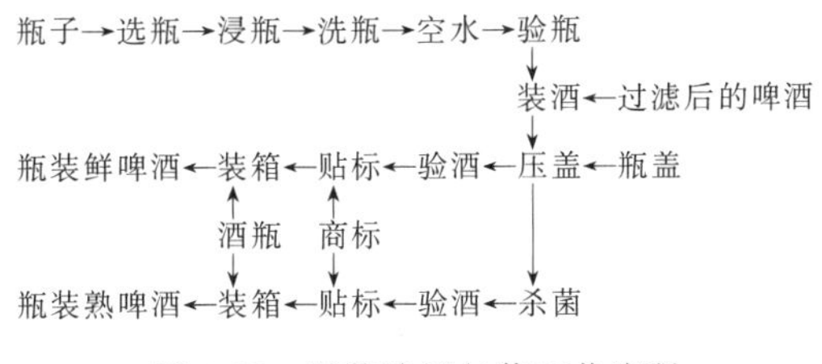

图 3-17 瓶装啤酒包装工艺流程

（2）工艺要点

① 空瓶的洗涤 目前常用的是高压喷洗。洗涤剂可选用 3%的碱性洗涤液或配加葡萄糖酸钠、连二亚硫酸钠等。浸瓶的升降温度应平稳，瓶温与液体的温差不能太大，以防瓶子破裂。

② 验瓶 验瓶方法分人工验瓶和光学检验仪验瓶两种。在人工验瓶时，利用灯光照射，检验瓶口、瓶子中部和底部，发现瓶子洗刷不净、有污物或规格不一、有破损等情况，一律挑出，另行处理。若利用光学检验仪，则可自动将污瓶从传送带上排除。

③ 装瓶 目前啤酒厂都采用高速装瓶机进行装瓶，最高生产能力达到 120000 瓶/(h・台)，但高速装瓶机必须有相应高速的洗瓶、杀菌、贴标等设备配合。目前灌装线的整体水平很难达到如此高的速度要求，最合理的高速装瓶机生产能力为 60000 瓶/(h・台)。一般装瓶机的标准系列生产能力为 24000 瓶/(h・台)、36000 瓶/(h・台)、48000 瓶/(h・台)。

装酒过程中，应严格控制装酒温度在－1～3℃，温度过高容易引起 CO_2 的逸散而产生冒酒现象。装酒时还必须保证清酒罐和装酒机的贮酒槽压力相对平稳。可采用超声波或喷射装置装瓶，激起瓶内啤酒的泡沫而将瓶颈空气排除，然后压盖。

④ 杀菌　目前国内均采用先装瓶后杀菌的方法，使用的杀菌设备为隧道式杀菌机，分为单层轨道和双层轨道两种。杀菌过程及参数如表 3-2。

表 3-2　杀菌过程及参数

操作过程	水温/℃	时间/min	操作过程	水温/℃	时间/min
预热	40	6	降温Ⅰ	60	6～7
升温	60	6～10	降温Ⅱ	40	6～7
杀菌	65	20～30	冷却	6～7	6～10

杀菌水尽量使用软化水，以防钙盐、镁盐沉积后堵塞喷嘴。啤酒杀菌后还要贴标，检验及装箱。

2. 罐装啤酒

罐装啤酒的包装容器是马口铁制成的三片罐和铝材经冲拔工艺制成的两片罐，目前啤酒厂大多使用的是铝罐。工艺流程如图 3-18。

空罐→链式输送器→洗涤机→灌装机→封罐机→自动定量仪
↓
成品←装箱机←风干机←杀菌机←分道器

图 3-18　罐装啤酒包装工艺流程

其优点体现在：①不回收使用后的空罐，节省了 1/2 的容器运费；②罐体重量轻，便于携带；③空罐装酒前只需清水洗涤，比洗瓶工艺简单；④金属罐壁传热快，可缩短杀菌时间而节省热能；⑤罐体预先印制商标，取消了贴标机。

缺点：①空罐只能使用一次，增加了包装成本；②灌装时酒损失较大，包装后的监测过程较复杂。

知识拓展

啤酒生产的新工艺

1. 浓醪发酵

采用高浓度麦汁进行发酵，然后再稀释成规定浓度成品啤酒的方法，可在不增加或少增加生产设备的条件下提高产量。原麦汁浓度一般为 16°P 左右。

2. 快速发酵

通过控制发酵条件，在保持原有风味的基础上，缩短发酵周期，提高设备利用率，增加产量。工艺条件为：在发酵过程某阶段提高温度；增加酵母接种量；进行搅拌。

3. 应用啤酒活性干酵母

啤酒活性干酵母具有质量稳定、可长期保存、使用方便等优点，解决了微型啤酒厂的酒母供应问题，即使对大型啤酒厂，使用啤酒活性干酵母后，可节省啤酒厂酵母培养系统投资，提高劳动生产率和专业技术水平。

4. 固定化酵母细胞连续发酵

采用固定化酵母进行啤酒连续发酵，可有效地改进啤酒连续发酵的效果。固定化细胞凝聚性强，酵母和发酵液容易分离；固定化酵母活性高，可反复多次使用；固定化酵母的使用可以增加发酵液中酵母细胞浓度，从而使啤酒发酵速度加快，生产能力高。

项目五 啤酒的质量控制

一、感官指标

国家标准《啤酒》(GB 4927—2008) 对感官要求如表 3-3、表 3-4。

表 3-3 淡色啤酒感官要求

项目				优级	一级
外观①	透明度			清亮,允许有肉眼可见的微细悬浮物和沉淀物(非外来异物)	
	浊度/EBC		≤	0.9	1.2
泡沫	形态			泡沫洁白细腻,持久挂杯	泡沫较洁白细腻,较持久挂杯
	泡持性②/s	≥	瓶装	180	130
			听装	150	110
香气和口味				有明显的酒花香气,口味醇正,爽口,酒体谐调,柔和,无异香、异味	有较明显的酒花香气,口味醇正,较爽口,谐调,无异香、异味

① 对非瓶装的“鲜啤酒”无要求。
② 对桶装(鲜、生、熟)啤酒无要求。

表 3-4 浓色啤酒、黑色啤酒感官要求

项目				优级	一级
外观①				酒体有光泽,允许有肉眼可见的微细悬浮物和沉淀物(非外来异物)	
泡沫	形态			泡沫细腻挂杯	泡沫较细腻挂杯
	泡持性②/s	≥	瓶装	180	130
			听装	150	110
香气和口味				具有明显的麦芽香气,口味醇正,爽口,酒体醇厚,杀口,柔和,无异味	有较明显的麦芽香气,口味醇正,较爽口,杀口,无异味

① 对非瓶装的“鲜啤酒”无要求。
② 对桶装(鲜、生、熟)啤酒无要求。

二、理化指标

国家标准《啤酒》(GB 4927—2008) 对理化要求如表 3-5、表 3-6。我国食品安全国家标准 GB 2758—2012《发酵酒及其配制酒》明确规定:啤酒中甲醛含量不得高于 2.0mg/L。

表 3-5 淡色啤酒理化要求

项目			优级	一级
酒精度①/%vol	≥	大于等于 14.1°P	5.2	
		12.1~14.0°P	4.5	
		11.1~12.0°P	4.1	
		10.1~11.0°P	3.7	
		8.1~10.0°P	3.3	
		小于等于 8.0°P	2.5	

续表

项目		优级	一级
原麦汁浓度②/°P		X	
总酸/(mL/100mL) ≤	大于等于 14.1°P	3.0	
	10.1～14.0°P	2.6	
	小于等于 10.0°P	2.2	
二氧化碳③/%(质量分数)		0.35～0.65	
双乙酰/(mg/L) ≤		0.10	0.15
蔗糖转化酶活性④		呈阳性	

① 不包括低醇啤酒、无醇啤酒。
② “X” 为标签上标注的原麦汁浓度，≥10.0°P 允许的负偏差为 “−0.3”；<10.0°P 允许的负偏差为 “−0.2”。
③ 桶装（鲜、生、熟）啤酒二氧化碳不得小于 0.25%（质量分数）。
④ 仅对 “生啤酒” 和 “鲜啤酒” 有要求。

表 3-6　浓色啤酒、黑色啤酒理化要求

项目		优级	一级
酒精度①/%vol ≥	大于等于 14.1°P	5.2	
	12.1～14.0°P	4.5	
	11.1～12.0°P	4.1	
	10.1～11.0°P	3.7	
	8.1～10.0°P	3.3	
	小于等于 8.0°P	2.5	
原麦汁浓度②/°P		X	
总酸/(mL/100mL) ≤		4.0	
二氧化碳③/%(质量分数)		0.35～0.65	
蔗糖转化酶活性④		呈阳性	

① 不包括低醇啤酒、脱醇啤酒。
② “X” 为标签上标注的原麦汁浓度，≥10.0°P 允许的负偏差为 “−0.3”；<10.0°P 允许的负偏差为 “−0.2”。
③ 桶装（鲜、生、熟）啤酒二氧化碳不得小于 0.25%（质量分数）。
④ 仅对 “生啤酒” 和 “鲜啤酒” 有要求。

三、保存期

12°P 瓶装鲜啤酒的保存期在 7d 以上，熟啤酒在 60d 以上。

四、卫生指标

二氧化硫残留量以游离二氧化硫计，必须低于 0.05g/kg；黄曲霉毒素 B_1 必须低于 5μg/kg；熟啤酒中细菌总数必须少于 50 个/mL，其中大肠菌群数规定 100mL 熟啤酒中不得超过 3 个，而鲜啤酒中不得多于 50 个。

1. 啤酒的定义是什么？简述我国啤酒工业的发展趋势。

2. 啤酒酿造对大麦的要求有哪些？

3. 影响啤酒质量的因素是什么？

4. 大麦发芽过程中形成的主要水解酶有哪些？形成条件、作用方式及最适作用条件是什么？

5. 影响糖化的因素有哪些？如何控制淀粉和蛋白质的水解？

6. 发酵过程中常见的异常现象有哪些？造成的原因是什么？如何解决？

7. 什么是啤酒的风味稳定性？影响啤酒风味的物质有哪些？

8. 简述啤酒厂“三废”的综合利用及处理方法。

实训二 啤酒生产工艺研究

【实训目的】

了解和掌握啤酒酿造全过程及其中间控制分析项目。

【实训原理】

啤酒是一种营养丰富的低酒精度饮料酒，它是利用啤酒酵母对麦芽汁中某些组分进行一系列的生物化学代谢，产生酒精及各种风味物质，形成具有独特风味的酿造酒。针对啤酒的发酵机理，本实训研究了啤酒酿造全过程中部分重要参数的测定，供学生完成。

【实训材料】

白糖、蔗糖、浓缩麦芽汁、活性干酵母、发酵桶、pH 计、糖度计、冷藏柜等。

【实训步骤】

1. 操作过程

（1）酵母活化：取 2g 蔗糖放入 100mL 水中，煮沸晾凉至 25℃左右；称取 4g 活性干酵母放入上述糖水中，在 25℃下保温 30min 以上。

（2）称取 350g 白糖放入 1000mL 水中，煮沸制成一定浓度的糖水。将约 600g 浓缩麦芽汁和上述已冷却的糖水倒入发酵桶中，并加入 7L 工艺用水（纯净水、净化水或凉开水等），搅拌均匀。调整麦芽汁的温度使其接近室温。测定麦芽汁的浓度和 pH，将活化好的酵母倒入发酵桶中，再搅拌均匀。盖好桶盖，即进入前发酵阶段。

（3）发酵液的浓度下降到 4.5°P，前发酵阶段结束，转入后发酵阶段。

（4）将前发酵的酒液装入干净的瓶子中，每瓶再加入浓度为 30%的糖水 5mL。将液量控制在 85%～90%。在室温下放至 2d 后转入 1℃冷藏柜中，后发酵 1 周以上，即可成为成品啤酒。

2. 成品检验（GB/T 4927—2008 和 GB 8952—2016）

（1）啤酒酸度的测定 采用电位滴定法。

（2）啤酒中酒精含量的测定 采用比重瓶法。

（3）啤酒色度的测定 采用比色法。

（4）啤酒酵母菌总数的测定 采用显微镜直接计数法。

（5）啤酒中大肠菌群数的测定 采用平板计数法。

【实训报告】

测定啤酒酸度、酒精含量、色度、酵母菌总数、大肠菌群数，并将数据填入下表。

酸度	酒精含量	色度	酵母菌总数	大肠菌群数

【实训思考】

1. 为什么酿造啤酒要进行后发酵处理？
2. 本实训中麦芽汁起到哪两个作用？

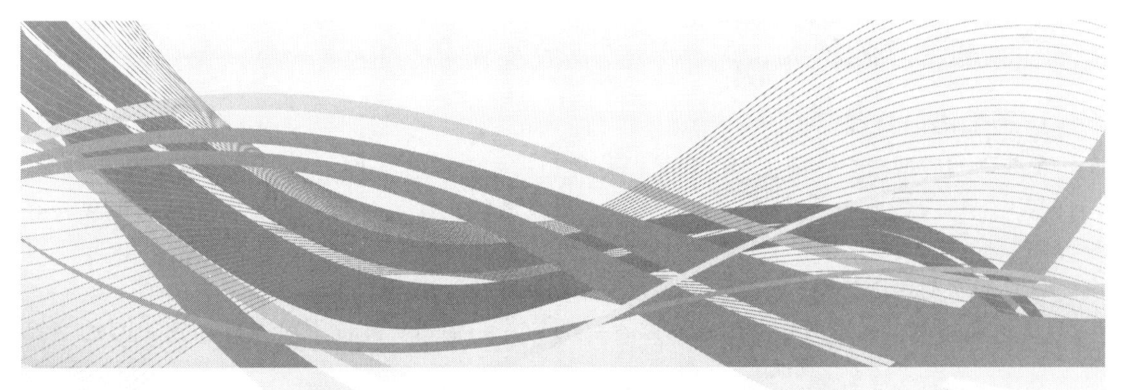

模块四 葡萄酒生产技术

学习目标

1. 掌握葡萄酒的种类。
2. 了解葡萄酒生产常用的葡萄品种以及微生物。
3. 了解葡萄酒发酵前的准备工作，掌握红葡萄酒发酵工艺操作。
4. 了解葡萄酒生产的新工艺、新技术，掌握葡萄酒生产的质量控制方法。

必备知识

葡萄酒是以鲜葡萄或葡萄汁为原料，经全部或部分发酵酿制而成的，含有一定酒精度的发酵酒。葡萄酒产量在世界饮料酒中列第2位，由于其酒精含量低，营养价值高，所以是饮料酒中主要的发展品种。

一、我国葡萄酒生产的历史与发展趋势

中国葡萄酒酿制开始于约2000年前，汉代张骞出使西域引进葡萄酒酿制技术，开始酿制葡萄酒。近代葡萄酒工业化生产始于1892年华侨实业家张弼士在山东烟台创建了张裕酿酒公司。新中国成立以后，中国的葡萄酒工业实现了跨越式、全方位的快速发展，形成了有中国特色的十大葡萄酒产区和上百家葡萄酒生产企业，许多新工艺、新设备得到推广应用，使中国葡萄酒工业的整体素质有了很大提高。

葡萄酒作为一个新兴产业有着良好的发展环境，国家的产业政策也大力鼓励发展葡萄酒产业。对于葡萄酒行业而言，完善产品结构，提升产品质量是葡萄酒行业发展的重点。葡萄酒市场竞争激烈，加大结构调整力度，以提高质量、效益和扩大产品出口为目标，重视葡萄基地的发展，建立起抵御各种风险能力的配套基地，为葡萄酒的发展提供可靠的优质原料，并逐步实现品种区域化、酒种区域化，生产出具有顽强生命力和强大竞争力的高质量、有地区特色的葡萄酒产品是中国葡萄酒产业的发展方向。

二、葡萄酒的种类、风味物质成分及营养价值

1. 葡萄酒的种类

葡萄酒的类型较多，因葡萄的栽培、葡萄酒的生产工艺条件不同，产品风格各不相同，根据 GB 15037—2006《葡萄酒》的分类，一般按酒的色泽、含糖量多少、二氧化碳含量等来分类。

(1) 按酒的色泽分类

① 红葡萄酒　采用皮红肉白或皮肉皆红的葡萄经葡萄皮和汁混合发酵而成。酒色主要有宝石红、鲜红、深红、暗红、紫红等。

② 白葡萄酒　用白葡萄或皮红肉白的葡萄分离发酵而成。酒色微黄带绿，近似无色或浅黄、禾秆黄、金黄等。

③ 桃红葡萄酒　用带色的红葡萄带皮发酵或分离发酵而成。酒色为淡红、桃红、橘红或玫瑰红，颜色介于红、白葡萄酒之间。

(2) 按含糖量多少分类

① 干葡萄酒　含糖（以葡萄糖计）小于或等于 4.0g/L 的葡萄酒。或者当总糖与总酸（以酒石酸计）的差值小于或等于 2.0g/L 时，含糖最高为 9.0g/L 的葡萄酒。

② 半干葡萄酒　含糖大于干葡萄酒，最高为 12.0g/L 的葡萄酒。或者当总糖与总酸（以酒石酸计）的差值小于或等于 2.0g/L 时，含糖最高为 18.0g/L 的葡萄酒。

③ 半甜葡萄酒　含糖大于半干葡萄酒，最高为 45.0g/L 的葡萄酒。

④ 甜葡萄酒　含糖大于 45.0g/L 的葡萄酒。

(3) 按二氧化碳含量分类

① 平静葡萄酒　在 20℃时，二氧化碳压力小于 0.05MPa 的葡萄酒。

② 起泡葡萄酒　在 20℃时，二氧化碳压力等于或大于 0.05MPa 的葡萄酒。

a. 高泡葡萄酒：在 20℃时，二氧化碳（全部自然发酵产生）压力大于等于 0.35MPa（对于容量小于 250mL 的瓶子二氧化碳压力等于或大于 0.3MPa）的起泡葡萄酒。

ⓐ 天然高泡葡萄酒：酒中糖含量小于或等于 12.0g/L（允许差为 3.0g/L）的高泡葡萄酒。

ⓑ 绝干高泡葡萄酒：酒中糖含量为 12.1～17.0g/L（允许差为 3.0g/L）的高泡葡萄酒。

ⓒ 干高泡葡萄酒：酒中糖含量为 17.1～32.0g/L（允许差为 3.0g/L）的高泡葡萄酒。

ⓓ 半干高泡葡萄酒：酒中糖含量为 32.1～50.0g/L 的高泡葡萄酒。

ⓔ 甜高泡葡萄酒：酒中糖含量大于 50.0g/L 的高泡葡萄酒。

b. 低泡葡萄酒：在 20℃时，二氧化碳（全部自然发酵产生）压力在 0.05～0.34MPa 的起泡葡萄酒。

2. 葡萄酒的风味物质成分

葡萄酒的成分极为复杂，主要成分如下。

(1) 糖类　葡萄酒中的糖类主要以果糖和葡萄糖为主，此外还有少量的阿拉伯糖、木糖、鼠李糖、棉籽糖、麦芽糖、半乳糖等。

(2) 乙醇　乙醇是除水以外在葡萄酒中含量最高的成分，主要来自葡萄酒发酵，某些贮存期较长的优质葡萄酒部分乙醇来自苹果酸的分解。

(3) 高级醇　葡萄酒中的高级醇是指两个碳以上的醇类，其中 90%以上为戊糖醇、异戊糖醇、异丁醇。高级醇是酒的香气成分之一，又是香气物质的良好溶剂。

(4) 甘油 是酒精发酵的副产物，占酒精质量的1/15～1/10，是除水、乙醇之外，葡萄酒中最重要的成分。

(5) 有机酸 葡萄酒中的有机酸主要有酒石酸、苹果酸、柠檬酸、乳酸、琥珀酸以及少量的挥发酸如甲酸、乙酸、丁酸等。

(6) 酯类 是葡萄酒的重要香气成分，酒中含量较少，主要包括乙酸乙酯、乳酸乙酯、琥珀酸乙酯、酒石酸乙酯等。

(7) 氨基酸 是葡萄酒风味和营养的重要部分，能赋予葡萄酒一种特殊风味。其中主要有脯氨酸、丝氨酸、亮氨酸和谷氨酸。

(8) 醛类 葡萄酒中存在少量的乙醛和乙缩醛，是葡萄酒的香味成分之一。

(9) 色素 在红葡萄酒中色素含量较高，是形成红葡萄酒颜色的主要成分。

(10) 矿物质 主要有钾、钙、镁、铁、锰、铅等，在葡萄酒中主要以无机盐的形式存在。

(11) 维生素 葡萄酒中含有多种维生素，且种类比较齐全，主要有维生素C、维生素B_1、维生素B_2、维生素B_6和维生素B_{12}等。

3. 葡萄酒的营养价值

葡萄酒营养丰富，营养价值和医疗价值很高。葡萄酒中含有多种营养成分，其中糖类是人体热能的主要来源，可供应身体能量和肌肉活动，帮助消化和调节蛋白质、脂肪的代谢。酒中的有机酸可调节体内的酸碱平衡，有益于人体健康。另外，酒中还含有维生素A、维生素B、维生素E和维生素C等多种维生素，以及人体必需的13种微量元素和氨基酸、单宁等，有助于增进食欲、补血、软化血管和预防消化不良。经常适量饮用葡萄酒，有益身体健康。

三、葡萄的成分

葡萄包括果梗和果粒两个部分，每颗果粒又由果皮、果核和果肉三部分组成。

1. 果梗及其成分

果梗是果实的支持体，含大量水分、纤维素、树脂、单宁、无机盐，只含少量的糖分和有机酸。

2. 果皮及其成分

果皮占果粒质量的8%左右，含有单宁、多种色素及芳香物质。除少数染色品种外，葡萄浆果的色素只存在于果皮中，主要有花色素和黄酮。

3. 果核及其成分

果核占果粒总质量的3%左右。果核中含有多种有害葡萄酒风味的物质，如脂肪、树脂、挥发酸等，这些成分如在发酵时带入醪液，会严重影响葡萄酒品质。

4. 果肉和果汁

果肉是果粒最重要的部分，占其总质量的80%～85%。果肉经破碎后产出葡萄汁。果肉和果汁的主要化学成分有糖、有机酸、果胶质和无机盐等。

四、主要酿酒用的葡萄品种

不同类型的葡萄酒对葡萄的特性要求也不同，目前全世界现有的葡萄品种约有5000多种，现介绍中国葡萄酒生产所用的主要酿酒品种。

1. 酿造白葡萄酒的优良品种

酿造白葡萄酒的优良品种主要有龙眼、雷司令、贵人香、白羽、霞多丽等，可酿制各种不同酒精含量、不同糖度的白葡萄酒。

（1）龙眼 又称秋紫，原产于中国，具有悠久的栽培历史。该种葡萄果皮中等厚，紫红色，果肉柔软多汁，是酿制干白葡萄酒、优质香槟酒和半甜葡萄酒的主要品种之一。

（2）雷司令 原产于德国莱茵地区，果穗小，圆柱形或圆锥形，带副穗，穗梗短，果粒长，着生紧密，黄绿色，果皮薄，略透明，果香独特，果肉多汁，是酿造优质干白葡萄酒的优良品种。

（3）贵人香 又名意斯林，原产于法国南部，果皮薄，黄绿色，果肉多汁，是世界上酿造优质白葡萄酒的主要品种之一，也是制汁的优良品种。

（4）白羽 又名尔卡齐杰利、白翼，原产于格鲁吉亚，果皮薄，绿黄色，易与果肉分离，果肉柔软多汁，味鲜且甜酸适度。它是目前中国酿造白葡萄酒主要品种之一，同时还可酿造白兰地和香槟酒。

（5）霞多丽 又名查当尼，原产于法国勃艮第。霞多丽果粒小，近圆形，黄绿色，果皮薄，果肉多汁，味清香，是酿造高档干白葡萄酒和香槟酒的世界名种。

2. 酿造红葡萄酒的优良品种

酿造红葡萄酒的优良品种主要有赤霞珠、佳利酿、蛇龙珠、黑品乐、品丽珠等，根据果实所含色素的多少和酿造方法的不同，可酿制红葡萄酒或白葡萄酒。

（1）赤霞珠 又名解百纳，原产于法国，果皮厚，紫黑色，易与果肉分离，果肉白色，汁多味甜，有香草味。它是世界上酿制干红葡萄酒的优良品种。

（2）佳利酿 又名法国红，原产于西班牙。该品种适应性强，是酿制红葡萄酒的良种之一，亦可酿制白葡萄酒。

（3）蛇龙珠 原产于法国。该品种适应性强，结果期较晚，与赤霞珠、品丽珠共称为酿造红葡萄酒的“三珠”，是世界上酿造红葡萄酒的名贵品种。

（4）黑品乐 又名黑比诺、黑美酿，原产于法国，果粒紫黑色，果皮薄，果肉多汁呈白色，酸甜适宜。该品种除酿造高级红葡萄酒外，还可酿造优质白葡萄酒与香槟酒，且有几个变异品种，如灰品乐、白品乐。

（5）品丽珠 又名卡门耐悌，原产于法国，果皮有浓厚果粉，肉白微绿，多汁，是酿造优质红葡萄酒的品种。

五、葡萄酒生产的基本原理

利用野生酵母或人工酵母菌分解葡萄汁中可发酵性糖，产生酒精，同时产生甘油、乙醛、醋酸、乳酸和高级醇等副产物，再在陈酿澄清过程中经酯化、氧化、沉淀等作用，赋予葡萄酒特殊风味，最终形成酒液澄清、色泽鲜美、醇和芳香的葡萄酒产品。

1. 酒精

葡萄汁中的可发酵性糖在葡萄酒酵母的作用下，转化成酒精和二氧化碳，同时生成少量的醛类、高级醇、有机酸及其他副产物。酒精能防止微生物（杂菌）对酒的破坏，对保证酒的质量有一定作用。因此，果酒的酒精度大多在12%vol～24%vol。

2. 有机酸

葡萄酒中的酸有原料中带来的，如酒石酸、苹果酸、微量柠檬酸等；有发酵过程产生的，如醋酸、丁酸、乳酸、琥珀酸等。酒中含酸量如果适当，酒的滋味就醇厚、谐调、适口，反之则差。同时，酸对防止杂菌的繁殖也有一定的作用。

3. 酯类

酵母菌代谢过程中产生部分生化酯类，同时葡萄酒在陈酿过程中有机酸与醇类发生化学反应产生化学酯类，构成葡萄酒的主要香气成分。

4. 甘油

葡萄酒酵母在糖酵解过程中，磷酸二羟丙酮氧化 1 分子 $NADH_2$，形成 1 分子甘油。甘油可使酒的口感变得圆润甘甜，更易入口。甘油的生成受菌种、葡萄汁含糖量、pH、发酵温度等因素影响。

六、葡萄酒生产中的微生物

成熟的葡萄上附着有大量的酵母细胞，在利用自然发酵酿造葡萄酒时，这部分附着在葡萄上的酵母在酿酒过程中起主要作用。从葡萄汁中分离出来的酵母菌分为三类：一是葡萄酒酵母，发酵力强，耐酒精性好，产酒精能力强，生成有益的副产物多；二是野生酵母，发酵能力比较弱，但其与第一类酵母的数量比例可以高达 1000∶1；三是产膜酵母，是一种好气性酵母菌，当发酵容器未灌满葡萄汁时，产膜酵母便会在葡萄汁液面上生长繁殖，使葡萄酒变质。

在现代葡萄酒的生产过程中，越来越广泛地采用纯培养的优良酿酒酵母代替野生酵母发酵。优良的葡萄酒酵母应满足以下几个基本条件。

① 具有很强的发酵能力和适宜的发酵速度，耐酒精性好，产酒精能力强；

② 抗二氧化硫能力强；

③ 发酵度高，能满足干葡萄酒生产的要求；

④ 能协助产生良好的果香和酒香，并有悦人的滋味；

⑤ 生长、繁殖速度快，不易变异，凝聚性好；

⑥ 不产生或极少产生有害的副产物；

⑦ 发酵温度范围广，低温发酵能力好。

1. 葡萄酒发酵的酒母制备

葡萄酒酵母的扩大培养分为天然酵母的扩大培养和纯种酵母的扩大培养。

(1) 天然酵母的扩大培养 在葡萄开始采摘的前一周，摘取熟透的、含糖量高的健全葡萄，破碎、榨汁并添加亚硫酸（含量 100mg/L），混合均匀，在温暖处自然发酵。待进入发酵高潮期后，酿酒酵母占压倒优势时，即可作为每年酿酒季节的第一罐发酵的酒母使用。另外，正常的第一罐发酵醪也可作为酒母使用。

(2) 纯种酵母的扩大培养 从斜面试管菌种到生产使用的酒母，需经过数次扩大培养，每次扩大倍数 10～20 倍。其工艺流程各厂不完全一样，一般流程见图 4-1。

斜面试管菌种 → 麦芽汁斜面试管培养 → 液体试管培养 → 三角瓶培养 → 玻璃瓶培养 → 酒母罐培养 → 酒母

图 4-1 纯种酵母扩大培养工艺流程

① 斜面试管菌种 将斜面试管菌种转接于麦芽汁新鲜培养基上，25℃培养 4～5d 活化。

② 液体试管培养 采选熟透的好葡萄，制得新鲜的葡萄汁，装入灭菌的试管，装入量为试管的 1/4。在 0.1MPa 的蒸汽压力下，灭菌 20min，冷至 28℃左右，在无菌条件下接入活化后的酵母，25～28℃培养 1～2d，发酵旺盛时转入三角瓶培养。

③ 三角瓶培养　向 500mL 经干热灭菌的三角瓶中注入新鲜澄清的葡萄汁 250mL，在 0.1MPa 的蒸汽压力下，灭菌 20min，冷却后接入液体试管培养葡萄酒酵母，25～28℃培养 24～30h，发酵旺盛时转入玻璃瓶。

④ 玻璃瓶培养　取 10L 玻璃瓶，用 150mg/L 的二氧化硫杀菌后，加入新鲜澄清的葡萄汁 6L，常压蒸煮 1h 灭菌，冷却至室温，接入 7%的三角瓶菌种，于 20℃左右培养 2～3d。

⑤ 酒母罐培养　一些小厂可用两只 200～300L 带盖的不锈钢罐培养酵母。不锈钢罐经杀菌后，向一只罐中注入新鲜成熟的葡萄汁至 80%的容量，加入 100～150mg/L 的亚硫酸，搅匀，静置过夜。吸取上层清液至另一不锈钢罐中，随即添加 1～2 个玻璃瓶的培养酵母，25℃培养，每天用酒精消毒过的母耙搅动 1～2 次，使葡萄汁接触空气，加快酵母生长繁殖，经 2～3d 至发酵旺盛时即可使用。每次取培养量的 2/3，留下 1/3，然后再放入处理好的澄清葡萄汁继续培养。

2. 葡萄酒活性干酵母的应用

利用现代生物技术培养出大量葡萄酒酵母，然后在一定条件下低温真空脱水干燥，即可得到具有活性的干酵母。此种酵母具有潜在的活性，故被称为活性干酵母。活性干酵母不能直接投入到葡萄汁中发酵，需复水活化或活化后扩大培养才能使用。

（1）复水活化直接使用　在 35～42℃的温水中加入 10%的活性干酵母，混匀，静置使之复水活化，每隔 10min 轻轻搅拌一次，经 20～30min，可直接添加到加过二氧化硫的葡萄汁中进行发酵。

（2）活化后扩大培养制成酒母使用　将复水活化的酵母投入澄清的含 80～100mg/L 二氧化硫的葡萄汁中培养，扩大培养 5～10 倍。当培养至酵母对数生长期后，再次扩大培养 5～10 倍。为防止污染，再次活化后酵母的扩大培养以不超过 3 级为宜，培养条件与一般的葡萄酒酒母培养条件相同。

项目一　葡萄酒发酵前的准备

一、葡萄的采收与运输

根据酿造产品的要求确定葡萄最适当采收时间，对酿酒有重要的意义。在实际生产中，通过观察葡萄的外观成熟度（葡萄形状、颗粒大小、颜色及风味），并对葡萄汁的含糖量和含酸量进行分析，以确定出适宜的采收日期。

采收后的葡萄宜在清早或夜间进行装箱，因此白天采收的葡萄需要在阴凉的场所摊晾，否则葡萄温度高，容易在贮运过程中发生不良的变化。运输时，要避免震动过大而造成葡萄破碎。酒厂离葡萄产地很远时，可在种植地生产出果汁，果汁经防发酵处理后装入涂有防腐涂料的槽车或木桶中运送。

二、葡萄的分选、破碎与除梗

1. 分选

分选就是把不同品种、不同质量的葡萄分别存放。葡萄的分选工作最好是在采收时进行，葡萄进厂后还可进行再次分选。

2. 破碎与除梗

破碎的目的是使葡萄果破裂而释放出果汁，一般葡萄的破碎率要求达到100%。破碎的要求如下。

① 每粒葡萄都要破碎；

② 籽实不能压破，梗不能压碎；

③ 破碎过程中，葡萄及汁不能与铁、铜等金属材料接触。

在红葡萄酒的酿造中，葡萄破碎后，应尽快地除去葡萄梗，否则会给酒带来一种青梗味。在白葡萄酒的酿造中，葡萄破碎后立即压榨，去梗可以在葡萄破碎前进行，也可在破碎后进行。

三、果汁的分离与压榨

1. 果汁分离

白葡萄酒的生产中，葡萄破碎后应立即与皮渣分离，缩短葡萄汁与皮渣接触时间，降低氧化程度，葡萄皮中的色素、单宁等物质溶出量少。制取高质量的自流葡萄汁，操作时要注意以下几点。

① 葡萄不要过碎，以便得到残留果肉少的果汁；

② 尽量减少葡萄汁与葡萄浆的接触时间；

③ 葡萄汁与空气接触时间要短；

④ 自流汁的取得最好是连续操作。

2. 压榨

压榨的目的是将葡萄浆中的葡萄汁或初发酵酒充分制取出来。压榨的工艺要求如下。

① 压榨中要有适当的压力，尽可能压出浆果中的果汁而不压出果梗或其他组织部分的汁；

② 压榨率高，能使葡萄浆中的葡萄汁充分压榨出来；

③ 操作简单、省力，压榨均匀；

④ 提取的压榨汁迅速转入发酵设备中，缩短同空气接触的时间。

四、果汁的改良

压榨出的果汁虽然含有希望的成分，但有时不能满足酿造工艺要求，需要对其进行改良。葡萄汁改良有加糖、调酸、加酒精等方法，也可以同时采用几种方法来改善葡萄汁的质量。

1. 糖分的调整

若葡萄汁中含糖量低于应生成的酒精含量时，必须提高糖度，发酵后才能达到所需的酒精含量。对于这类原料的改良主要有两个方面：一是添加白砂糖；二是添加浓缩葡萄汁。

(1) 添加白砂糖　所用的糖最好是纯度达到98%～99.5%的蔗糖。一般情况下，加入的糖量稍大于17g/L，可使酒精度提高1%。具体的添加量可参考表4-1。

表4-1　加糖量

葡萄酒类型	蔗糖添加量/(g/L)
白葡萄酒、桃红葡萄酒	17.0
红葡萄酒	
带皮发酵	18.0
葡萄汁发酵	17.5

添加蔗糖时，先将需添加的蔗糖溶解于小部分葡萄汁中，然后加入发酵罐中。添加蔗糖以后，倒一次罐以使加入的蔗糖均匀地分布在发酵汁中。添加时间最好是在发酵的初始阶段，并且一次加完，这样酵母菌能很快将糖转化为酒精。

（2）添加浓缩葡萄汁

① 浓缩葡萄汁的制备　先将葡萄汁用二氧化硫进行处理，防止发酵。再将处理后的葡萄汁在部分真空条件下浓缩，为了防止葡萄酒中酸度过高，可在浓缩以前先对葡萄汁进行降酸处理。

② 添加量　先对浓缩葡萄汁的含糖量进行分析，然后根据葡萄汁的潜在酒精度和葡萄酒要求的酒精度，确定浓缩葡萄汁的添加量。

2．酸度的调整

若葡萄浆果的含糖量很高，而有机酸含量很低时，常需提高酸度，常用的方法是添加酒石酸和柠檬酸，或者添加未成熟的葡萄压榨汁。添加酒石酸，其用量最多不能超过1.50g/L。在实践中，一般每千升葡萄汁中添加酒石酸1kg，而且必须在酒精发酵开始时添加。在葡萄酒中，还可以加入柠檬酸以提高酸度，但其添加量一般不超过0.5g/L。

在直接增酸时，先用少量葡萄汁将酸溶解，然后均匀地将其加进发酵汁，并充分搅拌，应在木质、玻璃容器或瓷器中进行，不要用金属容器。

葡萄酒酿造过程中适宜的酸度为7～8g/L，未成熟（特别是未变色）的葡萄浆果中有机酸含量很高，酸度一般可达100g/L（以酒石酸计）。若葡萄汁含酸量低，添加未成熟的葡萄压榨汁调整酸度，有机酸可在二氧化硫的作用下溶解，进一步提高酸度。

五、二氧化硫在葡萄酒生产中的作用

二氧化硫在葡萄酒生产中既可杀菌又可防止氧化，既能澄清又有溶解作用，还有增酸作用。因此，二氧化硫是葡萄酒发酵过程中不可或缺的重要生产辅料。

添加二氧化硫，可通过直接燃烧硫黄、加入液体二氧化硫、加亚硫酸和加入偏重亚硫酸钾等方法来实现。

二氧化硫在葡萄汁或葡萄酒中的用量要视添加二氧化硫的目的而定，同时也要考虑葡萄品种、葡萄汁及酒的成分（如糖分、pH等）、品温以及发酵菌种的活性等因素。一般情况下，葡萄汁或酒中含有万分之一的游离状态的二氧化硫就已经足够杀死活性菌类。葡萄汁自然发酵时，在不同条件下二氧化硫添加参考量见表4-2。要求成品葡萄酒中化合状态的二氧化硫限量为250mg/L，游离状态的二氧化硫限量为30mg/L。

表4-2　葡萄汁发酵前二氧化硫添加参考量（自然发酵）

各种情况	6%亚硫酸/L		液体二氧化硫/g		偏重亚硫酸钾/g	
	每1000L葡萄汁	每吨葡萄	每1000L葡萄汁	每吨葡萄	每1000L葡萄汁	每吨葡萄
葡萄清洁、良好，品温较低，酸度＞8g/L	1.1	0.85	65	50	120	100
葡萄清洁、完全成熟，品温较低，酸度6～8g/L	1.5	1.1	90	65	180	120
葡萄破裂，个别生霉	2.5	1.7	150	100	300	200

注：1. 品温也可以当地气温为准，一般可按20℃计。

2. 酸度以酒石酸计。

3. 每吨葡萄的添加量是指1t葡萄经搅碎后，葡萄渣和葡萄汁的混合物需要的药剂用量。

项目二 葡萄酒的发酵

一、干红葡萄酒的生产

1. 工艺流程

生产干红葡萄酒选用单宁含量低、糖含量高的优良酿造葡萄为原料，生产工艺流程见图 4-2。

红葡萄 → 分选 → 破碎 → 去梗 → 葡萄浆 → 加二氧化硫 → 主发酵
↓
新干红葡萄酒 ← 换桶 ← 后发酵 ← 调整成分 ← 前发酵 ← 压榨
↓
陈酿 → 调配 → 澄清 → 冷冻 → 过滤 → 装瓶 → 成品

图 4-2 干红葡萄酒生产工艺流程

2. 工艺要点

(1) 二氧化硫处理 发酵前进行二氧化硫处理，采用一边打入葡萄浆，一边滴加二氧化硫，或者在发酵容器内装满 80%葡萄浆时一次加入全部二氧化硫的方法。二氧化硫的添加量应根据葡萄的成熟度、新鲜或腐烂程度以及发酵温度确定。

(2) 主发酵控制 在红葡萄酒生产中，常用的发酵设备有发酵池、发酵桶和发酵罐等。将红葡萄汁打入发酵设备，然后接入酵母，就开始进入主发酵阶段。

① 接种 干红葡萄酒生产中，带渣发酵，酵母接种量一般为 1%～3%。在实际生产过程中，应根据酵母特性、发酵醪浓度、发酵温度等来合理调整酵母的接种量。

② 测定发酵醪浓度和温度 干红葡萄酒生产过程中，浓度和温度影响发酵度、发酵是否正常等情况，因此，发酵时要定期测定发酵醪浓度和温度。测定发酵醪浓度和温度时，必须将葡萄皮渣掀开，取皮渣下面的葡萄汁进行测定。若采用的发酵设备较大，需要在几个点、不同的位置上来测量发酵温度。

③ 观察发酵现象 发酵初期，液面很平静，只有少量葡萄皮渣浮在液面。随着时间的推移，酵母数量迅速增加，发酵产生的二氧化碳增加，液面出现星星点点的气泡，随后气泡数量不断增加。发酵旺盛时二氧化碳大量逸出，把葡萄皮渣带到葡萄汁表面，葡萄皮渣越聚越多，在压箅或人工的作用下，被压入葡萄醪中，葡萄醪颜色逐渐加深。

④ 溶解色素 酿制干红葡萄酒，要使葡萄皮渣中的色素物质充分溶入葡萄醪中，使葡萄酒有良好的色泽。实际生产中，使用发酵池或橡木桶生产干红葡萄酒，可利用压板或压箅把皮渣始终压在葡萄汁中，使皮渣中的色素物质充分地溶入酒中。如果没有设置压箅或压板，就需要用人工的方法将皮渣往醪中隔一段时间压一次。间隔的时间要根据发酵温度来决定，发酵温度高，间隔时间短；发酵温度低，间隔时间长。

⑤ 控制温度 传统生产中，干红葡萄酒发酵一般在窖内室温下进行，现在大多采用低温发酵生产干红葡萄酒。低温发酵的温度一般为 15～16℃，高温发酵为 24～26℃。在天气炎热的地区，发酵温度也必须控制在 30～32℃，最好不超过 32℃。

⑥ 控制时间 主发酵时间一般根据发酵温度确定。主发酵温度为 24～26℃时，时间一般为 2～3d；发酵温度为 15～16℃时，时间一般为 5～7d。

(3) 分离和后发酵 主发酵结束后，分离出下部自流的原酒，并立即取出皮渣进行压榨。自流原酒和压榨原酒分开或混合进行后发酵。

① 酒渣分离　当葡萄醪相对密度降到 1.020 左右时，从主发酵设备中放出新葡萄酒，送至密闭的后发酵桶（槽）中。下酒时，醪液还剩余 50%左右的糖，品温应低于 30℃，下酒温度低，皮渣与酒分离效果好，酒液澄清度高。

下酒操作过程中，当自流原酒流完后，皮渣沉淀在发酵设备底部，应溢槽 1～2h，以充分排出渣中自流酒，增加高档干红葡萄酒的产量，然后再出槽。下酒可在有氧条件下进行，也可在无氧条件下进行，采用哪种条件需根据所生产酒的要求和发酵状态确定。无氧操作时，可先往桶内通入二氧化碳，排尽空气，再让新酒从后发酵桶（槽）的底部进入。

② 后发酵　此过程中，葡萄酒在乳酸菌的作用下，将苹果酸分解成乳酸和二氧化碳，使葡萄酒的化学成分发生变化，感官质量得以提高。葡萄酒酸度降低，果香、醇香加浓，口感变得柔软，同时增加了葡萄酒的生物稳定性，不易被病菌感染。

后发酵受到温度、pH 和 SO_2 含量等因素的影响。温度越高，越不利于后发酵的进行，一般控制在 18～20℃；pH 控制在 3.2～3.4，利于细菌的活动，从而有利于后发酵。

将自流原酒在 24h 内装满后发酵池，装满率一般在 95%左右。发酵设备上部留出 5～15cm 的空间，因为残糖发酵还会产生泡沫。后发酵过程中，尤其是最初的 2～3d ，应注意测定发酵液的密度与温度。

后发酵初期，在酒中存留的酵母和发酵初新增殖的酵母的共同作用下，残糖下降较快，发酵醪表面由于二氧化碳的排出，产生一些泡沫。随着后发酵的进行，泡沫逐渐消失，发酵液开始变得澄清，表明后发酵基本结束。正常情况下，后发酵时间一般为 4～5d，低温发酵时，应适当延长后发酵时间。

(4) 皮糟的压榨处理　红葡萄酒皮糟中含有一部分干红葡萄酒，必须经过压榨，使红葡萄酒与皮糟分离。

自流葡萄酒完全流出发酵池后 2～3h，进行压榨操作，也可以将皮糟放置一夜，第 2 天再进行压榨处理。压榨后的葡萄皮糟立即进行蒸馏，得到皮糟蒸馏酒精，用于调整葡萄酒酒精含量或生产葡萄皮糟白兰地。葡萄皮糟可用于调节色泽浅的干红葡萄酒，调节后的酒色泽诱人，口味没有不良变化。

葡萄皮糟经过压榨得到榨出葡萄酒，由于其含有较多的色素、单宁和其他成分，因而同自流酒在质量上存在一定的差别。在生产过程中，榨出酒与自流酒混合后贮藏，或单独陈酿，或是作为白兰地的蒸馏原料。

(5) 新酒的换桶与去渣　换桶就是把一个发酵桶中的酒，全部倒入另一个桶中，酒脚在换桶时被除去。一般换桶分两次进行，第一次换桶应在后发酵结束后 8～10d 进行。后发酵温度的高低决定换桶时间的早晚，后发酵温度高时，应早些进行换桶操作；后发酵温度低时，可以稍晚些换桶。第一次换桶应使葡萄酒和空气充分接触，使酒中的二氧化碳逸出，同时带走一些挥发性的有害物质，如硫化氢等。

换桶时，打开后发酵桶的排酒阀，将先流出的 30～40L 浑浊酒脚与少量酒液单独存放。清酒通过管道由液位差或泵压入空的发酵桶中。进酒过程中，打开桶的上盖，以便除去空气和酒中逸出的二氧化碳等。待清酒全部流出后，黏稠的酒脚则留在后发酵桶的底部，可用刮板或其他工具取出，酒脚集中在一起送往蒸馏室蒸馏。

在第一次换桶时，酒中还有一些沉淀及悬浮物没有沉淀彻底，有少量的酒脚随酒流出，因此在适当的时候，应进行第二次换桶，清除酒中的沉淀物。一般第二次换桶在第一次换桶后 1.5～2 个月（大约初冬时节）进行，换桶时新酒已澄清透明，一定要注意不使酒脚随新酒一同流出。葡萄酒换桶以后，贮酒桶必须保持满桶。

二、干白葡萄酒的生产

酿制干白葡萄酒应选择色泽浅、含糖量高、质量好的优质葡萄作为原料。葡萄的含糖量最好在20%～21%。干白葡萄酒所用原料葡萄汁含酸量一般较高，因此采摘时间要比生产干红的葡萄早。从葡萄采收到破碎成汁应在4h内完成。

1. 分离、压榨、澄清处理

酿造白葡萄酒，葡萄破碎以后，要进行果汁分离、皮渣压榨和果汁的澄清处理。压榨后的皮渣可以抛弃。压榨汁应该分段处理，一段、二段压榨汁可并入自流汁中生产白葡萄酒；三段压榨汁占10%～15%，因单宁色素含量高，不宜生产白葡萄酒，可单独发酵生产葡萄酒或蒸馏白兰地。

白葡萄酒酿造时最好在葡萄汁起发酵前进行澄清处理，可以采用高速离心机，对葡萄汁进行离心处理，分离出葡萄汁中的果肉、果渣等悬浮物，将离心得到的清汁进行发酵；也可以把分离压榨的葡萄汁置于低温澄清罐，加入硅藻土，搅拌均匀，冷冻降温，使品温降到10℃以下，静置3d，分离上面的清液，用硅藻土过滤机过滤。

2. 添加活性干酵母

无论是发酵红葡萄酒，还是发酵白葡萄酒，葡萄浆或葡萄汁入发酵罐以后，都要尽快地促进发酵，缩短预发酵的时间。因为葡萄浆或葡萄汁在起发酵以前，一方面很容易被氧化，另一方面也很容易遭受野生酵母或其他杂菌的污染，所以在澄清的葡萄汁或葡萄浆中应及时添加活性干酵母。

3. 发酵过程的控制

有效地控制发酵过程，是提高葡萄酒产品质量的关键工序。首先要控制好葡萄酒发酵的温度。白葡萄酒的最佳发酵温度在10～15℃范围内，温度过低，起发酵困难，加重浆液的氧化；温度过高，发酵速度太快，损失部分果香，降低了葡萄酒的感官质量。

项目三　葡萄酒的贮存

一、葡萄酒的贮存方法及管理

1. 贮酒中的管理工作

新酿成的葡萄酒不细腻，也不稳定，应把新酒放在贮酒桶或贮酒池中，经过一段时间的贮藏，促进新酒品质的澄清、稳定和成熟。

(1) 添桶　由于温度的降低或酒中CO_2气体的释放及液体的蒸发，会经常出现容器中液面下降的现象，难免使酒大面积接触空气，因此必须随时将酒桶添满，避免液面与空气接触而产生氧化以及产膜菌、醋酸菌的生长带来的醋酸化。添桶时要用同年龄、同品种、同质量的原酒，添满后再用高度白兰地（或精制酒精）轻轻添在液面上层，防止杂菌侵入；也可采用自动满桶装置装桶。

添桶一般在春、秋、冬季进行，半年以内的新酒每隔25～30d添加一次。夏季由于气温高，葡萄酒易受热膨胀溢出，要及时检查并从桶内抽酒，以防溢酒。

(2) 换桶　换桶的目的一是为了使桶内已澄清的葡萄酒与酒脚分开；二是借换桶的机会放出CO_2，并溶解适量的新鲜空气，加速酒的成熟。

经密闭贮存的酒，当酒液澄清时，进行换桶。酒的品种不同、质量不同、贮酒设备不同，换桶的间隔时间也不完全相同。木桶贮酒的换桶时间安排一般是：第一次换桶，在发酵结束后 8～10d 左右进行；第二次换桶一般在当年的 11～12 月份进行；第三次换桶在第二年的 3 月份进行，第四次换桶安排在第二年的 9～10 月份进行。也就是说，1 年的新酒一般需换桶 3～4 次，如果采用瓶内贮酒时，可在第二次换桶时装瓶。生产中不必准确地确定换桶的时间和次数，而是要取决于葡萄酒的状况，粗糙、沉淀物多、澄清不好的葡萄酒换桶的次数就要多些，换桶的时间也可进行适当调整。

(3) 二氧化硫的使用 贮酒过程中使用二氧化硫主要是为了防止酒的过度氧化和微生物的侵染。应根据原酒类型，使游离二氧化硫保持一定浓度。对于白葡萄酒，一般应在 40mg/kg 左右；对于红葡萄酒，一般应在 20mg/kg 左右。

贮酒期间，二氧化硫的添加要结合换桶进行。每次换桶后要进行挥发酸和二氧化硫的测定，并适当补充二氧化硫。

(4) 贮酒检查 贮酒期间的检查非常重要，按时抽样检查澄清度和挥发酸的变化情况。新酒每月抽查一次，1 年以后每季度抽查一次，若发现不正常情况及时进行处理。

2. 瓶内贮酒

把葡萄酒装瓶压塞后，在一定条件下，卧放贮存一段时间，这个过程称为瓶贮。瓶贮是提高葡萄酒品质的重要措施，高档葡萄酒一般均经瓶贮后才重新净化、包装出厂。

(1) 瓶贮作用 瓶贮过程中，还原作用可以消除轻度氧化或减轻过度氧化的不良影响，恢复并产生幽雅的香气，经过 4～11 个月瓶贮的葡萄酒，二氧化硫含量、溶解氧均显著降低，乙醛含量减少，缩醛含量增加。

(2) 瓶贮影响因素

① 温度　其影响“瓶熟”时间。瓶贮温度，白葡萄酒以 10～12℃为宜，红葡萄酒则以 15～16℃为宜。

② 二氧化硫含量　含一定量的二氧化硫有利于瓶贮，瓶贮时酒中二氧化硫含量一般要高于桶贮时酒中二氧化硫含量（一般认为 50～60mg/kg 游离二氧化硫为宜）。

③ 气体组成　酒面上部气体的组成对葡萄酒中的氧化还原反应产生影响，从而影响瓶贮酒的质量。

④ 封口质量　软木塞是最好的封口塞，其能确保高档葡萄酒长期保存的质量。一般还要在塞上进行防漏处理。

⑤ 光线　光线照射对葡萄酒质量有不良影响，白葡萄酒较长时间被光线照射后色泽变深，红葡萄酒则易发生浑浊，因此，葡萄酒都应采用深色玻璃瓶贮存。

⑥ 瓶贮时间　瓶贮时间因酒的类型而异，也因葡萄酒的酒精度、浸出物含量、糖的含量不同而有所不同。一般红葡萄酒的瓶贮时间比白葡萄酒瓶贮时间要长；酒精度高、浸出物含量高、糖含量高的葡萄酒需要较长时间的瓶贮期。

二、葡萄酒的净化与澄清

葡萄酒的外观质量除色、香、味要求外，还必须澄清透明。采用自然澄清的办法往往需要很长时间，一般需要 2～4 年，因此常采用人工澄清的方法，如下胶、过滤、冷热处理等。

1. 葡萄酒的下胶澄清

所谓下胶就是在葡萄酒中添加一定量的有机或无机的不溶性物质，这些物质在酒中产生胶体网状沉淀，并将原来悬浮在酒中的悬浮物，包括微生物在内，一起凝结沉于桶底，从而使酒液澄清透明。

（1）有机物下胶

① 下胶原理 利用蛋白质和单宁之间相互作用而产生絮状沉淀，慢慢下沉使酒变得澄清透明。在下胶时，除了单宁和蛋白质的相互作用外，酒里某些物质对不凝性蛋白质的直接作用，也增加了絮状体的密度，加快沉淀的速度。

② 下胶条件

a. 葡萄酒必须发酵完毕，否则发酵中的二氧化硫将直接影响絮状沉淀物下沉，达不到澄清效果。

b. 葡萄酒中必须有一定量的单宁，白葡萄酒中单宁较少，下胶前应补加单宁。

c. 下胶时的温度不能低于8℃，最高不能超过30℃，最适的下胶温度为20℃左右。为了加快沉淀，下胶1～2d后，再将温度调到10℃左右更好。

③ 下胶方法 常用的下胶剂有明胶、鱼胶、蛋清、血粉、干酪素等。

（2）无机物下胶 无机物一般不参与葡萄酒成分的化合作用，主要通过表面吸附作用及下沉时的机械过滤作用达到澄清目的。常用的无机物胶剂是硅藻土和膨润土。

2. 脱色

脱色主要是对白葡萄酒进行，常用的脱色剂是活性炭。

用活性炭脱色时，先用几升葡萄酒进行小型试验，确定活性炭的用量。再将活性炭和2倍左右的水混合搅拌成浓厚糊状，以少量葡萄酒稀释，然后与大量葡萄酒混合，并剧烈搅拌，以免活性炭沉淀到底。脱色后进行下胶和过滤，否则会大大影响白葡萄酒的质量。

知识拓展

葡萄酒新工艺生产技术

葡萄酒生产技术不断发展，新技术、新工艺不断出现。目前，国内外正在推广应用或准备采用的葡萄酒酿造技术主要有以下几种。

1. 低温发酵法

采用低温发酵，葡萄的香气和风味物质损失少，葡萄酒的氧化程度低，成品酒品质好。

2. 冷榨过滤法

先将葡萄冷冻，然后压榨挤出果汁，进行发酵，再用极细的网眼过滤葡萄酒并溶去酵母，使酒液更加澄清。

3. 果汁酿造法

先将葡萄制成果汁，然后用离心机离心分离，去除残渣和杂质，用清澈果汁进行发酵酿制，生产出的酒澄清透亮，色佳味醇。

4. 碳酸气密封法

在酿造原料破碎前数日，整批葡萄密封在碳酸气中，能减少导致葡萄酒酸味的主要成分苹果酸及涩味成分多酚，生产出的酒醇香爽口。

5. 逆渗透膜浓缩葡萄汁

为了提高葡萄酒的甜度，应用一种“不加糖”的逆渗透膜生产葡萄酒。逆渗透膜的微孔直径只有0.1～0.3μm，可分离出酒液中的水分，使酒浓缩而达到所需的甜度，生产出优质天然葡萄酒。逆渗透膜有两种类型：一是管状的；另一是螺旋状的。管状逆渗透膜应用前景广阔，其优点是不需加热，因而不会产生煮熟味，不发生色素分解和褐变现象，不经过蒸发过程，不损失营养成分，可保持良好的酒质和香气。

项目四　葡萄酒的质量控制

要酿造好的葡萄酒，要有好的葡萄原料，有符合工艺要求的酿酒设备，还要有科学合理的工艺技术。原料和设备是硬件，工艺技术是软件。在硬件规定的前提下，产品质量的差异就只能取决于酿造葡萄酒的工艺技术和严格的质量控制。

一、葡萄原料的质量控制

葡萄原料的质量直接影响葡萄酒的质量。所谓葡萄原料的质量，主要是指酿酒葡萄的品种、葡萄的成熟度及葡萄的新鲜度，这三者都对酿成的葡萄酒具有决定性的影响。不同的葡萄品种达到生理成熟以后，具有不同的香型、不同的糖酸比，适合酿造不同风格的葡萄酒。葡萄在成熟过程中，浆果中发生着一系列的生理变化，其含糖量、色素、芳香物质含量不断增加和积累，总酸的含量不断降低。达到生理成熟的葡萄，其浆果中各种成分的含量处于最佳的平衡状态。为此，可采用成熟系数来表示葡萄浆果的成熟程度。

二、葡萄酒的破败病及防治

1. 金属破败病

（1）铁破败病　葡萄酒的二价铁与空气中的氧接触生成三价铁，三价铁与磷酸盐反应生成磷酸铁白色沉淀，称为白色破败病。三价铁与葡萄酒中的单宁结合，生成黑色或蓝色的不溶性化合物，使葡萄酒变成蓝黑色，称为蓝色破败病。蓝色破败病常出现在红葡萄酒中，白色破败病常出现在白葡萄酒中。防治方法如下。

① 避免葡萄酒与铁质容器、管道、工具等直接接触；

② 采取除铁措施，使铁含量降低；

③ 加入柠檬酸；

④ 避免与空气接触，防止酒的氧化。

（2）铜破败病　葡萄酒中的 Cu^{2+} 被还原为 Cu^{+}，Cu^{+} 与 SO_2 作用生成 Cu^{2+} 和 H_2S，二者反应生成 CuS。生成的 CuS 首先以胶体形式存在，在电解质或蛋白质作用下发生凝聚，出现沉淀。防治方法如下。

① 在生产中尽量少使用铜质容器或工具；

② 在葡萄成熟前 3 周停止使用含铜农药；

③ 用适量硫化钠除去酒中所含的铜。

2. 氧化酶破败病

在霉烂的葡萄果实中含有一种葡萄霉菌代谢过程中产生的氧化酶，当其含量达到一定值时，若红葡萄酒与空气接触，则红葡萄酒变为棕褐色，酒变得平淡无味，酒液浑浊不清，最后变成棕黄色，称之为氧化酶破败病（又称棕色破败病）。防治方法如下。

① 选择成熟而不霉烂变质的果实，做好葡萄的分选工作；

② 对压榨后的果浆，在发酵前，应采取 70～75℃加热处理，并使用人工酵母；

③ 适当提高酒精度、酸度和二氧化硫的含量，以抑制酶的活性；

④ 对已发病的葡萄酒，调入少量单宁，并加热到70～75℃，杀菌，过滤。

3. 蛋白质的影响

在葡萄酒中，存在着一定量的蛋白质，当酒中的pH值接近酒中所含蛋白质的等电点时，易发生沉淀。此外，蛋白质还可以和酒中含有的某些金属离子、盐类等物质聚集在一起而产生沉淀，影响酒的稳定性。防治方法如下。

① 及时分离发酵原酒；

② 进行热处理，先加热，加速酒中蛋白质的凝结，然后冷处理，低温过滤，除去沉淀物；

③ 控制用胶量；

④ 加入蛋白酶分解葡萄酒中的蛋白质。

4. 酒石酸的影响

在葡萄酒中会有大量的酒石酸（占葡萄酒总有机酸含量50%以上），同时也含有一定量的钾离子、铜离子、钙离子等，故在葡萄汁中存在一定浓度的酒石酸盐，主要是酒石酸钙和酒石酸氢钾，由于其溶解度小，常形成沉淀，俗称酒石，影响葡萄酒的稳定性。酒石酸钙和酒石酸氢钾的溶解度在一定范围内随酒精含量的增加及酒液温度的下降而减小。防治方法如下。

① 严格进行陈酿阶段的工艺操作，及时换桶、清除酒脚、分离酒石；

② 对原酒进行冷冻处理，低温过滤；

③ 用离子交换树脂处理原酒。

三、葡萄酒的感官指标

我国国家标准GB 15037—2006《葡萄酒》的感官要求及分级评价描述、评分细则见表4-3～表4-5，感官检验参照GB/T 15038—2006。

表4-3　葡萄酒的感官要求

项目			要求
外观	色泽	白葡萄酒	近似无色、微黄带绿、浅黄、禾秆黄、金黄色
		红葡萄酒	紫红、深红、宝石红、红微带棕色、棕红色
		桃红葡萄酒	桃红、淡玫瑰红、浅红色
	澄清程度		澄清，有光泽，无明显悬浮物（使用软木塞封口的酒允许有少量软木渣，装瓶超过1年的葡萄酒允许有少量沉淀）
	起泡程度		起泡葡萄酒在入杯中时，应有细微的串珠状气泡升起，并有一定的持续性
香气与滋味	香气		具有醇正、优雅、怡悦、和谐的果香与酒香，陈酿型的葡萄酒还应具有陈酿香或橡木香
	滋味	干、半干葡萄酒	具有醇正、优雅、爽怡的口味和悦人的果香味，酒体完整
		半甜、甜葡萄酒	具有甘甜醇厚的口味和陈酿的酒香味，酸甜谐调，酒体丰满
		起泡葡萄酒	具有优美醇正、和谐悦人的口味和发酵起泡酒的特有香味，有杀口力
典型性			具有标示的葡萄品种及产品类型应有的特征和风格

表 4-4 葡萄酒感官分级评价描述

等级	描述
优级品	具有该产品应有的色泽，自然、悦目、澄清（透明）、有光泽；具有醇正、浓郁、优雅和谐的果香（酒香），诸香谐调，口感细腻、舒顺、酒体丰满、完整、回味绵长，具该产品应有的怡人的风格
优良品	具有该产品的色泽；澄清透明，无明显悬浮物，具有醇正和谐的果香（酒香），口感醇正，较舒顺，较完整，优雅，回味较长，具良好的风格
合格品	与该产品应有的色泽略有不同，缺少自然感，允许有少量沉淀，具有该产品应有的气味，无异味，口感尚平衡，欠谐调、完整，无明显缺陷
不合格品	与该产品应有的色泽明显不符，严重失光或浑浊，有明显异香、异味，酒体寡淡、不谐调，或有其他明显的缺陷（除色泽外，只要有其中一条，则判为不合格品）
劣质品	不具备应有的特征

表 4-5 葡萄酒评分细则

项　　目			要　　求
外观（10 分）	5 分	色泽	
		白葡萄酒（含加香葡萄酒）	近似无色，浅黄色，禾秆黄色，绿禾秆黄色，金黄色，琥珀黄色
		红葡萄酒（含加香葡萄酒）	紫红色，深红色，宝石红色，鲜红色，瓦红色，砖红色，黄红色，棕红色，黑红色
		桃红葡萄酒（含加香葡萄酒）	黄玫瑰红色，橙玫瑰红色，玫瑰红色，橙红色，浅红色，紫玫瑰红色
	5 分	澄清程度	澄清透明、有光泽、无明显悬浮物（使用软木塞封的酒允许有 3 个以下不大于 1mm 的木渣）
		起泡程度	起泡葡萄酒注入杯中时，应有细微的串珠状气泡升起，并有一定的持续性，泡沫细腻、洁白
香气（30 分）	非加香葡萄酒		具有醇正、优雅、愉悦和谐的果香与酒香
	加香葡萄酒		具有优美醇正的葡萄酒香与和谐的芳香植物香
滋味（40 分）	干、半干葡萄酒（含加香葡萄酒）		酒体丰满，醇厚谐调，舒服，爽口
	甜、半甜葡萄酒（含加香葡萄酒）		酒体丰满，酸甜适口，柔细轻快
	起泡葡萄酒		口味优美、醇正、和谐悦人，有杀口力
	加气起泡葡萄酒		口味清新、愉快、醇正，有杀口力
典型性（20 分）			典型完美，风格独特，优雅无缺

四、葡萄酒的理化指标

我国国家标准 GB 15037—2006《葡萄酒》的理化要求见表 4-6。各种成分的理化检测方法参照 GB/T 15038—2006、GB 5009.266—2016 和 GB 5009.225—2016。

表 4-6 葡萄酒的理化要求

项目			要求
酒精度[1]（20℃）（体积分数）/%			≥7.0
总糖[4]（以葡萄糖计）/(g/L)	平静葡萄酒	干葡萄酒[2]	≤4.0
		半干葡萄酒[3]	4.1～12.0
		半甜葡萄酒	12.0～45.0
		甜葡萄酒	≥45.1
	高泡葡萄酒	天然型高泡葡萄酒	≤12.0（允许差为 3.0）
		绝干型高泡葡萄酒	12.1～17.0（允许差为 3.0）
		干型高泡葡萄酒	17.1～32.0（允许差为 3.0）
		半干型高泡葡萄酒	32.1～50.0
		甜型高泡葡萄酒	≥50.1

续表

项目			要求
干浸出物/(g/L)	白葡萄酒		≥16.0
	桃红葡萄酒		≥17.0
	红葡萄酒		≥18.0
挥发酸(以乙酸计)/(g/L)			≤1.2
柠檬酸/(g/L)	干、半干、半甜葡萄酒		≤1.0
	甜葡萄酒		≤2.0
二氧化碳(20℃)/MPa	低泡葡萄酒	<250mL/瓶	0.05～0.29
		≥250mL/瓶	0.05～0.34
	高泡葡萄酒	<250mL/瓶	≥0.30
		≥250mL/瓶	≥0.35
铁/(mg/L)			≤8.0
铜/(mg/L)			≤1.0
甲醇/(mg/L)	白、桃红葡萄酒		≤250
	红葡萄酒		≤400
苯甲酸或苯甲酸钠(以苯甲酸计)/(mg/L)			≤50
山梨酸或山梨酸钾(以山梨酸计)/(mg/L)			≤200

① 酒精度标签标示值与实测值不得超过±1.0%（体积分数）。

② 当总糖与总酸（以酒石酸计）的差值≤2.0g/L时，含糖最高为9.0g/L。

③ 当总糖与总酸（以酒石酸计）的差值≤2.0g/L时，含糖最高为18.0g/L。

④ 低泡葡萄酒总糖的要求与平静葡萄酒相同。

注：总酸不作要求，以实测值表示（以酒石酸计，g/L）。

1. 酿造葡萄酒的优良品种有哪些？有什么特点？试举例说明。

2. 如果葡萄浆果的成熟度不够，可采用什么方法进行改良？

3. 二氧化硫在葡萄酒酿造过程中有哪些作用？

4. 葡萄自然发酵时，有哪些酵母参与活动？

5. 红葡萄酒生产的基本工艺流程如何？写出一个你认为满意的红葡萄酒生产工艺，并说明理由。

6. 葡萄酒为什么要下胶？怎样下胶？

实训三　葡萄酒生产工艺研究

【实训目的】

通过实训，了解红葡萄酒酿造的基本原理和酿造工艺条件，熟悉酿造过程中主要工艺环节的实际操作，掌握红葡萄酒酿造方法。

【实训原理】

葡萄汁经过发酵后形成葡萄酒。其原理是在葡萄酵母菌作用下将果汁中的葡萄糖发酵生成酒精并且产生二氧化碳，同时产生甘油、乙醛、醋酸、乳酸和高级醇等副产物，再经陈酿澄清过程中的酯化、氧化、沉淀等作用，赋予红葡萄酒特殊风味。

【实训器材】

糖度计、pH 计、温度计、密度计、破碎机、榨汁机、发酵罐（或 10L 玻璃发酵瓶）、贮酒瓶等。红色品种葡萄、蔗糖、酒石酸、膨润土、明胶、偏重亚硫酸钾、碳酸钙、斜面培养酵母等。

【实训步骤】

1. 操作过程

（1）取成熟度良好的干红葡萄品种，含糖量＞170g/L，去除病虫、畸形、生青果实，并对葡萄进行彻底清洗。

（2）用破碎机和榨汁机对葡萄进行破碎除梗榨汁，要求破碎勿压破种子和果梗。破碎时随时观察破碎程度，防止过度破碎。

（3）取汁测定含糖量、含酸量、相对密度、温度。若需要加糖，最好在发酵开始前根据计算量按照工艺操作加入；需要加酸，可采用将酒石酸用水配成 50％溶液后添加；若需降酸，采用化学降酸法，用碳酸钙中和过量的有机酸，每克 $CaCO_3$ 可降 1g/L（H_2SO_4）。

（4）发酵前葡萄酒发酵醪中一般要求 SO_2 含量达到 30～100mg/L，添加不能过量。操作时加入 10％偏重亚硫酸钾溶液，添加量为每升葡萄汁含有 0.1～0.15g 偏重亚硫酸钾。

（5）将发酵罐等设备用 SO_2 消毒，装入有效体积 80％～85％的发酵醪，加入活化好的酵母进行发酵，控制发酵温度 18～20℃，发酵时间 2～3d。

（6）每天两次测定发酵醪含糖量和密度，并作好记录，绘制发酵曲线。当发酵液相对密度达到 1.01～1.02 时，结束主发酵。

（7）主发酵结束后，及时进行酒渣分离，分离温度控制在 30℃以下，将新酒装入后发酵罐中，装量为有效体积的 95％左右，补充添加 SO_2，添加量为 30～50mg/L，进行后发酵，温度控制在 18～25℃，发酵时间 5～10d。每天测定发酵醪密度和温度，并作好记录。相对密度下降至 0.993～0.998 时，发酵基本停止，可结束后发酵。

（8）测定酒的糖、酒精度、酸、pH、挥发酸、总 SO_2、游离 SO_2，调整酒液的游离 SO_2 至 30～40mg/L，满瓶贮藏，贮藏温度要求在 12～15℃。

（9）当葡萄酒贮藏 6 个月左右时，下胶澄清、过滤，做稳定性试验。

（10）已达到澄清稳定的葡萄酒，将酒温降至 5℃左右进行装瓶。同时加入 5mg/L SO_2，打塞，卧放贮存。

2. 主要成分检测

（1）酒精度测定（密度瓶法） 采用 GB 5009.225—2016 相应实验方法。

（2）总糖（以葡萄糖计） 采用 GB/T 15038—2006 相应实验方法。

（3）其他成分的测定 采用 GB 5009.266—2016 和 GB/T 15038—2006 相应实验方法。

【实训报告】

根据葡萄酒工艺流程和葡萄酒酿制过程中的实际操作，完成实训报告。

【实训思考】

制定红葡萄酒生产工艺流程。

模块五 黄酒生产技术

学习目标

1. 了解黄酒的生产状况、种类、特点和发展状况。

2. 理解黄酒生产的原料要求、处理方法以及酒药、酒母的制备过程。

3. 掌握黄酒酿造的发酵工艺流程、工艺要点，能运用所学的知识初步分析和解决在黄酒生产中遇到的实际问题。

必备知识

一、黄酒生产的历史与发展趋势

以稻米、香米、小米、玉米、小麦、水等为主要原料，经加曲和/或部分酶制剂、酵母等糖化发酵剂酶制而成的发酵酒。

黄酒是我国最古老的饮料酒，属于酿造酒，酒精度一般为15%vol左右。黄酒酿造起源于新时期时代。在历史上，黄酒的生产原料在北方以粟（在古代，粟是秫、粱、稷、黍的总称，有时也称为粱，现在也称为谷子，去除壳后的叫小米，主要用于酿酒的是一种红色谷壳糯性小米，也称红酒谷，现盛产于河南省南阳市）。在南方，普遍用稻米（尤其是粳糯米）为原料酿造黄酒。几千年来，我国人民在黄酒酿造技术方面积累了许多宝贵经验，如制酒原料用糯米、粳米、黍米、粟米，制曲原料用小麦、大米、小米，还有各具特色的制曲方法，低温酒药发酵，以及曲水浸后投米发酵技术等。但黄酒生产长久以来处于作坊式生产阶段，酿酒技术进步缓慢，劳动强度大，劳动效率低。

随着科学技术的发展，尤其是微生物学、生物化学以及工程技术的发展，给传统黄酒行业注入新鲜的生命力，生产劳动强度大大降低，机械化程度大大提高，过程控制更加合理科学。尤其是改革开放后的20年，黄酒生产技术取得了一系列重大突破，主要体现在以下几个方面。

① 黄酒酿造原料品种增加　从以前的仅仅以糯米、小米为原料，新发展了粳米、籼米、玉米、薯干、黑米等新原料。

② 糖化发酵剂的纯种培养　过去糖化发酵剂都是自然培养的过程，各类微生物混杂。利用微生物纯种培养技术，制备纯种的根霉曲、麦曲、酵母等，可以大大减少用曲量，缩短糖化发酵的时间，利于实现机械化生产。

③ 生产机械化　目前大中型黄酒生产企业已经实现了部分机械化甚至全套机械化、连续化生产，逐步形成了一个现代化的黄酒工业体系。

④ 品种不断创新　近些年果香型黄酒、花型黄酒、滋补型黄酒和仿洋香型黄酒也不断得到开发。

二、黄酒的种类、风味物质成分及营养价值

1. 黄酒的种类

(1) 按含糖量分类　根据 GB/T 13662—2018 黄酒标准，将黄酒分为 4 类，如表 5-1 所示。

表 5-1　黄酒按含糖量分类　　单位：g/L

类型	总糖含量(以葡萄糖计)	类型	总糖含量(以葡萄糖计)
干黄酒	≤15.0	半甜黄酒	40.1～100
半干黄酒	15.1～40.0	甜黄酒	＞100

(2) 按产品风格分类

① 传统型黄酒　以稻米、黍米、玉米、小米、小麦、水等为主要原料，经蒸煮、加酒曲、糖化、发酵、压榨、过滤、煎酒（除菌）、贮存、勾调而成的黄酒。主要特点是以酒药、麦曲或米曲、红曲或淋饭酒母为糖化发酵剂，进行自然的、多菌种混合发酵而成，发酵周期较长。根据具体操作不同，又分为淋饭酒、摊饭酒、喂饭酒。

a. 淋饭酒　米饭蒸熟后，冷水淋冷，然后拌入酒药搭窝，进行糖化、发酵。淋饭酒的酒味淡薄，大多数甜型黄酒也常用此法来生产。

b. 摊饭酒　米饭蒸熟后，摊冷或摊开风冷，然后加曲及酒母等进行糖化、发酵。摊饭酒的口味醇厚，风味好。绍兴加饭酒、元红酒是摊饭酒的代表。

c. 喂饭酒　在黄酒发酵过程中，分批加饭，进行多次发酵酿制而成的产品。浙江嘉兴黄酒是喂饭酒的代表之一，日本的清酒也是用喂饭法生产的。

在黄酒生产中，也有采用摊饭法和喂饭法结合的方式进行生产的，如寿生酒、乌衣红曲酒等。

② 清爽型黄酒　以稻米、黍米、玉米、小米、小麦、水等为主要原料，经蒸煮、加入酒曲和/或部分酶制剂、酵母为糖化发酵剂，经糖化、发酵、压榨、过滤、煎酒（除菌）、贮存、勾调而成的口味清爽的黄酒。

③ 特型黄酒　由于原辅料和（或）工艺有所改变，具有特殊风味且不改变黄酒风格的酒。

(3) 按酿酒用曲的种类分类　有麦曲黄酒、小曲黄酒、红曲黄酒、乌衣红曲黄酒。

2. 黄酒的风味物质成分

(1) 香气　黄酒的香气随品种不同而有差别，一般正常的黄酒应有柔和、愉快、优雅的香气。黄酒的香气由酒香、曲香、焦香三个方面组成。另外，要杜绝黄酒中的一些不正常的气味，如石灰气、老熟气、烂曲气以及包装容器、管道清洗不干净所带来的其他异味。

(2) 滋味 主要有酒精味、酸味、甜味、鲜味、苦味和涩味等几种滋味，协调搭配，共同构成了黄酒丰满醇正、醇厚柔和、甘顺爽口、鲜美味长的滋味。

3. 黄酒的营养价值

黄酒是一种低度的酿造酒，酒中丰富的营养成分（如糖、蛋白质、氨基酸、酯类物质、微量的高级醇及多种微生物等）使黄酒成为理想的营养食品，被誉为“液体蛋糕”，适量饮用，有益于健康。

三、黄酒生产的原辅料及处理

1. 主要原辅料

主要原料包括大米（糯米、粳米、籼米）、黍米（大黄米）、玉米、粟米（小米）等；辅助原料包括小麦、大麦、麸皮、水等。

2. 大米原料的处理

(1) 浸米 其目的是利于蒸煮和糊化。较长时间的浸米，可因乳酸菌的自然滋生而获得含有乳酸的酸性浸米和酸浆水。传统的摊饭酒酿造，冬天糯米浸泡的时间很长，少则13～15d，多则20d左右。浸米后要求米粒保持完整，用手指捏米粒呈粉状。浸米所得的酸浆水在发酵时可作配料，一方面在黄酒发酵初期就形成一定的酸度，抑制杂菌的生长；另一方面，溶解在酸浆水中的氨基酸、生长素等成分为酵母的生长繁殖提供良好的营养。同时，酸浆水中有机酸等有益成分参与发酵、贮存等，促进黄酒形成良好的风味。

(2) 蒸煮 严格地讲，以大米为原料的只蒸不煮，而以黍米为原料的只煮不蒸。

蒸煮的主要目的是使大米中的淀粉充分糊化，同时也起到杀灭原料中杂菌的作用。蒸煮后要求饭粒疏松均匀，外硬内软，熟而不烂，透而不糊。

(3) 米饭的冷却 有淋冷和摊冷两种方式。冷却后的米饭品温一般高于投料品温，具体品温视气温、水温及投料品温要求等因素决定。

3. 其他原料的处理

以黍米、玉米、红酒谷生产黄酒，因原料性质与大米相差很大，其处理方式也截然不同。黍米一般要经过烫米、浸渍和煮米三个阶段。玉米一般先碎成渣，经浸泡、蒸煮后拌入翻炒过的玉米渣，拌匀后再加入糖化发酵剂。红酒谷一般要浸渍之后蒸煮。

四、黄酒发酵的基本原理

1. 黄酒发酵过程中的微生物作用

黄酒发酵是在霉菌、酵母菌及细菌等多种微生物及其酶类共同参与下进行的复杂的生物化学过程。黄酒发酵过程可分为前发酵、主发酵和后发酵三个阶段。前发酵是指酒精大量生成前的酵母迅速增殖阶段，约为投料后的十几个小时内。主发酵是指酒精大量生成阶段，此阶段释放出大量热量。实际生产中，酵母菌的有氧繁殖和厌氧发酵同时进行，通常把前发酵、主发酵统称为前发酵。后发酵是指最后长时间低温发酵阶段，此阶段是形成黄酒风味物质的重要阶段。从主产物酒精生成过程来看，首先是曲霉糖化原料中的淀粉质原料，生成可发酵性糖，同时酵母利用可发酵性糖生成了酒精。在生成主产物酒精的同时，微生物和酶的共同作用又在发酵醪液中累积了糖、氨基酸等多种营养物质和多种风味物质，共同构成了黄酒的色、香、味、体。

2. 发酵过程中的物质变化

（1）淀粉 在淀粉酶、糖化酶的作用下，分解为糊精和葡萄糖、麦芽糖等可发酵性糖。

（2）酒精 主要形成期是主发酵期，后发酵期也有少量生成。

（3）有机酸 大部分来自酵母的代谢，另外来自乳酸杆菌和醋酸杆菌等杂菌代谢以及原料的带入。

（4）蛋白质 原料中的蛋白质受曲和酒药中多种蛋白酶的作用，一部分分解为肽和氨基酸，一部分被酵母菌同化为菌体蛋白，或生成高级醇。而在后发酵菌体自溶时，菌体蛋白受蛋白酶作用后又分解形成肽和氨基酸，使发酵醪中氨基酸含量增高。

（5）脂肪 原料中脂肪受微生物中脂肪酶的作用，分解为甘油和脂肪酸。

五、黄酒酿造的主要微生物

1. 霉菌

（1）曲霉菌 曲霉菌主要存在于麦曲、米曲中，重要的有黄曲霉（米曲霉），另外有较少的黑曲霉等。

黄曲霉最适生长温度为37℃，孢子老熟后呈褐绿色。黄曲霉能产生丰富的液化型淀粉酶和蛋白酶，但某些菌系能产生强致癌物黄曲霉毒素，特别在花生或花生饼粕上易于形成。为防止污染，酿酒所用的黄曲霉均需经过检测。目前用于制造纯种麦曲的黄曲霉菌，有中国科学院的3800和苏州东吴酒厂的苏-16等。

黑曲霉主要产生糖化型淀粉酶，糖化能力比黄曲霉高，并且能分解脂肪、果胶和单宁。因其耐酸、耐热，故糖化活性持久，出酒率高；但酒的质量不如采用黄曲霉好，所以黄酒生产常以黄曲霉为主，有些酒厂也添加少量黑曲霉，以提高出酒率。

（2）根霉菌 根霉菌是黄酒小曲（酒药）中含有的主要糖化菌。根霉糖化力强，几乎能使淀粉全部水解成葡萄糖，还能分泌乳酸、琥珀酸和延胡索酸等有机酸，降低培养基的pH，抑制产酸细菌的侵袭，并使黄酒口味鲜美丰满。根霉菌的适宜生长温度是30～37℃，41℃也能生长。

（3）红曲霉 红曲霉是生产红曲的主要微生物，由于它能分泌红色素而使曲呈现紫红色。红曲霉能产生淀粉酶、麦芽糖酶、蛋白酶、柠檬酸、琥珀酸、乙醇等。

2. 酵母菌

传统黄酒酿造属多种酵母菌的混合发酵，有些可发酵生成酒精，有些可发酵产生黄酒特有香味。传统黄酒酿造中酵母菌主要存在于酒药、米曲中。新工艺黄酒生产主要采用优良的纯种酵母，不但可以产生酒精，也能产生黄酒的特有风味。

在选育优良黄酒酵母菌时，除了鉴定其常规特性外，还必须考察产生尿素的能力，因为在发酵时产生的尿素，将与乙醇作用生成致癌的氨基甲酸乙酯。

3. 主要有害细菌

黄酒酿造属开放式发酵，来自原料、环境、设备、曲和酒母的细菌会参与霉菌和酵母菌的发酵过程，如果发酵条件控制不当或灭菌消毒不严格，就会造成产酸细菌的大量繁殖，导致黄酒发酵醪的酸败。常见的有害微生物主要有醋酸菌、乳酸菌和枯草芽孢杆菌。

项目一　糖化发酵剂的制备

糖化发酵剂是黄酒酿造中使用的酒药、酒母和曲等微生物制品（或制剂）的总称。糖化发酵剂中含有大量的微生物细胞、各种水解酶类及其他一些代谢产物。在黄酒酿造中，酒药具有糖化和发酵的双重作用，是真正意义上的糖化发酵剂，而酒母和麦曲仅具有发酵或糖化的作用，分别是发酵剂和糖化剂。

不同糖化发酵剂因其所含有的微生物种类不同，在培养过程中产生不同的代谢产物，赋予黄酒不同的风味。其质量直接影响到黄酒的质量和产量，由于其地位重要，被喻为“酒之骨”。

一、酒药

酒药又称小曲、酒饼、白药等，主要用于生产淋饭酒母或以淋饭法酿制甜黄酒。酒药中的微生物以根霉为主，酵母次之，另外还有其他杂菌和霉菌等。因此，酒药具有糖化和发酵的双重作用。酒药具有制作简单，贮存使用方便，糖化发酵力强，用量少的优点。目前酒药的制造有传统的白药（蓼曲）或药曲、纯种培养的根霉菌等几种。

1. 白药

(1) 配方及原料作用

① 配方　糙米粉：辣蓼草：水＝20：(0.4～0.6)：(10.5～11)。

② 早籼稻谷的作用　富含蛋白质、灰分等成分，利于小曲微生物的生长。

③ 辣蓼草的作用　含有根霉、酵母等所需的生长素，有促进菌类繁殖、抑制杂菌生长的作用，在制药时还能起疏松的作用。

(2) 工艺流程　白药制作工艺流程如图5-1所示。

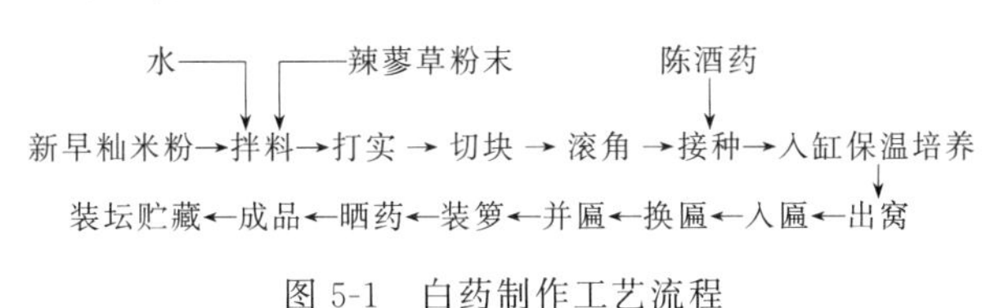

图5-1　白药制作工艺流程

(3) 工艺要点

① 拌料、接种　白药制作一般在立秋前后进行。在白药制作前一天，将早籼稻谷去壳磨成糙米粉，将米粉及辣蓼草按比例混合加水拌匀，先制成2～2.5cm^{3}方块，再将方形滚成圆形，然后筛入3%的陈酒药，也可选用纯种根霉菌、酵母菌经扩大培养后再接入米粉，进一步提高酒药的糖化发酵力。

② 保温培养　将药粒放于保温缸中加草盖，盖麻袋，进行保温培养，30～32℃培养14～16h，品温升到36～37℃时去掉麻袋，再经6～8h培养。当放出香气时，观察此时药粒是否全部而均匀地长满白色菌丝并覆盖住辣蓼草粉的浅草绿色，直至药粒菌丝不粘手，像白粉小球一样，将缸盖完全揭开以降低温度。再经3h可出窝，晾至室温，经4～5h，待药坯结实即可出药并匾。

③ 出窝、并匾、进保温室　将酒药移至匾内，每匾盛药3～4缸的数量，做到药粒不重叠且粒粒分散，将竹匾内药粒并匾，置于保温室的木架上，木架层高30cm左右。控制室温30～34℃，品温保持32～34℃，不得超过35℃。中间进行两次翻匾并分别移至竹席和竹箩内通风降温，自投料开始培养6～7d即可晒药。

④ 晒药、装坛　一般需在竹席上晒药3d。第1天晒药时间为上午6:00～9:00，品温不超过36℃；第2天为上午6:00～10:00，品温37～38℃；第3天晒药的时间和品温与第1天相同。之后趁热装坛密封保存。坛需洗净晒干，坛外粉刷石灰。

(4) 酒药的质量 酒药成品率约为原料量的85%。优良的成品酒药应表面白色，口咬质地疏松，无不良气味，糖化发酵力强，米饭小型酿酒试验要求产生的糖化液糖度高，口味香甜。酒药质硬带有酸咸味的则不能使用。

(5) 药曲 生产中添加中药的酒药称为药曲。现代研究结果表明，酒药中的适量中药具有为酿酒菌类提供营养和抑制杂菌生长的作用，并能产生特殊的香味。

2. 纯种根霉曲

采取纯根霉菌和纯酵母菌分别在麸皮或米粉上培养，然后按比例混合。采取纯根霉曲生产的黄酒具有酸度低、口味清爽一致的特点，出酒率比传统酒药提高5%～10%。

(1) 工艺流程 纯种根霉曲工艺流程如图5-2所示。

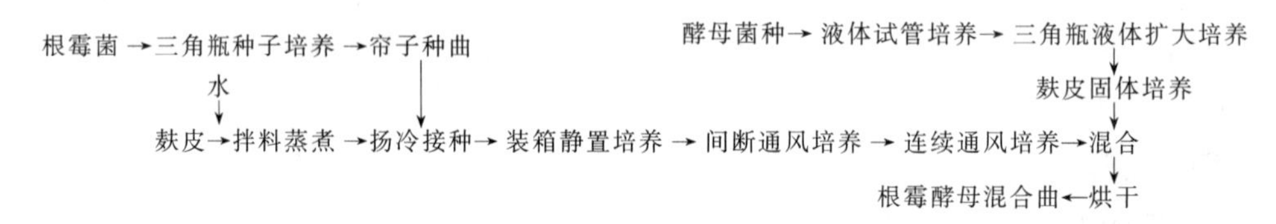

图5-2 纯种根霉曲生产工艺流程

(2) 工艺要点

① 斜面菌种的制备 一般都采用13～16°Bé的米曲汁琼脂培养基，121℃灭菌30min，30℃左右培养3d，当培养基上长满白色菌苔即可。另外，可利用麸皮制作固体斜面菌种。

② 三角瓶种子培养 取过筛后的麸皮（也有用米粉作培养基的），加水80%～90%，拌匀，分装于经干热灭菌的500mL三角瓶中，料层厚度在1.5cm以内。高压蒸汽灭菌后趁热摇散瓶内曲块，冷却至35℃左右时，从斜面试管接种2～3针至麸皮上，充分摇匀，30℃培养20～24h，此时培养基上已有菌丝长出，并已结块，轻微摇瓶以调节空气，促进菌丝繁殖。继续培养1～2d，当出现孢子，菌丝布满整个培养基并结成饼状时，进行扣瓶。方法是将三角瓶倾斜，轻轻敲动瓶底，使麸皮脱离瓶底，悬于瓶的中间，目的是增加空气接触面，利于菌丝生长繁殖。之后继续培养1d，使孢子继续生长，成熟后可出瓶干燥。一般干燥温度37～40℃，干燥至水分含量10%以下后，用灭菌组织捣碎机或乳钵研磨成粉末，装进纸袋，存放在用硅胶或生石灰作为干燥剂的玻璃干燥器内备用。整个过程要求无菌操作。

③ 帘子曲培养 麸皮加水80%～90%，拌匀堆积30min润料，经常压蒸煮或高压法灭菌，摊冷至30℃左右，接入0.3%～0.5%的三角瓶种曲，拌匀，堆积保温、保湿，控制室温28～30℃，促使根霉菌孢子萌发。经4～6h，品温开始上升，进行装帘，装帘厚度1.5～2.0cm。继续保温培养，相对湿度95%～100%，经10～16h培养，麸皮被菌丝联结成块状，这时最高品温应控制在35℃以内，相对湿度85%～90%。再经24～28h培养，麸皮表面布满大量菌丝，可出曲干燥。要求帘子曲菌丝生长茂盛，并有浅灰色孢子，无杂色异味，手抓疏松不粘手。成品曲酸度在0.5g/100mL以下，水分在10%以下。

④ 通风制曲 粗麸皮加水60%～70%，常压蒸汽灭菌2h，摊冷至35～37℃，接入0.3%～0.5%的种曲，拌匀，堆积数小时，装入通风曲箱内。要求装箱疏松均匀，料层厚度25～30cm，控制装箱后品温为30～32℃。先静置培养4～6h，此时期为孢子萌芽期，控制室温30～31℃，相对湿度90%～95%。此阶段菌丝网结不密，品温上升缓慢，不需要通风。当品温升至33～34℃时，开始间断通风。由于前期菌丝较嫩，故通风量要小，通风前后温差不能太大，通风时间可适当延长。待品温降到30℃即停止通风。接种后12～14h，根霉菌生长进入旺盛期，品温上升迅速，曲料逐渐结块坚实，散热比较困难，需要进行连续通风。

通风时尽量加大风量和风压，通入的空气温度应在25～26℃，最高品温可控制35～36℃。通风后期曲料水分不断减少，菌丝生长缓慢，进入孢子着生期，品温降到35℃以下，可暂停通风，培养时间一般为24～26h。培养完毕应立即将曲料翻拌打散，通入干燥空气进行干燥，使水分下降到10%左右。

⑤ 麸皮固体酵母　以米曲汁或麦芽汁作为黄酒酵母菌的液体试管和液体三角瓶的培养基，在28～30℃下逐级扩大培养24h。以麸皮作固体酵母曲的培养基，加入95%～100%的水，搅拌均匀后蒸煮灭菌。温度降到31～32℃时，接入2%的三角瓶酵母成熟种子液和0.1%～0.2%的根霉曲，其中根霉的作用是对淀粉进行糖化，供给酵母必要的糖分。接种拌匀后装帘培养。装帘时要求料层疏松均匀，料层厚度为1.5～2.0cm，在品温30℃下培养8～10h，进行划帘，排除料层内的CO_2，交换新鲜空气，降低品温，促使酵母均匀繁殖。继续保温培养，至12h品温复升，进行第2次划帘。15h后酵母进入繁殖旺盛期，品温升高至36～38℃，再次划帘。一般培养24h后，品温开始下降，待数小时后，培养结束，进行低温干燥。

⑥ 混合　将培养好的根霉曲和酵母曲按一定的比例混合，混合时一般以酵母细胞数4×10^8个/g计算，加入根霉曲中的酵母曲量应为6%最适宜。

二、麦曲

1. 麦曲的作用和特点

麦曲是指在破碎的小麦上培养繁殖糖化微生物而制成的黄酒糖化剂。传统的麦曲生产采用自然培育微生物的方法，新发展的纯种麦曲采用人工接种培养纯种糖化菌种的方法。传统麦曲中的微生物主要有黄曲霉（或米曲霉）、根霉、毛霉和少量的黑曲霉、灰绿曲霉、青霉、酵母等。根据制作工艺的不同，麦曲可分为块曲和散曲。块曲主要是踏曲、撕曲、草包曲等，一般经自然培养而成；散曲主要有纯种的生麦曲、爆麦曲、熟麦曲等，常采用纯种培养制成。

2. 踏曲

踏曲是块曲的代表，又称闹箱曲，常在农历八九月间制作。

(1) 工艺流程　踏曲生产工艺流程如图5-3所示。

水（加入拌曲工序）

小麦→过筛→轧碎→拌曲→踏曲成型→堆曲→保温培养→通风干燥→成品

图5-3　踏曲生产工艺流程

(2) 工艺要点　将小麦麦粒轧成3～4瓣，使麦皮破碎，胚乳外露，装入拌料桶（箱），加入20%～22%的清水，迅速拌匀成曲料。将曲料在曲模木框中踩实成型，再用刀切成块状，进曲室堆曲，使曲块侧立成“丁”字形叠为两层，保温培养25d左右，通风干燥后使用或入库贮存。培养过程中的最高品温可控制在50～55℃，此时是淀粉酶的最适合成和作用温度，利于淀粉酶的积累及麦曲独特曲香物质的形成。同时，高温可抑制青霉之类最适生长温度较低的有害微生物的生长繁殖，另外，高温也不容易产生黑曲和烂曲。

成品麦曲应该具有正常的曲香味，白色菌丝茂密均匀，无霉味或生腥味，无霉烂夹心，曲屑坚韧触手，曲块坚韧而疏松；含水量为14%～16%，糖化力较高，在30℃时，1g曲（风干曲）1h能产生700～1000mg葡萄糖。

3. 纯种麦曲

纯种麦曲是指把经过纯种培养的黄曲霉或米曲霉接种在小麦上，在一定条件下，使其大量繁殖而制成的黄酒糖化剂。其具有淀粉酶活性高，用酶量少及适合机械化生产黄酒的优点；不足之处是其中所含的微生物种类单一，所产生的酶类及其代谢产物不够丰富，生产出的黄酒口味不够丰厚。

（1）工艺流程 按原料处理方法的不同，纯种麦曲可分为熟麦曲、生麦曲和爆麦曲；按培养方式的不同又有地面、帘子和通风曲箱等方式，但大多采用通风制曲法。其工艺流程如图 5-4 所示。

原菌→试管活化培养→三角瓶扩大培养→种曲扩大培养→麦曲通风培养

图 5-4 纯种麦曲生产工艺流程

（2）工艺要点

① 种曲扩大培养 操作同纯种根霉帘子曲相似。

② 麦曲通风培养 通风培养纯种的生麦曲、爆麦曲、熟麦曲，主要在原料处理上有所不同。生麦曲在原料小麦轧碎后，直接加水拌匀接入种曲，进行通风扩大培养。爆麦曲是先将原料小麦在爆麦机里爆炒增香后，趁热轧碎，冷却后加水接种，装箱通风培养。熟麦曲是先将原料小麦破碎，然后加水配料，在常压下蒸熟，冷却后接种，装箱通风培养。纯种熟麦曲的通风培养操作如图 5-5。

拌料→蒸料→接种→装箱→间断通风培养→连续通风培养→产酶和排湿→出曲

图 5-5 纯种熟麦曲的通风培养流程

拌料、蒸料过程中加水量一般在 40%左右，蒸料后风冷至 36～38℃，接入占原料量 0.3%～0.5%的种曲，拌匀，控制接种后品温 33～35℃。接种后的曲料进行堆积装箱，要求装箱疏松均匀，品温控制在 30～32℃，料层厚度为 25～30cm，并视气温进行调节。然后进行通风培养，本培养过程分为间断通风（前期）、连续通风（中期）和产酶排湿（后期）三个阶段。前期在接种后最初 10h 左右，室温控制在 30～31℃，品温控制在 30～33℃，相对湿度 90%～95%；中期品温控制在 38℃左右，不得超过 40℃；后期应排湿升温，或通入干热空气，品温控制在 37～39℃，以利于酶的形成和成品曲的保存。选择在曲的酶活性达到最高峰时及时出曲，整个培养时间大约为 36h。

（3）成品曲的质量 菌丝稠密粗壮，不能有明显的黄绿色，有曲香，无霉酸臭味，曲的糖化力较高（1000U 以上），含水量在 25%以下。制成的麦曲应及时投入使用，尽量避免存放。

三、红曲

红曲是我国古代人民利用微生物加工食品的一大发明，富含酒香，不仅是酿酒的好原料，也是良好的调味品及色素。同时它又有助于和胃、健脾、消食、祛肿，因而，在国内外市场上很受欢迎。著名的福建老酒、北京同仁堂药酒、浙江绍兴豆腐乳等，均采用红曲作主要原料。

1. 原料处理

红曲生产必须选用优质大米。一般大米必须经过再一次的碾白工序，除去米糠、碎米、谷皮、杂质等，直到纯度 100%，选好料后，流水浸泡 24～36h，水比大米高出 30cm，使其充分吸收水分。然后取出，置于蒸床内蒸熟，蒸后倒出成堆。再进行第二次复蒸（时间约为

5～10min），使大米蒸至透心时取出，铺摊于竹箩上，冷却至20℃左右备用。

2. 配方拌料

经过蒸熟冷却后的大米，拌同醋糟辅料配制红曲霉培养基。其配方有2种。

(1) 配方一 大米50kg、老醋1.5kg（要求3年以上的陈醋）、土曲糟2.5kg，把老醋、土曲糟拌进蒸熟的大米搅拌均匀，达到米饭通红为止。

(2) 配方二 大米50kg、红曲3.5kg，米饭2.5kg、老醋2.5kg。先把红曲磨成粉末，米饭煮至如稀饭一样黏稠后，与红曲粉末及醋混合，然后拌入蒸熟的大米中去，反复搅拌直至通红，可用搅拌机。

3. 室内发酵

红曲主要依靠红曲霉菌的繁殖与生长，所适宜的温度为40～45℃。发酵室必须洁净无味，室内宜用黏土与砂质土壤合成的地面，这种地面容易干燥。在打开通风窗15min后第二次发酵时，集中成山形，加麻袋覆盖，密封6h，堆温以35℃为宜。然后散铺于地面，室温不宜低于20℃，12h后，开窗通风，并翻动一次，使其均匀。再经12h后进行一次翻动，随后每隔8h翻动一次，目的是使底、面均匀。若室温低可加温；夏天气温高时，注意通风或通过设备降温。

各曲种的发酵期有所不同。若是制库曲，在室内应发酵9d，每5kg大米可制成2.25～2.5kg的红曲；若是制色曲，室内要多发酵5d，使红曲霉菌延至内部，以内外呈通红无斑点为止，每5kg大米，只能制出1.25～1.5kg曲量；若是制轻曲，只要多发酵2d，室温保持40℃，使全部米心发酵通红，每5kg大米制1.5～2kg曲量。

4. 加温发酵

为使红曲霉菌加快繁殖，红曲在发酵过程中需要加温，促进发酵。因此，在发酵4d后，用麻袋将曲种装好，放入水池，使其充分吸收水分后取出（约20min），再回到发酵室内堆成山形，密封2d，室内温度不得低于30℃。然后摊开散铺于地面，打开通风窗，并喷洒清水。每50kg大米，喷清水20～25kg，用喷壶喷洒均匀。以后每隔一天翻动一次，使上下温差平衡，发酵均匀，直到出房为止。

5. 出房曝晒

至发酵结束，红曲生产只需9～14d，发酵好的红曲及时铺于竹席上，置于烈日下曝晒。晒曲时间，春季、秋季、冬季各12h，夏季7h，翻搅5次以上，晒干入库。

四、酒母

酒母是由少量酵母逐渐扩大培养形成的酵母醪液。黄酒发酵需要大量酵母菌的共同作用，传统淋饭酒母发酵醪液中酵母密度高达$(6\sim9)\times10^{8}$个/mL，发酵后的酒精含量可达18%以上。根据培养方法的不同，黄酒酒母可分为淋饭酒母和纯种培养酒母两大类，前者是用酒药通过淋饭酒醅的制造自然繁殖培养的酒母，后者是用纯种黄酒酵母菌逐级扩大培养而获得的酒母，常用于新工艺黄酒的大罐发酵。

1. 淋饭酒母

淋饭酒母又叫“酒娘”，在传统的摊饭酒生产前20～30d，要先制作淋饭酒母。

(1) 工艺流程 淋饭酒母制造工艺流程如图5-6所示。

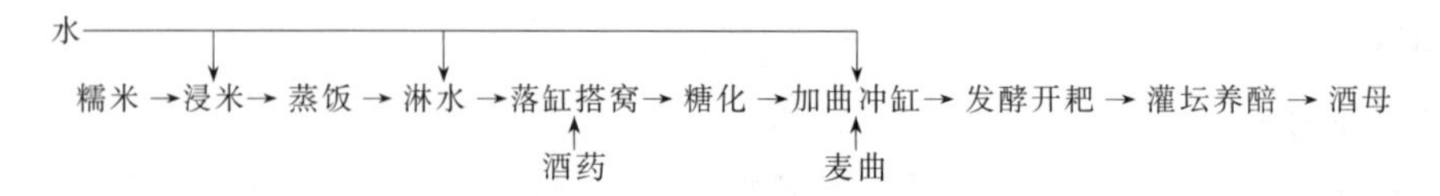

图 5-6　淋饭酒母制造工艺流程

(2) 工艺要点

① 配料　制备淋饭酒母常以每缸投料米量为基准，根据气候的不同有 100kg 和 125kg 两种，麦曲用量为原料米的 15%～18%，酒药用量为原料米的 0.15%～0.2%，控制饭水总重量为原料米量的 3 倍。

② 浸米、蒸饭、淋水　浸米时水量超过米面 5～6cm 为好，浸渍时间根据气温不同控制在 42～48h 左右。浸好后捞出，洗净米上的浆水，常压蒸煮、淋冷。

③ 落缸搭窝　将淋冷后的米饭沥去水分，投入洁净并灭菌的大缸，拌入酒药粉末，捏碎成块饭团，拌匀，在米饭中央搭成凹形窝，一般搭好窝后品温控制在 27～29℃为好。

④ 糖化、加曲冲缸　搭窝后应及时做好保温工作。酒药中的糖化菌、酵母菌在米饭的适宜温度、相对湿度下迅速生长繁殖。根霉菌等糖化菌分泌淀粉酶、蛋白酶等水解酶类，水解淀粉成葡萄糖，并产生乳酸、延胡索酸等酸类物质，在酒窝内积聚甜液，使窝内酵母菌迅速生长繁殖。有机酸的生成使酿窝甜液的 pH 维持在 3.5 左右，抑制产酸细菌的侵袭。一般经过 36～48h 糖化以后，饭粒软化，甜液满至酿窝的 4/5 高度，此时甜液浓度约 35°Bx，还原糖为 15%～25%，酒精含量在 3%以上。这时酿窝已成熟，可加入一定比例的麦曲和水，进行冲缸。冲缸操作为酒醅补充新鲜的氧气，强化糖化能力，同时使酵母菌从高渗环境下释放出来，再次迅速生长繁殖。24h 以后，酵母细胞浓度可升至 $(7\sim10)\times10^{8}$ 个/mL，糖化和发酵作用得到大大加强。

⑤ 发酵开耙　冲缸后，酵母逐步进入酒精发酵旺盛期，醪液温度迅速上升，约 8～15h 后，品温达到一定值，米饭和部分曲漂浮于液面上，形成泡盖。这时需用木耙进行搅拌，俗称开耙。在新工艺黄酒生产中对大罐醪液通压缩空气的操作也称为开耙。第一次开耙温度和时间的掌握尤为重要，应根据气温高低和保温条件灵活掌握。在第一次开耙以后，每隔 3～5h 就进行第二、第三和第四次开耙，使醪液品温保持在 26～30℃。

黄酒发酵过程中的开耙主要有以下几个作用：降低、均匀品温；排出醪液中积聚的 CO_2 气体和其他杂气，补给新鲜氧气，以促进酵母繁殖，防止杂菌滋生；使料液搅拌均匀，利于充分发酵；通过对品温和时间的调节，控制发酵温度变化、糖化和发酵的速度和程度，可以酿造出不同风格的酒。

⑥ 灌坛养醅（后发酵）　在落缸后第 7 天左右，即可将发酵醪灌入酒坛，装至八成满，俗称灌坛养醅。经过 20～30d 的后发酵，酒精含量达 15%以上，挑选优良者可作酒母使用。

(3) 酒母质量　成熟的酒母醪应发酵正常，酒精含量在 16%左右，酸度在 0.4%以下，品味爽口，无酸涩等异杂气味。

2. 纯种培养酒母

纯种培养酒母按糖化与发酵关系分为两种：一种是仿照黄酒生产的双边发酵酒母，因其制造时间比淋饭酒母短，又称速酿酒母；另一种是高温糖化酒母，首先采用 55～60℃高温糖化，糖化完后高温灭菌，冷却后接入纯种酵母进行培养。

项目二　黄酒的酿造

一、干黄酒的酿造

干黄酒含糖量在1.5g/100mL（以葡萄糖计）以下，酒的浸出物较少。麦曲类干黄酒的操作方法主要有摊饭法、喂饭法和淋饭法等，淋饭法黄酒的制作与淋饭酒母的制作基本相同，不再重述，下面主要介绍其他两种黄酒的制作方法。

1. 摊饭酒

传统摊饭酒常在11月下旬至次年2月初进行，酸浆水作配料，采用自然培养的生麦曲作糖化剂、淋饭酒母作发酵剂。干黄酒和半干黄酒中具有典型代表性的绍兴元红酒及加饭酒等都是应用摊饭法生产的。

(1) 工艺流程　摊饭酒酿造工艺流程如图5-7所示。

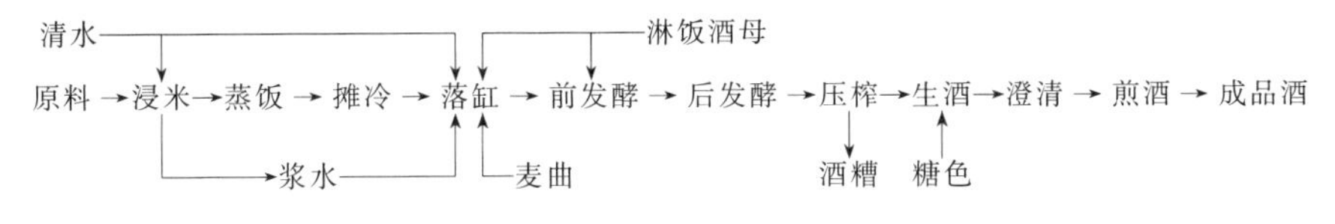

图5-7　摊饭酒酿造工艺流程

(2) 工艺要点

① 配料　以绍兴元红酒为例，每缸用糯米144kg、麦曲22.5kg、水112kg、酸浆水84kg、淋饭酒母5～6kg。加入酸浆水与清水的比例为3∶4，即所谓的“三浆四水”。

② 浸米　摊饭酒的浸米时间较长，达18～20d。浸渍的目的除了利于蒸煮外，更是为了汲取底层的浆水。一般每缸浸米288kg，浸渍水高出米层约6cm。

③ 蒸饭和摊冷　大米浸渍后不经淋洗，保留附在大米上的浆水进行蒸煮。米饭蒸好后摊冷或鼓风吹冷，要求品温下降迅速而均匀，一般冷至60～65℃。

④ 落缸　落缸温度一般控制在24～26℃，不超过28℃。注意勿使酒母与热饭块接触引起“烫酿”，造成发酵不良，甚至酸败。

⑤ 前发酵　传统的发酵是在陶缸中分散进行的。前期主要是酵母细胞增殖阶段，品温上升缓慢，应注意保温。经10h左右，进入主发酵阶段，品温上升较快，醪液变得更加稀薄。发酵产生大量二氧化碳，将较轻的饭块冲向发酵醪表面，形成厚厚的醪盖，阻碍热量的散发和新鲜氧气的进入，必须及时开耙（搅拌）。开耙时以饭面下15～20cm缸心温度为依据，结合气温高低灵活掌握。开耙温度影响成品酒的风味，高温开耙（头耙在35℃以上），酵母容易早衰，发酵能力不能持久，酒醅残糖含量较高，酿成的酒口味较甜，俗称热作酒；低温开耙（头耙温度不超过30℃），发酵较完全，酿成的酒甜味少而辣口，俗称冷作酒。

热作酒开头耙后品温一般下降10℃左右，冷作酒开头耙后品温一般下降4～6℃，此后，各次开耙的品温下降较少。头耙、二耙主要依据品温高低进行，三耙、四耙则主要根据酒醅发酵的成熟程度来进行，四耙以后，每天捣耙2～3次，直至品温接近室温。一般主发酵经3～5d结束，这时酒精含量一般达13%～14%。

⑥ 后发酵　一般在坛中进行。后发酵的目的是使淀粉和糖分继续糖化发酵生成酒精，并使酒成熟增香，一般持续2个月左右。先在每坛中加入1～2坛淋饭酒母（俗称窝醅），搅拌均匀后，将发酵缸中的酒醅分盛于酒坛中，每坛装约25kg，坛口盖一张荷叶。每2～4坛

堆成一列，多数堆置在室外，最上层坛口再罩一只小瓦盖，以防雨水入坛。后发酵的品温常随自然温度而变化，前期气温较低时应堆在向阳温暖的地方，后期气温转暖时应堆在阴凉的地方。一般控制品温在20℃以下为宜。

摊饭酒的发酵期一般控制在70～80d左右，结束后进行压榨、澄清和煎酒。

2. 喂饭酒

嘉兴黄酒是喂饭发酵法的代表品种。喂饭法发酵不仅适合于陶缸发酵，也很适合于大罐发酵生产和浓醪发酵的自动开耙。采用多次喂饭的发酵方式，一方面不断对酵母进行扩大培养，减少酒药的用量（仅是用作淋饭酒母原料的0.4%～0.5%）；另一方面不断为酵母补给新鲜养料和氧气，保持其旺盛的发酵力。另外，多次投料操作起到了稀释发酵醪糖度和酒精度的作用，缓解发酵醪渗透压和酒精对酵母造成的压力。

（1）工艺流程 喂饭酒酿造工艺流程如图5-8所示。

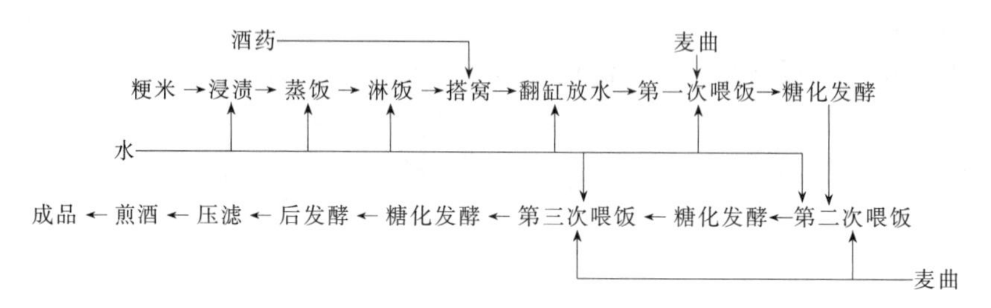

图5-8 喂饭酒酿造工艺流程

（2）工艺要点

① 浸渍 在室温20℃左右时，浸渍20～24h。浸渍后用清水冲淋。

② 蒸饭、淋饭 “双淋双蒸，小搭大喂”是粳米喂饭酒的技术要点。蒸后淋冷，保证拌药时品温控制在26～32℃。

③ 搭窝 拌入占原料量0.4%～0.5%的酒药，搭窝，保温发酵，经18～22h开始升温，24～36h品温略有回降时出现酿液，此时品温约29～33℃，以后酿液逐渐增多，趋于成熟。成熟的酒酿要求酿液满窝，呈白玉色，有正常的酒香。

④ 翻缸放水 搭窝48～72h后，酿液高度已达2/3的醅深，糖度达20%以上，酵母数在1×10^{8}个/mL左右，酒精含量在4%以下，即可翻转酒醅并加入清水。加水量控制每100kg原料总醪量为310%～330%。

⑤ 喂饭、发酵 翻缸24h后，进行第一次喂饭，加曲进行糖化。喂饭次数以三次为最佳，其次是两次。酒酿原料∶喂饭总原料为1∶3左右，第一次至第三次喂饭的原料比例分配为18%、28%、54%，喂饭量逐级提高，有利于发酵和酒的质量，保证发酵的正常进行。

⑥ 灌坛后发酵 最后一次喂饭36～48h后，酒精含量达15%以上，此时要及时灌坛进行后发酵。

二、半干黄酒的酿造

半干黄酒含糖量为15.1～40.0g/L（以葡萄糖计）。这类黄酒在配料中减少用水量，相当于增加用饭量，因此有加饭酒之称。加饭酒酒质优美，风味独特，特别是绍兴加饭酒，酒液黄亮呈有光泽的琥珀色，香气浓郁，口味鲜美醇厚。

加饭酒酿造工艺过程和操作基本与元红酒相同，最大区别在于原料落缸时，减少用水量，搅拌较困难，操作时可以一边搅拌，一边将翻拌过的物料翻到临近的空缸中，以利于拌匀，俗称盘缸。一般选择在严冬季节酿造，下缸品温比元红酒低1～2℃。另外，加饭酒都采用热作开耙。主发酵结束时，每缸酒再加入淋饭酒醪25kg、糟烧白酒5kg，以增强发酵力，提高酒精含量，防止酸败。酿成后一般还要经过1～3年以上的贮存，使酒老熟，酒质变得香浓，口味醇厚。

三、半甜黄酒的酿造

半甜黄酒的含糖量为40.1～100g/L（以葡萄糖计）。因在原料落缸时以酒代水，高酒精度抑制酵母的发酵，导致最终酒醪中残留较多的糖分和其他成分，从而构成半甜黄酒特有的酒精含量适中、味甘甜而芳香的特点。绍兴善酿酒是半甜黄酒的代表，采用摊饭法酿制，其工艺流程与元红酒基本相同，最大区别在于下缸时以陈元红酒代水。

四、甜黄酒的酿造

甜黄酒的含糖量在100g/L以上（以葡萄糖计），一般都采用淋饭法酿制。经一定程度的糖化发酵后，加入酒精含量为40%～50%的白酒或食用酒精，抑制酵母发酵，使最终发酵醪残留较多的糖分。生产不受季节限制，一般多安排在夏季生产。绍兴香雪酒就是甜黄酒的代表酒种。

项目三　黄酒生产的后处理

一、压滤

经过一段时间的后发酵，黄酒醪已经成熟。为了及时将醪液中的固体和液体进行分离，必须进行压榨。将发酵成熟醪中的酒液和糟粕加以分离的操作过程称为压榨。

压滤以前，应该检测后发酵酒醅是否成熟，以便及时处理，避免发生“失榨”现象。酒醅的成熟与否，可以通过感官检测和理化分析来鉴别。感官检测主要检测酒色、酒味和酒香，成熟的酒醪糟粕完全下沉，上层酒液澄清透明，色泽黄亮；酒味较浓，爽口略带苦味，酸度适中；有正常的新酒香气而无异杂气味。理化检测主要检测酒精含量和酸度。成熟的酒醅酒精含量已达指标并不再上升，酸度在0.4%左右，并呈现升高的趋势。

黄酒酒醅的压榨一般采用过滤和压榨相结合的方法来完成固液分离。一般分为“流清”和压榨或榨酒阶段。榨酒要求酒液澄清，糟粕干，时间短。传统的压榨采用木榨，20世纪50年代开始，逐步采用螺杆压榨机、板框压滤机及水压机。20世纪60年代设计出气膜式板框压滤机，并推广使用，提高了酒的产出率。

二、澄清

压滤流出的酒液称为生酒，应汇集到澄清池（罐）内静置澄清，或添加澄清剂，加速其澄清速度。澄清可达到去除杂质，继续水解高分子物质，去除低沸点物质等目的。静置澄清时间不宜过长，一般在3d左右，否则酒液中的菌类繁殖生长，易引起酒液浑浊变酸，即发生所谓“失煎”现象，特别是气温在20℃以上时更需注意。澄清后的酒液还需通过棉饼、硅藻土或其他介质的过滤，以除去颗粒极小、相对密度较低的悬浮粒子，使酒液透明光亮，现代酿酒工业已采用硅藻土粗滤和纸板精滤来加快酒液的澄清。经澄清沉淀出的酒脚，其主要成分是淀粉糊精、纤维素、不溶性蛋白、微生物菌体、酶及其他固形物。

三、煎酒

把澄清后的生酒加热煮沸片刻，杀灭其中的微生物，破坏酶的活性，以便于贮存、保管的操作过程称为“煎酒”。煎酒还具有除去不良的挥发性物质、促进高分子蛋白质和其他胶体物质吸附、沉淀的作用。目前各厂的煎酒温度均不相同，一般在85℃左右。在煎酒过程中，挥发出来的酒精蒸气经收集、冷凝成液体，称作酒汗。酒汗香气浓郁，可用作酒的勾兑或甜黄酒的配料。目前大部分黄酒厂采用薄板换热器煎酒，如果采用两段式薄板换热器，还可利用其中的一段进行热酒的冷却和生酒的预热。

四、包装

灭菌后的黄酒，应趁热灌装，入坛贮存。陶罐包装是黄酒传统的包装方式，具有稳定性高、透气性好、绝缘、防磁和热膨胀系数小等特点，有利于黄酒的自然老熟和香气的形成，目前被许多企业采用。黄酒灌装后，立即用荷叶、箬壳扎紧坛口，趁热糊封泥头或石膏，以便在酒液与坛口之间形成酒气饱和层，使酒气冷凝液流回至酒液里，造成一个缺氧、近似真空的环境。新工艺黄酒采用不锈钢大容器贮存新酒。目前黄酒贮罐的单位容量已发展到50t左右，比陶坛的容积扩大近2000倍，大大节约贮酒空间，此外，大容器在放酒时很容易放去罐底的酒脚沉淀。

五、贮存（陈酿）

新酒都有口味粗糙欠柔和、香气不足欠谐调等缺点，因此必须经过贮存，也就是“陈酿”过程，使黄酒充分老熟，酒体变得醇香、绵软、口味谐调，更加适合消费者的口味。

黄酒贮存的时间没有明确的界限，应根据酒种、陈化速度和销售情况来定。一般含糖量较少的、含氮量低的贮存期可适当长些。普通黄酒一般要求陈酿1年，而名优黄酒要求陈酿3～5年。

知识拓展

黄酒新工艺生产技术

黄酒新工艺生产中普遍采用现代化的机械设备，例如洗米机、淋饭机、精米机、输送机、浸米槽振荡式的流米床、立式（卧式）蒸饭机、不锈钢发酵罐等，尤其是发酵过程采用蒸汽机和冷冻机进行品温调控，使黄酒生产摆脱季节和地域的限制。传统法使用天然接种的传统酒曲，耗粮多，劳动强度大。现代已分离到不少性能优良的酿酒微生物进行纯种制曲，并对制曲工艺进行了改进。最近几年，还广泛采用麸曲及酶制剂作复合糖化剂，采用纯培养酵母、黄酒专用活性干酵母用于酿酒。传统的后发酵，是将酒醅灌入小口酒坛，现在也已发展到大型后发酵罐，后发酵采用低温处理。碳钢涂料技术也普遍用于大罐。此外，近年来，酶制剂应用技术、全液态化发酵技术、生料发酵技术生产黄酒也已应用成功。

1. 机械化黄酒生产新工艺

机械化黄酒生产新工艺流程如图5-9。

2. 全液态化玉米黄酒生产新工艺

本法以玉米为原料，采用液态法生产黄酒的流程生产出风味独特的玉米保健黄酒。该法用α-淀粉酶液化，用根霉、黑曲霉糖化，糖化时加入酸性酒用蛋白酶可提高黄酒风味。工艺流程如图5-10。

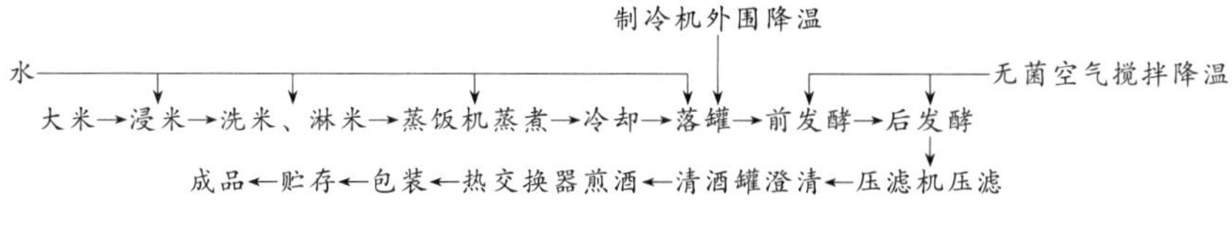

图 5-9 机械化黄酒生产新工艺流程

玉米→除杂→浸泡→去胚→粉碎→液化→灭菌→糖化→灭菌→酒精发酵→过滤→陈酿→成品

图 5-10 全液态化玉米黄酒生产新工艺流程

3. 生料法玉米黄酒生产新工艺

本法以玉米为主要原料采用生料法发酵生产技术，糖化发酵时：加水量为250%，曲霉的加入量为10%，根霉曲的加入量为10%，黄酒活性干酵母的加入量为0.4%，陈酿时采用高低温间隔的方法，既提高原料利用率，又缩短黄酒酿造时间。本法在酿造过程中添加10%炒玉米和少量玉米糖浆，取得较好的效果。工艺流程如图 5-11。

玉米→浸泡→清洗→去胚芽并粉碎→加水，加根霉麸曲、曲霉麸曲、黄酒活性干酵母→糖化发酵
成品←检验←杀菌←灌装←过滤←调味←陈酿←澄清←压滤

图 5-11 生料法玉米黄酒生产新工艺流程

项目四 黄酒的质量控制

一、发酵醪的酸败

黄酒生产是多菌种、开放式、长时间发酵过程，如果醪液中野生酵母和有害乳酸菌等杂菌大量生长繁殖，产生过量乳酸和醋酸，使醪液总酸超过0.7%，醪液香味变坏，即为酸败。酸败会影响黄酒风味，酸败严重时发酵停止，酒精度低；中等酸败时醪液浓度较大，酒精度在14%vol左右；酸败轻微时酸度稍大，酒精度变化不大。为了尽早发现醪的酸败情况，应掌握常见的酸败现象。

① 品温上升慢或不升；

② 酸度增大，醪出现酸臭或品尝时有酸味；

③ 糖分下降慢或停止；

④ 泡沫发黏或不正常；

⑤ 用显微镜观察杆菌增多。

1. 防止或补救办法

应保持发酵室的卫生，设备用具的清洗灭菌；提高酒母的质量，使边发酵边糖化反应平衡，减少糖的过多积累；在配料时添加适量浆水或乳酸，促进酵母的繁殖，使之占有绝对优势，并可适当加大酒母用量。注意发酵温度不要过高，尤其是后发酵阶段应控制在20℃以下，适当加入偏重亚硫酸钾（100g/1000L），达到一定抑菌效果（可在加酒母时加入）。

2. 酸败酒醪的处理

在主发酵过程中，如发现升酸现象，可以及时将主发酵醪液分装到较小的容器，降温发

酵，防止升酸加快，并尽早压滤灭菌。成熟发酵醪如有轻度超酸（酸度在0.5～0.6g/100mL），可以与酸度偏低的醪液相混（俗称搭醅）来降低酸度，然后及时压滤；中度超酸，可在压滤澄清时，添加碳酸钙、碳酸钾、碳酸钠等来中和酸度，并尽快煎酒灭菌；对于重度超酸，不可再压滤成黄酒，而只能加清水冲稀醪液，采用蒸馏方法回收酒精成分。

二、黄酒的褐变

黄酒的色泽随贮存时间延长而加深，主要源于酒中发生的美拉德反应生成类黑精所致。如果酒中糖类和氨基酸含量丰富，贮存期过长的话，酒色会变得很深，并带有焦糖臭味，俗称褐变。

防止或减缓黄酒褐变现象的措施主要有以下几种。

① 合理控制酒中糖类或氨基酸的含量，减少美拉德反应的发生；

② 适当增加酒的酸度，减少铁、锰、铜等元素的含量；

③ 缩短贮存时间，降低贮酒温度。

三、黄酒的浑浊

(1) 生物性浑浊 是指由于灭菌不彻底或微生物污染而引起的浑浊。主要现象是酒浑浊变质，生酸腐败，有时会出现异味、异气。应掌握好煎酒温度和时间，加强酒坛的清洗、灭菌和密封工作，同时应在干燥、避光、通风、卫生的环境下贮存。

(2) 非生物性浑浊 是指由于黄酒中糊精、蛋白质、多肽等胶体粒子，在受到O_2、光照、振荡、冷热时发生化合、凝聚等作用，使黄酒产生浑浊甚至沉淀的现象。黄酒中的非生物性浑浊主要是蛋白质浑浊。主要防止措施如下。

① 在酒醪成熟后再进行压榨；

② 压滤澄清时可添加适量的蛋白酶以促进蛋白质分解；

③ 压滤澄清时可添加适量单宁，沉淀蛋白质以过滤除去；

④ 降低贮酒品温，避免阳光照射，避免温度有大的波动。

四、黄酒的质量标准

1. 感官要求

GB/T 13662—2018《黄酒》的感官要求应符合表5-2、表5-3的规定。

表5-2 传统型黄酒感官要求

项目	类型	优级	一级	二级
外观	干黄酒	淡黄色至深褐色，清亮透明，有光泽，允许瓶（坛）底有微量聚集物		淡黄色至深褐色，清亮透明，允许瓶（坛）底有少量聚集物
	半干黄酒			
	半甜黄酒			
	甜黄酒			
香气	干黄酒	具有黄酒特有的浓郁醇香，无异香	黄酒特有的醇香较浓郁，无异香	具有黄酒特有的醇香，无异味
	半干黄酒			
	半甜黄酒			
	甜黄酒			

续表

项目	类型	优级	一级	二级
口味	干黄酒	醇和,爽口,无异味	醇和,较爽口,无异味	尚醇和、爽口,无异味
	半干黄酒	醇厚,柔和鲜爽,无异味	醇厚,较柔和鲜爽,无异味	尚醇厚、鲜爽,无异味
	半甜黄酒	醇厚,鲜甜爽口,无异味	醇厚,较鲜甜爽口,无异味	醇厚,尚鲜甜爽口,无异味
	甜黄酒	鲜甜,醇厚,无异味	鲜甜,较醇厚,无异味	鲜甜,尚醇厚,无异味
风格	干黄酒	酒体谐调,具有黄酒品种的典型风格	酒体较谐调,具有黄酒品种的典型风格	酒体尚谐调,具有黄酒品种的典型风格
	半干黄酒			
	半甜黄酒			
	甜黄酒			

表 5-3 清爽型黄酒感官要求

项目	类型	一级	二级
外观	干黄酒	淡黄色至黄褐色,清亮透明,有光泽,允许瓶(坛)底有微量聚集物	
	半干黄酒		
	半甜黄酒		
香气	干黄酒	具有本类型黄酒特有的清雅醇香,无异香	
	半干黄酒		
	半甜黄酒		
口味	干黄酒	柔净醇和、清爽、无异味	柔净醇和、较清爽、无异味
	半干黄酒	柔和、鲜美、无异味	柔和、较鲜美、无异味
	半甜黄酒	柔和、鲜甜、清爽、无异味	柔和、鲜甜、较清爽、无异味
风格	干黄酒	酒体谐调,具有本类黄酒的典型风格	酒体较谐调,具有本类黄酒的典型风格
	半干黄酒		
	半甜黄酒		

2. 理化要求

GB/T 13662—2018《黄酒》的理化要求应符合表 5-4～表 5-10 的规定。

表 5-4 传统型干黄酒理化要求

项目		稻米黄酒			非稻米黄酒	
		优级	一级	二级	优级	一级
总糖(以葡萄糖计)/(g/L)	≤	15.0				
非糖固形物/(g/L)	≥	14.0	11.5	9.5	14.0	11.5
酒精度(20℃)/%vol	≥	8.0①			8.0②	
总酸(以乳酸计)/(g/L)		3.0～7.0			3.0～10.0	
氨基酸态氮/(g/L)	≥	0.35	0.25	0.30	0.16	
pH		3.5～4.5				

续表

项目	稻米黄酒			非稻米黄酒	
	优级	一级	二级	优级	一级
氧化钙/(g/L) ≤	1.0				
苯甲酸[③]/(g/kg) ≤	0.05				

① 酒精度低于14%vol时，非糖固形物和氨基酸态氮的值按14%vol折算，酒精度标签所示值与实测值之间差为±1.0%vol。

② 酒精度低于11%vol时，非糖固形物和氨基酸态氮的值按11%vol折算，酒精度标签所示值与实测值之间差为±1.0%vol。

③ 指黄酒发酵及贮存过程中自然产生的苯甲酸。

表 5-5　传统型半干黄酒理化要求

项目	稻米黄酒			非稻米黄酒	
	优级	一级	二级	优级	一级
总糖(以葡萄糖计)/(g/L)	15.1～40.0				
非糖固形物/(g/L) ≥	18.5	16.0	13.0	15.5	13.0
酒精度(20℃)/%vol ≥	8.0[①]			8.0[②]	
总酸(以乳酸计)/(g/L)	3.0～7.5			3.0～10.0	
氨基酸态氮/(g/L) ≥	0.40	0.35	0.30	0.16	
pH	3.5～4.6				
氧化钙/(g/L) ≤	1.0				
苯甲酸[③]/(g/kg) ≤	0.05				

① 酒精度低于14%vol时，非糖固形物和氨基酸态氮的值按14%vol折算，酒精度标签所示值与实测值之间差为±1.0%vol。

② 酒精度低于11%vol时，非糖固形物和氨基酸态氮的值按11%vol折算，酒精度标签所示值与实测值之间差为±1.0%vol。

③ 指黄酒发酵及贮存过程中自然产生的苯甲酸。

表 5-6　传统型半甜黄酒理化要求

项目	稻米黄酒			非稻米黄酒	
	优级	一级	二级	优级	一级
总糖(以葡萄糖计)/(g/L)	40.1～100.0				
非糖固形物/(g/L) ≥	18.5	16.0	13.0	15.5	13.0
酒精度(20℃)/%vol ≥	8.0[①]			8.0[②]	
总酸(以乳酸计)/(g/L)	4.0～8.0			4.0～10.0	
氨基酸态氮/(g/L) ≥	0.35	0.30	0.20	0.16	
pH	3.5～4.6				
氧化钙/(g/L) ≤	1.0				
苯甲酸[③]/(g/kg) ≤	0.05				

① 酒精度低于14%vol时，非糖固形物和氨基酸态氮的值按14%vol折算，酒精度标签所示值与实测值之间差为±1.0%vol。

② 酒精度低于11%vol时，非糖固形物和氨基酸态氮的值按11%vol折算，酒精度标签所示值与实测值之间差为±1.0%vol。

③ 指黄酒发酵及贮存过程中自然产生的苯甲酸。

表 5-7 传统型甜黄酒理化要求

项目		稻米黄酒			非稻米黄酒	
		优级	一级	二级	优级	一级
总糖(以葡萄糖计)/(g/L)	>	100.0				
非糖固形物/(g/L)	≥	16.5	14.0	13.0	14.0	11.5
酒精度(20℃)/%vol	≥	8.0①			8.0②	
总酸(以乳酸计)/(g/L)		4.0～8.0			4.0～10.0	
氨基酸态氮/(g/L)	≥	0.30	0.25	0.20	0.16	
pH		3.5～4.8				
氧化钙/(g/L)	≤	1.0				
苯甲酸③/(g/kg)	≤	0.05				

① 酒精度低于14%vol时，非糖固形物和氨基酸态氮的值按14%vol折算，酒精度标签所示值与实测值之间差为±1.0%vol。

② 酒精度低于11%vol时，非糖固形物和氨基酸态氮的值按11%vol折算，酒精度标签所示值与实测值之间差为±1.0%vol。

③ 指黄酒发酵及贮存过程中自然产生的苯甲酸。

表 5-8 清爽型干黄酒理化要求

项目		稻米黄酒		非稻米黄酒
		一级	二级	
总糖(以葡萄糖计)/(g/L)	≤	15.0		
非糖固形物/(g/L)	≥	5.0		
酒精度(20℃)/%vol	≥	6.0①		6.0②
总酸(以乳酸计)/(g/L)		2.5～7.0		2.5～10.0
氨基酸态氮/(g/L)	≥	0.20	0.16	
pH		3.5～4.6		
氧化钙/(g/L)	≤	0.5		
苯甲酸③/(g/kg)	≤	0.05		

① 酒精度低于14%vol时，非糖固形物和氨基酸态氮的值按14%vol折算，酒精度标签所示值与实测值之间差为±1.0%vol。

② 酒精度低于11%vol时，非糖固形物和氨基酸态氮的值按11%vol折算，酒精度标签所示值与实测值之间差为±1.0%vol。

③ 指黄酒发酵及贮存过程中自然产生的苯甲酸。

表 5-9 清爽型半干黄酒理化要求

项目		稻米黄酒		非稻米黄酒	
		一级	二级	一级	二级
总糖(以葡萄糖计)/(g/L)		15.1～40.0			
非糖固形物/(g/L)	≥	10.5	8.5	10.5	8.5
酒精度(20℃)/%vol	≥	6.0①		6.0②	
总酸(以乳酸计)/(g/L)		2.5～7.0		2.5～10.0	
氨基酸态氮/(g/L)	≥	0.30	0.20	0.16	

续表

项目	稻米黄酒		非稻米黄酒	
	一级	二级	一级	二级
pH	3.5～4.6			
氧化钙/(g/L) ≤	0.5			
苯甲酸[③]/(g/kg) ≤	0.05			

① 酒精度低于14%vol时，非糖固形物和氨基酸态氮的值按14%vol折算，酒精度标签所示值与实测值之间差为±1.0%vol。

② 酒精度低于11%vol时，非糖固形物和氨基酸态氮的值按11%vol折算，酒精度标签所示值与实测值之间差为±1.0%vol。

③ 指黄酒发酵及贮存过程中自然产生的苯甲酸。

表5-10　清爽型半甜黄酒理化要求

项目	稻米黄酒		非稻米黄酒	
	一级	二级	一级	二级
总糖(以葡萄糖计)/(g/L)	40.1～100.0			
非糖固形物/(g/L) ≥	7.0	5.5	7.0	5.5
酒精度(20℃)/%vol ≥	6.0[①]		6.0[②]	
总酸(以乳酸计)/(g/L)	3.8～8.0		3.8～10.0	
氨基酸态氮/(g/L) ≥	0.25	0.20	0.16	
pH	3.5～4.6			
氧化钙/(g/L) ≤	0.5			
苯甲酸[③]/(g/kg) ≤	0.05			

① 酒精度低于14%vol时，非糖固形物和氨基酸态氮的值按14%vol折算，酒精度标签所示值与实测值之间差为±1.0%vol。

② 酒精度低于11%vol时，非糖固形物和氨基酸态氮的值按11%vol折算，酒精度标签所示值与实测值之间差为±1.0%vol。

③ 指黄酒发酵及贮存过程中自然产生的苯甲酸。

3. 卫生要求

菌落总数、大肠菌群、铅和黄曲霉毒素B_1应符合GB 2758—2012的规定。

4. 其他要求

黄酒中可以按GB 2760—2014规定添加（符合GB 1886.64—2015要求的）焦糖色，但不得添加任何非自身发酵产生的物质。

复习题

1. 简述黄酒酿造中的主要微生物及其在黄酒酿造中的作用。
2. 简述白药制作的工艺流程。
3. 简述麦曲制作的工艺流程。
4. 简述淋饭酒母的制备工艺流程。

5. 简述传统摊饭酒制作的工艺。
6. 简述传统工艺黄酒生产中对发酵过程温度的控制方法。
7. 黄酒发酵醪为什么能够获得高酒精度？
8. 黄酒醪发酵采用敞口及原料不灭菌的方法，但为什么能实现安全酿造呢？
9. 黄酒为什么要贮藏，贮存期是不是越长越好？怎样确定贮存期？

实训四　黄酒生产工艺研究

【实训目的】

通过实训，进一步理解黄酒酿造的基本原理，了解并熟悉黄酒酿造的工艺流程和工艺操作条件，了解成品黄酒质量要求，学习成品黄酒的品评方法。

【实训原理】

黄酒酿造是典型的边糖化边发酵工艺。利用糖化发酵剂中淀粉酶、蛋白酶等各种水解酶类的作用，水解原料中的淀粉和蛋白质等为可发酵性糖、氨基酸等营养物质，同时利用糖化发酵剂中的酵母菌发酵可发酵性糖，生成主产物酒精，过程中同时产生了柠檬酸、氨基酸、乳酸、甘油等其他副产物，经过漫长的后发酵和贮酒阶段，最终形成黄酒成品。

【实训材料】

糯米、小麦、酵母、黄曲霉菌种（中国科学院 3800 或苏州东吴酒厂的苏-16）、白药、硅藻土、滤布等。pH 计、酒精计、温度计、发酵罐、贮酒罐（桶）、气膜式板框压滤机等。

【实训步骤】

1. 原料选择
(1) 原料米　选择新鲜糯米，不得含有杂米。
(2) 水　可采用自来水或深井水。
(3) 小麦　选择完整、饱满、无霉变、无虫蚀、无杂质、大小均匀的麦粒。
2. 原料预处理及糖化发酵剂的制备
(1) 原料米的预处理
① 洗米　用清水洗去糯米中的糠、尘土等杂质。水温控制在 10～20℃。
② 浸米　一般水温控制在 20～30℃，浸渍时间根据糯米性质、自然室温、浸水温度等因素而定。浸米结束后要求米的颗粒完整，一捏成粉状即可。可保留“酸浆水”备用。
③ 蒸煮　一般对于糯米，常压蒸煮 15～20min 即可。蒸煮后要求米粒外硬内软，熟而不烂，均匀一致，无白心。
④ 冷却　可以采用淋冷或摊冷的方式迅速而均匀地冷却到 30～40℃。
a. 淋饭冷却法　将冷水从米饭上面浇下，使米饭迅速冷却。
b. 摊饭冷却法　把米饭摊放在竹簸上，通过翻拌和自然风吹进行冷却，也可采用机械鼓风冷却。
(2) 麦曲的制备　本实训采用纯种麦曲。麦曲制作的工艺流程如下：

原菌→试管活化培养→三角瓶扩大培养→种曲扩大培养→麦曲通风培养

① 菌种　苏-16 号或其他糖化力强、易培养、不产生毒素的黄曲霉或米曲霉。

② 试管活化培养　一般采用米曲汁琼脂培养基（米曲汁浓度为 13～16°Bé），28～30℃培养 4～5d。要求菌丝健壮、整齐，孢子数多，菌丛呈深绿色或黄绿色，不得有异样的形态和色泽，镜检无杂菌。

③ 三角瓶扩大培养　以麸皮为培养基（也有用大米或小米作原料的），加入 80%～90% 的水，翻拌均匀，分装于经干热灭菌的 500mL 三角瓶中，每瓶装湿麸皮约 40g，加塞后以 0.1MPa 高压蒸汽灭菌 30min。灭菌后趁热摇散瓶中的曲块，冷却至 35℃左右，接种，28～30℃保温培养 20～24h 后长出菌丝，摇瓶，再培养 1～2d，有孢子着生，菌丝布满培养基表面并结成饼状，可扣瓶，继续培养至成熟。要求孢子粗壮、整齐、密集，无杂菌。

④ 种曲扩大培养　麸皮加水 80%～90%，拌匀堆积 0.5h，使充分吸水，经常压蒸煮灭菌，摊晾至 35℃左右，接入 0.3%～0.5%的三角瓶种曲，拌匀，堆积培养。经 4～6h，品温开始上升，装帘，控制料层厚度 1.5～2.0cm，控制室温 28～30℃，品温不超过 35～37℃，可采用划帘和倒换上下帘位置来控制品温，相对湿度控制在 85%～90%。培养 14～18h 后，菌丝生长变缓慢，品温开始下降，这时应控制室温 30～34℃，品温 35～37℃，并保持品温均匀。培养 8～12h 后，麸皮表面布满菌丝，可出曲干燥。

⑤ 麦曲通风培养　操作流程如下：

配料蒸料⟶冷却接种⟶堆积装箱⟶间断通风培养⟶连续通风培养⟶干燥出曲

a. 配料蒸料　将小麦压成 3～4 瓣，加入 40%～50%的水，拌匀后堆积润料 1h，常压蒸煮约 45min。

b. 冷却接种　将蒸料用扬渣机打碎，降温至 38℃左右，接种，拌匀，种曲用量为原料的 0.3%～0.5%，应视季节和种曲的质量而变化。

c. 堆积装箱　接种后先堆积 4～5h，堆积高度在 50cm 左右，也可直接保温培养。装箱要均匀疏松，以利于通风，料层厚度一般为 25～30cm，品温控制在 30～32℃。

d. 间断通风培养　在接种后 10h 左右，孢子从开始发芽生长到形成幼嫩菌丝，过程呼吸不旺，产热量少，此过程采用间断通风培养来控制品温，开始通风量要求小，随着品温上升逐渐加大风量，室温宜控制在 30～34℃，相对湿度控制在 90%～95%。

e. 连续通风培养　间歇通风 3～4 次后，菌丝大量生长，进入旺盛时期，应采取连续通风。品温控制在 38～40℃，不得超过 40℃。

当菌丝表面有孢子着生，表明进入制曲后期，是积累酶的重要阶段，应降低湿度，提高室温，或通入干热风，使品温控制在 37～39℃，以利于排潮。出房要及时，一般从进箱到出曲约需 36h，若再延长，反而会降低酶的活性。

（3）酒母的制备　本次实训采用淋饭酒母。

① 配料　以每缸投料米量为基准，根据气候的不同有 100kg 和 125kg 两种，糯米：麦曲：酒药：总重(水＋原料)＝1：(15%～18%)：(0.15%～0.2%)：300%。酒药可从市场购买获得。

② 浸米、蒸饭、淋水　浸米水量超过米面 5～6cm 为好，浸渍时间控制在 42～48h 左右。将米捞出，常压蒸煮。蒸好后用冷水淋冷至 31℃左右，达到落缸要求。此时饭粒光滑软化，分离松散，更加适合糖化菌的生长繁殖。

③ 落缸搭窝　将淋冷后的米饭沥去水分，投入洁净并灭菌的大缸，拌入酒药粉末，捏碎成块饭团，拌匀，在米饭中央搭成凹形窝，窝要搭得疏松，以不塌陷为界。一般搭好窝后品温控制在 27～29℃为好。

④ 糖化、加曲冲缸　搭窝后应及时做好保温工作。一般经过 36～48h 糖化以后，饭粒软化，甜液满至酿窝的 4/5 高度，甜液浓度约 35°Bx 左右，还原糖为 15%～25%，酒精含

量在3%以上，酿窝已成熟。

加入一定比例的麦曲和水，进行冲缸，充分搅拌。此时醪液pH仍能维持在4.0以下。

⑤ 发酵开耙　冲缸后，酵母逐步进入酒精发酵旺盛期，当泡盖形成时，用木耙进行开耙。在第一次开耙以后，每隔3～5h就进行第二、第三和第四次开耙，使醪液品温保持在26～30℃。

⑥ 灌坛养醅（后发酵）　在落缸后第7天左右，将发酵醪灌入酒坛，进行灌坛养醅。坛装八成满，经过20～30d的后发酵，酒精含量达15%以上，即可作酒母使用。

成熟的酒母醪应发酵正常，酒精含量在16%左右，酸度在0.4%以下，品味爽口，无酸涩等异杂气味。

3. 糖化发酵

（1）洗米、蒸煮　糯米浸泡1～2d后，用清水冲洗干净，蒸煮。

（2）冷却，拌入麦曲和酒母　米饭冷却至30～31℃后，均匀拌入麦曲、水和纯种培养酒母，酒母接种量为米量的4%～5%，麦曲用量8%～10%。拌和后进入前发酵罐。

（3）落缸培养　落缸后混合温度为25℃左右，搭窝，保温培养。

（4）前发酵　约经12h，进入主发酵期，酒醅温度迅速上升，应注意降温，使温度不高于32℃。一般醪液会自动开耙，但若温度达到32℃仍然不能自动开耙，须人工开耙降温，开耙后品温为24～26℃。当温度接近30℃时，再第二次开耙，耙前后温差为2～3℃。前发酵期一般维持4～5d。

（5）后发酵　前发酵结束后，将发酵醪输送至后发酵罐，后发酵室温度控制在15～18℃，经16～20d的密封发酵，醪液酒精含量达到16%以上，即可结束发酵。

4. 压榨

选择合适的滤布进行压榨，注意保持滤层薄而均匀，加压要缓慢，将糟板榨干。

5. 澄清

刚榨出来的生酒仍然含有淀粉、糊精、不溶性蛋白质、微生物等细微悬浮物，使酒体浑浊，因此还需进一步澄清处理。将生酒放入澄清池中，温度要低，最好不要超过20℃，静置2～4d，将生酒中的沉淀沉降除去。

6. 煎酒

采用锡壶或薄板式/列管式热交换器煎酒。温度控制在85～90℃，时间2～3min。

7. 包装

采用坛（或不锈钢容器）包装。

【实训报告】

总结黄酒生产原理及工艺。

【实训思考】

1. 黄酒生产中糖化原理与稠酒制作有何不同？
2. 介绍一下黄酒生产的新工艺。

模块六　食醋生产技术

学习目标

1. 了解食醋的发展史及食醋的种类。
2. 了解酿制食醋的原料及处理方法。
3. 掌握酿制食醋常用菌种的制备。
4. 掌握酿制食醋的工艺流程。

必备知识

一、我国食醋生产的历史与发展趋势

食醋是一种国际性的重要的酸性调味品。我国酿醋已有2000多年的历史。我国食醋的品种很多，生产工艺在世界上独树一帜，其名、特、优产品有山西老陈醋、镇江香醋、四川麸曲醋、浙江玫瑰醋、上海米醋、福建红曲醋等。这些食醋风味各异，行销国内外，颇受消费者欢迎。

长期以来，我国酿醋技术一直沿用古老落后的固态发酵法，即利用自然界的野生菌进行发酵，产品风味独特，但设备简陋、卫生条件差、耗用辅料多、周期长、产量低、成本高。自20世纪50年代起，国内总结推广济南酿造厂的新固态发酵法，即使用人工筛选的纯种曲种进行发酵，提高原料利用率，降低生产成本，缩短发酵周期，且保留老工艺的风味。在20世纪60年代，上海醋厂和科研单位协作，经反复试验，创造酶法液化自然通风回流的固态发酵新工艺，大大提高酿醋工业的机械化程度。进入20世纪70年代，石家庄、天津等地先后试验成功液态深层发酵法新工艺和自吸式充气发酵罐应用于液醋生产，这是我国近代制醋工业上的一项重大技术革新，使我国食醋工业生产进入世界领先水平。随后的生料制醋法、固定化细胞连续发酵酿醋法等新工艺也成功应用于生产，促进食醋工业的快速发展。

二、食醋的种类、风味物质成分及营养价值

1. 种类

(1) 酿造醋 单独或混合使用各种含有淀粉、糖的物料或酒精，经微生物发酵酿制而成的液体调味品。根据原料不同，酿造醋分为粮食醋、麸醋、薯干醋、糖醋、酒醋；根据酿造用曲的不同，可分为麸曲醋、大曲醋、小曲醋；根据发酵工艺不同，可分为固态发酵醋、液态发酵醋。

(2) 合成醋 是用冰醋酸加水兑制而成的醋酸醋。合成醋口味单调、颜色透明。醋精、白醋精就是合成醋。

(3) 再制醋 是在酿造醋中添加各种辅料配制而成的食醋系列花色品种，添加料并未参与醋酸发酵过程，所以称再制醋。

2. 风味物质成分

(1) 食醋的色素 主要来源于原料本身的色素以及发酵过程中由化学反应、酶反应而生成的色素。其中酿醋过程中发生的美拉德反应是形成食醋色素的主要途径。

(2) 食醋的香气 其成分主要来源于食醋酿造过程中产生的酯类、醇类、醛类等物质。有的食醋还添加香辛料。

(3) 食醋的味 食醋是一种酸性调味品，其主体酸味成分是醋酸，醋酸是挥发性酸。此外，食醋还含有一定量的不挥发性有机酸，可使食醋的酸味变得柔和。表 6-1 列出几种食醋中有机酸的含量。

表 6-1 几种食醋中有机酸的含量 单位：mg/100mL

有机酸	米醋	酒精醋	葡萄醋	苹果醋
醋酸	4200	4.160	5.280	5.050
乳酸	20.3	19.2	5.5	3.6
琥珀酸	14.1	9.5	8.1	17.9
延胡索酸	3.91	3.21	3.97	0.43
柠檬酸	0.52	1.89	20.3	2.64
苹果酸	0.52	0.61	20.3	6.53

食醋中因含有氨基酸、核苷酸的钠盐而呈鲜味。其中氨基酸是由蛋白质水解产生的；酵母菌、细菌的菌体自溶后产生出各种核苷酸。

酿醋过程中添加食盐，不仅使食醋具有适当的咸味，还可防止醋酸菌进一步氧化。

(4) 食醋的体态 这是由固形物含量决定的。固形物包括有机酸、酯类、糖分、氨基酸、蛋白质、糊精、色素、盐类等。

3. 营养价值

食醋主要成分为醋酸，此外还含有氨基酸、糖分、酯类等物质，酸、甜、鲜、咸谐调适口，清香醇正。它不仅是调味佳品，还有助于清热解毒、杀菌消炎、增进食欲、帮助消化、防治肠道疾病、软化血管、保健美容等。

三、常用的酿醋原料

1. 原料选择的依据

应选淀粉含量高；资源丰富，产地离工厂近；易贮藏；不霉烂变质，符合食品卫生要求

的原料。

2. 主料

主料指能作为醋酸发酵的原料，包括含淀粉、含糖、含酒精的三类物质，如粮食、果蔬、糖蜜、酒类及野生植物等。含有碳水化合物比较丰富的农产品、加工副产物均可作为酿醋原料，包括：高产粮食，如玉米、甘薯、马铃薯等；粮食下脚料，如麸皮、米糠、高粱糠、淘米水、淀粉渣、甘薯把子、甜菜头尾、废糖蜜等；含有淀粉的野生植物，如野果、橡果、酸枣、桑葚等；果蔬类，如梨、柿、苹果、菠萝、荔枝等。长江以南一般采用大米和糯米为酿醋原料；长江以北多用高粱、小米为酿醋原料。

3. 辅料

辅料可以提供微生物活动所需的营养物质，形成食醋的色、香、味成分，含有大量的碳水化合物、蛋白质和矿物质，常用的有细谷糠、麸皮、豆粕等。

4. 填充料

固态发酵制醋及速酿法制醋都需要填充料。填充料主要起着疏松醋醅，使空气流通，以利醋酸菌好氧发酵的作用。常用的有粗谷糠、小米壳、高粱壳、木刨花、玉米秸、玉米芯、木炭等。

5. 添加物

酿制食醋所用的添加物有以下几种。

（1）食盐 醋醅发酵成熟后加入食盐能抑制醋酸菌的活动，同时调和食醋风味。

（2）砂糖 可增加食醋的甜味。

（3）炒米色 可增加成品醋的色泽和香气。

（4）香辛料 赋予食醋特殊的风味。常用的有芝麻、茴香、桂皮、生姜等。

6. 常用酿醋原料的成分

常用酿醋原料的成分见表6-2。

表6-2 常用酿醋原料的化学成分 单位：%

原料	淀粉	蛋白质	脂肪	纤维素	灰分	单宁	水分
高粱	62～68	8～15	3～5	1～3	1.5～3	0.2～4.2	10～15
玉米	64～70	7～10	3～5.9	1.5～3.5	1.2～2.6	—	12～15
糯米	62～68	5～10	2.5～3.5	0.5～1.0	0.7～1.0	—	10～14
大米	71～75	8～10	0.2～1.5	1.5～2.0	0.5～1.3	—	11～15
大麦	58～65	12～18	1.8～3.7	1.8～9	1.5～5	0.1	10～12
甘薯干	67～72	3～9.5	0.9～1.3	—	2.0	—	14.0

四、原料的处理

酿醋原料在收割、采收和贮运过程中，会混入泥土、石沙、金属等杂物，如不去除干净，将损坏机械设备、堵塞管道。带皮壳的原料，在原料粉碎之前应将皮壳除去。原料进厂前要经严格检验，霉烂变质等不合格的原料不能用于生产。

1. 去除泥沙杂质

在投产前，谷物原料用分选机，将原料中的尘土和轻质杂物吹出，并用筛网把谷粒筛选出来；鲜薯类原料一般用搅拌式洗涤机洗去表面附着的沙土。

2. 粉碎与水磨

为了扩大原料与曲的接触面积，充分利用有效成分，原料应先粉碎，再进行蒸煮、糖化。酶法液化通风回流制醋，可用水磨法粉碎原料，淀粉更易被酶水解，并能避免粉尘飞扬。磨浆时，先浸泡原料，再加水，比例为1∶(1.5～2)为宜。原料粉碎常用的设备是锤击式粉碎机(图6-1)。

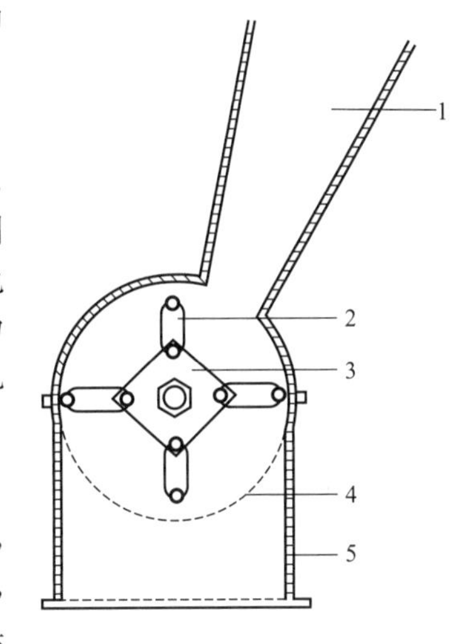

图6-1　锤击式粉碎机

1—进料斗；2—锤刀；3—转子；4—弧形筛面；5—机座

3. 原料蒸煮

(1) 蒸煮目的　原料粉碎经润水后在高温条件下蒸煮，使植物组织和细胞彻底破裂。淀粉糊化后，颗粒吸水膨胀，有利于糖化时水解酶的作用，同时通过高温高压蒸煮，杀死原料表面附着的微生物。

原料蒸煮的要求：原料淀粉颗粒充分糊化；可发酵物质损失尽可能少；能耗少；蒸煮过程中产生的有害物质少。

(2) 蒸煮方法　一般分为煮料发酵法和蒸料发酵法两种。蒸料发酵法是固态发酵酿醋中应用最广的一种方法，为便于糖化发酵，必须进行润料，即在原料中加入一定量的水，并搅拌均匀，然后再蒸料。润料所用水量视原料种类而定。许多大型生产厂一般采用旋转加压蒸锅，使原料受热既均匀又不至于焦化。

(3) 蒸煮过程中原料组分的变化

① 淀粉和糖分　淀粉在蒸煮或浸泡时，先吸水膨胀，随着温度升高，分子运动加剧，至60℃以上时其颗粒体积扩大，黏度大大增加，呈海绵糊状（即糊化），温度继续上升至100℃以上时，分子变成疏松状态，因而黏度下降，冷却至60～70℃，能有效地被淀粉酶糖化。

② 蛋白质　在常压蒸煮时，蛋白质发生凝固变性，使可溶性氮含量下降，不易分解。而原料中氨基氮却溶解于水，使可溶性氮有所增加。

③ 脂肪　在高压下产生游离脂肪酸，易产生酸败气味，而常压下变化很少。

④ 纤维素　吸水后膨胀，但在蒸煮过程中不发生化学变化。

⑤ 果胶质　薯类原料中含果胶质比谷类原料多，果胶质在蒸煮过程中加热分解形成果胶酸和甲醇，高压和长时间蒸煮后使成品产生有怪味的醛类、萜烯等物质。

⑥ 单宁　在蒸煮过程中单宁是形成香草醛、丁香酸等芳香成分的前体物质，能赋予食醋以特殊的芳香。

五、食醋酿造的基本原理

食醋酿造是一个复杂的生化过程，包括淀粉糖化、酒精发酵、醋酸发酵三个阶段，现分述如下。

1. 淀粉糖化

(1) 糖化原理　糖化是指淀粉在酸或淀粉酶的水解下，生成葡萄糖、麦芽糖和糊精的过程。淀粉是一种高分子化合物，只有经过润水、蒸煮糊化及酶的液化成为溶解状态，才能被微生物利用。

（2）糖化曲用量

① 先糖化后发酵工艺　糖化曲用量计算法：

$$m_1=\frac{m_2}{0.9\times\frac{A}{1000}}$$

式中　m_1——糖化曲用量，g；

m_2——投料淀粉总量（以纯淀粉计），g；

A——曲糖化力，即1g曲在60℃下对淀粉作用1h产生出葡萄糖的质量（以mg计）；

0.9——将葡萄糖折算为淀粉的系数。

② 边糖化边发酵工艺　糖化曲用量计算法：

$$m_1=\frac{Km_2}{0.9\times\frac{A}{1000}}$$

式中　K——淀粉糖化程度，其数值由各厂视具体情况而定，%；

m_1——糖化曲用量，g；

m_2——投料淀粉总量（以纯淀粉计），g；

A——曲糖化力，即1g曲在60℃下对淀粉作用1h产生出葡萄糖的质量（以mg计）；

0.9——将葡萄糖折算为淀粉的系数。

2. 酒精发酵

酒精发酵是指成熟酵母在无氧条件下，把葡萄糖等可发酵性糖类在水解酶和酒化酶酶系作用下，分解为乙醇和CO_2的过程。

3. 醋酸发酵

醋酸发酵是指酒精在醋酸菌氧化酶的作用下氧化生成醋酸的过程。该过程中产生$NADH_2$，通过细胞呼吸链以O_2为受氢体生成H_2O和NAD，并放出热量。

六、食醋酿造的相关微生物

1. 曲霉菌

曲霉菌含有多种活化的强大酶系，因此常用来制糖化曲。从酶系种类活性而言，以黑曲霉更适合酿醋工业的制曲。常用的优良菌株为黑曲霉AS3.4309，菌丛黑褐色，生长繁殖最适温度为37～38℃，最适pH 4.5～5.0。其特点是酶系纯，糖化酶活性很强，耐酸，但液化力不高，适用于固体和液体法制曲。

2. 酵母菌

在食醋酿造过程中，淀粉质原料经糖化产生葡萄糖，葡萄糖在酵母菌酒化酶系的作用下进行酒精发酵生成酒精和CO_2等。酵母菌培养和发酵的最适温度为25～30℃。酿醋用的酵母菌因原料而有差别，常用的有南阳混合酵母（1308酵母）、K氏酵母、AS2.1189。

3. 醋酸菌

醋酸菌是指氧化乙醇生成醋酸的一群细菌的总称。按照醋酸菌的生理生化特性，可将醋酸菌分为葡萄糖氧化杆菌属和醋酸杆菌属两大类。醋酸杆菌属的主要作用是将酒精氧化为醋酸，在缺少乙醇的醋醅中，会继续把醋酸氧化成二氧化碳和水，也能微弱地氧化葡萄糖为葡萄糖酸，其最适生长温度在30℃以上。而葡萄糖氧化杆菌属的主要作用是将葡萄糖氧化为葡萄糖酸，也能微弱氧化酒精成醋酸，但不能继续把醋酸氧化成二氧化碳和水，其最适生长温度在30℃以下。

醋酸菌的特性：幼龄阶段为革兰阴性菌，老龄阶段为革兰阳性菌，无芽孢，需氧，最适生长温度为28～33℃，最适pH 3.5～6.5，最适宜的碳源是葡萄糖、果糖，最适宜的氮源为蛋白质水解产物、尿素等，矿物质中必须有磷、钾、镁等元素，具有较强的氧化能力，能将酒精氧化为醋酸，可用于食醋的生产。

常用的醋酸菌有AS1.41醋酸菌和沪酿1.01醋酸菌。

项目一　糖化发酵剂的制备

一、糖化发酵剂的类型

1. 麸曲

麸曲的制曲原料是麸皮，接种曲霉菌，以固体法培养而制得的曲，糖化力强，出醋率高，成本低，制曲周期短，在我国应用较广。

2. 大曲

大曲主要以毛霉、曲霉、根霉和酵母为主，配备其他野生菌杂生而制成的糖化剂。该曲的优点是微生物种类多，成醋风味佳，香气浓，质量好，便于保管和运输；缺点是糖化力弱，淀粉利用率低，制作工艺繁杂，用曲量大，周期长，出醋率低。大曲主要在名、特食醋上采用。

3. 小曲

小曲又称药曲，是南方常用的一种糖化剂，因曲坯小而得名。制曲原料为碎米、纯糠，以根霉、酵母为主，添加中草药、野生菌制曲。优点是糖化力强，用量少，醋风味纯净，便于运输和保管；缺点是原料选择性强，适用于大米、高粱、糯米等原料。

二、制曲工艺

以大曲制作为例进行介绍。

1. 工艺流程(图6-2)

大麦(70%)、豌豆(30%) → 混合 → 粉碎 → 加水搅拌 → 踩曲 → 曲坯 → 入室培养 → 长霉阶段 → 晾霉阶段 → 起潮火 → 大火 → 后火 → 养曲 → 出曲 → 贮存 → 成品曲

图6-2　制曲工艺流程

2. 工艺要点

将原料按比例混合粉碎，通过20目孔筛，细粉与粗粉之比，夏季为30∶70，冬季为20∶80。每100kg混合料加温水50kg拌匀，踩曲。每块曲重3.5kg左右。曲块要求：厚薄均匀，外形平整，四角饱满，结构坚固。

制好的曲坯立即入曲室培养。曲室地面铺谷糠，上放2层曲坯，层间以苇秆隔开并撒谷糠，曲间距17mm，四周围席，上部蒙盖，冬天用2层席，夏天用1层席，蒙盖时将席喷

湿。曲室温度冬季13～15℃，夏季24～26℃。保持室内暖和，待品温上升到40～42℃上霉良好，上霉时间冬季3～5d，夏季2～3d。揭去席片晾霉，晾霉时间12h左右，夏季晾至30～33℃，冬季晾至23～25℃。然后翻曲成3层，曲间距40mm，继续培养，使品温上升到36～37℃，历时2d又由3层翻至4层，曲间距50mm。品温上升到43～44℃再翻曲1次，4层翻5层。翻曲后品温持续上升，约需3～4d品温升至46～47℃，此期间称之为起潮火。品温达到45～46℃即进入大火，此时拉去苇秆翻曲成6层，曲间距105mm。品温上升到47～48℃再次晾霉至37～38℃，反复3个轮回，翻曲3～4次，大火时间7～8d。这时曲面水分基本排除，曲内尚存余水，品温仍高达42～43℃。待品温下降至36～37℃时又翻曲为7层，并上下内外调整曲块，同时缩小曲间距为50mm，称之为后火，后火约需2～3d。后火后，曲全部成熟。进入养曲期，品温保持34～35℃养曲2～3d，冷却数日使水汽散尽，出曲存放。成曲出曲室后，放于通风阴凉处。堆垛曲块时，保留一定空隙，以防返火。

项目二　食醋的酿造

一、酒母、醋母的制备

1. 酒母的制备

使糖液或糖化醪进行酒精发酵的原动力是酵母菌。将纯种酵母菌经过逐级扩大培养，制成的酵母培养液称为酒母。

(1) 酒母扩大培养　工艺流程如图6-3。

酵母试管斜面菌种 →(24h) 小三角瓶扩大培养 →(18～20h) 大三角瓶培养 →(18h) 卡氏罐培养 →(8～10h) 酒母罐扩大培养

图6-3　酒母扩大培养工艺流程

(2) 工艺要点

① 试管斜面菌种　用麦芽汁或米曲汁糖化液制成斜面培养基，接种酵母原菌，在28℃培养3d即得。保存于4℃冰箱中，1～3个月移接一次。

② 小三角瓶扩大培养　用7°Bé麦芽汁或7°Bé米曲汁，于250mL三角瓶中装入150mL培养基，灭菌冷却后，接种斜面菌种1～2环，摇匀后于28℃下培养24h。

③ 大三角瓶培养　麦芽汁或糖化醪500mL装入1000mL三角瓶中，灭菌并冷却至30℃左右，接种小三角瓶酒母液约25mL，在28℃下培养16～20h。

④ 卡氏罐培养　容量一般为15L的不锈钢卡氏罐（图6-4），加入稀释到14%～16%的经硫酸调pH至4.1～4.4的糖化醪，灭菌后冷却到25～30℃，接种大三角瓶酒母液，在28℃左右培养10～18h。

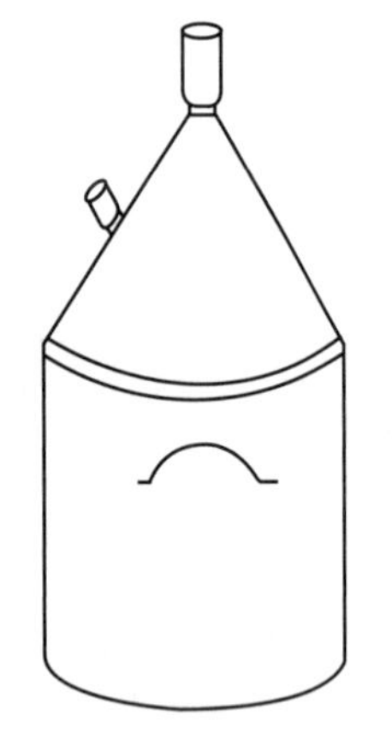

图6-4　培养酵母的卡氏罐

引自：程丽娟，袁静. 发酵食品工艺学. 杨凌：西北农林科技大学出版社，2002年12月.

⑤ 酒母罐扩大培养　按生产实际需要，可选择大缸或发酵罐进行酒母的再扩大培养。培养基多用玉米糖化醪，接种卡氏罐酵母，在30℃条件下保温培养8～9h，即达成熟。

2. 醋母制备

(1) 大三角瓶纯种扩大培养　在1000mL三角瓶中装入含酵

母膏1%和葡萄糖0.3%的培养液100mL，加棉塞，在98kPa蒸汽压下灭菌30min。冷却后，在无菌条件下，培养液中加入酒精4%（体积分数），并接种斜面菌种，摇匀后于30℃下静置培养5～7d。当培养基上出现菌膜，嗅之有醋酸味，即培养成熟。镜检菌种生长正常，无杂菌即可使用。一般测定酸度为1.5～2g/100mL（以醋酸计）。

(2) 大缸固态菌种培养　取生产上配制的新鲜醋醅，置于设有假底、下面开洞加塞的大缸中，接种经三角瓶培养成熟的纯醋酸菌种子液，拌和均匀。接种量为原料的2%～3%。培养1～2d后，品温升高，采用回浇法降温，即将缸底醋汁放出回浇在醋醅上，控制品温不高于38℃，继续培养。经过4～5d的培养，当醋汁酸度达到4g/100mL时，说明醋酸菌已大量繁殖，即可将此醋醅作为醋酸菌种子应用于生产中。菌种繁殖期间，要防止杂菌污染，如发现白花现象或有其他异味，应进行镜检，确认是否污染杂菌。对混杂的大缸醋种不能接种用于生产。

二、固态发酵法酿醋

1. 工艺流程(图6-5)

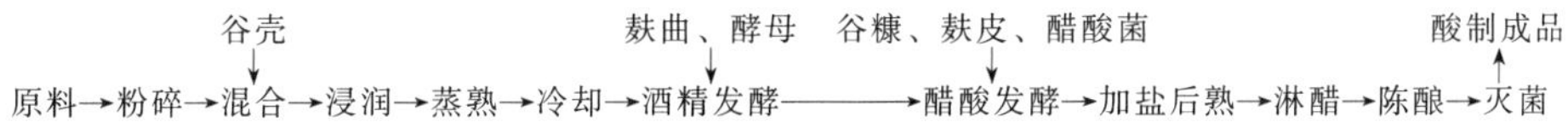

谷壳（→混合）；麸曲、酵母（→酒精发酵）；谷糠、麸皮、醋酸菌（→醋酸发酵）；酸制成品（←灭菌）

原料→粉碎→混合→浸润→蒸熟→冷却→酒精发酵→醋酸发酵→加盐后熟→淋醋→陈酿→灭菌

图6-5　菌种培养工艺流程

2. 工艺要点

(1) 原料处理　将100kg原料粉碎，与谷糠、麸皮混合拌匀，加水275kg润料，蒸料（常压蒸1h，或在旋转蒸锅内1.5MPa蒸汽压力下蒸40min），出锅冷却至30～40℃。

(2) 发酵　蒸煮冷却的原料拌入麸曲50kg和酵母40kg，补水约180kg至醅料含水60%～66%。拌匀放入缸内或发酵池，起始温度在23～27℃，保持室温24～29℃，约24h后当品温上升至37～40℃时，应进行第一次翻醅倒缸，然后盖严，保持醅温在30～35℃，进行边糖化边酒精发酵，约5～7d发酵结束，醅中可含酒精6%～9%。拌入谷糠和麸皮约50kg和醋酸菌种子约38kg，并每天翻醅倒缸一次，保持品温在37～39℃，约经过12d品温下降，醅中醋酸含量达7.0%～7.5%，醋酸发酵基本结束。再经约48h后熟即可结束发酵过程。

(3) 加盐后熟　醋酸发酵结束要及时加盐，防止成熟醋醅过度氧化。加盐量要准确，通常加盐量为醋醅的1.5%～2%，夏季稍多，冬季稍少。

(4) 淋醋　其设备是陶瓷淋缸或涂料耐酸水泥池，缸或池安装木篦，下面设漏口或阀口。淋醋采用三套循环法工艺流程，见图6-6。

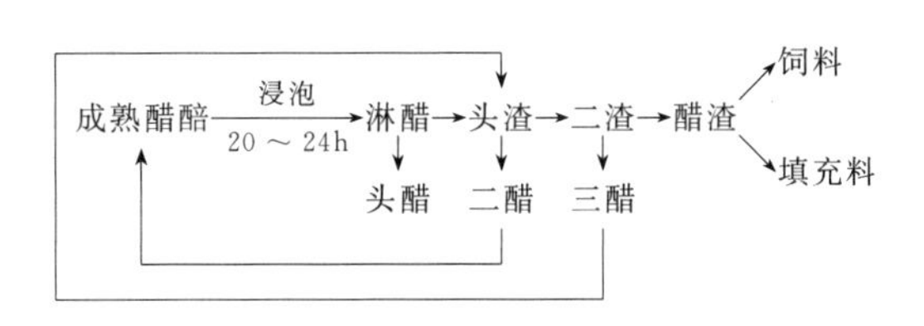

图6-6　淋醋工艺流程

(5) 陈酿　有两种方法：一是将成熟醋醅加盐压实陈酿，15～20d倒醅一次再封缸，陈酿数月后淋醋；二是淋出的醋液（醋酸含量应大于5%）贮存在大坛中1～2月即可。

(6) 灭菌和配制成品　经过陈酿的醋或新淋出的头醋称为半成品，出厂前需按质量标准进行配兑，一级食醋（含醋酸＞5%）不需加防腐剂，二级醋（含醋酸＞3.5%）需加0.06%～0.1%的苯甲酸钠作防腐剂。灭菌温度控制在80℃以上。

三、液态发酵法酿醋

1. 工艺流程

液态发酵法酿醋工艺流程见图6-7。

麸曲　酒母、乳酸菌、生香酵母
↓　　　↓
大米→浸泡→磨浆→调浆→液化→糖化→酒精发酵→酒醪 / →过滤→酒液

酒醪或酒液→液体深层醋酸发酵→压滤→灭菌→配制成品
↑
醋酸菌种子液

图6-7　液态发酵法酿醋工艺流程

2. 工艺要点

(1) 大米液化与糖化　其方法见前述。

(2) 酒精发酵　将糖化醪液泵入酒精发酵罐中，加水使醪液浓度为8.5°Bé，并使温度降至32℃左右。向醪液中接种10%酒母液，并添加占酒母量2%的乳酸菌液及20%的生香酵母，共同进行酒精发酵，发酵时间为5～7d。

(3) 醋酸发酵　将6°～7°的酒醪或酒液泵入发酵罐中，装入量为发酵罐容积的70%。当料液淹没自吸式发酵罐转子时，再启动转子让其自吸通风搅拌，装完料后，接种醋酸菌种子液10%（体积分数），此时要求料液酸度在2%以上，保持品温32～35℃进行醋酸发酵。发酵前期通风量为1∶0.08L/(L·min)，后期为1∶0.1L/(L·min)，当醋酸不再增加，酒精残留量为0时，发酵结束。醋酸发酵设备多采用自吸式发酵罐（图6-8）。

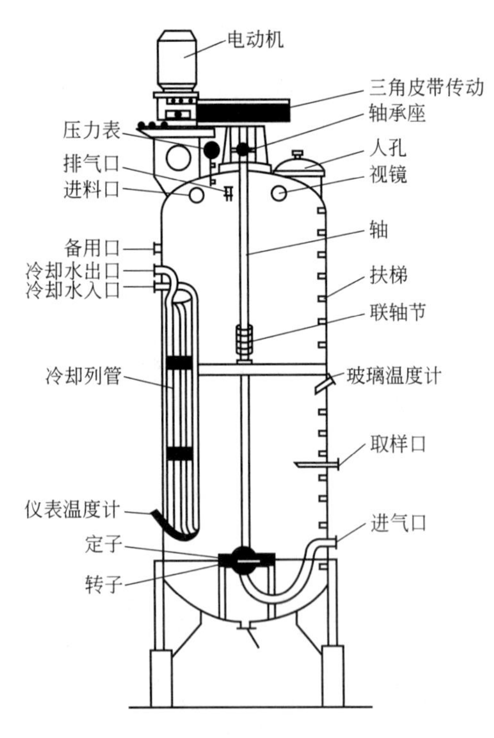

图6-8　自吸式发酵罐示意图

引自：程丽娟，袁静．发酵食品工艺学．杨凌：西北农林科技大学出版社，2002年12月．

(4) 产品后处理　为了改善液态发酵醋的风味，可用熏醅增香、增色。即将液态发酵的生醋用以浸泡固态发酵工艺中的熏醅，然后淋醋，使之具有熏醅的焦香、悦目的黑褐色。也有把液态发酵醋和固态发酵醋勾兑，以弥补液态发酵醋不足之处。

项目三　山西老陈醋的酿造

山西老陈醋是我国北方著名的食醋，有300多年酿造历史。它以优质高粱为原料，以大曲为糖化发酵剂，酒精发酵阶段温度低、周期长，醋酸发酵阶段温度高，新醋露天陈酿而成。其具有久贮无沉淀，长期不变质等特点，是越陈越香、富于营养的调味品。

一、酿造工艺

1. 工艺流程

山西老陈醋的酿造工艺流程见图 6-9。

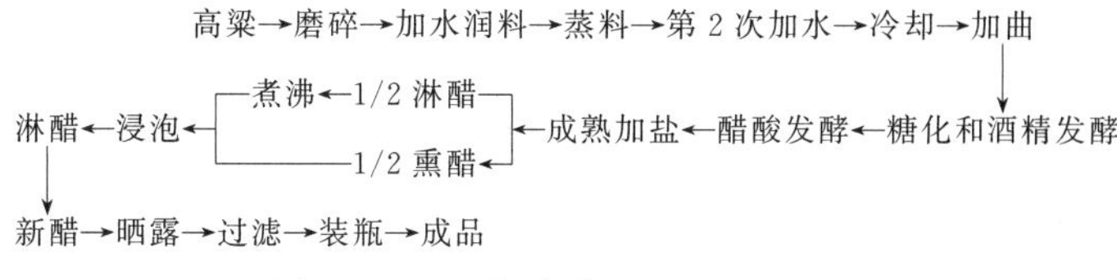

图 6-9　山西老陈醋的酿造工艺流程

2. 大曲的制作

详见本模块项目一。

3. 工艺要点

（1）原料配比　高粱 100kg；大曲 62.5kg；麸皮 73kg；谷糠 73kg；食盐 5kg；水 340kg（蒸前 60kg，蒸后 215kg，入缸 65kg）；香辛料 0.05kg（包括花椒、茴香、桂皮、良姜等）。

（2）原料处理　高粱粉碎，使大部分呈 4～6 瓣，无整粒，以粉末少好。按每 100kg 高粱加 30～40℃温水 60kg 的比例加水润料 4～6h。常压蒸料冒大汽后维持 1.5h，达到料无生心，熟透不粘手。取出放入缸中，加沸水 215kg，拌匀呈软饭状，焖 20min，充分吸水。取出迅速摊晾至 25～26℃，加大曲粉 62.5kg 和冷开水 65kg，拌匀入缸进行酒精发酵。

（3）酒精发酵　入缸温度控制在 20～25℃，冬季稍偏高，夏季稍偏低。入缸后边糖化边发酵，温度缓慢上升，前 3d 每天打耙 2 次，第 3 天时品温可上升到 30℃，第 4 天品温可升至 34℃，打耙次数也要增加，这时发酵至最高峰，品温开始下降，主发酵结束。用塑料布封缸口，上面再盖草帘，在 18～20℃下保持 15d 以上的后发酵。发酵终了酒醪酒精度为 7～8%vol，酸度 1.5%以下。

（4）醋酸发酵　每 100kg 主料制成的酒醪，添加麸皮、谷糠各 73kg，接种经 3d 醋酸发酵品温达到 43～45℃的新鲜醋醅，作为醋酸菌种子，拌匀，接种量为料总量的 10%。置浅缸中进行醋酸发酵，每天按时翻拌醋醅 1～2 次，3d 内品温可升至 36℃，4～5d 品温升至 43～45℃，第 5 天开始退热，9～10d 品温降至与大气温度平衡，发酵结束。100mL 成熟的醋醅含醋酸 8g 以上。

（5）熏醅、淋醋　取 1/2 醋醅置于熏缸内，盖上盖子，用文火加热至 70～80℃，保持 4d，每天搅拌 1 次，熏好的醋醅变为褐红色，此过程为熏醅。取余下 1/2 醋醅，加入二淋醋并补足冷水为醋醅重量 2 倍，浸放 12h。在淋出的醋液中加入 0.05%的香料加热到 80℃，放入熏醅中浸泡 10h，放出的醋即为熏醋，此过程称为淋醋。淋醋工艺一般采用三套循环法。

（6）陈酿　新醋贮放于室外缸中，日晒夜露，冬季醋缸液面结冰，把冰块取出弃去。经三伏九寒的陈酿，酸度、浓度、色泽、风味都达到标准后，过滤除去杂物，装瓶得到陈醋成品。

二、质量标准

1. 感官指标

感官指标：色泽黑紫；无沉淀；有特殊清香；质浓稠，酸味醇厚。

2. 理化指标

理化指标：总酸含量（以醋酸计）7.5g/100mL；浓度18°Bé；还原糖含量（以葡萄糖计）5g/100mL；氨基氮含量（以氮计）0.4g/100mL。

知识拓展

一、食醋生产的新工艺

以白米醋的酿造为例介绍食醋新工艺生产技术。以糯米和饮用白酒为原料，将糯米酿制成黄酒液，与白酒混合稀释，加入醋母，采用表面静置发酵法进行酿制。

1. 工艺流程

白米醋酿制新工艺流程见图6-10。

糯米→浸泡→蒸煮→降温→加发酵剂→糖化及酒精发酵→榨酒→过滤→黄酒液→白酒、自来水→基础醋母→醋酸发酵→食盐→沉淀→加温→过滤→配兑→贮存→成品

图6-10　白米醋酿制新工艺流程

2. 工艺要点

（1）黄酒液的制备　将糯米浸泡10h左右，捞出在竹筐内沥水后放入蒸锅内蒸煮，随汽上米，米上完锅全汽蒸20min，要求米饭熟透心而不烂，均匀一致。摊晾降温到35～37℃，拌入糖化酶15U/g，米曲霉麸曲5%，黄酒干酵母0.1%，翻拌均匀入大缸进行糖化酒精发酵，温度控制在25℃左右，每天搅拌一次，7～9d酒精发酵结束。加入酒酿料量的100%～120%的温水拌匀压榨过滤，并检查酒精度，以备配兑稀酒精液时计算酒精量。

制得的黄酒液不浑浊，清亮微黄无异味，酒香浓郁，酒质醇厚。

（2）基础醋母的制备　稀释米酒液使酒精含量为6%～8%，取固态发酵醋醅内的无盐醋液（醋酸含量5g/100mL）、酒醋液各半，混合后进行醋酸发酵，温度控制在28～32℃，经25d醋化结束，制得基础醋母。

（3）白米醋发酵液配兑及发酵　以产白醋100kg计，用5kg糯米的黄酒液，加入白酒、水调配到酒精含量6%的发酵液，装入发酵缸内，占总发酵液的一半，再将醋酸含量5g/100mL基础醋母加入，搅拌静置培养，温度控制在28～32℃，2～3d有白色醋酸菌膜微量形成。经25～30d完全醋化，发酵结束。醋酸含量5g/100mL以上。

（4）成熟醋液提取及处理　取出1/2成熟醋液，加入1%的食盐抑制醋酸菌生长，剩下的作下批基础醋母用。加盐醋液经沉淀，再升温到80℃灭菌过滤，得到具有醇厚酯香、透明清亮、无色或微黄色的天然白米醋。

二、果醋酿造

以果品或残次果为原料，加入适量的麸皮，固态发酵酿制。

1. 酒精发酵

取果品洗净，破碎，加入酵母液3%～5%，进行酒精发酵，每日搅拌3～4次，约经5～7d发酵完成。

2. 制醋坯

在酒精发酵的果品中，加入麸皮或谷壳、米糠等，约为原料量的50%～60%，作为疏松剂，再加培养的醋母液10%～20%，充分搅拌均匀，装入醋化缸中，稍加覆盖，使其进行醋酸发酵，控制品温30～35℃。温度升至35～37℃时，取出醋坯翻拌散热。每日定时翻拌1次，供给空气，促进醋化。经10～15d加入2%～3%的食盐，搅拌均匀，即成醋坯。

3. 淋醋

淋醋器用一底部凿有小孔的瓦缸或木桶，距缸底5～10cm处放置滤板，铺上滤布。从上面徐徐淋入约与醋坯量相等的冷却沸水，醋液从缸底小孔流出，这次淋出的醋称为头醋。头醋淋完以后，加入凉水，再淋，即为二醋。二醋醋酸含量很低，供淋头醋用。

4. 陈酿

通过陈酿，果醋变得澄清，风味更加醇正，香气更加浓郁。陈酿时将果醋装入桶或坛中，装满，密封，静置1～2个月即完成陈酿过程。

5. 保藏

陈酿后用过滤设备进行精滤。在60～70℃下灭菌10min，即可装瓶保藏。

项目四 食醋的质量控制

采用不同的酿造原料、不同的酿造工艺都会对食醋酿造的内外生态环境产生影响，从而使成品中色、香、味成分的种类和比例发生变化。以速酿法制醋时，酯化反应较慢，制出醋香味较差，需要再经陈酿来提高酯类含量。醋醅的水分含量等因子对微生物的增殖和发酵有很大的影响，而微生物发酵产物是香气成分的主要来源，所以发酵工艺与成品品质有直接关系。

不同的原料会赋予食醋成品不同的风味。如原料淀粉含量高，有利于生成足够的葡萄糖进行酒精发酵，而酒精及发酵副产物的生成为香味物质的形成创造条件。用野生植物原料和酒类为原料时，由于淀粉量少而使食醋的风味不足。糯米酿制的食醋残留的糊精和低聚糖较多，口味浓甜；大米蛋白质含量低、杂质少，酿制出的食醋纯净；高粱含有一定量的单宁，由高粱酿制的食醋芳香；坏甘薯含有甘薯酮，常给甘薯醋留下不愉快的异味；玉米含有较多的植酸，发酵时能促进醇甜物质的生成，所以玉米醋甜味突出。不同的水果会赋予果醋各种果香。

1. 感官指标

根据GB 18187—2000《酿造食醋》，感官指标应符合表6-3的规定。

表6-3 感官指标

项目	要求	
	固态发酵食醋	液态发酵食醋
色泽	琥珀色或红棕色	具有该品种固有的色泽
香气	具有固态发酵食醋特有的香气	具有该品种特有的香气
滋味	酸味柔和,回味绵长,无异味	酸味柔和,无异味
体态	澄清	

2. 理化指标

根据 GB 18187—2000《酿造食醋》，总酸、不挥发酸、可溶性无盐固形物应符合表 6-4 的规定。

表 6-4　理化指标

项目		指标	
		固态发酵食醋	液态发酵食醋
总酸(以乙酸计),g/100mL	≥	3.50	
不挥发酸(以乳酸计),g/100mL	≥	0.50	—
可溶性无盐固形物,g/100mL	≥	1.00	0.50

注：以酒精为原料的液态发酵食醋不要求可溶性无盐固形物。

3. 卫生指标

应符合 GB 2719—2018《食品安全国家标准　食醋》的规定。

复习题

1. 食醋的种类有哪些?
2. 食醋酿造的原料有哪些?
3. 参与食醋酿造的微生物有哪些类群?
4. 食醋酿造的基本原理是什么？食醋酿造包括几个生化阶段?
5. 酿造食醋的工艺有哪几类？简述固态发酵法酿醋的工艺要点。

实训五　醋酸菌的分离

【实训目的】

了解醋酸菌菌落特征，掌握醋酸菌的培养分离技术。

【实训原理】

采用残次水果酿制食醋，并从醋醪中分离醋酸菌。采用含有碳酸钙的曲汁琼脂培养基进行平板分离。由于醋酸菌在生长过程中能产生醋酸将碳酸钙溶解，使菌落周围出现透明圈，可借此加以辨认。

【实训材料】

（1）器材　粉碎机、铝锅、100mL 和 250mL 三角瓶、灭菌培养皿、无菌吸管、烧杯，残次水果、麦麸、谷糠、食盐等。

（2）菌种　醋酸菌、酵母菌、麦曲。

（3）碳酸钙曲汁琼脂培养基　曲汁 100mL、$CaCO_3$ 1g、95％乙醇 3～4mL（灭菌后加入）、琼脂 2g。

（4）豆芽汁培养基　取新鲜黄豆芽 100g，加水 1000mL，煮沸 0.5h，用纱布过滤后加葡萄糖（或蔗糖）50g、琼脂15～20g，pH 7.2。

【实训步骤】

1. 醋醪的制备

（1）残次水果处理　将残次水果先摘去果柄，去掉腐烂部分，清洗干净，用粉碎机破碎，然后将渣汁煮熟成糊状，倒入烧杯中。

（2）酒精发酵　待渣汁冷却至30℃时，接入麦曲（1.6%）和酵母液（6%），置30℃培养5～6h，这时逐渐有气泡冒出；12～15h后气泡逐渐减少，此时水果中各种成分发酵分离，并有少量酒精生成。

（3）醋酸发酵　每烧杯中加入麦麸（50%）、谷糠（5%）及培养的酵母液10%～20%，使醪液含水54%～58%，保温发酵。温度不超过40℃，发酵4～6d制成醋醪。

2. 醋醅中醋酸菌的分离

（1）将30mL曲汁加入100mL三角瓶中灭菌。冷却后用无菌吸管加入1mL乙醇，然后接入醋醪少许，25～30℃培养1周。

（2）用碳酸钙曲汁琼脂培养基，将培养1周的醋酸菌，采用稀释法或划线法，进行平板分离。醋酸菌为小菌落，因生酸使碳酸钙溶解，菌落周围呈现透明圈，因此在倒平板时一定要将碳酸钙混匀，否则碳酸钙沉于底部，就可能无透明圈出现。

（3）将有透明圈的菌落接种至曲汁琼脂斜面。

（4）将30mL豆芽汁装入三角瓶，灭菌后用无菌吸管加入1.5mL乙醇，将上述分离的单菌落移接于瓶内，25～30℃培养，观察菌体形态和生长情况，以验证其是否为醋酸菌。

【实训报告】

简述醋醅中醋酸菌的分离过程。

【实训思考】

1. 除本实训外还有哪些材料可以分离醋酸菌？
2. 在分离过程中有哪些注意事项？

实训六　食醋生产工艺研究

【实训目的】

了解食醋酿制的基本原理及麸曲醋生产的主要工艺，掌握麸曲醋糖化曲种的制作及简易酿醋技术。

【实训原理】

食醋是我国传统的酸性调味品，酿制工艺多样，产品各具特色。其基本原理是以淀粉质为原料，经加热糊化，再经曲霉菌（糖化曲）的糖化过程，酵母菌的酒精发酵（酒化），最后由醋酸菌将酒精氧化为醋酸（醋化）而成。除主要成分醋酸外，还含有其他有机酸、糖、醇、醛、酮、酯、酚及各种氨基酸，所以是色、香、味、体俱佳的酸性调味品。

麸曲醋的工艺是目前生产中广为采用的方法。

【实训材料】

1. 菌种

甘薯曲霉（编号 AS3.324）。

啤酒酵母：K 氏酵母。

醋酸杆菌：沪酿 1.01 或中科 1.41 的斜面菌种。

2. 培养基

（1）醋酸菌斜面培养基（中科 1.41，沪酿 1.01）

① 葡萄糖 10.0g；酵母膏 10.0g；$CaCO_3$ 20.0g；琼脂 18～20g；蒸馏水 1000mL；调 pH 6.8。

② 酒精（95°）20mL；葡萄糖 10.0g；酵母膏 10.0g；$CaCO_3$ 15.0g（干热灭菌）；琼脂 18～20g；自来水 1000mL。酒精在培养基灭菌后再加入。

（2）马铃薯葡萄糖（或蔗糖）琼脂斜面培养基　马铃薯汁 1000mL；葡萄糖（或蔗糖）20.0g；琼脂 18～20g。

马铃薯去皮、挖芽眼、洗净、切片，称 200g 放入 1000mL 自来水中文火煮沸 30min，双层纱布过滤，滤液加水补至 1000mL。

（3）豆芽汁蔗糖琼脂培养基（分离培养）　豆芽汁 1000mL；蔗糖 20.0g；琼脂18～20g；pH 7.2。分离时于临用前加入 0.3%灭菌乳酸，使 pH 降为 5.0 左右。

3. 主要原料

玉米糁、麸皮、谷壳、草木灰、谷糠、食盐。

4. 器材

三角瓶（或罐头瓶）、曲盘、发酵缸、接种针、恒温培养箱、冰箱、蒸锅、干湿球温度计等。

【实训操作】

1. 种曲制备

（1）麸曲制备

麸曲是麸曲醋生产的糖化剂，制备流程如下。

试管斜面培养→三角瓶扩大培养→麸曲生产

① 试管斜面培养（一级种）　取马铃薯蔗糖琼脂斜面培养基，用接种环接入 AS 3.324 甘薯曲霉孢子少许，置 30℃下培养 3～4d，待长满黑褐色孢子后取出，4℃冰箱保存，备用。

② 三角瓶（或罐头瓶）扩大培养（二级种）　称取麸皮 100g、草木灰少许，混匀后加水 90～100mL，充分拌匀，稍焖，分装于瓶中。每瓶装量占瓶高 1/3 左右，加棉塞或双层纸盖包扎，在 121℃下灭菌 40min，取出趁热摇散。冷却后，以无菌操作法，从斜面菌种管上挑取孢子 1 环，接入培养基中，充分摇匀，置 28～30℃下培养 18～20h，当菌丝布满培养料时，进行第一次摇瓶，充分打散菌丝块，培养 5～6h 再摇瓶一次，继续培养 3d 后，至菌丝充分生长，孢子成熟呈黑褐色时取出，保存，备用。

③ 麸曲制备（三级种）　即生产用曲种，其制备程序如下。

AS3.324斜面菌种→三角瓶曲种
↓
谷糠、麸皮、水→拌匀→蒸料→摊晾→接种→堆积→装盘→入曲室→成曲

a. 配料 麸皮100g，掺入谷糠15%～20%，加水约为110%～115%，充分拌匀，适当焖料，要求含水量为56%～58%。高温季节生产时，可添加占原料量0.3%的冰醋酸，能抑制杂菌污染。

b. 蒸料 常压蒸料1h，蒸透而不黏，熟料出锅需过筛疏松，冷却。待料温降至40℃左右时，接入三角瓶曲种，接种量按干料量0.2%～0.3%，拌和均匀。接种后先堆积成丘状，高30～40cm，在室温28℃下使品温保持30～31℃，约6h后，品温上升至35℃左右时，可翻拌一次，并转入曲盘或竹帘、竹匾内，厚度约1.5～2cm，室温控制在28～30℃，品温在36℃左右，培养16h后，菌丝生长，曲料变白，需进行划盘破曲和倒换曲盘上下位置以控制品温（勿超40℃），并于室内喷水，保持相对湿度在90%为宜（用干湿球温度计测定）。经36～48h，品温开始下降，孢子开始出现，此时需开窗通风换气，促进曲子成熟。制曲全程约70h。成熟后，置阴凉处保存。

成曲外观应是菌丝粗壮浓密，无干皮或“夹心”，无怪味或酸味，具黑曲清香味，曲块结实，手捏松散。

（2）酒母制备 制作程序如下。

试管菌种→小三角瓶培养（24h）→大三角瓶培养（18～20h）→罐培养（10～12h）→酒母

（3）醋酸菌培养

试管菌种→三角瓶培养→大缸固态培养

① 试管斜面培养（一级种） 取醋酸菌斜面培养基，用接种环接入醋酸菌体少许，置30℃温度下培养48h。置4℃冰箱保存，一个月换种一次。

② 三角瓶扩大培养（二级种）

a. 培养基 酵母膏1%、葡萄糖0.3%、水100mL，装入500mL三角瓶中，每瓶100mL，加棉塞，灭菌30min。取出冷却后，以无菌操作法加入4%的95°酒精。

b. 接种、培养 接入试管斜面菌种，摇匀，于30℃温度下培养5～7d。当液面生有菌膜，嗅之有醋酸气味即成熟。

③ 大缸固态培养 取蒸过的制醋的醋醅料，按2%～3%接种量接入三角瓶纯种，拌匀后，放入下面开孔加塞的缸中，缸口加盖，使醋酸菌在醅内生长。待1～2d后品温升至约38℃时，采用回流法降温（即将醋汁由缸底孔中放出再回浇在醅面上），要求控制品温不高于38℃，待发酵至醋酸含量在4%，即可作为生产用醋酸菌种。此法培养中要防止杂菌污染，若发现醋醅有白花现象或其他异味，应进行镜检。污染杂菌时不能用于生产。

2. 麸曲醋酿制

（1）原料配比（质量份）

原料	质量份	原料	质量份
碎米（或玉米，或薯干）	100	细谷糠	175
蒸料前加水	275	蒸料后加水	125
麸曲	5～10	酒母	40
粗谷糠	50	醋母	50
食盐	3.75～7.5		

（2）原料处理及蒸料 淀粉质原料去杂，粉碎，与细谷糠拌匀，按量加水，使原料吸水

均匀。上笼，常压蒸料1h，焖料1h，出锅，粉碎，降温至30～40℃，第二次加入冷水，翻拌均匀，摊开。

（3）淀粉糖化与酒精发酵　按量接入麸曲与酒母，翻拌均匀入缸。加无毒塑料膜盖缸，在室温20℃以上培养。当品温上升到36～38℃，倒醅于另一缸中。若再次升温到38℃时，进行第二次倒醅，待发酵5～6d品温降至33℃，表明糖化和酒精发酵结束。此时醅内酒精含量为8%左右。

（4）醋酸发酵　酒精发酵结束后，按量加入清蒸后的粗谷糠（大米壳）和醋母混拌均匀（若按装缸量计，150kg料醅加粗谷糠10kg、醋母8kg）。发酵时品温在2～3d后升高，控温在39～41℃，室温以25～30℃为宜。每天倒缸1～2次，使醋醅松散通氧，经12～15d后品温下降，至36℃以下，醋酸含量达7%～7.5%时，发酵结束。

（5）加盐及后熟　为抑制醋酸菌生长消耗醋酸，需按醋醅量的1.5%～2%加入食盐，翻料后置室温下2d后熟，以增色增香。

（6）淋醋　设假底的淋缸或淋池，移入醋醅，加水常温浸泡20～24h，开淋。先后淋3次，弃渣。

（7）陈酿　将制好的醋液或醋醅置室温下1个月至数月，可提高醋的品质、风味及色泽。

（8）灭菌　加热至85～90℃，30～40min。加热过程不断搅拌，使受热均匀。

（9）成品分装　灭菌后，在含酸量低于5%的醋液中加入0.1%苯甲酸钠防腐剂，以免变质。含酸量高者可直接装瓶或供食用。

【实训报告】

记录麸曲醋的麸曲制备与酿制过程。

【实训思考】

1. 酿醋中的主要微生物及其作用是什么？
2. 提高原料出醋率的技术关键有几点？

模块七　酱油生产技术

学习目标

1. 掌握酱油生产工艺。
2. 掌握酱油的发酵机理。
3. 了解酱油的贮存和包装。

必备知识

一、我国酱油生产的历史与发展趋势

1. 酱油生产的历史

酱油生产源于周代，至今已有3000多年的历史。《周礼·天官篇》中记载："善夫掌王馈，食酱百有二十饔。"到明朝时，我国豆酱制造业已经相当发达。酱油是从豆酱演变和发展而成的，最早的酱油是用牛、羊、鹿、鱼、虾等动物性蛋白质酿制的，后来才逐渐改用豆类和谷物的植物性蛋白质酿制。中国历史上最早使用"酱油"这一名称是在宋朝，林洪著《山家清供》中有"韭叶嫩者，用姜丝、酱油、滴醋拌食"的记述。此外，古代酱油还有其他名称，如清酱、豆酱清、酱汁、酱料、豉油、豉汁、淋油、柚油、晒油、座油、伏油、秋油、母油、套油、双套油等。公元755年后，酱油生产技术随鉴真大师传至日本，后又相继传入朝鲜、越南、泰国、马来西亚、菲律宾等国。现在酱油生产在原料的合理使用、生产工艺的改革、生产设备的改进、生产周期的缩短、产品质量的显著提高及原材料和煤电节约等方面，都取得了惊人的成绩。

2. 发展趋势

(1) 使用新资源进行酱油生产　目前酱油酿制的原料开始转向农副产品和食品加工业中的副产品，这样不仅可充分利用废弃副产品以降低成本，还可以节省粮食。有人利用大米生产果葡糖浆的下脚料（糠粕）为蛋白质原料发酵生产酱油，大大降低生产成本。味精厂的副产品（菌体蛋白、米渣等）也可作为主要原料，先利用先进的复合酶进行酶解，再用稀醪发酵等工艺，可生产酱油，使这些副产品增值8～10倍。

（2）利用风味剂调配不同风味的酱油 无论哪种工艺生产的酱油，特别是速酿法，在其风味上往往收不到最佳效果，不能满足消费需求，因而厂家在生产中添加各种酱油香味剂、鲜味剂、甜味剂、增稠剂和着色剂，在色、香、味、体各方面通过配兑而得以弥补。现在核苷酸及酵母提取物（酵母精）已用于酱油生产，再加谷氨酸钠及动植物水解蛋白酶液，这样调配的酱油风味与传统的特制酱油十分接近。

（3）有机酱油备受关注 21 世纪人们对绿色食品和有机食品的需求越来越高，有机酱油也成了追求的热点。消费者希望酱油生产中原料无农药残留，不添加化学添加剂，成品不含任何有害物质，因而与国际市场接轨的有机酱油将有很大发展空间。有机酱油是酱油产品中的顶级产品，也是众多酱油产品发展的方向。

二、酱油的分类、风味物质成分及营养价值

1. 酱油的分类

（1）按标准划分 根据 GB 18186—2000《酿造酱油》及 SB/T 10336—2012《配制酱油》的规定，我国酱油产品，按生产工艺的不同，划分为酿造酱油及配制酱油两大类。

① 酿造酱油 标准规定：酿造酱油，系指以大豆和/或脱脂大豆、小麦和/或麸皮为原料，经微生物发酵制成的具有特殊色、香、味的液体调味料。

酿造酱油再依据工艺条件又可细分为 3 种（SB/T 10173—1993）。

a. 高盐发酵（传统工艺） 包括：高盐稀态发酵酱油；高盐固态发酵酱油；高盐固稀发酵酱油。

b. 低盐发酵（速酿工艺） 包括：低盐固态发酵酱油（广泛采用）；低盐固稀发酵酱油。

c. 无盐发酵（速酿工艺） 包括：无盐固态发酵酱油。

② 配制酱油 标准规定：配制酱油系指以酿造酱油为主体，与酸水解植物蛋白调味液、食品添加剂等配制而成的液体调味品。配制酱油的突出特点是：以酿造酱油为主体，即在配制酱油中，酿造酱油的含量（以全氮计）不能少于 50%。添加酸水解植物蛋白调味液（HVP），添加量（以全氮计）不能超过 50%。不添加酸水解植物蛋白调味液的酱油产品不属于“配制酱油”的范畴。

（2）按酱油产品的特性及用途划分

① 本色酱油 浅色、淡色酱油，生抽类酱油。这类酱油的特点是：香气浓郁、鲜咸适口，色淡，色泽为发酵过程中自然生成的红褐色，不添加焦糖色。特别是高盐稀态发酵酱油，由于发酵温度低，周期长，色泽更淡，醇香突出，风味好。这类酱油主要用于烹调、炒菜、做汤、拌饭、凉拌、蘸食等，用途广泛，是烹调、佐餐兼用型的酱油。

② 浓色酱油 深色、红烧酱油，老抽类酱油。这类酱油添加较多的焦糖色及食品胶，色深色浓是其突出的特点，主要适用于烹调色深的菜肴，如红烧类菜肴、烧烤类菜肴等。

③ 花色酱油 添加各种风味调料的酿造酱油或配制酱油，如海带酱油、海鲜酱油、香菇酱油、草菇老抽、鲜虾生抽、优餐鲜酱油、辣酱油等，品种很多，适用于烹调及佐餐。

④ 保健酱油 具有保健作用的酱油，如以药用氯化钾、氯化铵代替盐的忌盐酱油、羊血铁酱油、维生素 B_2 营养酱油等。

（3）按酱油产品的体态划分

① 液态酱油。

② 半固态酱油 如酱油膏，用酿造酱油或配制酱油为原料浓缩而成。

③ 固态酱油 如酱油粉、酱油晶，以酿造酱油或配制酱油为原料的干燥易溶制品。

2. 酱油的风味物质成分及营养价值

酱油酿造过程中，借助微生物的作用，将原料中的淀粉及其他多糖等物质水解为寡聚糖，并进行酒精发酵，生成醇、醛、酸、酯、酚等物质及其衍生物，从而形成酱油特有滋味和香气成分。酱油风味物质成分按其化合物性质可分为醇类、酯类、酸类、醛类及缩醛类、酚类、呋喃酮类和含硫化合物等。其中乙醇、乙酸是酱油风味的主要成分之一，二者又可以化合成乙酸乙酯，增加酱油的闻香和品香。

由于酱油不仅利用了微生物的代谢产物，而且还利用了菌体自溶的分解产物，所以它含有丰富的氨基酸（其中包括人体必需的 8 种氨基酸）和天然色素，还含有较多的有机酸、维生素及生理活性物质，有助于抗氧化、降血压、促消化等，如酱油中的异黄酮可降低人体的胆固醇，减少发生心血管疾病的危险，防止高血压、冠心病的发生，还有助于减缓甚至阻止肿瘤的生长。而且，烹饪中常用的酱油能产生一种天然的抗氧化成分，能有助于减少自由基对人体的伤害。因此，酱油是人们日常生活中深受欢迎的调味品之一。

三、酱油生产常用的原料

酱油生产的原料分为基本原料（如蛋白质原料、淀粉质原料、食盐和水等）和辅助原料（如增色剂、助鲜剂、防腐剂等）。

1. 蛋白质原料

蛋白质原料有大豆、豆粕、豆饼、蚕豆、豌豆、花生饼、菜籽饼、芝麻饼等各种油料作物的饼粕和玉米浆干、豆渣等。

蛋白质原料对酱油色、香、味、体的形成至关重要，是酱油生产的主要原料。酱油酿造一般选择大豆、豆粕、豆饼作为蛋白质原料，也可以选用其他蛋白质含量高的代用原料。

大豆是黄豆、青豆及黑豆的统称。大豆的一般成分如表 7-1 所示。

表 7-1 大豆的一般成分（质量分数） 单位：%

成 分	含量	成 分	含量
水分	7～12	碳水化合物	21～31
粗蛋白质	35～40	纤维素	4.3～5.2
粗脂肪	12～20	灰分	4.4～5.4

2. 淀粉质原料

淀粉在酱油酿造过程中分解为糊精、葡萄糖，除提供微生物生长所需的碳源外，葡萄糖经酵母菌发酵生成的酒精、甘油、丁二醇等物质是形成酱油香气的前体物和酱油的甜味成分；葡萄糖经某些细菌发酵生成各种有机酸可进一步形成酯类物质，增加酱油香味；残留于酱油中的葡萄糖和糊精可增加甜味和黏稠感，对形成酱油良好的体态有利。另外，酱油色素的生成与葡萄糖密切相关。因此，淀粉质原料也是酱油酿造的重要原料。常用的淀粉质原料有小麦麸皮、米糠、玉米、甘薯、碎米、小米及其他淀粉质原料。

3. 食盐

食盐也是酱油生产的原料之一。它使酱油具有适当的咸味，并与谷氨酸结合构成酱油的鲜味，在发酵过程及成品中又有防止腐败的作用。在制备盐水时应充分搅拌溶解，每 100kg 水加 1.5kg 食盐可得约为 1.0°Bé 的盐水，一般 27°Bé 即达到饱和状态。

4. 水

酱油生产中需要大量的水，对水质的要求虽不及酿酒工业严格，但也必须符合食用标准。

四、原料的处理

原料处理包括两个方面：一是通过机械作用将原料粉碎成为小颗粒或粉末状；二是经过充分润水和蒸煮，使蛋白质原料达到适度变性，令结构松弛，并使淀粉充分糊化，以利于米曲霉的生长繁殖和酶类的分解。

1. 豆饼轧碎

豆饼坚硬而块大，必须予以轧碎。原料粉碎越细，表面积越大，米曲霉的繁殖面积越大。豆饼轧碎程度以细而均匀为宜，要求颗粒大小为2～3mm，粉末量不超过20%。

2. 加水及润水

以豆粕数量计算，加水量大约为50%较合适。但加水量的多少主要依据曲料水分为准，一般冬季掌握在49%～51%，春季、秋季要求48%～49%，夏季以47%～48%为宜。

3. 蒸料

蒸煮在原料处理中是重要的工序。蒸煮是否适度，对酱油质量和原料利用率影响极为明显。蒸煮的目的：一是蒸煮使原料中的蛋白质完成适度的变性；二是蒸煮使原料中的淀粉吸水膨胀而糊化，并产生少量糖类；三是蒸煮能消灭附在原料上的微生物。蒸煮的要求：达到一熟、二软、三疏松、四不粘手、五无夹心、六有熟料固有的色泽和香气。采用的蒸料方法有旋转式蒸煮锅蒸料法和FM式连续蒸料法等。

五、酱油生产的基本原理

酿造酱油过程中制曲的目的是培养米曲霉在原料上生长繁殖和分泌各种酶类。发酵则是利用所分泌的多种酶，其中最主要的是蛋白酶和淀粉酶，蛋白酶把蛋白质分解成氨基酸，淀粉酶把淀粉分解成糖。在制曲和发酵过程中，从空气中落入的酵母菌和细菌也进行繁殖、发酵，如由酵母菌发酵生成酒精，由乳酸菌发酵生成乳酸。所以发酵是利用这些酶在一定条件下的作用，形成酱油的色、香、味、体。

1. 原料植物组织的分解

在原料的蒸煮过程中，在目前的操作条件下，植物组织受物理分解的作用是有限的，大部分细胞壁还是完整无损，如果不把细胞壁破坏，使作为细胞内容物的蛋白质和淀粉暴露出来，则很难被酶解。酿造酱油的生物化学过程第一步是利用果胶酶的作用，把果胶降解，使各个细胞分离出来。再利用纤维素酶及半纤维素酶将构成细胞壁的纤维素及半纤维素降解。细胞壁被破坏之后，淀粉酶及蛋白酶才能使原料中的淀粉及蛋白质水解。

2. 蛋白质的分解作用

各种酿造酱油原料如豆饼及麸皮中所含蛋白质由许多氨基酸组成，经蛋白酶的分解作用，逐步降解成胨、多肽和氨基酸。有些氨基酸是呈味的，就变成酱油的调味成分，如谷氨酸和天冬氨酸具有鲜味，甘氨酸、丙氨酸、色氨酸具有甜味，酪氨酸却呈苦味。

米曲霉所分泌的三类蛋白酶中，以中性和碱性为主，因而在发酵期间要防止pH过低，否则会影响蛋白质的分解作用，对原料蛋白质利用率及产品质量影响极大。另外，在蛋白酶系中尚存有谷氨酰胺酶，酱油中的谷氨酸除一部分来自原料中的游离谷氨酸外，也由原料蛋白质游离出来的谷氨酰胺受谷氨酰胺酶的作用而得到。

3. 淀粉的糖化作用

制曲后的原料以及经糖化后的糖浆中，还留有部分碳水化合物尚未彻底糖化。在发酵过程中继续利用微生物所分泌的淀粉酶将残留的碳水化合物分解成葡萄糖、麦芽糖、糊精等。

糖化作用后生成的单糖类除了葡萄糖外，还含有果糖及五碳糖。酱油色泽形成的主要途径是美拉德反应，酒精发酵也需要糖分。糖化作用完全，酱油的甜味好，体态浓厚，无盐固形物含量高，酱油质量好。

4. 脂肪的水解作用

原料豆饼残存的油脂在3%左右，麸皮含有的粗脂肪也在3%左右，这些脂肪要通过脂肪酶、解脂酶的作用水解成甘油和脂肪酸，其中软脂酸、亚油酸与乙醇结合生成软脂酸乙酯和亚油酸乙酯，是酱油的部分香气成分。

5. 色素的生成

酱油色素并不是单一成分组成的，是在酿造过程中经过了一系列的化学变化产生的，其形成受到许多因素的影响。从目前我国酿造酱油所推广的低盐固态发酵工艺特点来看，认为酶褐变和非酶褐变反应是酱油颜色生成的基本途径。

6. 酒精的发酵作用

酒精发酵主要是由于酵母菌的作用。在发酵的过程中，酵母菌繁殖的状况视发酵的温度而定。酵母菌一般在28～35℃时最适合于繁殖和发酵；超过45℃以上酵母菌就失活。采用高温发酵法，酵母菌绝大部分被杀死，不会进行酒精发酵，因而酱油香气少，风味差。在中温和低温下，酵母菌将葡萄糖分解成酒精和二氧化碳。生成的酒精一部分被氧化成有机酸，一部分与氨基酸及有机酸等化合而生成酯。

7. 酸类的发酵作用

在制曲过程中，一部分来自空气的细菌也得到生长繁殖，在发酵过程中能使部分糖类变成乳酸、醋酸和琥珀酸等有机酸。适量的有机酸存在于酱油中可增加酱油风味。

六、酱油生产中的微生物

酱油酿造是半开放式的生产过程，环境和原料中的微生物都可能参与酱油的酿造。与酱油生产有关的微生物主要有米曲霉、酵母菌、乳酸菌等。它们具有各自的生理生化特性，对酱油品质的形成有重要作用。

1. 米曲霉

米曲霉是曲霉的一种。米曲霉可以利用的碳源是单糖、双糖、淀粉、有机酸、醇类等；氮源如铵盐、硝酸盐、尿素、蛋白质、酰胺等都可以利用；磷、钾、镁、硫、钙等也是米曲霉生长所必需的。

应用于酱油生产的米曲霉菌株应符合如下基本要求：不产黄曲霉毒素；蛋白酶、淀粉酶活性高，有谷氨酰胺酶活性；生长快速，培养条件粗放；抗杂菌能力强；不产生异味，酿制的酱油香气好。目前国内常用的菌株有：AS3.863、AS3.951、E328、UE336、渝3.811、酱油曲霉等。

2. 酵母菌

从酱醅中分离出的酵母菌有7个属23个种。其中有的对酱油风味和香气的形成有重要作用，它们多属于鲁氏酵母和球拟酵母。

鲁氏酵母是酱油酿造中的主要酵母菌，适宜生长温度为28～30℃，38～40℃生长缓慢，42℃不生长，最适pH 4～5。在酱醅发酵后期，随着糖浓度降低和pH下降，鲁氏酵母发生自溶，而球拟酵母的繁殖和发酵开始活跃。球拟酵母是酯香型酵母，能生成酱油的重要芳香成分，另外，球拟酵母还产生酸性蛋白酶，在发酵后期酱醅pH较低时，对未分解的肽链进行水解。

3. 乳酸菌

酱油乳酸菌是生长在酱醅这一特定生态环境中的特殊乳酸菌，有较强的耐盐性，代表性的菌有嗜盐片球菌、酱油微球菌、植物乳杆菌。这些乳酸菌耐乳酸的能力不太强，因此不会因产过量乳酸使酱醅 pH 过低而造成酱醅质量下降。适量的乳酸是构成酱油风味的重要因素之一，乳酸本身具有特殊的香味，对酱油有调味和增香作用，与乙醇生成的乳酸乙酯也是一种重要的香气成分。一般酱油中乳酸的含量在 15mg/mL。在发酵过程中，由嗜盐片球菌和鲁氏酵母共同作用生成的糠醇，赋予酱油独特香气。酱油乳酸菌的另一个作用是使酱醅的 pH 下降到 5.5 以下，促使鲁氏酵母繁殖和发酵。此外，在酱醅中也存在属于链球菌的乳酸菌，其中耐盐性的菌株也具有增加酱油风味的作用。

4. 其他微生物

从酱油曲和酱醅中分离的微生物还有毛霉、青霉、根霉、产膜酵母、圆酵母、枯草芽孢杆菌、小球菌、粪链球菌等。当制曲条件控制不当或种曲质量差时，这些菌会过量生长，不仅消耗曲料营养成分，使原料利用率下降，还使成曲酶活性降低，产生异臭，曲发黏，造成酱油浑浊、风味不佳。

项目一　种曲制造

制种曲的目的是要获得大量纯菌种，种曲是在适当的条件下由试管斜面菌种经逐级扩大培养而成，种曲的制备也是酱油生产中一个重要的环节。

一、制种曲工艺流程

以培养沪酿 3.042 米曲霉为例，制种曲工艺流程如图 7-1 所示。

麸皮＋面粉→混合→第一次加水(40%～50%)→蒸料→过筛→第二次补水(30%～45%)→接种→装盘→16h 第一次翻曲→第二次翻曲→揭去草帘后熟→种曲

试管斜面菌种→三角瓶扩大培养→接种

图 7-1　种曲制作工艺流程

二、种曲室及其主要设施

种曲室是培养种曲的场所，要求密闭、保温保湿性能好，使种曲有一个既卫生又符合生长繁殖所需要条件的环境。种曲室以小型为宜，一般长 4m、宽 3.5m、高 3m，墙厚度以地区气温情况而定，开有门、窗、天窗各一，室内顶弧形，水泥地，有排水沟及保暖设备，种曲室能全部密闭，便于灭菌。周围环境应清洁卫生。

其他设备：蒸料锅（或蒸料桶），接种混合桶（或盆），振荡筛及扬料机。

培养用具：木盘（45～48)cm×(30～40)cm×5cm，盘底有 0.5cm 厚的横木条 3 根。

三、菌种制备

1. 菌种的选择

制种曲，首先要选择优良的菌株。常用的菌株前面已有介绍，有 AS3.951、UE336、渝 3.811 等。从菌种保藏中心购进的菌株，多采用察氏培养基保藏，应于生产前先用豆汁察氏培养基移接，进行驯化，使其适应生产条件。如不驯化直接用于生产，往往发生生长慢、孢子数少等现象。

2. 纯种三角瓶培养

(1) 原料配比 麸皮 80g，面粉 20g，水 80mL。

(2) 混合 将上述原料混合均匀，并用筛子将粗粒筛去。

(3) 装瓶 一般采用容量为 250mL 或 300mL 的三角瓶。将瓶先塞好棉花塞，以 150～160℃干热灭菌，然后将料装入，料层厚度以 1cm 左右为宜。

(4) 灭菌 蒸汽加压灭菌，0.1MPa，维持 30min，灭菌后趁热把曲料摇匀。

(5) 接种及培养 待冷却后，无菌接种试管原菌。摇匀后置于 30℃恒温箱内，18h 左右，三角瓶内曲料已稍发白结饼，摇瓶 1 次，将结块摇碎，继续置于 30℃恒温箱内培养，再过 4h 左右，有发白结饼，再摇瓶 1 次。经过 2d 培养后，把三角瓶轻轻地倒置过来（也可不倒置），继续培养 1d，全部长满黄绿色孢子，即可使用。若需放置较长时间，则应置于阴凉处，或置于冰箱中备用。

四、原料要求、配比及处理

1. 原料要求

制种曲原料必须适应曲霉菌旺盛繁殖的需要。曲霉菌繁殖时需要大量糖分作为热源，而豆粕含淀粉较少，因此原料配比上豆饼占少量，麸皮占多量，同时还要加入适当的饴糖，以满足曲霉菌的需要。

2. 种曲原料的各种配比（水分占原料总量的百分比）

① 麸皮 80%，面粉 20%，水占前两者 90%左右。

② 麸皮 85%，豆饼粉 15%，水占前两者 70%左右。

③ 麸皮 80%，豆饼粉 20%，水占前两者 100%～110%。

④ 麸皮 100%，水占 95%左右。

⑤ 麸皮 85%，豆粕 10%，饴糖 5%，水占前三者 120%。

3. 灭菌

种曲制造必须尽量防止杂菌污染，因此曲室及一切工具在使用前需经洗刷后灭菌。制种曲用的各种工具每次使用后要洗刷干净，然后放入曲室待灭菌，木盘也应放入曲室以“品”字形堆叠。一般采用硫黄或甲醛熏蒸。

五、接种及培养

1. 接种

接种温度夏季 38℃左右，冬季 42℃左右，接种量 0.1%～0.5%。

2. 装盒入室培养

(1) 堆积培养 将曲料呈丘形堆积于盘中央，每盘装料（干料计）0.5kg，然后将曲盘以柱形堆叠放于木架上，每堆高度为 8 个盘，最上层应倒盖空盘一个，以保温保湿。装盘后品温应为 30～31℃，保持室温 29～31℃（冬季室温 32～34℃），干湿球温度计温差 1℃，经 6h 左右，上层品温达 35～36℃可倒盘一次，使上下品温均匀。这一阶段为沪酿 3.042 的孢子发芽期。

(2) 搓曲、盖湿草帘 继续保温培养约 6h，上层品温达 36℃左右。由于孢子发芽并生长为菌丝，曲料表面呈微白色，并开始结块，这个阶段为菌丝生长期。此时可搓曲，即用双手将曲料搓碎、摊平，使曲料松散，然后每盘上盖灭菌湿草帘，以利于保湿降温，并倒盘一次后，将曲盘改为“品”字形堆放。

(3) 第二次翻曲 搓曲后继续保温培养6～7h，品温又升至36℃左右，曲料全部长满白色菌丝，结块良好，即可进行第二次翻曲，或根据情况进行划曲，用竹筷将曲料划成2cm的碎块，使靠近盘底的曲料翻起，利于通风降温，使菌丝孢子生长均匀。翻曲或划曲后仍盖好湿草帘并倒盘，仍以“品”字形堆放，此时室温为25～28℃。干湿球温度计温差为0～1℃，这一阶段菌丝发育旺盛，大量生长蔓延，曲料结块，称为菌丝蔓延期。

(4) 洒水、保湿、保温 划曲后，地面应经常洒冷水保持室内湿度，降低室温使品温保持在34～36℃，干湿球温度计温差达到平衡，相对湿度为100%，这期间每隔6～7h应倒盘一次。这个阶段已经长好的菌丝又长出孢子，称为孢子生长期。

(5) 去草帘 自盖草帘后48h左右，将草帘去掉，这时品温趋于缓和，应停止向地面洒水，并开天窗排潮，保持室温（30±1）℃，品温35～36℃，中间倒盘一次，至种曲成熟为止。这一阶段孢子大量生长并老熟，称为孢子成熟期。

自装盘入室至种曲成熟，整个培养时间共计72h。在种曲制造过程中，应每1～2h记录一次品温、室温及操作情况。

六、种曲质量指标

1. 感官特性

(1) 外观 菌丝整齐健壮，孢子丛生，呈新鲜黄绿色并有光泽，无夹心，无杂菌，无异色。

(2) 香气 具有种曲固有的曲香，无霉味、酸味、氨味等不良气味。

(3) 手感 用手指触及种曲，松软而光滑，孢子飞扬。

2. 理化指标

(1) 孢子数 用血细胞计数板法测定米曲霉种曲，孢子数应在6×10^9个/g（以干基计）以上。

(2) 孢子发芽率 用悬滴培养法测定发芽率，要求达到90%以上。

(3) 细菌数 米曲霉种曲细菌数不超过10^7个/g。

(4) 蛋白酶活力 新种曲在5000U以上，保存种曲在4000U以上。

(5) 水分 新种曲水分35%～40%，保存种曲水分10%以下。

项目二 制 曲

制曲是酿造酱油的主要工序。制曲过程实质是创造米曲霉生长最适宜的条件，长期以来，制曲采用帘子、竹匾、木盘等简单设备，操作繁重，成曲质量不稳定，劳动效率低。近几年来，随着科学技术的发展，成功采用了厚层通风制曲工艺，再加上菌种的选育，使制曲时间由原来的2～3d，缩短为24～28h。

一、厚层通风制曲工艺

厚层通风制曲就是将接种后的曲料置于曲池内，厚度一般为25～30cm。利用通风机供给空气，调节温湿度，促使米曲霉在较厚的曲料上生长繁殖和积累代谢产物，完成制曲过程。现除使用通用的简易曲池外，尚有链箱式机械通风制曲机及旋转圆盘式自动制曲机进行厚层通风制曲。厚层通风制曲的主要设备有曲室、曲池、空调箱、风机、翻曲机。

1. 制曲工艺流程

种曲与适量经干蒸处理过的麸皮在拌和机中充分拌匀，接入已打碎并冷却到 40℃ 的曲料中，接种完毕用风送设备或输送带送入曲池中。种曲用量为制曲投料量的 0.3%左右。制曲工艺流程如图 7-2 所示。

种曲
↓
熟料→冷却→接种→入池培养→第一次翻曲→第二次翻曲、铲曲→成曲

图 7-2 厚层通风制曲工艺流程

2. 工艺要点

经过蒸煮的熟料必须迅速冷却，立即送入曲池内培养，接种量为 0.3%～0.5%，种曲要先用少量麸皮拌匀后再掺入熟料中，以增加其均匀性。厚层通风制曲是以培养微生物米曲霉和累积代谢产物酶等为主要目的。从米曲霉生理活性来观察，24h 制曲的周期一般分为四个阶段，制曲的全过程就是要掌握管理好这四个阶段影响米曲霉生长活动的因素，如营养、水分、温度、空气、pH 及时间等方面的变化。

（1）孢子发芽期 曲料接种进入曲池后，米曲霉在适当的温度和水分下，开始发芽生长。此阶段的温度为 32℃，最好不低于 30℃，以 30～32℃ 为最佳，时间为 4～5h。在孢子发芽阶段一般不需要供给氧气，更不需要大量地调节空气。

（2）菌丝生长期 孢子发芽后，接着生长菌丝，接种 12～14h 后，米曲霉菌丝生长使曲料结块，通风阻力增大，虽连续通风品温仍有超过 35℃ 的趋势，此时应进行第一次翻曲，使曲料疏松，减少通风阻力，并保持温度为 34～35℃，当肉眼稍见曲料发白时进行第二次翻曲，这一阶段是菌丝生长期。

（3）菌丝繁殖期 第一次翻曲后，菌丝发育更加旺盛，品温上升也极为迅速，应严格控制品温为 35℃ 左右，约再隔 5h，进行第二次翻曲。此阶段米曲霉菌丝充分繁殖，肉眼见曲料全部发白，称为菌丝繁殖期。

（4）孢子着生期 第二次翻曲完成后，品温逐渐下降，但仍应连续通风维持品温 30～34℃。一般来讲，曲料接种培养 18h 后，曲霉逐渐有菌丝大量繁殖；培养 20h 左右开始着生孢子；培养 24h 左右，孢子逐渐成熟，使曲料呈现淡黄色至嫩黄绿色。在此孢子着生期间，米曲霉的蛋白酶分泌最为旺盛。培养 24～28h 左右即可出曲。

从制曲工艺中可以看出，米曲霉在生长繁殖过程中，通过呼吸作用会消耗碳水化合物，碳水化合物（淀粉）损耗一般在 45%左右，而蛋白质损耗一般在 1%～3%，同时产生热量。实践证明，原料中加水量越大，淀粉被消耗越多；制曲的时间越长，淀粉的消耗也越多。无形中浪费了大量的粮食，降低了原料的利用率。

α-淀粉酶能在一定的条件下使淀粉发生液化。此时淀粉黏度显著降低，再利用麸皮中的 β-淀粉酶（或其他糖化剂）进行糖化，继而可使短分子的糊精全部变成麦芽糖（或葡萄糖）。在酱油生产中，利用 α-淀粉酶和 β-淀粉酶进行液化与糖化，可以取代淀粉质原料的制曲工序，从而大大节约粮食和方便生产。

二、成曲质量指标

1. 感官指标

（1）外观 淡黄色，菌丝密集，质地均匀，随时间延长颜色加深，不得有黑色、棕色、

灰色，不得有夹心。

（2）香气 具有曲香气，无霉臭及其他异味。

（3）手感 曲料蓬松柔软，潮润绵滑，不粗糙。

2. 理化指标

（1）水分 含水量多为26%～32%。

（2）蛋白酶活力 1000～1500U（费林法）。

项目三 发 酵

将成曲拌入多量盐水，成为浓稠的半流动状态的混合物，俗称酱醪；如将成曲拌入少量盐水，成为不流动状态的混合物，则称酱醅。将酱醪或酱醅装入发酵容器内，采用保温或者不保温方式，利用曲中的酶和微生物的发酵作用，将酱醪或酱醅中的物料分解、转化，形成酱油独有的色、香、味、体成分，这一过程，就是酱油生产中的发酵。

发酵方法很多，但基本上可分为低盐固态发酵、高盐稀醪发酵和固稀发酵三类，还有许多发酵方法实际上都是这三种方法的衍生方法。

一、低盐固态发酵工艺

1. 工艺流程

低盐固态发酵工艺流程见图7-3。

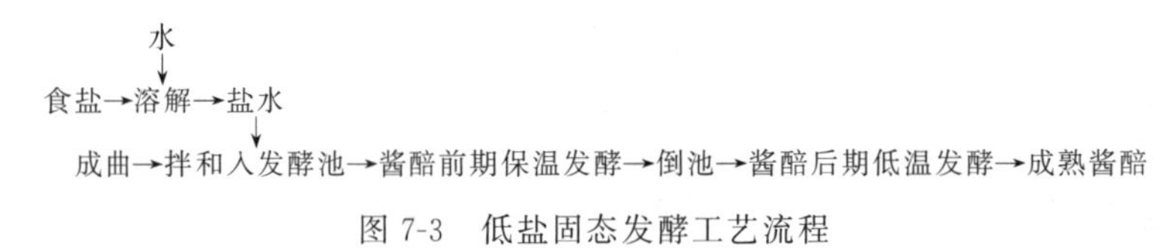

图7-3 低盐固态发酵工艺流程

2. 工艺要点

（1）盐水调制 食盐溶解后测定其浓度，并根据当时的温度调整到规定的浓度。一般在100kg水中加1.5kg盐得到的盐水浓度为1°Bé。盐水的浓度一般要求在11～13°Bé（氯化物含量在11%～13%），pH 7左右。

（2）拌曲盐水温度 一般来说，夏季盐水温度在45～50℃，冬季在50～55℃。入池后，酱醅品温应控制在42～46℃。盐水的温度如果过高会使成曲酶活性钝化以致失活。

（3）拌曲盐水量 一般要求将拌曲盐水量控制在制曲原料总质量的65%左右，连同成曲含水量相当于原料质量的95%左右，此时酱醅水分在50%～53%。

（4）保温发酵 在发酵过程中，不同发酵时期的目的不同，发酵温度的控制也有所区别。发酵前期目的是使原料中蛋白质在蛋白酶的作用下水解成氨基酸，因此发酵前期的发酵温度应当控制在蛋白酶作用的温度。蛋白酶最适温度是40～45℃，若超过45℃，蛋白酶失活程度就会增加。但是在低盐固态发酵过程中，由于发酵基质浓度较大，蛋白酶在较浓基质情况下，对温度的耐受性会有所提高，但发酵温度最好也不要超过50℃。因此，发酵温度前期以44～50℃为宜，在此温度下维持10余天，水解即可完成。后期酱醅品温可控制在40～43℃，在这样的温度下，某些耐高温的有益微生物仍可繁殖，经过10余天的后期发酵，酱油风味可有所改善。

（5）倒池 可以使酱醅各部分的温度、盐分、水分以及酶的浓度趋向均匀，还可以排除酱醅内部因生物化学反应而产生的有害气体、有害挥发性物质，增加酱醅的氧含量，防止厌氧菌生长以促进有益微生物繁殖和色素生成等作用。倒池的次数，常依具体发酵情况而定。一般发酵周期20d左右时只需在第9～10d倒池一次；发酵周期在25～30d可倒池两次。适当的倒池次数可以提高酱油质量和全氮利用率。

3. 成熟酱醅的质量标准

(1) 感官指标

① 外观　赤褐色，有光泽，不发乌，颜色一致。

② 香气　有浓郁的酱香、酯香气，无不良气味。

③ 滋味　由酱醅内挤出的酱汁口味鲜，微甜，味厚，不酸，不苦，不涩。

④ 手感　柔软，松散，不干，不黏，无硬心。

(2) 理化指标　水分48%～52%，食盐含量6%～7%，pH 4.8以上，原料水解率50%以上，可溶性无盐固形物25～27g/100mL。

二、高盐稀醪发酵工艺

高盐稀醪发酵法是指面曲中加入较多的盐水，使酱醪呈流动状态进行发酵的方法。依发酵温度的不同，有常温发酵和保温发酵之分。常温发酵的酱醪温度随气温高低自然升降，酱醪成熟缓慢，发酵时间较长。保温发酵也称温酿稀发酵，由于所采用的保温温度不同，又可分为消化型、发酵型、一贯型和低温型四种。

稀醪发酵法的优点有：①酱油香气较好；②酱醪较稀薄，便于保温、搅拌及输送，适于大规模的机械化生产。缺点有：①酱油色泽较淡；②发酵时间长，需要庞大的保温发酵设备；③需要酱醪输送和空气搅拌设备；④需要压榨设备，压榨手续烦琐，劳动强度较高。

1. 工艺流程

高盐稀醪发酵工艺流程见图7-4。

食盐＋水→成曲→稀酱醪→搅拌→保温发酵→成熟酱醪

图7-4　高盐稀醪发酵工艺流程

2. 工艺要点

(1) 制醪　高盐稀态发酵法适用于以大豆、面粉为主料，配比一般为7∶3或6∶4。将成曲破碎之后，加入2～2.5倍量的18°Bé(20℃）盐水。该法的特点是发酵周期长，发酵酱醪成稀醪态，酱油质量好。

(2) 发酵　按成曲质量2～2.5倍量淋入18°Bé盐水于发酵罐中。加盐水时，应务必使全部成曲都被盐水湿透，制醪后的第3天起进行抽油淋浇，淋油量约为原料量的10%，其后每隔1个月淋油1次。淋油时由酱醅表面喷淋，注意不要破坏酱醅的多孔性状。

发酵3～6个月，此时豆已溃烂，醪液氨基酸态氮含量约为1g/100g。前后1周无大变化时，意味着醅已成熟，可以放出酱油。放油后，头渣用18°Bé(20℃）盐水浸泡10d后抽二滤油，二滤渣用加盐后的四滤油及18°Bé(20℃）盐水浸泡，时间也为10d。放出三滤油后，三滤渣改用80℃热水浸泡一夜，即行放油，抽出的四滤油应立即加盐，使浓度达18°Bé，供下批浸泡二滤渣使用，四滤渣食盐量应在2g/100g以下，氨基酸含量不应高于0.05g/100g。

三、固稀发酵工艺

该法适用于以脱脂大豆、炒小麦为主要原料，其特点是前期保温固态发酵，后期常温稀醪发酵，发酵周期比高盐稀醪发酵法短，而酱油质量比低盐固态发酵法好。

1. 工艺流程

固稀发酵工艺流程见图 7-5。

成曲→固态发酵→保温稀醪发酵→常温稀醪发酵→成熟酱醪

图 7-5 固稀发酵工艺流程

2. 工艺要点

成曲按 1∶1 拌入 12～14°Bé 盐水，入池保温 40～42℃，发酵 14d。然后补加 2 次盐水，盐水浓度为 18°Bé，加入量为成曲质量的 1.5 倍，此时酱醅为稀醪态，用压缩空气搅拌，每天 1 次，每次 3～4min，3～4d 后改为 2～3d 1 次，保温 35～37℃，发酵 15～20d。稀醪发酵结束后，用泵将酱醪输送至常温发酵罐，在 28～30℃温度下，发酵 30～100d。此期间每周用压缩空气搅拌 1 次。

项目四 酱油生产的后处理

一、酱油的浸出

酱醅成熟后，利用浸出法将其可溶性物质最大限度地溶出，从而提高全氮利用率和获得良好的成品质量。浸出操作包括浸泡和淋油两个工序。

酱油的浸出是尽可能将固体酱醅中的有效成分分离出来，溶入液相，最后进入成品中。按照浸出时是否需要先把酱醅移到淋油池外，分为原池浸出和移池浸出两种方式。前法是直接在原来的发酵池中浸泡和淋油；后法则是将成熟酱醅取出，移入专门设置的淋油池浸泡淋油。两者各有优缺点，原池浸出法对原料适应性强，不管采用何种原料和配比，都能比较顺利地淋油；移池浸出法要求豆粕或豆饼与麸皮作原料，而且配比要求为7∶3 或 6∶4，否则会造成淋油不畅。原池浸出法省去了移醅操作，节省人力，但浸出时占用了发酵池，另外，浸淋时较高的温度影响邻近发酵池的品温，而移池浸出法恰好能避免这些缺点。

1. 移池浸出

（1）工艺流程 移池浸出工艺流程如图 7-6 所示。

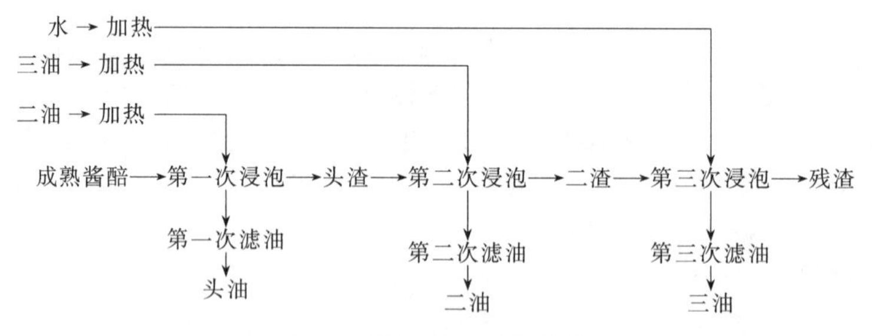

图 7-6 移池浸出工艺流程

（2）工艺要点

① 浸泡 酱醅成熟后，即可加入二油。二油应先加热至 70～80℃，加入完毕后，发酵容器仍须盖紧，以防止散热。经过 2h，酱醅慢慢地上浮，然后逐步散开，此属于正常现象。浸泡时间一般在 20h 左右。浸泡期间，品温不宜低于 55℃，一般在 60℃以上。温度适当提

高与浸泡时间的延长，对酱油色泽的加深有着显著作用。

② 滤油　浸泡时间达到后，生头油可由发酵容器的底部放出，流入酱油池中。待头油放完后（不宜放得太干），关闭阀门，再加入70～80℃的三油，浸泡8～12h，滤出二油（可作下批浸泡备用），再加入热水（为防止出渣时太热，也可加入自来水），浸泡2h左右，滤出三油，作为下批套二油之用。

在滤油过程中，头油是产品，二油套头油，三油套二油，热水浸三油，如此循环使用。若头油数量不足，则应在滤二油时补充。从头油到放完三油总共需时间约12h左右。

一般头油滤出速度最快，二油、三油逐步缓慢。特别是连续滤油法，如头油滤得过干，对二油、三油的过滤速度有着较明显的影响。因为当头油滤干时，酱渣颗粒之间紧缩结实又没有适当时间的浸泡，会给再次滤油造成困难。

③ 出渣　滤油结束，发酵容器内存剩余的酱渣，用人工或机械出渣，输送至酱渣场贮放，作饲料。机械出渣一般用平胶带输送机，也有仿照挖泥机进行机械出渣的，但只适用于发酵容器较大的发酵池。出渣完毕，清洗发酵容器，检查假底上的竹帘或篾席是否损坏，四壁是否有漏缝，以防止酱醅漏入发酵容器底部堵塞滤油管道而影响滤油。

酱渣的理化标准：水分80%左右；粗蛋白含量≤5%；食盐含量≤1%；水溶性无盐固形物含量≤1%。

2. 原池浸出

原池浸出工艺除不需把酱醅移到淋油池，在原池中浸出外，其工艺同移池浸出工艺。

二、酱油的加热

1. 加热目的

加热的目的包括：①灭菌；②调和香气；③增加色泽；④除去悬浮物；⑤破坏酶使酱油质量稳定。

2. 加热温度

一般酱油加热温度为65～70℃，时间为30min，或采用80℃连续灭菌。在这种加热条件下，产膜酵母、大肠杆菌等有害菌都可被杀灭。

3. 加热方法

一般采用蒸汽加热法，方式有：夹层锅加热、盘管加热、直接通入蒸汽加热和列管式热交换器加热等。

三、成品酱油的配制

成品酱油的配制即将每批生产中的头油和二油或质量不等的原油，按统一的质量标准进行调配，使成品达到感官特性、理化指标要求。由于各地风俗习惯不同、品味不同，还可以在原来酱油的基础上，分别调配助鲜剂、甜味剂以及某些香辛料等，以增加酱油的花色品种。常用的助鲜剂有谷氨酸钠（味精），强助鲜剂有肌苷酸、鸟苷酸，甜味剂有砂糖、饴糖和甘草，香辛料有花椒、丁香、豆蔻、桂皮、大茴香、小茴香等。

配制的目的是按照一定的标准拼配出符合要求的质量优良的成品酱油。通过拼配使成品符合质量规格的操作俗称拼格。拼格要考虑不符合质量指标的项目，通过拼格使其符合质量指标。

四、成品酱油的贮存

已经配制合格的酱油，在未包装以前，要有一定的贮存期，对于改善风味和体态有一定作用。一般把酱油存放于室内地下贮池中，或露天密闭的大罐中（有夹层不受外界影响，夹层内能降温），这种静置可使微细的悬浮物质缓慢下降，酱油可以进一步澄清，包装以后不再出现沉淀物。静置的同时还能调和风味，酱油中的挥发性成分在低温静置期间，能进行自然调剂，各种香气成分在自然条件下保留，对酱油起到调熟作用，使滋味适口、香气柔和。

五、成品酱油的包装和保管

酱油包装也是生产中的一个重要组成部分。包装前要做好准备，明确产品等级，测定相对密度，检查注油器或流量计，使计量准确。包装好的产品要做到清洁卫生，计量准确，标签整齐，并标明包装日期。包装好的成品在库房内，应分级分批分别存放，排列要有次序，便于保管和提取。要本着“推陈出新”的原则进行发货，防止错乱。成品库要保持干燥清洁，包装好的成品不应露天堆放，避免日光直接照射或雨淋。成品出厂后的保质期限：瓶装在 3 个月内不得发霉变质，散装在 1 个月内不得发霉变质。

知识拓展

一、酱油生产的新工艺

酱油酿造方法很多，除上述普遍采用的低盐固态发酵及高盐稀醪发酵方法外，还有许多酿造方法。其他酿造工艺简介如下。

1. 无盐固态发酵

制醅发酵时不加食盐，使酱醅在 55～60℃ 的较高温度下进行消化型发酵。其他操作与低盐固态发酵法相同。

无盐固态发酵工艺流程如图 7-7 所示。

热水 ↓ (加入制醅)

成曲 → 粉碎 → 堆积升温 → 制醅 → 入池发酵 → 成熟酱醅

图 7-7　无盐固态发酵工艺流程

2. 天然晒露发酵

天然晒露发酵是一种以大豆和面粉为原料，野生菌制曲，常温高盐晒露发酵酿造酱油的方法。采用本法酿成的酱油酱香浓厚，滋味醇和，鲜美，体态浓稠。许多名牌酱油都用此法酿造。

生产方法是，大豆用水浸泡 3～5h，取出装锅蒸煮 4～6h，以熟透而不酥烂为度。出锅冷至 80℃后，以质量比 6∶4 与干面粉拌和，入曲室利用野生菌制曲，室温 25～28℃，控制品温低于 40℃，3～4d 可出曲，成曲呈黄绿色。如添加 0.3%种曲，则培养时间可缩短至 2～3d，成曲倒入缸内压实，加入浓度为 20°Bé 的盐水，盐水加入量为盐水∶成曲＝(1.25～2.5)∶1。然后日晒夜露，定时翻拌，经 6 个月左右发酵，酱醪呈黑褐色，并有浓厚的酱香味，此时可压榨出油。

3. 分酿固稀发酵

将原料豆、麦分开制曲。制成的豆饼曲先以固态、低盐、高温制醅，在 48～52℃条件下快速水解；麦曲则以固态、低盐、中温制醅，在 37℃件下发酵。经固态发酵后，接着再在两种醅中分别加入盐水进行稀醪发酵，最后把两种醪混合，添加糖化醪后进行混合发酵。

4. 利用酶制剂酿制酱油

近年来，随着科学技术的进步，酶技术已在工业生产中越来越被重视，特别是在酿造业中酶制剂得到了普遍应用。酶制剂种类齐全，酶种丰富，具有高效性和专一性，而且使用方便，酿制成品得率高、风味好。

在酱油酿造工艺过程中，制曲工序既是关键的工序，又是在实际生产中较难掌握的工序，在设备上也是仅次于发酵工序的大容量设备。制曲的最终目的就是要获得蛋白质降解的蛋白酶和淀粉降解的适量淀粉酶，因此可以利用多种酶配制的酶制剂取代繁重的制曲工序，同时还可以提高发酵质量及缩短发酵周期，使用得当可以提高原料全氮利用率。

5. 超滤膜分离技术在酱油生产中的应用

生酱油中含有尚未被分解的蛋白质及酶蛋白、微生物细胞等沉淀物，必须经加热过滤等操作除去，才能成为成品。超滤膜分离过程为溶液在外界压力推动下，在滤膜表面发生分离，溶液和其他小分子溶质渗透通过具有不对称微孔结构的超滤膜，大分子溶质和微粒被滤膜阻留，从而达到分级提纯或浓缩产品的目的。

采用超滤膜分离技术不仅可以使酱油中除菌、除杂明显，酱油的卫生指标和澄清度显著提高，还可使酱油生产成本增加甚少，产品科技含量提高，效益增加。

目前滤膜的孔径和膜质应用于浓度较低的酱油投产条件已经成熟，浓度较高的酱油也正在尝试使用，效果明显。

6. 应用固定化技术改善酱油风味

固定化技术是将酶或酶的微生物固定于载体上，高效地加速生化反应的技术。固定化酶、固定化细胞技术应用于酱油酿造，我国已探索了好多年，不少专家认为，的确是酿造酱油行业技术进步的一个方向。几年来，国内外科技工作者研究采用固定化技术使酱油制品风味已逐渐接近高盐、长周期发酵的制品风味。经深入研究，利用鲁氏酵母、球拟酵母及乳酸菌参与固定化发酵的技术已初步实现。同时，复合载体及多孔质载体的强度与寿命也正在不断提高，以适应工业上的应用。酱油的酿造在以上技术的支持下有望摆脱高盐、长周期发酵的束缚。

二、几种名特酱油及其工艺

1. 白酱油

白酱油是用脱皮小麦和大豆为原料，在生产过程中采用低温、稀醪发酵等措施抑制色素的形成而得到的色泽浅、含糖量较高、鲜味较浓的酱油。

（1）原料配比　脱皮小麦85%，脱皮大豆15%。

（2）工艺要点　大豆用小火焙炒，脱皮后与脱皮麦粒混合，浸泡3～4h后取出蒸煮，使蛋白质变性，出锅并迅速加以冷却，以防止不溶性多糖变成水溶性而影响产品色泽。蒸煮后的曲料冷却到37℃，接入用炒面拌和的种曲，接种量为3%～5%，拌匀后入室制曲，控制品温32～34℃，时间40h左右。制醪用盐水浓度为16～18°Bé，用量为原料质量的1.8～2.5倍，加水量越多，褐变反应速度越慢。发酵温度为35℃左右，过程中不搅拌，发酵时间60d左右。由于褐变反应随贮藏时间延长而加快，因此，白酱油不适宜长期保存。

2. 鱼露

鱼露又称虾油，以海产小鱼或小虾为原料，经过自然发酵而制成。鱼露有特殊的风味，在我国广东、福建等地有悠久的生产历史。

鱼露以鱼、虾为原料，含动物性蛋白质分解产物，因此氨基酸种类较全，味鲜美，但带有鱼腥味。鱼露的食盐含量高达29%左右，细菌不易生长，因此容易保存。

(1) 工艺流程 鱼露生产工艺流程如图7-8所示。

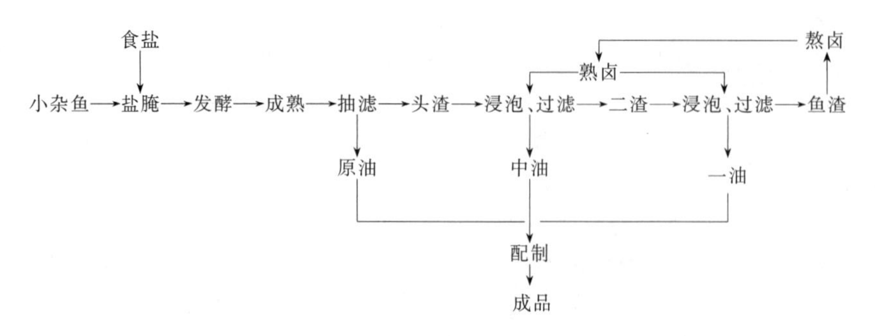

图7-8 鱼露生产工艺流程

(2) 工艺要点 小鱼加盐至含盐量为25%～26%，入木桶腌制1年，其间多次翻拌，并进行1～2次倒桶，使鱼均匀受到由内脏浸出的酶的作用，最后被分解为汁和渣两层。为加快盐渍过程，也可采用保温水解，即加盐拌匀后逐渐升温至60℃，经常翻拌使受热均匀，时间为20～30d。然后，移入室外大缸内进行日晒，继续酶解，同时也有微生物的发酵作用，每天翻拌1～2次，日晒时间为1个月左右。在日晒过程中，汁液颜色转深，并有香气产生。完成发酵后，可进行抽滤，用竹编长形筒插入大缸中部，抽取清液，得到原油。抽取原油后的渣再经二次浸泡和过滤，先后得到中油和一油。取出一油后的滤渣与盐水或腌鱼卤共同煮沸，过滤澄清，得淡黄色澄清透明液体，称为熟卤，熬制熟卤的工序称为熬卤。熟卤用于浸泡头渣和二渣。取不同比例的原油、中油、一油混合，配制成各种级别的鱼露。

项目五　成品酱油的质量控制

酿造酱油应符合国家标准GB 18186—2000。

1. 感官指标

感官要求应符合表7-2的规定。

表7-2 酿造酱油感官指标

项目	要求							
	高盐稀态发酵酱油(含固稀发酵酱油)				低盐固态发酵酱油			
	特级	一级	二级	三级	特级	一级	二级	三级
色泽	红褐色或浅红褐色,色泽鲜艳,有光泽		红褐色或浅红褐色		鲜艳的深红褐色，有光泽	红褐色或棕褐色，有光泽	红褐色或棕褐色	棕褐色
香气	浓郁的酱香及酯香气	较浓郁的酱香及酯香气	有酱香及酯香气		酱香浓郁，无不良气味	酱香较浓，无不良气味	有酱香，无不良气味	微有酱香，无不良气味

续表

项目	要求							
	高盐稀态发酵酱油(含固稀发酵酱油)				低盐固态发酵酱油			
	特级	一级	二级	三级	特级	一级	二级	三级
滋味	味鲜美、醇厚、鲜、咸、甜适口		味鲜，咸、甜适口	鲜咸适口	味鲜美，醇厚，咸味适口	味鲜美，咸味适口	味较鲜，咸味适口	鲜咸适口
体态	澄清							

2. 理化指标

可溶性无盐固形物、全氮、氨基酸态氮应符合表 7-3 的规定。

表 7-3　酿造酱油理化指标

项目		指标							
		高盐稀态发酵酱油(含固稀发酵酱油)				低盐固态发酵酱油			
		特级	一级	二级	三级	特级	一级	二级	三级
可溶性无盐固形物/(g/100mL)	≥	15.00	13.00	10.00	8.00	20.00	18.00	15.00	10.00
全氮(以氮计)/(g/100mL)	≥	1.50	1.30	1.00	0.70	1.60	1.40	1.20	0.80
氨基酸态氮(以氮计)/(g/100mL)	≥	0.80	0.70	0.55	0.40	0.80	0.70	0.60	0.40

3. 铵盐

其含量（以氮计）不超过氨基酸态氮含量的 30%。

4. 卫生指标

应符合 GB 2717—2018《食品安全国家标准　酱油》的规定。

5. 标签

标注内容应符合 GB 7718—2011 的规定，产品名称应标明“酿造酱油”，还应标明氨基酸态氮的含量、质量等级，用于佐餐和/或烹调。

复习题

1. 什么是酿造酱油？酿造酱油可分为哪几类？
2. 制曲过程中常见的杂菌污染包括哪些？分别如何防止？
3. 试比较低盐固态发酵及高盐稀醪发酵工艺的异同点。
4. 试分析在酱油生产过程中酱油生霉（长白）的原因。

实训七　酱油生产工艺研究

【实训目的】

了解酱油制作的流程，掌握酱油生产的基本原理，掌握实验室酱油制作方法。

【实训原理】

酱油用的原料是植物性蛋白质和淀粉质。原料经蒸熟冷却，接入纯种培养的米曲霉菌种制成酱曲，酱曲移入发酵池，加盐水发酵，待酱醅成熟后，以浸出法提取酱油。制曲的目的是使米曲霉在曲料上充分生长发育，并大量产生和积蓄所需要的酶，如蛋白酶、肽酶、淀粉酶、谷氨酰胺酶、果胶酶、纤维素酶、半纤维素酶等。在发酵过程中味的形成是利用这些酶的作用，如蛋白酶及肽酶将蛋白质水解为氨基酸，产生鲜味；谷氨酰胺酶把成分中无味的谷氨酰胺变成具有鲜味的谷氨酸；淀粉酶将淀粉水解成糖，产生甜味；果胶酶、纤维素酶和半纤维素酶等能将细胞壁完全破裂，使蛋白酶和淀粉酶水解等更彻底。同时，在制曲及发酵过程中，从空气中落入的酵母菌和细菌也进行繁殖并分泌多种酶。也可添加纯种培养的乳酸菌和酵母菌。由乳酸菌产生适量乳酸，由酵母菌发酵产生乙醇，以及由原料成分、曲霉的代谢产物等所产生的醇、酸、醛、酯、酚、缩醛和呋喃酮等多种成分，能构成酱油复杂的香气。此外，由原料蛋白质中的酪氨酸经氧化生成黑色素及淀粉经淀粉酶水解为葡萄糖与氨基酸反应生成类黑素，使酱油产生鲜艳有光泽的红褐色。发酵期间的一系列极其复杂的生物化学变化所产生的鲜味、甜味、酸味、酒香、酯香与盐水的咸味相混合，最后形成色香味和风味独特的酱油。

【实训材料】

黄豆粕、麦麸皮、可溶性淀粉、氢氧化钠标准溶液、硝酸银标准溶液、KH_2PO_4、$MgSO_4 \cdot 7H_2O$、$(NH_4)_2SO_4$、琼脂。米曲霉或黑曲霉斜面菌种。试管、三角瓶、陶瓷盘、铝饭盒、塑料袋、分装器、纱布、恒温培养箱、吸管、瓷皿、酸度计、凯氏定氮装置、平皿、量筒、温度计、架盘天平、水浴锅、波美计、高压锅等。

【实训步骤】

1. 试管菌种、三角瓶种曲制备

（1）菌种试管活化

① 菌种试管活化培养基　豆饼 100g，每 100mL 培养基中含 0.1% KH_2PO_4，0.05% $MgSO_4 \cdot 7H_2O$，0.05% $(NH_4)_2SO_4$，2%可溶性淀粉，2.5%琼脂。

② 培养基制备

a. 称取菌种活化培养基原料。

b. 溶解　将容器加入适量的蒸馏水，加入豆饼粉，加热搅拌使其溶解，取其滤液150mL；另取琼脂加入容器中，加水，加热熔化，在加热溶解原料的过程中不断搅拌，若出现大量泡沫，加入适量蒸馏水消泡，当琼脂全部熔化完后用二层纱布过滤，滤液中加入豆饼粉滤液，加热搅拌使其溶解，制成培养基并调节其 pH 4.0～5.0。

c. 灭菌　将所述的培养基放在高压灭菌锅中灭菌。

③ 接种培养　在无菌室内打开紫外灯照射灭菌，将所用的仪器一并放入无菌室内一同灭菌，灭菌后进入无菌室进行接种操作。将菌种接到豆饼培养基上，在 30℃恒温培养箱中培养 2d。开始时，长出白色菌丝，这种白色菌丝即为米曲霉菌丝，以后米曲霉菌丝逐渐转为黄绿色，黑曲霉菌丝转变为浅黑色，62h 米曲霉绿色（黑曲霉为黑色）孢子布满斜面，即为成熟。

（2）种曲制备

① 种曲培养基　麦麸∶豆饼粉∶水＝4∶3∶6，原料混匀后分别装入容器，灭菌。

② 培养基制备与灭菌　称取培养基所需的原料，按比例将麦麸和豆饼粉混匀，原料混匀后分别装入容器，灭菌。

③ 接种培养　在无菌室，将上述培养基接入试管斜面活化菌种，在28～30℃下培养60h左右，待瓶中长满绿色或黑色孢子为止。

2. 制成曲

① 原料配比　豆饼粉60%，麸皮40%，水90%～95%。

② 原料处理　按比例称取原料拌匀［实验室氮源一般用豆粕，若用黄豆，则经过筛选、浸泡，冬季浸13～15h，夏季浸8～9h，再经高压蒸煮（0.5MPa，3min），降温至35～40℃］，静置润水约30min，然后分装于容器内，放入高压灭菌锅中121℃灭菌30min，出锅后将容器中的原料倒入曲盘中散开并迅速冷却。

③ 接种培养　将冷却至30℃左右的原料接入容器菌种，接种量为0.3%，迅速拌匀，置于30℃恒温培养箱（预先灭过菌）中培养，品温上升至35℃左右时，翻曲一次，继续培养，维持品温28～30℃，不得超过30℃，共培养1～2d，培养过程中视品温的上升情况再进行2～3次翻曲。待曲料表面着生黄绿色或浅黑色孢子并散发曲香，停止培养，即制好酱油的成曲。

3. 制醅发酵

（1）配制12～13°Bé盐水　称取食盐13～15g，溶于100mL水中，即可制得12～13°Bé盐水，加热至55～60℃备用。

（2）制醅　将成曲中加入12～13°Bé热盐水，用量为成曲总料量的45%，酱醅含水45%～48%，拌匀后装入容器中。

（3）发酵　将三角瓶用塑料袋扎口后于恒温水浴中保温发酵，前7d 38℃，后5～7d 42℃。

4. 淋油

将成熟酱醅中加入原料总量500%的沸水，置于60～70℃水浴中，浸出15h左右，放出得头油，再加入500%的沸水于60～70℃水浴中浸出约4h，放出得二油。

5. 配制成品

将产品加热至70～80℃，维持30min，可灭菌消毒，为了满足不同地域消费者的口味，可在酱油中加入助鲜剂、香辛料、增色剂等进行调配。

6. 成品检验

（1）感官评定

① 色泽　将样品摇匀后，用胖肚吸管吸取样品于20mL比色管中，用18%的氯化钠加水至刻度，摇匀后静置4h，对光观察，应不浑浊，无沉淀物。

② 体态　将2mL样品置于直径70mm白色瓷皿中，对光摇动，鉴定其体态。

③ 香气　量取样品50mL于150mL锥形瓶中，将瓶轻轻摇动，嗅其气味。

④ 滋味　吸取0.5mL样品，滴入口中，用舌尖涂布满口，鉴别其滋味及后味长短。第二次品尝，须用清水漱口后进行。

（2）理化检验

① 氨基氮测定（直接滴定法）　利用氨基酸的两性特性，加入甲醛以固定氨基的碱性，使羧基显示出酸性，用氢氧化钠标准溶液滴定后定量，以酸度计测定终点。

② 食盐测定（以氯化钠计）　用硝酸银标准溶液滴定样品中的氯化钠，由硝酸银溶液消耗量计算氯化钠的含量。

③ 总酸测定　用氢氧化钠标准溶液滴定，以酸度计测定终点，结果以乳酸表示。

④ 全氮测定　凯氏定氮常量法。

（3）微生物检验

① 菌落总数的测定　一般将被检样品制成几个不同的10倍递增稀释液，然后从每个稀释液中分别取出1mL置于灭菌平皿中与营养琼脂培养基混合，在一定温度下，培养一定时间后（一般为48h），记录每个平皿中形成的菌落数量，依据稀释倍数，计算出每克（或每毫升）原始样品中所含细菌菌落总数。

② 大肠菌群检验　国家标准采用三步法，即：乳糖发酵试验，分离培养和证实试验。

【实训报告】

简要总结酱油生产原理及制作工艺。

【实训思考】

1. 酱油的酿制过程中制曲的作用是什么？
2. 制曲过程中应注意哪些方面？
3. 酱油的检测项目有哪几项，如何检测？
4. 除本法外，还有哪些酿造酱油的方法？

模块八 味精生产技术

学习目标

1. 了解味精的性质，掌握淀粉水解糖和糖蜜原料的制备以及菌种的选育。
2. 理解谷氨酸的发酵机制和谷氨酸生物合成的调节机制。
3. 重点掌握谷氨酸发酵、提取、精制技术，以及谷氨酸制味精的生产技术。

必备知识

味精（MSG）又名味素，化学成分为谷氨酸钠，学名为L-α-氨基戊二酸一钠一水化合物，最初是从海藻中提取制备，现均为工业合成品。其过程是以碳水化合物（淀粉、糖蜜等）为原料，经过微生物（谷氨酸棒状杆菌等）发酵生成谷氨酸（Glu），谷氨酸是具有两个羧基（—COOH）的酸性氨基酸，与碳酸钠或氢氧化钠发生中和反应，生成谷氨酸单钠盐，其溶液在经过除杂、浓缩、结晶及分离后，可得到较纯的谷氨酸一钠的晶体。

味精被食用后，经胃酸作用转化为谷氨酸，被消化吸收构成蛋白质并参与体内其他代谢过程，有一定的营养价值。

一、味精生产的历史与发展趋势

1866年德国H. Ritthausen博士利用硫酸水解小麦面筋，分离得到一种酸性氨基酸，即谷氨酸。1908年日本池田菊苗教授在海带浸泡液中提取出一种白色针状结晶物，发现该物质具有强烈的鲜味，经化学分析得知产生鲜味的是谷氨酸一钠，从此开始了工业上生产谷氨酸的研究，并创办了味之素公司。1910年日本味之素公司以植物蛋白为原料用盐酸水解生产谷氨酸，开始了味精的工业生产制造。1956年，日本协和发酵公司选育出谷氨酸棒状杆菌，经过生理学试验，发现该菌株为生物素缺陷型菌株，通过对生物素用量的研究以及发酵罐扩大试验，1957年正式工业化发酵生产味精。随后，日本其他公司也进行了味精的发酵法生产。

我国味精的生产最早在1922年用酸水解面筋生产谷氨酸钠开始，规模一直较小，到1949年全国味精总产量不到500t。随着1965年发酵法生产味精取得成功，大大促进了味精的生产，使味精生产工业进入了快速发展阶段。味精成为我国发酵行业发展速度最快的产品。目前我国已是世界上味精生产第一大国，占世界味精总产量的70%左右。

我国味精生产依托发酵技术的应用，虽取得了快速发展，但大部分企业由于建厂早，投资少，规模小而散，生产技术低，污染严重，严重阻碍企业持续健康的发展。而味精行业本身具有规模效益型的特点，规模越大，成本越低，效益越显著，竞争力越强。随着行业的发展和竞争的加剧，企业将向规模化、节能型和环保型发展，行业集中度将进一步提高。

二、味精的种类

根据GB 2720—2015《食品安全国家标准　味精》按添加成分将味精产品分成三类。

(1) 谷氨酸钠（味精） 以碳水化合物（如淀粉、玉米、糖蜜等糖质）为原料，经微生物（谷氨酸棒状杆菌等）发酵、提取、中和、结晶、分离、干燥而制成的具有特殊鲜味的白色结晶或粉末状调味品。

(2) 加盐味精 在谷氨酸钠（味精）中，定量添加了精制盐的混合物。

(3) 增鲜味精 在谷氨酸钠（味精）中，定量添加了核苷酸二钠［5′-鸟苷酸二钠(GMP)、5′-肌苷酸二钠（IMP）或呈味核苷酸二钠（IMP+GMP)］等增味剂的混合物。

三、味精的性质

味精是无色至白色的柱状结晶或白色的结晶性粉末。谷氨酸分子结构中含有不对称原子，因此具有旋光性，有L-型及D-型两种光学异构体。在动植物体中存在的谷氨酸为L-型，蛋白质水解法和发酵法生产的也都是L-谷氨酸，并且只有L-谷氨酸具有鲜味。谷氨酸一钠可与盐酸作用生成谷氨酸（Glu）或谷氨酸盐酸盐（Glu・HCl），与碱作用生成谷氨酸二钠盐，加酸后又生成谷氨酸一钠盐。在水溶液中长时间加热，可部分脱水生成焦谷氨酸钠（简称P-GluNa），它在酸或碱的作用下仍可水解成谷氨酸钠或谷氨酸。

四、味精的生理作用及安全性

味精是一种强碱弱酸盐，它在水溶液中可以完全电离变成谷氨酸离子和钠离子，可分别参与人体的代谢活动，在人体中具有特殊的生理作用。谷氨酸能与蛋白质的分解代谢中所产生的氨相结合，生成谷氨酰胺，当葡萄糖供应不足时，谷氨酰胺可作为脑组织的能源。谷氨酸能与血液中的氨结合，生成谷氨酰胺，降低血液中氨含量，从而起到解“氨毒”的作用。

对于味精的安全性，通过各种毒性试验、致畸性试验和致突变试验证明，食用味精是安全的。1987年在荷兰海牙召开的联合国粮农组织（FAO）和世界卫生组织（WHO）食品添加剂专家联合委员会第十九次会议，宣布取消对味精的食用限量，再次确认味精是一种安全可靠的食品添加剂。

五、谷氨酸生产的原料

谷氨酸产生菌生长所需要的营养物质可分为水、碳源、氮源、无机盐、生长因子五大类。谷氨酸产生菌常利用淀粉和糖蜜作碳源，采用尿素或液氨作氮源，所需无机盐为硫酸盐、磷酸盐、钾盐，还需要添加一些微量元素（如锰、铁等）。生长因子是指微生物生长不可缺少的微量有机物，只对那些自身不能合成这些成分的微生物才是必不可少的营养物质。目前国内谷氨酸产生菌大多为生物素缺陷型，以生物素为生长因子。

1. 淀粉原料及预处理

谷氨酸产生菌都不能直接利用淀粉作为碳源，当以淀粉为原料时，必须先将淀粉水解成葡萄糖，才能供发酵使用。酶解法是最常用的方法，是用专一性很强的淀粉酶和糖化酶作为催化剂将淀粉水解成为葡萄糖。该法有两个阶段：第一阶段是液化，利用 α-淀粉酶将淀粉液化，水解为糊精和低聚糖；第二阶段是糖化，利用糖化酶将糊精或低聚糖进一步水解为葡萄糖。

2. 糖蜜原料及预处理

制糖工业中，甘蔗或甜菜的压榨汁经过澄清、蒸发浓缩、结晶、分离等工序，可得结晶砂糖和母液。末次母液的残糖不宜用结晶方法加以回收，成为一种副产物，这就是糖蜜。糖蜜含有相当数量的可发酵性糖，是发酵工业的良好原料，但糖蜜中杂质较多，不经过处理，难以利用。糖蜜的预处理包括澄清处理、脱钙处理和除生物素处理。

六、谷氨酸生产的微生物

现有谷氨酸生产菌主要有棒状杆菌属、短杆菌属、小杆菌属及节杆菌属中的细菌。目前，我国企业使用的谷氨酸产生菌主要是北京棒杆菌 AS1.299、钝齿棒杆菌 AS1.542 和天津短杆菌 T613 以及它们的突变株。

1. 谷氨酸生产菌的主要特征

现有谷氨酸生产菌分属于四个菌属，但它们在形态及生理方面仍有许多共同的特征。

① 细胞形态为球形、棒形以及短杆形；

② 革兰染色阳性，无芽孢，无鞭毛，不能运动；

③ 都是需氧型微生物；

④ CO_2 固定反应酶系活性强；

⑤ α-酮戊二酸氧化能力微弱；

⑥ 还原型辅酶Ⅱ进入呼吸链能力弱；

⑦ 异柠檬酸裂解酶活性欠缺或微弱，乙醛酸循环弱。

2. 菌种的扩大培养

菌种的扩大培养是发酵生产的第一道工序，目的就是要为每次发酵提供相当数量的代谢旺盛的种子。对于谷氨酸发酵，因采用的菌种是细菌，其生长繁殖速度很快，所以采用二级培养。

(1) 斜面菌种培养 菌种的斜面培养必须有利于菌种生长而不产酸，并要求斜面菌种绝对纯，不得混有任何杂菌和噬菌体，培养条件应有利于菌种繁殖，培养基以含有机氮而不含或少含糖为原则。

① 斜面培养基的组成 葡萄糖 0.1%，蛋白胨 1.0%，牛肉膏 1.0%，酵母膏 0.5%，氯化钠 0.25%，琼脂 2.0%，pH 7.0～7.2（传代和保藏斜面不加葡萄糖）。

② 培养条件 斜面菌种的培养，操作必须严格认真，无菌室要经常灭菌，防止杂菌和噬菌体的污染。生产中使用的斜面菌种不宜多次移接，一般只移接三代，以免由于菌种的自然变异引起菌种退化。因此，要经常进行菌种的分离纯化，不断提供新的斜面菌株供生产使用。

(2) 一级种子培养 一级种子培养的目的在于大量繁殖活性强的菌体，培养基组成应以少含糖分、多含有机氮为主，培养条件从有利于长菌考虑。

① 培养基组成　葡萄糖 2.5%，尿素 0.5%，硫酸镁 0.04%，磷酸氢二钾 0.1%，玉米浆 2.5%～3.5%（根据玉米浆质量指标增减用量），硫酸亚铁 2mg/kg，硫酸锰 2mg/kg，pH 7.0（培养基成分可因菌种不同酌情增减）。

② 培养条件　用 1000mL 三角瓶装入培养基 200mL，灭菌后置于冲程 8.0cm、频率 100 次/min 的往复式摇床上振荡培养 9～10h。采用恒温控制，不同菌株温度略有不同，T613 类菌种培养温度 33℃左右。

③ 一级种子的质量要求　种龄 9～10h；pH 6.8～7.0；光密度：OD 值净增 0.5 以上；残糖 0.5%以下；噬菌体检查：无；镜检：菌体生长均匀、粗壮，排列整齐；革兰染色阳性。

(3) 二级种子培养　为了获得发酵所需要的足够数量的菌体，在一级种子培养的基础上，进而扩大到种子罐的二级种子培养。种子罐容积大小取决于发酵罐大小和种量比例。

① 培养基的组成　在实际生产中，应根据菌体生长情况，酌情增减生物素等用量，随时调整培养基组成。

② 培养条件　接种量 0.8%～1.0%；培养温度 32～34℃；培养时间 7～9h；通风比 0.20～0.35$m^3/(m^3 \cdot min)$；pH 6.8～7.0。

③ 二级种子的质量要求　种龄 8h；pH 7.2 左右；光密度：OD 值净增 0.5 以上；残糖 10～15g/L；噬菌体检查：无；镜检：菌体生长旺盛，排列整齐；革兰染色阳性。

项目一　谷氨酸的发酵机制

由糖质原料生物合成谷氨酸的途径包括：糖酵解途径（EMP）、磷酸戊糖途径（HMP）、三羧酸循环（TCA）、乙醛酸循环（GAC）和 CO_2 的固定反应等。

一、谷氨酸的生物合成途径

1. 由葡萄糖发酵谷氨酸的理想途径

谷氨酸合成的主要途径是 α-酮戊二酸的还原氨基化，是通过谷氨酸脱氢酶完成的。α-酮戊二酸是谷氨酸合成的直接前体，它来源于三羧酸循环，是三羧酸循环的一个中间代谢产物。在谷氨酸发酵时，1mol 葡萄糖经过 EMP 和 HMP 两个途径，生成 2mol 磷酸烯醇式丙酮酸，然后一部分氧化脱羧生成 1mol 乙酰 CoA，一部分固定 CO_2 生成 1mol 草酰乙酸（或生成苹果酸转化成草酰乙酸），草酰乙酸与乙酰 CoA 在柠檬酸合成酶催化作用下，缩合成 1mol 柠檬酸，再经过氧化还原共轭的氨基化反应生成 1mol 谷氨酸，如图 8-1 所示。

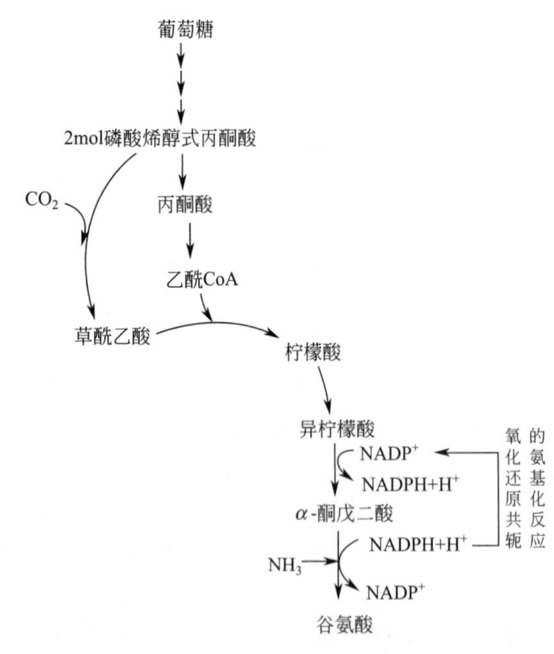

图 8-1　葡萄糖发酵谷氨酸的理想途径

由上述谷氨酸生物合成的理想途径（四碳二羧酸是 100%通过 CO_2 固定反应

供给）可知，由葡萄糖生物合成谷氨酸的总反应方程式为：

$$\underset{180}{C_6H_{12}O_6} + NH_3 + 1.5O_2 \longrightarrow \underset{147}{C_5H_9O_4N} + CO_2 + 3H_2O$$

1mol 葡萄糖可以生成 1mol 的谷氨酸，谷氨酸对葡萄糖的质量理论转化率为：

$$\frac{147}{180} \times 100\% = 81.7\%$$

2. 由葡萄糖生物合成谷氨酸的代谢途径

由葡萄糖生物合成谷氨酸的代谢途径如图 8-2，该途径至少有 16 步酶促反应。糖质原料发酵生产谷氨酸时，由于三羧酸循环中的缺陷（丧失 α-酮戊二酸脱氢酶氧化能力或其氧化能力微弱），谷氨酸产生菌采用图 8-2 中所示的乙醛酸循环途径进行代谢，在异柠檬酸裂解酶的作用下，生成乙醛酸和琥珀酸，然后乙醛酸和乙酰 CoA 在苹果酸合成酶的作用下生成苹果酸，提供四碳二羧酸及菌体合成所需的中间产物等。因此，为了获得能量和产生生物合成反应所需的中间产物，在谷氨酸发酵的菌体生长期，需要异柠檬酸裂解反应，采用乙醛酸循环途径；在菌体生长期之后，进入谷氨酸生成期，为了大量生成、积累谷氨酸，需要封闭乙醛酸循环，采用谷氨酸生成的理想途径。因此，在谷氨酸发酵中，菌体生长期的最适条件和谷氨酸生成积累期的最适条件是不一样的。

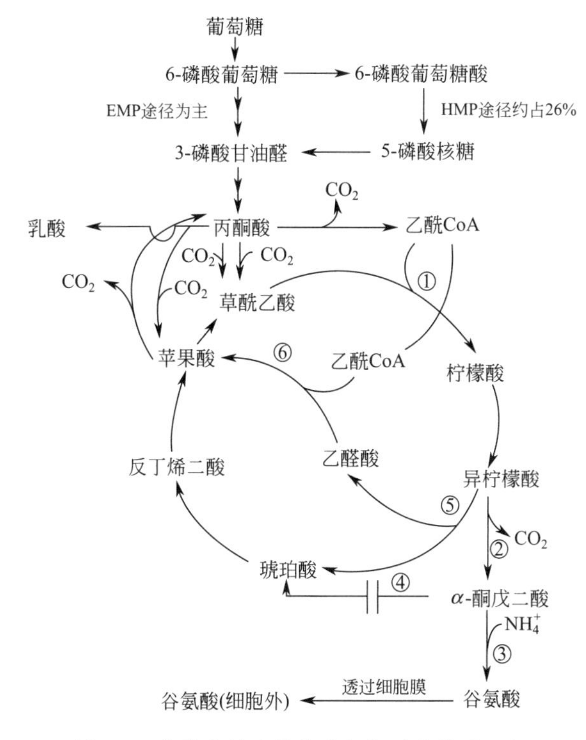

图 8-2　由葡萄糖生物合成谷氨酸的代谢途径

①柠檬酸合成酶；②异柠檬酸脱氢酶；③谷氨酸脱氢酶；④α-酮戊二酸脱氢酶；⑤异柠檬酸裂解酶；⑥苹果酸合成酶

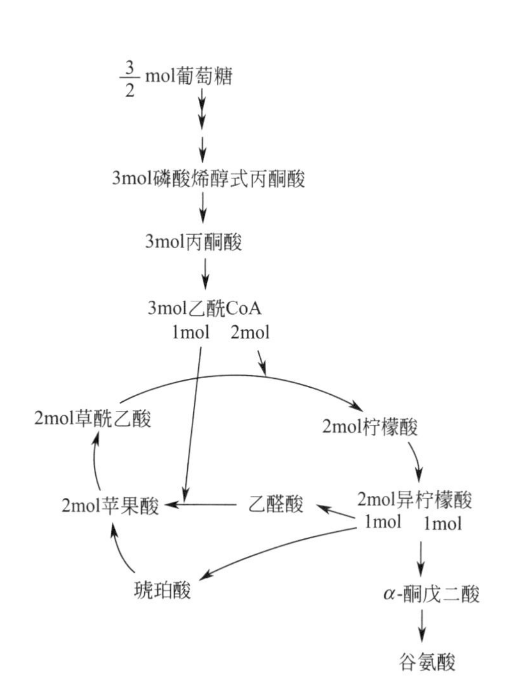

图 8-3　谷氨酸生物合成途径

3. 乙醛酸循环（GAC）的作用

乙醛酸循环中生成的四碳二羧酸（如琥珀酸、苹果酸）仍可返回三羧酸循环，因此，乙醛酸循环途径可看作三羧酸循环的支路和中间产物的补给途径。倘若 CO_2 固定反应完全不起作用，丙酮酸在丙酮酸脱羧酶的催化作用下，脱氢脱羧全部氧化成乙酰 CoA，通过乙醛酸循环供给四碳二羧酸。由 3/2mol 葡萄糖可以生成 3mol 乙酰 CoA，其中 2mol 乙酰 CoA 与草酰乙酸反应生成 2mol 异柠檬酸，1mol 异柠檬酸经过 α-酮戊二酸生成谷氨酸，另外 1mol 异柠檬酸分解为琥珀酸和乙醛酸，两者都生成草酰乙酸；剩余的 1mol 乙酰 CoA 与乙醛酸生成草酰乙酸时被利用。如图 8-3 所示。

此时，3/2mol 的葡萄糖生成了 1mol 的谷氨酸，因此谷氨酸对葡萄糖的质量理论转化率为：

$$\frac{2\times147}{3\times180}\times100\%=54.4\%$$

实际谷氨酸发酵时，由于发酵控制的因素，加之形成菌体、微量副产物和生物合成消耗的能量等，消耗了一部分糖，所以实际糖转化率处于 54.4%～81.7%的中间值。因此，当以葡萄糖为碳源时，CO_2 固定反应与乙醛酸循环的比例对谷氨酸产率有影响，乙醛酸循环活性越高，谷氨酸收率越低。

二、谷氨酸生物合成的调节机制

1. 生物素的调节

（1）生物素对糖代谢速率的影响 生物素通过促进糖的 EMP 途径、HMP 途径、TCA 循环来调节糖代谢。在生物素充足的条件下，糖降解速率明显提高，打破了糖降解速率与丙酮酸氧化速率之间的平衡，使丙酮酸趋于生成乳酸。

（2）生物素对 CO_2 固定反应的影响 CO_2 固定反应的作用是补充草酰乙酸，在谷氨酸合成过程中，糖的分解代谢途径与 CO_2 固定的适当比例是提高谷氨酸产率的关键问题。CO_2 固定反应如下：

$$\text{丙酮酸}+CO_2+ATP\xrightarrow{\text{丙酮酸羧化酶}}\text{草酰乙酸}+ADP+Pi$$

$$\text{磷酸烯醇式丙酮酸}+CO_2+GDP(\text{或 }IDP)\xrightleftharpoons[\text{丙酮酸羧化酶}]{\text{磷酸烯醇式}}\text{草酰乙酸}+GTP(\text{或 }ITP)$$

$$\text{丙酮酸}+CO_2+NAD(P)H+H^+\xrightleftharpoons{\text{苹果酸酶}}\text{苹果酸}+NAD(P)^+$$

生物素是丙酮酸羧化酶的辅酶，可促进 CO_2 的固定反应。

（3）生物素对乙醛酸循环的影响 乙醛酸循环的关键酶是异柠檬酸裂解酶和苹果酸酶。在生物素大量存在条件下，琥珀酸氧化力降低，积累的琥珀酸会反馈抑制异柠檬酸裂解酶活性，并阻遏该酶的生成，TCA 循环基本处于封闭状态，异柠檬酸高效率地转化为 α-酮戊二酸，再生成谷氨酸。

$$\text{异柠檬酸}\xrightarrow{\text{异柠檬酸裂解酶}}\text{乙醛酸}+\text{琥珀酸}$$

乙醛酸 + 乙酰 CoA —苹果酸酶→ 苹果酸

2. 细胞膜通透性的调节

细胞膜的谷氨酸通透性对于谷氨酸发酵很重要，当细胞膜转变为有利于谷氨酸向膜外渗透的方式，谷氨酸才能不断地排出细胞外，这样既有利于细胞内谷氨酸合成反应的优先性、连续性，又有利于谷氨酸在胞外的积累。控制细胞膜形成的常用方法如下。

(1) 控制生物素浓度 生物素催化脂肪酸合成起始反应的关键酶乙酰 CoA 羧化酶的辅酶，参与了脂肪酸的生物合成，进而影响了磷脂的合成和细胞膜的形成。选育生物素缺陷型菌株，阻断生物素合成，添加表面活性剂或饱和脂肪酸可对生物素起拮抗作用，抑制不饱和脂肪酸的合成，导致油酸合成量减少，磷脂合成不足，使得细胞膜不完整，提高了细胞膜对谷氨酸的通透性。常用的表面活性剂有吐温 60、吐温 40 等。常用的饱和脂肪酸有十七烷酸、硬脂酸等。

(2) 控制细胞壁的形成 常用的方法有添加青霉素、头孢霉素等 β-内酰胺类抗生素。青霉素是转肽酶的抑制剂，与转肽酶活性部位上的 Ser 残基形成共价键，使转肽酶受到不可逆的抑制。青霉素作为糖肽末端结构（D-Ala-D-Ala）的类似物，竞争性地抑制合成糖肽的底物，而与转肽酶的活性中心结合，使糖肽合成不能完成，结果形成不完整的细胞壁，使细胞膜处于无保护状态，易于破损，增大谷氨酸的通透性。

项目二 谷氨酸的发酵

一、淀粉糖原料生产谷氨酸的发酵

国内谷氨酸发酵生产工艺的种类很多，大多都采用生物素缺陷型菌株，以大接种量发酵，即 10%左右。相较于传统工艺中控制发酵培养基的生物素亚适量 5～6μg/L，现在大多控制在 8～12μg/L，称为超亚适量。可根据发酵初糖浓度，大致将发酵工艺分为低初糖浓度（80～120g/L）工艺、中初糖浓度（140～160g/L）工艺、高初糖浓度（180～200g/L）工艺。大部分生产厂采用前两种，并且在发酵过程中可以补糖。按照补糖的浓度可以分为低浓度流加糖，即把糖化车间制备的糖液不浓缩，灭菌后直接作为发酵流加糖，浓度一般在 300g/L 左右；中浓度流加糖，一般为 400g/L；高浓度流加糖，一般在 500g/L 以上。目前，中初糖流加高浓度糖液的生物素超亚适量工艺发酵指标比较先进，工艺成熟，应用广泛。

1. 工艺流程

流加高浓度糖液的谷氨酸发酵工艺流程如图 8-4 所示。

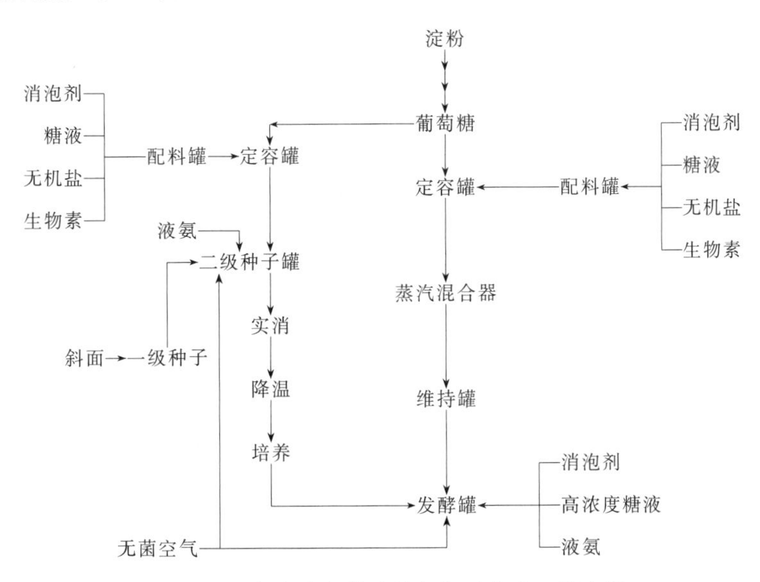

图 8-4 流加高浓度糖液的谷氨酸发酵工艺流程

摘自：邓毛程. 氨基酸发酵生产技术. 北京：中国轻工业出版社，2007.

2. 二级种子培养要点

(1) 接种量　3%～4%。

(2) 温度　一般31～32℃。

(3) pH　采用流加液氨来控制pH，初时pH 7.2左右，在培养过程中pH 7.2～7.5。

(4) 通气量　搅拌转速恒定130r/min，控制通气量在120～220m^3/h。

(5) 培养时间　采用流加液氨作为氮源，只要生物素的浓度和残糖的浓度足够，可适当延长培养时间，以争取更大菌体浓度，目前生产上通常控制在12～14h。

(6) 残糖　为预防培养基营养缺乏导致菌体衰老、自溶，培养结束时应保证有一定浓度的残糖，通常培养结束时的残糖控制在10～20g/L。

3. 发酵过程的控制

(1) 接种量　接种量在10%～15%左右，有条件的厂可适当扩大。

(2) 温度　菌体生长和产酸阶段都应将温度调至最适产酸温度，如表8-1所示。

表8-1　多级温度控制模式

发酵时间/h	发酵温度/℃	备注
0～6	34.0～34.5	在放罐前1h完全关闭冷却水，让发酵温度自然上升至40.0℃以上
6～12	34.5～36.0	
12～22	36.0～37.0	
22～26	37.0～38.0	
26～30	38.0～39.5	
30～32	39.5～40.5	

(3) pH　在正常情况下，为了保证足够的氮源，满足菌体生长和谷氨酸合成的需要，通常将发酵pH控制在稍微偏碱性的状态，一般控制在7.3～7.5左右，若用等电点法提取谷氨酸，放罐时，一般调pH 7.0～7.5。

(4) 通气量　谷氨酸发酵的通气量控制采用多级控制模式，即发酵前期逐步提高通气量，发酵中期控制通气量在最高值，并维持6～10h，发酵后期逐步降低通气量。

(5) 流加糖　一次性投入大量葡萄糖，必然使发酵初糖浓度很高，抑制菌体生长和影响谷氨酸的生成。一般采用适当的初糖浓度，而在发酵过程中进行连续流加高浓度葡萄糖液。一般在发酵残糖浓度为10～15g/L时，才开始流加糖液并控制流量，使发酵残糖浓度维持在10～15g/L。在发酵后期要特别把握好残糖浓度、糖液流量和停止流加的时间。一般在发酵结束前的1～2h停止流加，让菌体尽可能耗尽残糖，确保发酵放罐时残糖在4g/L以下。

二、糖蜜原料生产谷氨酸的发酵

1. 生物素缺陷型菌株以甘蔗糖蜜为原料的发酵工艺流程

在生物素缺陷型菌株以甘蔗糖蜜为原料的谷氨酸发酵工艺中，其溶解氧、温度、pH、泡沫以及流加糖的控制原理与淀粉糖原料的谷氨酸发酵工艺相同，发酵的难点在于添加青霉素、吐温60等的时间以及其用量的控制。

生物素缺陷型菌株以甘蔗糖蜜为原料的谷氨酸发酵工艺流程如图8-5所示。

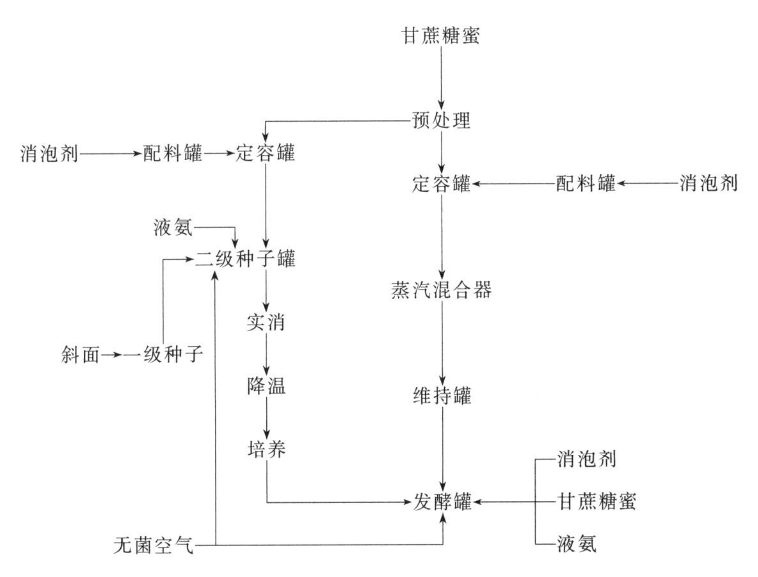

图 8-5　生物素缺陷型菌株以甘蔗糖蜜为原料的谷氨酸发酵工艺流程

2. 工艺要点

(1) 添加时间的控制　青霉素和表面活性剂只能对处于生长状态的细胞有作用，而添加于静止细胞是无效的。因此，添加青霉素或表面活性剂应该选择在菌体生长的适当时期。由于使用青霉素的成本较低，生产上一般采用添加青霉素为主、添加表面活性剂为辅的添加方法。具体的添加时间视二级种子的菌体密度、发酵的接种量、发酵罐溶解氧条件、发酵周期、流加糖液浓度等具体情况而定。为了准确地确定添加的时间，一般要在发酵过程中测量菌体的光密度（OD 值）和湿菌体量（CV 值），以净增 OD 值和 CV 值来确定首次添加的时间。通常在将要添加青霉素的半小时前，每隔 5min 测一次 OD 值、CV 值，以便及时掌握添加青霉素的准确时间。一般在净增 OD 值为 0.55 左右、CV 值为 0.90 左右时首次添加青霉素，30min 后，再添加吐温 60。

(2) 添加量的控制　青霉素和表面活性剂的添加必须掌握适量。添加量多少与生物素浓度、添加时间相关。一般情况下，青霉素的添加量为 3～4U/mL 发酵液，吐温 60 的添加量为 2g/L发酵液左右。在生产中，有时发现添加量不足，还要补加 1～2 次适量的青霉素或表面活性剂。

项目三　谷氨酸的提取与精制

目前国内谷氨酸提取工艺主要有等电点法和离子交换法。等电点法是利用谷氨酸两性电解质的性质，将发酵液加硫酸调 pH 至谷氨酸的等电点，使谷氨酸沉淀。离子交换法是将发酵液稀释至一定浓度，用盐酸调至一定的 pH，采用阳离子交换树脂吸附谷氨酸，然后用洗脱剂将谷氨酸洗脱下来，达到浓缩和提纯谷氨酸的目的。

一、等电点法提取谷氨酸

1. 谷氨酸发酵液的主要成分

对于正常发酵液，放罐时 pH 6.5～7.2，呈浅黄色，具有谷氨酸发酵的特殊气味，表面有少量泡沫，约有 8%～15%的谷氨酸，有 5%～10%的菌体，铵离子含量在 0.8%左右，还含有一些糖类、酸类、有机色素及其他杂质。

2. 谷氨酸的性质

（1）谷氨酸的两性解离与等电点 谷氨酸分子中有 2 个酸性的羧基和 1 个碱性的氨基，是一种既有酸性基团，又有碱性基团的两性电解质。由于羧基解离大于氨基，所以谷氨酸是一种酸性氨基酸。谷氨酸溶解于水后，呈离子状态存在，其解离方式取决于溶液的 pH，可以有阳离子（GA^{+}）、两性离子（$GA^{\pm}$）、阴性离子（GA^{-}、GA^{2-}）四种离子状态存在，电离平衡随溶液 pH 的变化而发生改变。

谷氨酸的等电点为 3.22。在 pH 3.22 时，大部分谷氨酸以 $GA^{\pm}$ 存在，此时谷氨酸的氨基和羧基的解离程度相等，总静电荷为零。由于谷氨酸分子之间的相互碰撞，通过静电引力的作用，会结合成较大的聚合体而沉淀析出。在等电点时，谷氨酸溶解度最低，而且温度越低，溶解度越低，过量的溶质也会析出越多。

（2）谷氨酸结晶的特性 谷氨酸结晶具有多晶型性质，在不同条件下会形成不同晶型的谷氨酸结晶。通常分为 α-型结晶和 β-型结晶两种。两种结晶型的比较见表 8-2。

表 8-2 谷氨酸两种结晶型比较

结晶型	α-谷氨酸	β-谷氨酸
晶形	颗粒状小晶体	分散的针状结晶
晶体形态	多面棱柱形的斜方六面晶体，呈颗粒状分散，横断面为三角形或四边形，边长与厚度相近	针状或薄片状凝聚结晶，其长和宽比厚度大得多
晶体特点	晶体光泽，颗粒大，纯度高，相对密度大，沉降快，不易破碎	薄片状，性脆易碎，相对密度小，浮于液面和母液中，含水量大，纯度低
晶体分离	离心分离不碎，抽滤不阻塞，易洗涤，纯度高	离心分离困难，易碎，抽滤易堵塞，洗涤困难，纯度低

3. 影响谷氨酸结晶的主要因素

谷氨酸结晶有 α-型结晶和 β-型结晶两种，由于 β-谷氨酸结晶密度小，不易沉降分离，导致提取率低。在操作中要控制结晶条件，避免 β-型结晶析出。主要影响因素有：谷氨酸浓度、残糖、温度、降温速度、加酸速度、起晶方式等。

等电点提取谷氨酸过程中，判断育晶点十分关键。一般通过手触、目视等方法，一旦发现晶核，可确定为育晶点，这时要停止加酸进行育晶。育晶时间一般为 2～3h，使所投入的谷氨酸晶核成长壮大，形成较大的结晶颗粒。

4. 带菌体低温等电点分批提取工艺

（1）工艺流程 带菌体低温等电点分批提取工艺流程如图 8-6 所示。

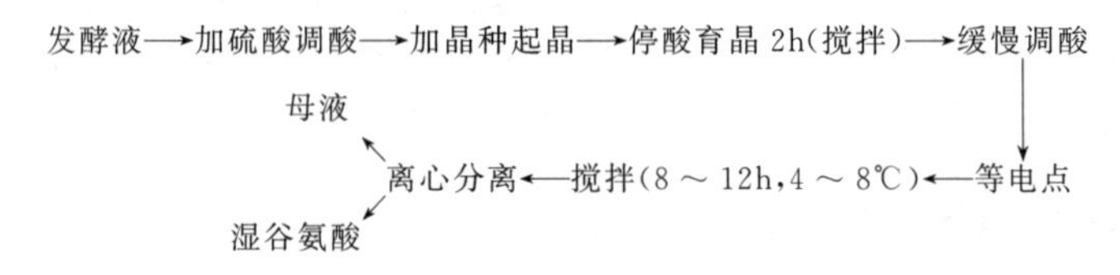

图 8-6 带菌体低温等电点分批提取工艺流程

（2）工艺要点

① 育晶前的加酸操作 当发酵液放到等电点罐以后，先降温至 30℃左右，然后加入硫

酸调节 pH。一般在 pH 5.0 之前的加酸速度可以快些，pH 逐渐接近起晶点时，加酸速度逐渐减慢。在 pH 降低的过程中，用冷水缓慢降温，一般在起晶点时控制温度在 23～25℃。

② 投晶种与育晶　根据目前国内发酵液的谷氨酸含量（90～160g/L），在 23～25℃、pH 4.4～4.8 时，发酵液中的谷氨酸可达到过饱和状态，会有晶核析出。因此，当 pH 下降至 5.0 之后，要注意不时取样仔细观测（可通过显微镜观察），一旦发现晶核出现，应立即停止加酸，并投入质量良好的 α-型晶种 0.1%～0.3%，搅拌育晶 2h。

③ 育晶后继续加酸操作　育晶后继续缓慢加酸，并逐渐降低温度，一直将 pH 调节至 3.2，耗时 4～6h，此时温度降低到 10℃左右。

④ 等电点搅拌育晶　当达到等电点时，停止加酸，继续用冷水降低温度至 4℃左右，搅拌育晶 8～12h。

⑤ 分离　使用自动卸料离心机，通常不必经过沉淀，可直接进行分离。

二、离子交换法提取谷氨酸

1. 离子交换法提取谷氨酸的基本原理

谷氨酸是两性电解质，含有 NH_4^+ 和 $COOH^-$，与酸、碱两种树脂都能发生离子交换。目前各味精厂均采用 732 型强酸性阳离子交换树脂。离子交换法提取谷氨酸，就是利用阳离子交换树脂对谷氨酸阳离子的选择性吸附，以使发酵液中妨碍谷氨酸结晶的残糖及糖的聚合物、蛋白质、色素等非离子性杂质得以分离，后经洗脱达到浓缩提取谷氨酸的目的。

2. 阳离子树脂柱提取工艺流程

阳离子树脂柱提取工艺流程见图 8-7。

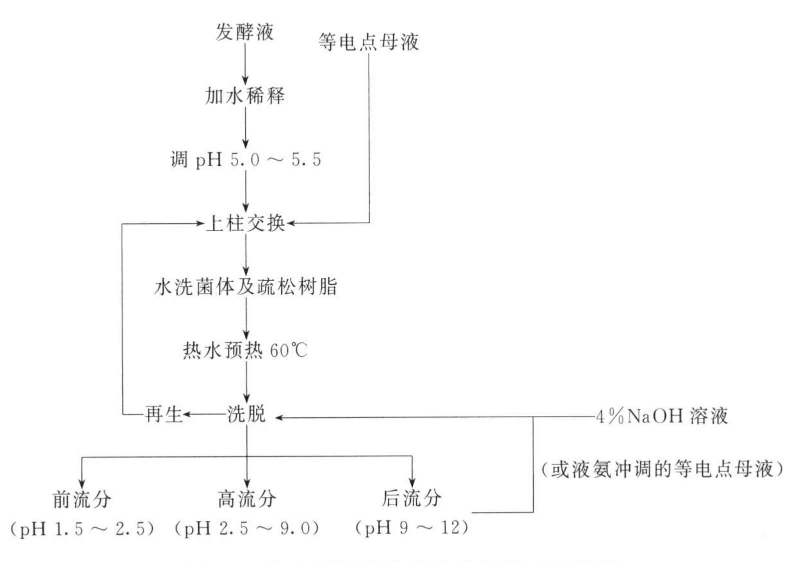

图 8-7　阳离子树脂柱提取谷氨酸工艺流程

项目四　谷氨酸制味精

从谷氨酸发酵液中提取出的谷氨酸制成味精要经过中和、脱色、除铁、浓缩、结晶、干燥、筛选等单元操作，得到高纯度的晶体或粉体味精。

一、谷氨酸制味精的工艺流程

谷氨酸制味精的工艺流程见图 8-8。

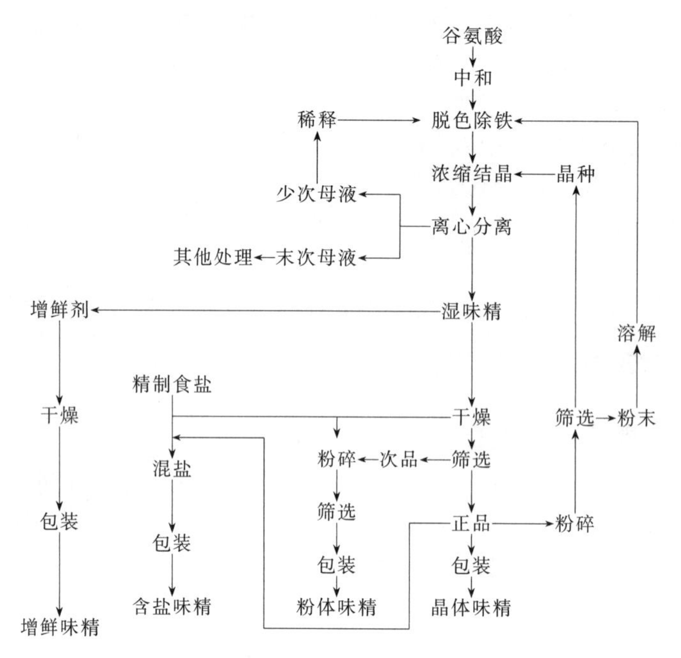

图 8-8　谷氨酸制味精的工艺流程

二、谷氨酸的中和

1. 中和原理

谷氨酸是具有两个羧基（—COOH）的酸性氨基酸，与碳酸钠或氢氧化钠均能发生中和反应，生成其钠盐。当中和的 pH 在谷氨酸的第二等电点$[(pK_2+pK_3)/2=(4.25+9.67)/2=6.96]$时，谷氨酸钠解离后的离子在溶液中约占总离子浓度的 99.59%。

纯碱（Na_2CO_3）或烧碱溶液（NaOH）均可作为谷氨酸的中和剂。使用纯碱，中和过程中有大量 CO_2 泡沫产生，影响中和速度和设备利用率；采用烧碱溶液，反应剧烈，容易引起局部过热和 pH 过高，造成谷氨酸环化反应，影响精制的质量和收率。

2. 中和工艺操作

先向中和罐加入一定量的渣水或软水，启动搅拌（转速一般为 60r/min），用蒸汽将底水加热到 65℃左右，然后按每罐定量投入麸酸，边投入麸酸边缓慢加入 30～33°Bé 纯碱溶液或烧碱，最终调节中和液的浓度至 22°Bé、pH 6.96。

三、中和液的除铁与脱色

1. 中和液除铁

生产原材料夹带的铁离子与设备腐蚀而游离出的铁离子，包括 Fe^{2+} 和 Fe^{3+}，都可以与谷氨酸形成配合物，使味精成品呈浅黄色或黄色，严重影响产品质量。因此，精制过程中必须采取措施除去铁离子。可利用带酚氧基团的树脂，使配位化合的铁与树脂螯合成新的稳定的配合物，以达到除铁的目的。

2. 中和液脱色

谷氨酸中和液一般都含有深浅不同的黄褐色色素，其主要是铁离子与水解糖中的单宁结合，生成紫黑色单宁铁以及葡萄糖聚合反应产生的色素等，会影响味精成品的色泽和纯度，必须进行脱色处理。目前，常用的脱色方法有活性炭脱色、树脂脱色。

四、味精的结晶

1. 结晶操作工艺流程

晶体味精结晶操作过程主要包括浓缩、起晶、整晶、育晶等几个阶段。其操作流程如图8-9所示。

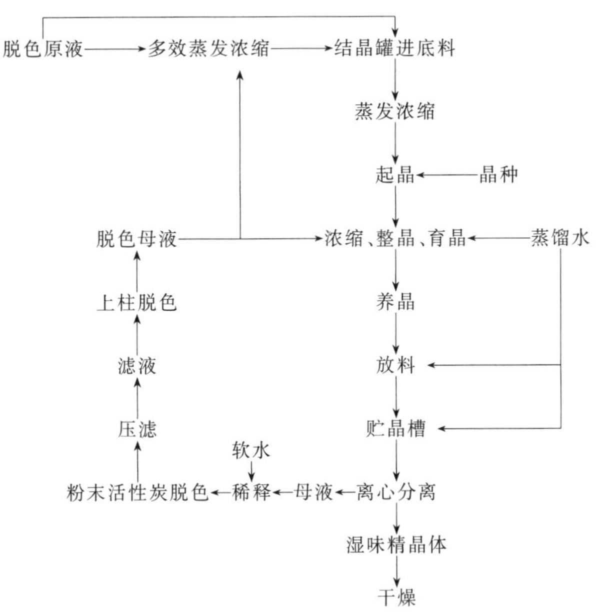

图 8-9　晶体味精结晶操作流程

2. 结晶工艺要点

(1) 浓缩　晶体味精通常要求以原液（即经过脱色除铁的中和液）作为结晶的底料。对于一个结晶罐，一般加入量为罐体积的60%左右，控制真空度为0.08～0.085MPa，温度为65℃，开启搅拌，将22°Bé的底料浓缩至29.5～30.5°Bé，使达到介稳区。

(2) 起晶　味精结晶的起晶方法有自然起晶、刺激起晶与晶种起晶。

生产粉体味精可采用刺激起晶的方法，而生产晶体味精通常采用晶种起晶法，即向介稳区溶液中投入一定数量晶种。

晶种起晶法要准确掌握溶液的起晶点，控制好投种时的过饱和系数以及晶种的质量和数量。晶种来源于大颗粒的优质晶体味精，经特制的粉碎机粉碎，然后过筛分级，一般分为20目、30目、40目等级别。一般当底料浓度达29.5～30.5°Bé时，处于介稳区，此时投加晶种较好。20目晶种用量一般为结晶罐全容积的5%～10%，30目晶种用量一般为4%～8%，40目晶种用量一般为3%～5%。投晶种时，靠结晶罐的真空把晶种吸入结晶罐。

(3) 整晶　结晶过程控制罐内真空度为0.08～0.085MPa，温度为60～70℃，开启搅拌。投晶种起晶后，晶核周围溶液的溶质受到晶核的吸引而被吸附在晶核的表面上，使溶液的浓度下降，随着蒸发浓缩进行，蒸发速度大于长晶速度，结晶罐内溶液浓度又开始增高，在晶粒稍微长大的同时，会出现一些细小的新晶核（假晶），这时应加入与料液温度接近的蒸馏水进行整晶，直至溶解掉新形成的微晶核后停止加水。有些工厂在加蒸馏水整晶时，适当提高罐内温度（72～74℃），以促进假晶的溶解。

(4) 育晶 随着溶剂不断被蒸发和晶粒的不断长大，需通过补料促使晶粒长大，此过程称为育晶。补料的方式有间歇加料和连续加料两种，常采用连续补料，在补料过程中要使补料速度、浓缩速度与结晶速度三者保持适当的平衡，即保持适当的过饱和系数，有利于晶粒的长大，避免新晶核的产生。

(5) 放罐 当罐内物料达到罐全容积的70%～80%时，晶体符合要求，在放罐之前，需要加入适量蒸馏水，调整料液浓度至29.5～30.5°Bé，并溶解掉新晶核，然后关闭真空、蒸汽，开启贮晶槽搅拌（转速为10r/min左右），最后物料放至贮晶槽。采用蒸汽对贮晶槽保温65℃，保持料液浓度，避免在贮晶槽中产生细小晶核，以便离心分离。

五、味精的分离、干燥和筛选

1. 味精的分离

生产上常采用过滤式离心机进行分离湿谷氨酸，可分为三足式、平板式和上悬式分离机等。

根据晶体的大小，控制分离时间和含水量，一般晶体味精表面含水量在1%以下，粉体味精含水量在5%以下。分离质量与离心机转速快慢、直径大小有关，转速越大，分离因数越大，其分离效果也越好。

为了保证分离出来的晶体表面光洁度，在离心分离过程中当母液离开晶体后，三足式、平板式分离机一般用适量50℃热水均匀喷淋晶体，而上悬式分离机一般采用汽洗，使晶体表面黏附液被喷洗出来。

2. 味精的干燥

干燥的目的是除去味精表面的水分，而不失去结晶水，外观上保持原有晶型和晶面的光洁度。因此干燥的温度要严格控制，以不超过80℃较为合适。目前，味精工业主要采用振动式沸腾干燥设备进行干燥，其原理是利用振动输送机的槽体加一层多孔板，当振动时，湿味精晶体在多孔板上跳跃前进，与此同时，热风从多孔板下方吹入，将湿味精晶体的水分蒸发掉，从而达到干燥的目的。

3. 味精的筛选

振动式沸腾干燥设备之后，紧接着应安装振动筛选机，对干燥出来的味精及时进行筛选。根据不同晶体规格的要求，选择不同孔径的筛网。

项目五 谷氨酸及谷氨酸钠的质量控制

一、谷氨酸的质量控制

谷氨酸的发酵生产最基本条件是生产菌种具有优良的性能，但还必须具备最佳的发酵条件，才能使生产菌种的性能得以充分表现，达到优质高产的效果。

1. 发酵菌种的控制

谷氨酸发酵实现优质高产的关键就是优良菌种的选育。近年来，研究人员不仅选育各种遗传标记的菌株，同时，也采用遗传工程和细胞工程新技术改造原有高产菌株的性能，使新菌株生长、耗糖和产酸速率进一步提高，耐高温、高糖和高酸的性能也有所提高。

2. 发酵过程的控制

在谷氨酸发酵过程中重要的参数包括温度、pH、溶解氧、营养物质的浓度等。

（1）温度的控制 对于温度的控制，生产上采用多级温度控制的方法。接种后发酵温度大多是下降的，此时适当地提高培养温度，以加快菌种的生长繁殖；待发酵温度表现为上升趋势时，控制在菌体的最适生长温度，等到菌体达到一定数量，再将温度调节至产物的最适生成温度，促进菌体合成产物，一直到发酵结束。

目前，大多数工厂都采用温度自动控制，通过发酵罐上的热交换器，调节发酵温度。

（2）pH 的控制 对于 pH 的调节和控制，通常采用控制连续流加液氨的方法，既可以调节 pH，又可以补充培养基的氮源，提高发酵产物的利用率。

（3）溶解氧的控制 谷氨酸发酵是典型的好气性纯种发酵，供氧对菌体的生长和谷氨酸的积累都有很大的影响。在谷氨酸发酵中，由于不同阶段的需氧量不一样，需采用相应的多级通气量分段控制模式加以控制供氧。通过调节发酵罐的进气阀门和排气阀门来完成调节无菌空气的量，满足菌体在不同发酵阶段的需氧量。同时，也可通过调节罐压来提高溶氧量。

3. 噬菌体污染的控制

谷氨酸发酵是纯种培养的过程，对防止噬菌体污染的要求很高。发酵生产中，染菌程度较轻时，会造成发酵产率低、产物的提取率低以及产品质量差；如果严重染菌，有可能导致“倒罐”，造成严重的经济损失，扰乱正常生产秩序，甚至给污水处理带来极大的难度。应采用如下措施：①净化生产环境，消灭污染源；②提高空气除菌能力；③坚持进行噬菌体的检测预报。

二、谷氨酸钠的质量要求

根据国家标准 GB/T 8967—2007《谷氨酸钠（味精）》的要求如下。

1. 原辅料要求

应符合相应产品标准、卫生标准的要求。对大米“不完整粒”和“碎米”不作要求。

2. 感官要求

无色至白色结晶状颗粒或粉末，易溶于水，无肉眼可见杂质，具有特殊鲜味，无异味。

3. 理化要求

（1）谷氨酸钠（味精） 谷氨酸钠（味精）理化指标应符合表 8-3 的要求。

表 8-3 谷氨酸钠（味精）理化要求

项目		指标
谷氨酸钠/%	≥	99.0
透光率/%	≥	98
比旋光度$[\alpha]_D^{20}$/°		+24.9～+25.3
氯化物(以 Cl^- 计)/%	≤	0.1
pH		6.7～7.5
干燥失重/%	≤	0.5
铁/(mg/kg)	≤	5
硫酸盐(以 SO_4^{2-} 计)/%	≤	0.05

（2）加盐味精 加盐味精理化指标应符合表 8-4 的要求。

表 8-4 加盐味精理化要求

项目		指标
谷氨酸钠/%	≥	80.0
透光率/%	≥	89
食用盐(以 NaCl 计)/%	<	20
干燥失重/%	≤	1.0
铁/(mg/kg)	≤	10
硫酸盐(以 SO_4^{2-} 计)/%	≤	0.5

注：加盐味精需用 99%的味精加盐。

（3）增鲜味精 增鲜味精理化指标应符合表 8-5 的要求。

表 8-5 增鲜味精理化要求

项目		指标		
		添加 5′-鸟苷酸二钠(GMP)	添加呈味核苷酸二钠	添加 5′-肌苷酸二钠(IMP)
谷氨酸钠/%	≥	97.0		
呈味核苷酸二钠/%	≥	1.08	1.5	2.5
透光率/%	≥	98		
干燥失重/%	≤	0.5		
铁/(mg/kg)	≤	5		
硫酸盐(以 SO_4^{2-} 计)/%	≤	0.05		

注：增鲜味精需用 99%的味精增鲜。

复习题

1. 简述味精的种类、性质、生理作用及安全性。
2. 简述淀粉制备葡萄糖的酶解法。
3. 糖蜜作为发酵培养基的碳源时，预处理包括哪些方面？
4. 种子扩大培养的过程有哪些？其中一级、二级种子的质量要求是什么？
5. 简述谷氨酸的生物合成途径。
6. 如何控制调节细胞膜的通透性？
7. 中初糖流加高浓度糖液工艺中，发酵过程如何控制？
8. 写出带菌体等电点分批提取谷氨酸的工艺流程，并说明各步骤主要控制参数。
9. 简要说明离子交换法提取谷氨酸的过程。
10. 简要说明谷氨酸的中和操作。
11. 简要说明味精结晶操作过程。
12. 噬菌体污染的主要防治措施有哪些？

模块九　发酵豆制品生产技术

学习目标

1. 了解腐乳、豆酱等发酵豆制品的基本概念、分类以及菌种的培养。

2. 掌握发酵豆制品生产的原辅材料、发酵制作过程、豆制品的质量标准及生产技术指标。

必备知识

一、发酵豆制品生产的现状与发展趋势

发酵豆制品，作为我国的传统食品，千百年来，以其极佳的口感、丰富的营养和低廉的价格，获得我国广大人民的喜爱。目前，我国发酵豆制品行业正处于从传统作坊式加工经营方式向现代化工厂生产经营方式的转变过程中，行业内既有家庭式小作坊，也有世界先进水平的加工厂，且小型企业占大多数。无论是管理水平、设备水平、人员水平还是生产车间的环境，都存在着较大的差异。

我国发酵豆制品厂要想占领市场，谋求更大的发展，就必须在发展传统发酵豆制品方面有所创新，需要加强基础性研究、规范化生产，研制先进的关键设备和配套设备，实现产业化生产，实施 HACCP 管理体系，才能够解决目前我国发展发酵豆制品的瓶颈。

二、发酵豆制品种类、风味及营养价值

发酵豆制品主要分为两大类，即豆酱系列和腐乳系列，见表 9-1。

表 9-1　发酵豆制品种类、风味、营养价值

<table>
<tr><th>系列</th><th>主要产品</th><th>风味</th><th>营养价值</th></tr>
<tr><td rowspan="2">豆酱系列</td><td>豆酱酱油</td><td>成品呈红褐色，有酱香、酯香，有独特的香味，味鲜醇厚，咸甜适口，无酸苦涩焦煳及异味</td><td rowspan="2">营养价值很高，在微生物酶的作用下产生的多种氨基酸及低分子蛋白质、低聚肽类，有助于抗衰老、防癌症、降血脂、调节胰岛素、预防骨质疏松症、防治老年性痴呆症</td></tr>
<tr><td>豆豉</td><td>颗粒完整，乌黑发亮，酱香、酯香浓郁，滋味鲜美，咸淡可口，无苦涩味，质地松软即化，且无霉腐味</td></tr>
</table>

续表

<table>
<tr><th>系列</th><th>主要产品</th><th>风味</th><th>营养价值</th></tr>
<tr><td>豆酱系列</td><td>纳豆</td><td>具有黏滑的外表，呈灰白色，其风味浓厚而又持久，口感酥软</td><td rowspan="2">营养价值很高，在微生物酶的作用下产生的多种氨基酸及低分子蛋白质、低聚肽类，有助于抗衰老、防癌症、降血脂、调节胰岛素、预防骨质疏松症、防治老年性痴呆症</td></tr>
<tr><td>腐乳系列</td><td>红腐乳、白腐乳、青腐乳、酱腐乳</td><td>滋味鲜美，质地细腻，咸淡适口，无异味，块型整齐，厚薄均匀</td></tr>
</table>

项目一　腐乳的生产

一、腐乳的定义、类型

根据我国行业标准 SB/T 10171—1993《腐乳分类》，对腐乳的定义和分类如下。

1. 腐乳的定义

腐乳是以大豆为原料，经加工磨浆、制坯、培菌、发酵而成的一种调味、佐餐食品。

2. 腐乳的分类

(1) 红腐乳　在腐乳后期发酵的汤料中，配以红曲酿制而得的腐乳即红腐乳。表面呈鲜艳的红色或紫色，断面为淡黄色。在酿制过程中因添加不同的调味辅料，使其呈现不同的风味特色。

① 普遍型红腐乳　在腐乳后期发酵汤料中，只加入红曲和酒类酿制而成的腐乳。

② 辣味型红腐乳　在红腐乳的生产过程中，添加了辣椒调味料形成的辣味红腐乳。

③ 甜香型红腐乳　在红腐乳的生产过程中，添加了甜味料和果花香料形成的甜香红腐乳，有明显的果花香气。

④ 香料型红腐乳　在红腐乳的生产过程中，添加了植物香辛料形成的香料味红腐乳，具有香辛料的香气及滋味。

⑤ 咸鲜型红腐乳　在红腐乳的生产过程中，添加了肉类、水产品或食用菌等辅料酿制而成的含有固形物的腐乳，具有明显的辅料香气和滋味。

(2) 白腐乳　在腐乳后期发酵的汤料中，不添加任何着色剂酿制而成的腐乳。表里颜色一致，均为淡黄色或灰黄色，鲜味突出，酒香浓郁。在酿制过程中因添加不同的调味辅料，使其呈现不同的风味特色。

① 普通型白腐乳　在白腐乳的生产过程中，加入了黄酒、白酒及少量香料酿制而成的腐乳。

② 辣味型白腐乳　在白腐乳的生产过程中，添加了辣椒调味料形成的辣味白腐乳。

③ 甜香型白腐乳　在白腐乳的生产过程中，添加了甜味料和果花香料形成的甜食白腐乳，具有明显的果花香气。

④ 香料型白腐乳　在白腐乳的生产过程中，添加了植物香辛料形成的香料味白腐乳，具有香辛料的香气和滋味。

⑤ 咸鲜型白腐乳　在白腐乳的生产过程中，添加了肉类、水产品或食用菌等辅料形成的白腐乳，具有明显的辅料香气及滋味。

(3) 青腐乳　在腐乳后期发酵过程中，以低度食盐水作汤料酿制而成的腐乳。表里颜色基本一致，呈青色，具有刺激性臭味。在酿制过程中因添加不同的调味辅料，使其呈现不同风味特色。

① 普通型青腐乳　在青腐乳的生产过程中，以低度食盐水为汤料酿制而成的腐乳。

② 辣味型青腐乳　在青腐乳的生产过程中，添加了辣椒调味料形成的辣味青腐乳。

(4) 酱腐乳　在腐乳后期发酵过程中，以酱曲（大豆酱曲、蚕豆酱曲、面酱曲）为主要辅料酿制而成的腐乳。表里颜色基本一致，具有自然生成的酱褐色或棕褐色，酱香浓郁、质地细腻。在酿制过程中因添加不同的调味辅料，使其呈现出不同的风味特色。

① 普通型酱腐乳　在酱腐乳的生产过程中，以酱曲为辅料酿制而成的腐乳。

② 辣味型酱腐乳　在酱腐乳的生产过程中，添加了辣椒辅料形成的辣味酱腐乳。

③ 甜香型酱腐乳　在酱腐乳的生产过程中，添加了甜味料和果花香料形成的甜香酱腐乳，具有明显的果花香气。

④ 香料型酱腐乳　在酱腐乳的生产过程中，添加了植物香辛料形成的香料味酱腐乳，具有香辛料的香气和滋味。

⑤ 咸鲜型酱腐乳　在酱腐乳的生产过程中，添加了肉类、水产品或食用菌等辅料形成的酱腐乳，具有明显的辅料香气及滋味。

二、腐乳生产的原辅料

1. 主要原料

(1) 蛋白质原料　大豆的蛋白质和脂肪含量丰富，蛋白质很少变性，是制作腐乳的最佳原料。大豆用压榨法提取油脂后的产物，习惯上统称为豆饼；将生大豆软化轧片后，直接榨油所制出的豆饼叫做冷榨豆饼。成分见表 9-2、表 9-3。

表 9-2　黄豆、豆饼、豆粕的一般成分　　单位：%

种类	水分	蛋白质	粗脂肪	碳水化合物	灰分
黄豆	13.12	38.45	19.29	21.55	4.59
豆饼	12	44～47	6～71	8～21	5～6
豆粕	7～10	46～51	0.5～1.5	19～22	5

表 9-3　大豆及其饼、粕的成分差异　　单位：%

种类	总氮量	水溶性氮	10%盐溶性氮	0.2%氢氧化钠溶性氮	不溶性氮
大豆	100	80	12	5	3
豆饼	100	14	10	55	21
豆粕	100	58	9	22	11

(2) 水　腐乳的生产用水宜用清洁而含矿物质和有机质少的水，城市可用自来水。

(3) 胶凝剂

① 盐卤　是海水制盐后的产品，主要成分是氯化镁，含量为 29%，此外还有硫酸镁、氯化钠、溴化钾等，有苦味，又称为苦卤。原卤的浓度为 25～28°Bé，使用时要适当稀释。新黄豆可用 20°Bé 的盐卤，使用量为黄豆的 5%～7%。

② 石膏　生石膏要避火烘烤 15h，手捻成粉为好。烘烤后石膏为熟石膏，熟石膏碾成粉后，按 1～1.5 倍加入清水，用器具研细，再加入 40℃温水 5 份，搅拌成悬浮液，让其沉淀，去残渣后使用，用量为原料的 2.5%（实际熟石膏用量控制在 0.3%～0.4%范围为佳）。

③ 葡萄糖酸内酯　葡萄糖酸内酯是一种新的凝固剂，特性是不易沉淀，容易和豆浆混合，溶在豆浆中会慢慢转变为葡萄糖酸，使蛋白质酸化凝固。

（4）食盐　腌坯时需要大量食盐，使产品具有适当的咸味，同时给以鲜味。由于其降低产品的水分活度，具有防腐作用。

2. 辅助原料

（1）糯米　一般用糯米制作酒酿，100kg 米可出酒酿 130kg 以上，酒酿糟 28kg 左右。糯米宜选用品质纯、颗粒均匀、质地柔软、产酒率高、残渣少的优质糯米。

（2）酒类

① 黄酒　其特点是性醇和、香气浓、酒精含量低（16%）。在腐乳酿造过程中加入适量的黄酒，可增加香气成分和特殊风味，提高腐乳的档次。

② 酒酿　将糯米蒸熟后，经根霉、酵母菌、细菌等协同作用，经短时间（8d 左右）发酵后，达到要求后上榨弃糟，使卤质沉淀。其特点是糖分高（26°Bx）、酒香浓、酒精含量低（12%），赋予腐乳特有的风味，常用于做糟方。

③ 白酒　腐乳生产中要求使用酒精度在 50% vol 左右白酒。

（3）曲类

① 面曲　面曲也称面糕，是制面酱的半成品，用面粉经米曲霉培养而成。用 36%冷水将面粉搅匀，蒸熟后，趁热将块轧碎，摊晾至 40℃后接种曲种，接种量为面粉的 0.4%，培养 2～3d 即可，晒干后备用。100kg 面粉可制面曲 80kg，每万块腐乳用面曲 7.5～10kg。

② 米曲　用糯米制成，将糯米除去碎粒，用冷水浸泡 24h，沥干蒸熟，用 25～30℃温水冲淋，当达到品温 30℃时，送入曲房，接种 0.1%米曲霉（中科 3.863），使孢子发芽。待温度上升至 35℃时，翻料一次，当品温再上升至 35℃时，过筛分盘，每盘厚度为 1cm。待孢子尚未大量着生，立即通风降温 2d 后即可出曲，晒干后备用。

③ 红曲　是以籼米为主要原料，经红曲霉发酵而成。添加红曲色素（能溶于酒精）可把豆腐乳坯表面染成鲜红色，加快腐乳成熟，常用其做红方（红豆腐）。

（4）甜味剂　腐乳中使用的甜味剂主要是蔗糖、葡萄糖和果糖等。

（5）香辛料　香辛料种类很多，应用最广的有胡椒、花椒、八角、小茴香、桂皮、五香粉、咖喱粉、辣椒、姜等。

三、菌种的培养

1. 试管斜面接种

培养基：饴糖 15g；蛋白胨 1.5g；琼脂 2g；水 100mL；pH 6。

混合分装试管（装量为试管的 1/5），塞上棉塞，包扎后灭菌，摆成斜面，接种毛霉（或根霉），15～20℃（根霉 28～30℃）培养 3d 左右，即为试管菌种。

2. 三角瓶菌种

培养基：麸皮 100g；蛋白胨 1g；水 100mL。

将蛋白胨溶于水中，然后与麸皮拌匀，装入三角瓶中，500mL 三角瓶装 50g 培养料，塞上棉塞，灭菌后趁热摇散，冷却后接入试管菌种一小块，25～28℃培养，2～3d 后长满菌丝，有大量孢子，备用。

灭菌条件：采用高压灭菌锅，0.1MPa 灭菌 45～60min。

四、豆腐坯的制作

1. 工艺流程

豆腐坯制作工艺流程见图 9-1。

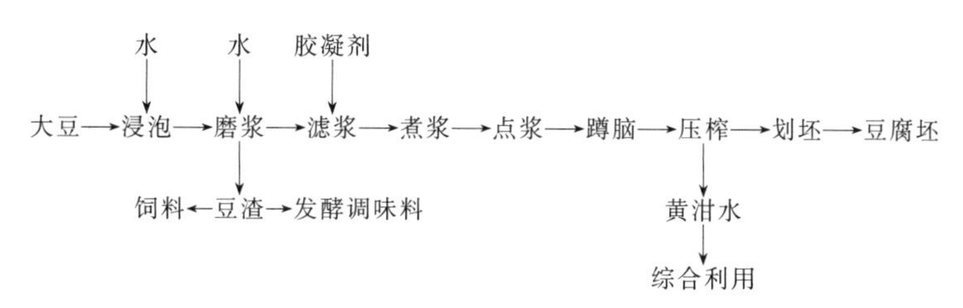

图 9-1 豆腐坯制作工艺流程

2. 工艺要点

(1) 大豆浸泡

① 加水量　泡豆水的用量控制在 1∶2.5 左右，大豆 100kg，水 200～250kg。

② 水质　用软水泡豆，有利于提取大豆蛋白，泡豆时间短。

③ 泡豆时间和水温　根据大豆的性质和季节气温的变化，一般春秋季节水温在 10～15℃，浸泡 8～12h；夏季水温在 30℃，浸泡 6h；冬季水温在 0～5℃，浸泡 12～16h。要求浸泡到豆的两瓣劈开，就可进入下道工序。

④ 泡豆水中加碱　生产中添加碳酸钠的量为干大豆的 0.2%～0.3%，泡豆水的 pH 10～12。

(2) 磨浆

① 磨浆细度　合理的颗粒粒度应在 15μm 左右。

② 磨浆和加水量　在磨浆过程中，加水量控制在 1∶6 左右为宜，1kg 浸泡的大豆加 2.8kg 左右的水，另有部分水用于豆糊分离、豆渣复磨和洗涤豆渣。

(3) 滤浆

① 滤浆是制浆的最后一道工序，目前普遍采用的设备是锥形离心机，转速为 1450r/min。离心机的滤布为孔径 0.15mm（96～102 目）的尼龙绢丝布。

② 腐乳生产用的豆浆浓度应掌握在 7°Bé 左右。对豆浆浓度的要求分为两种，即特大型腐乳的豆浆浓度控制在 6°Bé，小块型腐乳豆浆浓度控制在 8°Bé。

③ 豆浆浓度一定要控制住，磨浆、滤浆时均应控制合理的加水量，最后使每 100kg 大豆出浆 1000kg。

(4) 煮浆　煮浆时要快速煮沸到 100℃，豆浆加热温度应控制在 96～100℃保持 5min。豆浆不能反复烧煮，以免降低豆浆稠度，影响蛋白质凝固。

(5) 点浆与蹲脑

① 豆浆在凝固时应控制 pH 6.6～6.8，目的是尽可能多地使蛋白质凝固，pH 偏高，用酸浆水调节，偏低以 1%氢氧化钠调节。

② 点浆温度一般控制在 75～80℃。特大型（7.2cm×7.2cm×2.4cm）腐乳和中块型（4.1cm×4.1cm×2.4cm）腐乳点浆温度常在 85℃。

③ 浆的盐卤浓度要合适，生产上一般使用的盐卤浓度在 20～24°Bé，小白方腐乳盐卤浓度为 14°Bé。加盐卤时，要与豆浆充分混合，才能均匀凝固。

④ 点浆的方法是将盐卤以细流缓缓流入热浆中，一边滴一边缓缓地搅动豆浆，使容器

内豆浆上下翻动旋转，下卤流量要均匀一致，并注意观察豆花凝聚状态。在即将成脑时搅动适度减慢，至全部形成凝胶状态时，方可停止。然后再把淡卤轻轻地甩在豆腐脑表面上，使豆腐脑表面凝固得更好。

⑤ 点浆结束后，蛋白质之间的联结仍在进行，一般情况下小块型腐乳经 10～15min 的蹲脑静置，这一过程又叫涨浆或养花。对特大型腐乳的蹲脑时间为 7～10min。

(6) 压榨 压榨也叫制坯，点浆完毕，待豆腐脑组织全部下沉后，即可上厢压榨。目前压榨设备有传统的杠杆式木制压榨床、电动液压制坯机等。上厢压榨是制坯的关键，当在预放有四方布的厢内盛足豆腐脑时，将厢外多余的包布向内折叠，将四周包住，包布应松紧一致，上厢完毕，其上放榨板一块，并缓慢加压，防止榨厢倾斜。榨出适量黄泔水后，陆续加大压榨力度，直到黄泔水基本不向外流淌为止。

一般春秋季节豆腐坯水分应控制在 70%～72%，冬季为 71%～73%，小白方水分掌握在 76%～78%，最高可达 80%。

(7) 划坯 划坯是豆腐坯制作的最后工序，压榨结束，揭开包布，将豆腐坯摆正，按品种规格划块。划块有热划、冷划两种，压榨出来的整板豆腐坯温度在 60～70℃，如果趁热划块，则划时要适当放大，冷却后的大小才符合规格；如果冷却划块，就按规格大小划块。划块大小各地区大同小异，上海地区生产通常规格为 4.8cm×4.8cm×1.8cm，称为大红方、大油方、大糟方及大醉方；江苏地区生产规格通常为 4.1cm×4.1cm×1.6cm，称为小红方、小油方、小糟方及小醉方。划块后送入培菌间，分装在培菌设备中发霉，进入前发酵。

五、腐乳的发酵

腐乳的发酵是一个复杂的生化过程，发酵是在贮存过程中进行的，参与该过程的有乳坯上的微生物及其产生的酶、配料上的微生物和它们的酶系。主料和辅料是反应基质，通过生化反应促使腐乳成熟并形成特有风味。毛霉型腐乳发酵工艺为：

前期发酵→后期发酵→装坛（或装瓶）→成品

1. 前期发酵

前期发酵是发霉过程，即豆腐坯培养毛霉的过程，发酵的结果是使豆腐坯长满菌丝，形成柔软、细密而坚韧的皮膜，并积累了大量的蛋白酶，以便在后期发酵中将蛋白质慢慢水解。应掌握毛霉的生长规律，控制好培养温度、湿度及时间等条件。

(1) 接种

① 三角瓶中加入冷开水 400mL，用竹棒将菌丝打碎，充分摇匀，用纱布过滤，滤渣再加 400mL 冷开水洗涤一次，过滤，两次滤液混合，制成孢子悬液。

② 将已划块的豆腐坯摆入笼格或框内，侧面竖立放置，均匀排列，其竖立两块之间需留有一块大的空隙，行间留空（1cm 左右），以便通气散热，调节好温度，有利于毛霉的生长。

③ 用喷枪或喷筒把孢子悬液喷到豆腐坯上，使豆腐坯的前、后、左、右、上五面喷洒均匀。

(2) 培养 培养的室温要求保持在 26℃，在 20h 后才见菌丝生长，可进行第 1 次翻笼（上下笼格调换），以调节上下温差，使生长速度一致；28h 后菌丝已大部分生长成熟，需要第 2 次翻笼；44h 后进行第 3 次翻笼；52h 后菌丝基本长好，开始适当降温；68h 后散开笼格冷却。

青腐乳发霉稍嫩些，当菌丝长成白色棉絮状停止；红腐乳稍老些，呈淡黄色。

（3）腌坯 当菌丝开始变成淡黄色，并有大量灰褐色孢子形成时，即可散笼，开窗通风，降温凉花，停止发霉，促进毛霉产生蛋白酶，8～10h后结束前期发酵，立即搓毛。搓毛要紧紧配合凉花过程，毛霉凉透之后，即可搓毛。搓毛时应将每块连在一起的菌丝搓断，整齐排列在容器内待腌。

① 豆腐坯的摆放 进入腌坯过程，先将相互依连的菌丝分开，并用手抹到时，使其包住豆腐坯，放入大缸中腌制。大缸下面离缸底20cm左右铺一块中间有孔直径约为15cm的圆形木板，将毛坯放在木板上，沿缸壁排至中心，要相互排紧，腌坯时应注意使未长菌丝的一面靠边，不要朝下，防止成品变形。

② 腌坯时间和盐的用量 采用分层加盐法腌坯，用盐量分层加大，最后撒一层盖面盐。每千块坯（4.1cm×4.1cm×1.6cm）春秋季用盐6kg，冬季用盐5.7kg，夏季用盐6.2kg。腌坯时间冬季约7d，春秋季约5d，夏季约2d。腌坯要求NaCl含量在12%～14%，腌坯后3～4d后要压坯，即再加入食盐水，腌过坯面，腌渍时间3～4d左右。腌坯结束后，打开缸底通口，放出盐水放置过夜，使盐坯干燥收缩。

2. 后期发酵

后期发酵是利用豆腐坯上生长的毛霉以及配料中各种微生物作用，使腐乳成熟，形成色、香、味的过程，包括配料与装坛、灌汤、贮藏等工序。

（1）配料与装坛 取出盐坯，将盐水沥干，点数装入坛内，装时不能过紧，以免影响后期发酵，使发酵不完全，中间有夹心。将盐坯依次排列，用手压平，分层加入配料，如少许红曲、面曲、红椒粉，装满后灌入汤料。

配料与装坛是豆腐乳后熟的关键，现以小红方为例，说明腐乳的生产方法。

小红方每万块（4.1cm×4.1cm×1.6cm）用酒精度为15～16% vol的黄酒100kg，面曲1.8kg，红曲4.5kg，糖精15g。一般每坛为280块，每万块可盛36坛。

① 染坯红曲卤配制 红曲4.5kg，面曲1.8kg，黄酒6.25kg，浸泡2～3d，磨碎成浆后再加入黄酒18kg，搅匀备用。

② 装坛红曲卤配制 红曲3kg，面曲1.2kg，黄酒12.5kg，浸泡2～3d后再加入黄酒57.8kg、糖精15g（用热开水溶化），搅匀备用。

③ 红方装坛 将腌制的咸坯放入染色盘，盘内有红卤汤（以黄酒与红曲、面曲混合，使酒精含量12%），块块搓开，要求全面染到，不留白点。染好后装入坛内，然后将装坛红曲卤灌入，至液面超出腐乳约1cm。每坛再按顺序加入面曲150g、荷叶1～2张、食盐150g，最后加封封面烧酒150g。

（2）灌汤 配好的汤料灌入坛内或瓶内，灌料的多少视所需要的品种而定，但不宜过满，以免发酵汤料涌出坛或瓶外。

（3）封口贮藏 封口时，先选好合适的坛盖，坛盖周围撒些食盐，然后水泥浆封口，在水泥上标记品种和生产日期，封口时要严防漏气。水泥浆封口也不可过厚，避免落入水泥浆水于坛内，造成腐乳发霉变酸。装坛灌汤后加盖（建议采用瓷坛，并在坛底加一两片洗净晾干的荷叶，然后在坛口加盖荷叶），再用水泥或猪血拌熟石膏封口。在常温下贮藏，一般需3个月以上，才会达到腐乳应有的品质，青方与白方腐乳因含水量较高，只需1～2个月即可成熟（注意事项：坛子要采用沸水灭菌后，倒扣沥水降至室温才可装坛）。

（4）成品 腐乳贮藏到一定时间，当感官鉴定口感细腻而柔软、理化检验符合标准要求时，即为成熟产品。

六、其他类型腐乳的生产

1. 腌制型腐乳

豆腐坯加水煮沸后，加盐腌制，装坛加入辅料，发酵成腐乳。这种加工法的特点：豆腐坯不经发酵（无前期发酵）直接装坛，进行后发酵，依靠辅料（如面糕曲、红曲米、米酒或黄酒等）进行生化反应而成熟。

（1）工艺流程（图 9-2）

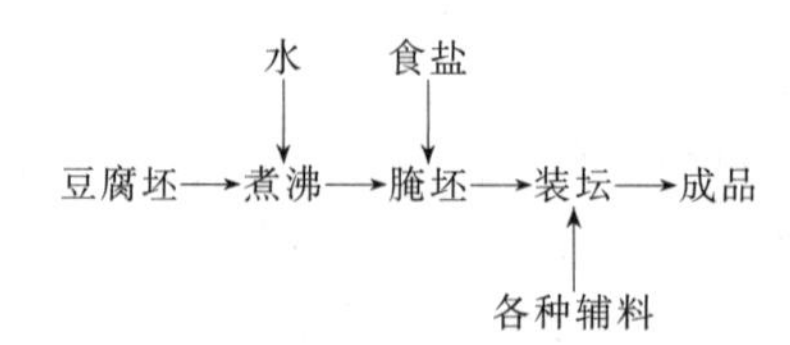

图 9-2　腌制型腐乳生产工艺流程

（2）产品特点　优点：该工艺所需厂房设备少，操作简单。缺点：因蛋白酶源不足，后期发酵时间长，氨基酸含量低，色香味欠佳，产品不够细腻。

2. 细菌型腐乳

细菌型腐乳生产的特点是利用纯细菌接种在腐乳坯上，让其生长繁殖并产生大量的酶。

操作方法是：将豆腐经 48h 腌制，使盐分达 6.8%，再接种嗜盐小球菌发酵。这种方法不能赋予腐乳坯一个好的形体，所以在装坛前须加热烘干至含水量 45%左右，方可进入下道工序。该产品成型性较差，但口味鲜美，为其他产品所不及。

七、腐乳的质量控制

腐乳的质量标准，根据 SB/T 10170—2007《腐乳》及 GB 2712—2014《食品安全国家标准　豆制品》的规定监测。

1. 理化指标

腐乳的理化指标见表 9-4。

表 9-4　腐乳的理化指标

项目		红腐乳	白腐乳	青腐乳	酱腐乳
水分/%	≤	72.0	75.0	75.0	67.0
氨基酸态氮(以氮计)/(g/100g)	≥	0.42	0.35	0.60	0.50
水溶性蛋白质/(g/100g)	≥	3.20	3.20	4.50	5.00
总酸(以乳酸计)/(g/100g)	≤	1.30	1.30	1.30	2.50
食盐(以氯化钠计)/(g/100g)	≥	6.5			

2. 卫生指标

总砷、铅、黄曲霉毒素 B_1、大肠菌群、致病菌、食品添加剂应符合 SB/T 10170—2007 的规定。

项目二 发酵大豆制品的生产

一、豆酱

1. 豆酱的定义

以豆类为原料，经生物发酵酿成的一种半流动状态调味品。

2. 酱的种类

(1) 按原料分类

① 豆酱 豆酱一般有大豆酱、黄豆酱、豆瓣酱、蚕豆酱等。

② 花色酱品 以酱为主料，配以香辛料和芝麻、花生、虾米等原料制成的。

(2) 按含盐量分类

① 咸口酱 含盐≥12%。

② 低钠（减盐）酱 含盐为6%，含盐为一般酱的50%以下。

③ 低盐化酱 比一般酱低20%～30%，含盐为9%～10%。

(3) 按制酱工艺分类

① 曲法制酱 传统制酱法，特点是把原料全部先制曲，然后再经发酵，直至成熟而制成。曲法制酱在生产过程中，由于微生物生长发育的需要，要消耗大量的营养成分，从而降低粮食原料利用率。

② 酶法制酱 先用少量原料为培养基，纯粹培养特定的微生物，利用这些微生物所分泌的酶来制酱。酶法制酱可以简化工艺，提高机械化程度，节约粮食、能源和劳动力，改善食品卫生条件。

3. 曲法制酱生产工艺（以大豆酱为例）

(1) 大豆酱曲法酿制工艺流程（图9-3）

大豆⟶预处理⟶与面粉混合⟶制曲⟶制酱醅⟶保温发酵⟶酱的成熟

图9-3 大豆酱曲法酿制工艺流程

(2) 大豆酱曲法酿制工艺要点

① 原料配比 大豆100kg，标准粉40～60kg。

② 大豆预处理 包括清洗、浸泡和蒸煮。

③ 制曲 大豆蒸熟出锅后，趁热加入面粉与大豆拌和均匀，冷却至40℃，接种种曲0.3%，种曲使用时先与面粉拌和，为了减少豆酱中的麸皮含量，种曲最好用分离出的孢子(曲精)。

注意：由于豆粒较大，水分不易散发，制曲时间需适当延长，待曲菌孢子呈黄绿色时，即可出曲，大豆曲一般需2～3d成熟。

④ 制酱醅 曲水配比为大豆曲100kg，14.50°Bé盐水90kg。具体操作是：将大豆曲放入发酵容器内，扒平曲面稍加压实，使其自然升温，至40℃时，加入60～65℃热盐水，让其逐渐渗入曲内，最后用一层细盐封面，并加盖。

⑤ 保温发酵 大豆曲加入盐水后，酱醅温度即达45℃左右，保温发酵10d。

⑥ 酱的成熟 发酵成熟的酱醅，补加24°Bé盐水及所需细盐，调整酱醅含盐量≥12%，氨基酸态氮≥0.6%，搅匀，在室温下再发酵4～5d，即制得成熟大豆酱。

4. 酶法制酱工艺要点

(1) 酶制剂的制备

① 种曲　采用AS3.951米曲酶。成曲原料配比：豆饼∶玉米粉∶麸皮=3∶4∶3。

② 原料处理　混合原料加入75%的水、2%的碳酸钠（溶解后加入），拌和均匀。蒸料，可采用常压蒸料，也可采用加压蒸料，加压蒸料压力为0.1MPa，时间需20min。熟料出锅后经粉碎、冷却至40℃，接入种曲0.3%～0.4%，混匀制曲。

③ 通风制曲　将接种后混合物料采用通风制曲。保持室温28～30℃，间隙通风，保持料温30～32℃。14～15h后，菌丝已渐成白色，料层开始结块，翻曲降温。继续通风培养至20～22h，此时曲料水分减少较多，及时二次翻曲，补充pH 8～9的水分，使曲料水分达40%～50%。连续培养48h，曲料呈淡黄色即为成熟。成熟曲料要求无干皮、松散、菌丝旺盛，中性蛋白酶活力在5000U/g以上。然后将成品曲干燥，再经粉碎而制成粗酶制剂。

(2) 酒醪的制备　取面粉总量的3%，加水调至20°Bé加入0.2%氯化钙，并调节pH 6.2，加α-淀粉酶0.3%（每克原料加100U），升温至85～95℃液化，液化完毕再升温至100℃灭菌。然后冷却至65℃，加入曲霉麸曲7%，糖化3h降温至30℃，接种酒精酵母5%，常温发酵3d即成酒醪。

(3) 混合制酱醅、发酵　将冷却至50℃以下的熟豆片、熟面粉、盐水、酒醪及酶制剂充分拌和，入水浴发酵池中发酵。前期5d，保持品温45℃；中期5d，保持品温50℃；后期5d，保持品温55℃。发酵期间每天翻酱1次，15d后豆酱成熟。为了使酱香更加良好，可将成熟豆酱再降温后熟1个月。

5. 豆酱的质量标准

依据GB/T 24399—2009《黄豆酱》的感官指标及理化指标分别见表9-5、表9-6。

(1) 感官要求

表9-5　感官要求

项目	要求
色泽	红褐色或棕褐色，有光泽
气味	有酱香和酯香，无不良气味
滋味	味鲜醇厚，咸甜适口，无苦、涩、焦煳及其他异味
体态	稀稠适度，允许有豆瓣颗粒，无异物

(2) 理化指标

表9-6　理化指标

项目		要求
氨基酸态氮(以氮计)/(g/100g)	≥	0.50
水分/(g/100g)	≤	65.0

(3) 铵盐　铵盐（以氮计）的含量不得超过氨基酸态氮（以氮计）含量的30%。

(4) 卫生指标　卫生指标应符合GB 2718—2014《食品安全国家标准　酿造酱》的规定。

二、豆豉

1. 豆豉的定义

豆豉是整粒大豆（或豆瓣）经蒸煮发酵而成的调味品，味道鲜美可口，长期食用有助于开胃增食。

2. 豆豉的种类

（1）以原料划分

① 黑豆豆豉　如江西豆豉、湖南浏阳豆豉、山东临沂豆豉等，均采用本地优质黑豆为原料生产豆豉。

② 黄豆豆豉　如广东阳江豆豉、上海及江苏一带的豆豉等，均采用黄豆生产豆豉。

（2）以状态划分

① 干豆豉　发酵好的豆豉再进行晒干，成品含水量25%～30%。

② 水豆豉　不经晒干的原湿态豆豉，含水量较大，如山东临沂豆豉。

（3）以发酵微生物种类划分

① 毛霉型豆豉　如四川的潼川、永川豆豉，在气温较低（5～10℃）的冬季利用空气或环境中的毛霉进行豆豉的制曲。

② 曲霉型豆豉　上海、武汉、江苏等地生产的豆豉，采用接种沪酿3.042米曲霉进行通风制曲。一般制曲温度26～35℃。

③ 细菌型豆豉　如山东临沂豆豉，将煮熟的黑豆盖上稻草或南瓜叶，使细菌在豆表面繁殖，出现黏质物时，即制曲结束。用细菌制曲的温度较低。

④ 根霉型豆豉　如东南亚一带的印度尼西亚等国广泛食用的一种“摊拍”，就是以大豆为原料，利用根霉制曲发酵的食品，培养温度28～32℃，发酵温度32℃左右。

（4）以口味划分

① 淡豆豉　发酵后的豆豉不加盐腌制，口味较淡，如传统的湖南浏阳豆豉。

② 咸豆豉　发酵后的豆豉在拌料时加入盐水腌制，成品口味较重，大部分豆豉属于这类。

（5）以辅料划分　包括酒豉、姜豉、椒豉、茄豉、瓜豉、酱豉、葱豉、香油豉等。

3. 豆豉的生产工艺

豆豉生产工艺流程见图9-4。

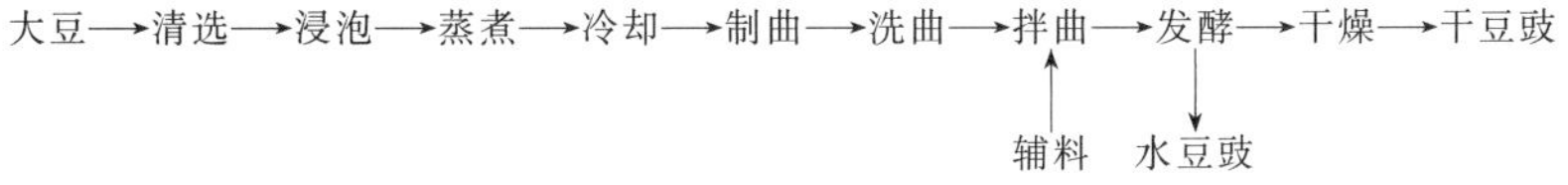

大豆→清选→浸泡→蒸煮→冷却→制曲→洗曲→拌曲→发酵→干燥→干豆豉

（拌曲←辅料；发酵→水豆豉）

图9-4　豆豉生产工艺流程

（1）选料与浸泡　挑选颗粒饱满的新鲜小型豆，然后用2倍清水浸泡，一般冬季5～6h，其余季节3h。大豆浸泡后的含水量在45%左右为宜。

（2）蒸豆　蒸豆的目的是使大豆组织软化，蛋白质适度变性，以利于酶的分解作用。同时蒸豆还可以杀死附于豆上的杂菌，提高制曲的安全性。蒸豆的方法有两种。

① 水煮法　清水煮沸，投豆，再煮2h。

② 汽蒸法　将浸泡好的大豆沥尽水，直接用常压汽蒸2h左右。

（3）制曲　制曲的目的是使蒸熟的豆粒在霉菌的作用下产生相应酶系，为发酵创造条件。一般制曲过程中都要翻曲两次，翻曲时要用力把豆曲抖散，要求每粒都要翻开，不得粘连，以免造成菌丝难以深入豆内生长，致使发酵后成品豆豉硬实、不疏松。

(4) 洗曲 豆豉成曲附着许多孢子和菌丝，若不清洗直接发酵，则产品会带有强烈的苦涩味和霉味，且豆豉晾晒后外观干瘪，色泽暗淡无光。但洗曲时应尽可能降低成曲的脱皮率。豆豉的洗涤方法有两种。

① 人工洗曲 豆曲不宜长时间浸泡在水里，以免含水量增加。成曲洗后应使表面无菌丝，豆身油润，不脱皮。

② 机械洗曲 将豆曲放在铁制圆筒内转动，使豆粒互相摩擦，洗去豆粒表面的曲菌。洗涤后的豆豉，用竹箩盛装，再用清水冲洗 2～3 次即可。

(5) 拌曲 豆曲经洗曲之后即可喷水、加盐、加盖、加香辛料，入坛发酵。拌料后的豆曲含水量达 45%左右为宜。

(6) 发酵与干燥 发酵容器最好采用陶瓷坛，装坛时豆曲要装满，层层压实，用塑料薄膜封口，在一定温度下进行厌氧发酵。在此期间利用微生物所分泌的各种酶，通过一系列复杂的生化反应，形成豆豉特有的色香味。这样发酵成熟的豆豉即为水豆豉，可以直接食用。水豆豉出坛后干燥，水分含量降至 20%左右，即为干豆豉。

4. 豆豉的质量标准

豆豉的感官指标和理化指标分别见表 9-7、表 9-8。

表 9-7 豆豉的感官指标

项目	指标
色泽	黄褐色或黑褐色
香气	具有豆豉特有的香气
滋味	鲜美,咸淡适口,无异味
体态	颗粒状,无杂质

表 9-8 豆豉的理化指标

项目		豆豉	干豆豉
水分/(g/100g)	≤	45.00	20.00
总酸(以乳酸计)/(g/100g)	≤	2.00	30.00
氨基酸态氮(以氮计)/(g/100g)	≥	0.60	1.20
蛋白质/(g/100g)	≥	20.00	35.00
食盐/(g/100g)	≤	12.00	30.00

三、丹贝

1. 丹贝的定义

丹贝是印度尼西亚的传统食品，是大豆经浸泡、脱皮、蒸煮后，接种霉菌，在 37℃下于袋中发酵而成的带菌丝的黏稠状饼块食品。

2. 丹贝生产的相关微生物

发酵过程是由根霉属的霉菌（少孢根霉、匍枝根霉、米根霉和无根根霉）完成的，其中以少孢根霉发酵为最好，能发酵蔗糖，有很强的分解蛋白质和脂肪的能力，能产生某些抗氧化物质，并能产生诱人的风味。

3. 丹贝传统的生产工艺

传统丹贝生产工艺流程见图 9-5。

大豆⟶选豆⟶清洗⟶浸泡⟶脱皮⟶蒸煮⟶接种⟶发酵⟶灌装⟶成品

图 9-5　传统丹贝生产工艺流程

(1) 原料及处理

① 原料的要求　制造丹贝对原料没有特殊要求，但最好选用油脂含量低、蛋白质和糖含量高的大豆。

② 浸泡　一般大豆在冬季浸泡 12h，夏季 6～7h。在气温高于 30℃的季节，为了防止细菌繁殖，在浸泡大豆的水中添加 0.1%左右乳酸或白醋，降低浸泡液 pH 至 5～6，或在浸泡液中添加乳酸菌，使其在浸泡过程中产生乳酸。较低 pH 也适合于少孢根霉生长。

③ 脱皮　大豆的吸水量一般达到大豆质量的 1～2 倍，将吸水后的大豆放在竹篓中，置于流水中强力搅拌，尽量除掉皮。

④ 蒸煮　将脱皮后的大豆放在 100℃水中煮 60min 左右，然后将煮熟的大豆捞起，放在容器中摊开，使表面水分蒸发，同时进行冷却。当熟大豆温度降至 90℃时，拌入 1%的淀粉，并充分混合，使部分淀粉糊化，以促进霉菌发育。

(2) 接种发酵菌

① 方法 1　制备孢子悬液或孢子粉。将少孢根霉接种在斜面培养基上（培养基应含有大豆提取物、硫酸镁、碳酸钙、葡萄糖和琼脂），在 25～28℃下培养 7d 时，增生大量的孢子囊，然后用 2～3mL 无菌水把这些孢子囊从斜面上冲洗下来，制成孢子悬液接种；或把这些孢子从斜面上刮下来，冷冻干燥成孢子粉，用于接种。

② 方法 2　将少孢根霉接种在米粉、细麦麸、米糠等物料上，在 28～32℃下培养 3～7d，然后冷冻干燥制成种曲粉。接种量要视孢子悬液和种曲粉中活孢子数而定，一般情况下 100g 原料约接种孢子 10^6 个。

(3) 发酵

① 发酵容器　传统方式多采用香蕉叶，而现在则多采用打孔的塑料袋（盘）、打孔加盖的金属浅盘、竹筐等，孔径一般为 0.25～0.6mm，孔距为 1.2～1.4mm。小孔的作用是排出丹贝发酵过程蒸发出来的过量水分，同时小孔也是气体扩散的通道。

装好发酵物料的塑料袋或金属浅盘一定要扎口或加盖，否则物料表面的水分会大量蒸发，影响少孢根霉的生长。同时由于物料大面积与空气接触，过量的氧可以使孢子较早形成，致使产品变黑，影响外观。

② 物料厚度　丹贝的发酵袋、盘或其他容器所装物料的厚度一般为 2～3cm，若太薄则占用较多的发酵器具，太厚则造成中间发酵不充分，菌丝因缺氧不能很好地生长，易产生“夹生”现象。

③ 发酵条件　丹贝发酵的最佳温度为 30～33℃，丹贝的发酵时间随发酵温度而定，一般说来，温度高，发酵时间短；温度低，发酵时间长。在 35～38℃下，发酵时间需 15～18h；在 32℃下需 20～22h；在 28℃下需 25～27h；在 25℃下则需 80h，便可酿成长满白色菌丝的饼块丹贝。

4. 丹贝的现代加工工艺

丹贝现代加工工艺流程见图 9-6。

大豆挑选、清洗→热处理 —104℃,10min→ 机械去皮→浸泡（1% 乳酸，pH 4.0～5.0）→沥干→冷却→接种霉菌发酵剂（接种量 0.5%～1%）→装盘或带孔塑料袋中→恒温培养（37℃，RH 75%～85%，20h）→切片→加辅料→油炸→成品

图 9-6 丹贝现代加工工艺流程

四、纳豆

1. 纳豆的定义

纳豆是一种历史悠久的传统大豆发酵食品，是将大豆煮熟后，接种纳豆芽孢杆菌经繁殖发酵后而形成的外表带有一层薄如白霜的纳豆菌的发酵食品。

2. 纳豆生产的相关微生物

纳豆芽孢杆菌是发酵的必需微生物。纳豆芽孢杆菌在分类学上属于枯草芽孢杆菌纳豆菌亚种，为革兰阳性菌，好氧，有芽孢，极易成链。

3. 纳豆的生产工艺

（1）工艺流程（图 9-7）

精选大豆→清洗→浸泡→蒸煮→接种→发酵→后熟→检验→成品纳豆

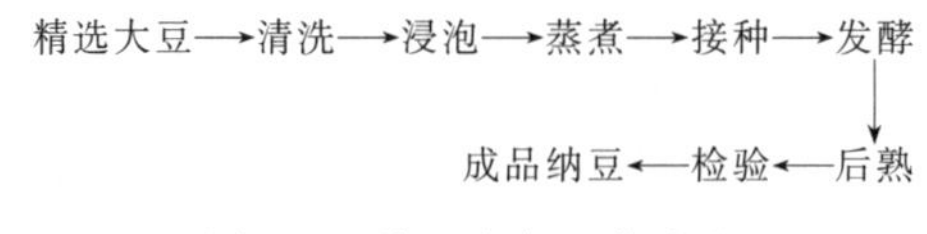

图 9-7 纳豆生产工艺流程

（2）工艺要点

① 将大豆彻底清洗后用 3 倍量的水进行浸泡。浸泡时间是夏天 8～12h，冬天 20h。以大豆吸水量增加 2～2.5 倍为宜。

② 将浸泡好的大豆放进蒸锅内蒸 1.5～2.5h，或用高压锅煮 10～15min。在实验室也可用普通灭菌锅在充分放汽后，121℃高温高压处理 15～20min。以豆子很容易用手捏碎为宜，宜蒸不宜煮，煮的水分含量太多。

③ 在大豆被蒸熟前，在浅盘中铺好锡箔纸，用筷子等尖细物在锡箔上打多个气孔，灭菌备用。搅拌时所用的橡胶手套也要经过灭菌。

④ 大豆蒸熟后，不打开蒸锅的盖子，直接倾去锅内的水。将蒸锅的大豆无菌转移到灭菌盆或罐内，立即盖上盖子，以免杂菌污染。

⑤ 在已灭菌的杯中用 10mL 开水溶解盐（约 0.1%）、糖（约 0.2%）和 0.01%纳豆芽孢杆菌（或市售纳豆发酵剂，可按其说明使用）。如果体积太小，不易均匀喷洒于大豆中，也可用 20～30mL 的水。将混合液喷洒于大豆中搅拌均匀。

⑥ 把接种好的大豆均匀地平铺于灭菌的锡箔纸上，厚约 2～3cm，不宜太厚。将锡箔纸折过来（或用另一种锡箔纸）铺盖于豆层上面，也可在笼屉、高粱秆盖帘等上下可充分透气的盛具上先铺一层绢纱或食品尼龙纱（事先蒸煮灭菌），然后在上面再铺接种的大豆，厚约 2～3cm，上面也盖上一层纱。

⑦ 37～42℃培养 20～24h，也可以在 30℃以上的自然环境中发酵，时间适当延长。当发酵结束后，揭掉锡箔纸或纱时，会看到豆子表面部分发灰折色，室内飘满纳豆的芳香。稍有氨味是正常的，但氨味过于强烈，则可能有杂菌生长。

⑧ 发酵好的纳豆，还要在0℃（或一般冷藏温度）保存近1周进行后熟，便可呈现纳豆特有的黏滞感、拉丝性、香气和口味。要增进纳豆的口味，必须经过后熟。如果冷藏时间过长，产生过多的氨基酸会结晶，从而使纳豆质地有起沙感。因此，纳豆成熟后应该进行分装冷冻保藏。

知识拓展

新型发酵豆制品种类繁多，工艺方面也都有改进，包括发酵豆乳、发酵豆乳冷饮等。

一、富含双歧杆菌的发酵豆乳冰淇淋的生产

利用双歧杆菌、嗜酸乳杆菌、嗜热链球菌，按一定比例接种到调配好的豆浆中，将豆浆发酵成富含活性双歧杆菌的发酵豆乳，以这种发酵豆乳完全取代普通冰淇淋基料中的乳及乳制品，制成富含双歧杆菌活菌的全发酵豆乳冰淇淋。这种冰淇淋口感润滑细腻、酸甜可口，具有双歧杆菌、乳酸菌等多种活菌。

工艺流程如图9-8。

大豆筛选→烘烤→脱皮→浸泡灭酶→热磨浆过滤→调配成发酵浆→高温灭菌→均质→冷却→接种→恒温发酵→发酵豆乳→冰淇淋基料→发酵豆乳冰淇淋

图9-8　发酵豆乳冰淇淋生产工艺流程

二、新型发酵豆乳制品的生产

发酵豆乳生产工艺和发酵酸乳类似，在这里不再详细介绍，下面介绍几种新型的发酵豆乳制品。

1. 果味黑豆酸乳

黑豆含有较丰富的蛋白质、脂肪、维生素以及多种微量元素，营养丰富，有“豆中之王”的美称。但黑豆中含有的糖类大多数都是不能被乳酸菌所利用。糖类是乳酸菌重要的碳源物质，糖对发酵酸乳的风味有着重大的影响，在黑豆浆中添加适量含糖量较高的杧果和菠萝混合果汁共同发酵，可提高乳酸菌利用率，起到营养互补的作用，可使果味黑豆酸乳成为营养均衡的理想食品。

2. 大豆芝麻乳酸菌发酵饮料

使用驯化过的保加利亚乳杆菌和嗜热链球菌为菌种，采用正交实验，确定大豆芝麻乳酸菌发酵饮料的最佳配方和工艺条件。

大豆乳和芝麻乳比例8∶2，蔗糖添加量10%，乳糖用量1.2%，接种量4%，发酵温度43℃，发酵时间16h。

产品口感细腻，酸味可口，风味独特，是营养型发酵饮品。

3. 橙汁酸豆乳

黄豆含营养素十分丰富，黄豆蛋白质含有人体所需的多种氨基酸，不含胆固醇，有助于降血脂。橙汁中含有丰富的维生素C和人体所需的多种矿物质，同时还含有糖分和有机酸。有研究表明，橙汁有助于促进胆固醇降低。

在黄豆浆中添加橙汁的发酵酸豆乳，既具有类似乳酸菌发酵豆乳的浓厚口感，又具有橙汁芳香可口的特别风味，果味突出，而且还能改善豆乳营养价值。

4. 腥大豆中加入银耳浸提液生产酸豆乳

利用银耳浸提液和不含脂肪氧化酶的无腥味大豆加工酸豆乳。结果表明，最佳加工工艺为豆乳中添加10%银耳浸提液、3%蔗糖、15%纯牛乳和25%酸牛乳，在40～42℃下发酵7h。与用普通大豆按常见加工工艺生产比较，原料不用进行脱腥处理，减少能源消耗，降低设备投资及加工成本，蛋白质回收率高。将银耳浸提液与豆乳混合发酵，银耳中所含的多糖类物质有利于乳酸菌生长。发酵产品中风味物质乙醛和丁二酮量增多，又因其黏稠性，可作为稳定剂增加制品的稳定性，防止酸豆乳析水。

复习题

1. 简述腐乳的类型。
2. 腐乳生产中常用到哪些原料？
3. 画出腐乳坯的生产工艺流程图并解释工艺要点。
4. 简述豆酱的生产原料、生产工艺以及质量控制。
5. 简述豆豉的生产原料、生产工艺以及质量控制。
6. 简述丹贝的生产原料、生产工艺以及质量控制。
7. 简述纳豆的生产原料、生产工艺以及质量控制。
8. 简述新型发酵豆制品的生产原料、生产工艺以及质量控制。

实训八　豆腐乳生产工艺研究

【实训目的】

了解豆腐乳发酵的原理，学习制作的基本技术。

【实训原理】

豆腐乳，又名腐乳，是我国的传统发酵食品。它是以大豆为原料，先加工成豆腐，再在豆腐坯上接种菌种使之长霉，经腌坯、发酵而成。其生化作用是利用霉菌（主要是毛霉属）分泌的蛋白酶、淀粉酶、脂肪酶、肽酶等多种酶系及后发酵中带进的其他微生物产生的酶类，使原料酶解并发生复杂的生化反应，从而形成多种氨基酸、糖、醇类及芳香酯等化合物。成品营养丰富，质地细腻柔糯，为风味独特的佐餐品。

【实训材料】

五通桥毛霉（编号AS3.25）斜面菌种。豆腐块斜面培养基，豆腐，蒸锅，烧杯，试管，天平，恒温培养箱，腌缸，小刀，木盘，手持喷雾器，食醋，接种环，接种钩，发酵罐（罐头瓶）等。

【实训步骤】

1. 菌种复壮

取豆腐块斜面培养基，用接种钩以无菌操作法挑取毛霉斜面菌种少许于豆腐块培养基上，置20～22℃下培养4d，待斜面上菌丝充分生长，孢子囊已形成并丰盛时即成，4℃冰箱保存，备用。

2. 孢子悬浮液制备

取经复壮的毛霉菌种，于菌种试管中加入数毫升无菌水或冷开水，用接种环充分刮洗斜面菌苔即得浓菌液，倒入一干净烧杯中，再加入无菌水稀释至100mL，备用。

3. 豆腐处理

称豆腐2500g，分割成5～6大块，置常压笼篦上蒸至上汽15min左右，离火冷却。

4. 酸化与接种

经杀菌已冷却到20℃左右的豆腐，用小刀划为3.5cm×3.5cm×1.5cm的豆腐坯，分层均匀排布放入笼格或木盘中，坯块侧面竖立，四周留空，间隔1.5cm左右，便于菌丝生长及通风散热；另取稀释1倍的食醋50mL（需加热消毒），装入喷雾器进行坯块的喷雾酸化，再以毛霉的孢子悬浮液作喷雾接种，使菌液均匀洒在坯块上，加笼盖或扣盘、保温、保湿、保洁。

5. 培养

笼格或木盘于18～22℃温度下培养。约于22～26h，可见菌丝生长；48～72h，菌丝茂密。需注意通风散温（重叠笼格需上下倒笼调温），防高温烧坯而变质。培养5d左右，菌丝老化，有大量露珠出现并略有氨味即达成熟，前发酵完成。

6. 搓毛与腌坯

分开毛坯，抹倒菌丝，使坯块形成皮膜状包衣，利于成型。取具假底腌缸，将毛坯逐块紧排放于假底上，使刀口（未长菌一面）朝缸边，由缸壁周围向中心排放，分层加盐（逐层增加盐量的方法），面层应再撒一层。2.5kg豆腐用盐量为0.3～0.5kg，要求腌坯含盐量为16%左右，腌3～4d后，补加少量稀盐水，使盐卤水超过坯面，腌坯时间约8～13d（依季节而定）。于拌料装缸前，放掉盐卤水，使腌坯干燥收缩。

7. 配料装坛（瓶）

后发酵关键在于配料，以食用者嗜好与品种而定。

逐块取出腌坯，点数排布入坛，分别加入配好的汤料，并超过坯面约1cm，严封坛（瓶）口，置常温下经4～6个月成熟，即完成后发酵。

配料参考（以2.5kg豆腐计）：黄酒，750～1000g；精盐，100～150g；花椒粉，25～50g；辣椒面，50～100g；姜末，适量。

此外，尚可配以葡萄酒、醪糟汁、玫瑰汁、橘皮汁、面酱、红曲等，制成不同品种、不同风味的产品。

【实训报告】

列出豆腐乳发酵的工艺流程，指明生产中的关键步骤，并说明其道理。

【实训思考】

1. 什么是豆腐乳的前发酵与后发酵？
2. 毛霉型豆腐乳与根霉型豆腐乳在菌种生理特性上有什么主要区别？
3. 形成豆腐乳色、香、味、体四特色的原理是什么？

模块十　发酵乳制品生产技术

学习目标

1. 了解并掌握发酵乳制品的种类及营养特点。
2. 掌握乳制品发酵剂的概念、种类和制备方法，熟悉酸乳的生产工艺。
3. 了解干酪的概念及种类。
4. 掌握发酵乳制品生产的质量标准及质量控制。

必备知识

发酵乳制品，系指以牛乳、羊乳、浓缩乳、乳粉与食品添加剂为原料，经杀菌或灭菌、降温、加特定的乳酸菌或酵母菌的发酵剂，再经均质（或不均质）、恒温发酵、冷却（或干燥）或凝冻、包装等工序制成的产品。

一、发酵乳制品生产的现状与发展趋势

发酵乳起源于巴尔干半岛和中东地区，早在几千年前就发现了通过发酵可以延长鲜乳保存期的方法。20 世纪中叶以来，西欧一些国家开始大量生产发酵乳，其中酸乳已成为国际上广泛食用的发酵乳。

发酵乳制品发展有以下几种趋势。

① 生产多种具有良好感官特性的发酵乳，在不久的将来，保健性会变得更加重要；

② 生产发酵乳时要选择能在牛乳中生长良好的、与胃肠微生物菌丛相互作用并产生良好代谢的微生物菌株；

③ 对免疫系统的影响和癌症的预防是进一步探索的科研领域；

④ 微生物的遗传工程和基因技术将应用在新型发酵乳中；

⑤ 在维持和改进传统产品的基础上，发展新产品。

二、发酵乳制品的种类、风味物质及营养价值

1. 发酵乳制品的种类

目前，根据发酵乳制品的物理特性和其他特性，其产品种类主要有发酵乳、干酪、乳酸

菌制剂和酸乳粉4大类，其中以发酵乳和干酪生产量最大。

（1）发酵乳　是酸乳、酸牛乳酒、马奶酒、晒干羊乳凝块、发酵酪乳和发酵稀奶油等产品的总称。

国际乳品协会专家组在1967年国际乳品联盟年会上对发酵乳定义为：所谓发酵乳系指以乳（全乳、部分脱脂乳、全脱脂乳、浓缩乳、还原乳、稀奶油）为原料，经均质（或不均质）、杀菌（或灭菌）后，加特定的微生物发酵剂而制成的一大类产品。

（2）干酪　是另一大类发酵乳制品，其占世界发酵食品产量的1/4，是目前消费量仅次于酒类的一种发酵产品。

干酪大体上分为3类：天然干酪、再制干酪和干酪食品。其中以天然干酪最多。

（3）乳酸菌制剂　是将乳酸菌培养后，加入适量的脱脂乳粉或脱脂炼乳，经混合后喷雾干燥制成粉末，再与适量的灭菌淀粉、乳糖混合后压片或制丸，制成带有活菌的制品。

（4）酸乳粉　是利用各种乳酸菌经过培养发酵制成各种酸乳制品，然后经过适当方法而制成粉状的一种产品。它可以改善婴儿长期饮用普通乳粉而引起的乳酸菌缺乏症状。

2. 发酵乳制品的风味物质

发酵乳制品中的风味物质千差万别，种类繁多，且并不是每种风味物质都对发酵乳制品的风味起决定性作用，这是因为各成分的含量不同，只有在其浓度超过阈值时才能被察觉并产生风味。

发酵乳制品中风味物质的来源大体有三种主要途径：原料中成分、加工过程中变化及微生物代谢。按其结构可分为酸类、羰基化合物、酯类、醇类、芳香族化合物、杂环化合物、硫化物七类。

3. 发酵乳制品的营养和功能

发酵乳制品具有生理价值极佳的蛋白质和矿物质，更易于吸收；有助于维持肠道菌群平衡、缓解乳糖不耐受、抗肿瘤、降低胆固醇、控制内毒素，延缓机体衰老；可促进身体健康，提高人的身体素质。

三、发酵乳制品生产的基本原理

1. 酸乳生产的基本原理

原料乳中的乳糖发酵后使乳的酸度升高，乳蛋白凝集形成凝乳，即得到酸乳产品。

（1）乳酸的产生　乳酸在酸乳加工过程中是非常重要的，它使酪蛋白不稳定，即使酪蛋白胶体中的溶胶性钙-磷酸盐配合物转变为溶解性钙/磷酸盐成分，这些成分逐步扩散至水中，随着胶体中钙的耗尽，使酪蛋白在pH 4.6～4.7时凝固，形成酸乳。乳酸的另一作用是使酸乳具有特征性的风味（敏感的酸味），且使产品具有芳香味。

嗜热链球菌和保加利亚乳杆菌对乳糖的催化反应产生乳酸如下：

$$\underset{\text{乳糖}}{C_{12}H_{22}O_{11}} + \underset{\text{水}}{H_2O} \longrightarrow \underset{\text{乳酸}}{4C_3H_6O_3}$$

（2）风味物质的产生　风味物质主要由发酵剂产生。一般认为酸乳风味主要源于乳酸和羰基化合物，芳香味由羰基化合物的量和比例决定。

（3）其他变化　除上述变化外，成分还发生以下变化：①柠檬酸含量下降；②马尿酸含量下降；③醋酸、琥珀酸含量上升。此外，还有酸乳维生素的变化。

2. 干酪生产的基本原理

干酪是以乳与乳制品为原料，通过添加乳酸菌发酵剂和凝乳酶，使乳中的蛋白质凝固，排除乳清，再经一定时间成熟而制成的一种发酵乳制品。其主要成分有水、脂肪和蛋白质，并含有少量无机盐、乳糖和维生素。蛋白质在干酪中经凝乳酶、蛋白酶以及微生物酶的作用逐渐降解成胨、大肽、小肽、氨基酸以及其他有机或无机化合物等小分子物质，其中的一些小肽和氨基酸是特定风味物质的前体，或直接形成干酪的风味。脂肪在脂肪酶作用下水解成脂肪酸、醛类、醇类等一系列化合物，同时随着水分的不断挥发，形成干酪特有的质地和硬度。凝乳酶是干酪制造过程中起凝乳作用的关键性酶，同时凝乳酶对干酪的质构形成及干酪特有风味的形成有非常重要的作用。

四、发酵乳制品生产中的微生物

生产酸乳制品或乳酸菌制剂前，必须根据生产需要预先制备各种发酵剂。所谓发酵剂是指制造发酵乳制品所用的特定的微生物培养物。

1. 酸乳生产中的微生物

在传统的酸乳中包含乳杆菌属和链球菌属中大部分的乳酸菌，如嗜酸乳杆菌、德氏乳杆菌乳酸亚种和瑞士乳杆菌等。这些乳酸菌的亲缘关系非常接近，只有通过全面的生化试验才有可能将它们准确地区分开来。

在酸乳的生产中常使用的是保加利亚乳杆菌与嗜热链球菌的混合物作为发酵剂。二者有很好的共生关系，保加利亚乳杆菌能为嗜热链球菌提供氨基酸，而嗜热链球菌可产生甲酸、丙酮酸刺激保加利亚乳杆菌生长。

2. 干酪生产中的微生物

用于生产干酪的乳酸菌发酵剂随干酪种类而异，分为细菌发酵剂和霉菌发酵剂。

（1）细菌发酵剂 链球菌中主要有乳脂链球菌、乳链球菌以及耐较高温度的嗜热链球菌；明串珠菌中主要有可产风味物质的凝胶明串珠菌和葡聚糖明串珠菌；杆菌中应用干酪的保加利亚乳杆菌等。

（2）霉菌发酵剂 主要是对脂肪分解能力强的娄地青霉等。

某些酵母，如解脂假丝酵母等也有使用。

3. 有害的微生物

（1）酸乳中有害的微生物 引起酸乳制品变质的微生物类群主要是酵母菌和霉菌。这是因为酸乳本身具有很强的酸性，而且在酸乳发酵过程中还会产生多种抗菌物质，这些都不利于一般致病菌（如大肠菌群、沙门菌）的生长。受厌氧型酵母菌污染的酸乳产品会发生“鼓盖”现象；好氧型酵母的污染，通常会在酸乳产品的表面形成斑块，即菌落，从而使产品腐败。霉菌污染的危害主要是霉菌代谢产生的霉菌毒素（其毒性随霉菌种类而异），可引起急性中毒。

（2）干酪中有害的微生物 在制造干酪的过程中易受一些微生物污染，例如大肠菌群、丁酸菌、丙酸菌、酵母菌、霉菌及噬菌体，并引起干酪的腐败变质。

项目一　酸乳和酸乳饮料的生产

一、酸乳的分类

通常根据成品的组织状态、口味、原料中乳脂肪含量和加工工艺等进行分类。

① 按成品的组织状态分类，可分为凝固型酸乳、搅拌型酸乳。

② 按成品口味分类，可分为天然纯酸乳、加糖酸乳、调味酸乳、果料酸乳、复合型或营养健康型酸乳。

③ 按原料中脂肪含量分类，可分为全脂酸乳、部分脱脂酸乳、脱脂酸乳。

④ 按发酵后的加工工艺分类，可分为浓缩酸乳、冷冻酸乳、充气酸乳、酸乳粉。

二、酸乳发酵剂

1. 酸乳发酵剂分类

发酵剂是一种能够促进乳的酸化过程，含有高浓度乳酸菌的产品。对于酸乳生产来说，质量优良的发酵剂制备是不可缺少的。

乳品厂使用的发酵剂大致分为三类，即混合发酵剂、单一发酵剂和补充发酵剂。

(1) 混合发酵剂 这一类型的发酵剂是保加利亚乳杆菌和嗜热链球菌按 1∶1 或 1∶2 比例混合的酸乳发酵剂，且两种菌比例的改变越小越好。

(2) 单一发酵剂 这一类型的发酵剂一般是将每一种菌株单独活化，生产时再将各菌株混合在一起。

(3) 补充发酵剂 为了增加酸乳的黏稠度、风味或增强产品的营养，选择一些具有特殊功能的菌种，单独培养或混合培养后加入乳中。例如：产黏菌、嗜酸乳杆菌、嗜热链球菌丁二酮产香菌株、干酪乳杆菌、双歧杆菌等。

2. 发酵剂的制备方法

(1) 菌种的活化及培养 从菌种保存部门取用的发酵剂纯培养物，需要经过反复接种，以恢复其活性。根据所采用的菌种的特性，需要经过反复接种、活化，然后再扩大培养母发酵制剂。现将工业生产常用的培养方法及过程说明如下。

① 斜面保存培养基 乳酸细菌（MRS）培养基，pH 6.7～7.0，常压灭菌 30min。

② 斜面传代培养基

a. 脱脂乳粉 100g 溶于 1000mL 蒸馏水中，121℃灭菌 10min。

b. 25～30g 琼脂及 2.5g 酵母膏加入 300mL 蒸馏水中，煮沸溶解，于 121℃灭菌 20min。

趁热将 a 与 b 以无菌方式混合均匀，制成斜面。

③ 试管培养基 脱脂乳粉 120g 溶于 1000mL 蒸馏水中于 95℃保持 20min，间歇灭菌 3 次。

④ 三角瓶培养基 与试管培养基比例相同，只是将蒸馏水改为自来水。

(2) 母发酵剂的制备 取新鲜脱脂乳 100～300mL，同样两份装入预先经干热灭菌（150℃，1～2h）的母发酵剂容器中，120℃高压灭菌 15～20min，或 100℃间歇灭菌 30min，然后迅速冷却至 25～30℃，用灭菌吸管吸取适量的纯培养物进行接种，并置于恒温箱中按所需的条件进行培养，待凝固后再接种于另外的灭菌脱脂乳中。如此反复接种 2～3 次，使发酵剂保持一定的活性，用于制备生产发酵剂。

(3) 生产发酵剂的制备 取实际生产量 1%～2%的脱脂乳，装入经灭菌的生产发酵剂容器中，90℃杀菌 30～60min 后，冷却至 25℃左右，然后以无菌操作添加母发酵剂，添加量为生产发酵剂用脱脂乳量的 1%～3%，加入后经充分搅拌，使之均匀混合，然后在所需的温度条件下保温。达到所需酸度后，即可取出冷藏贮存。

在制备生产发酵剂时，为了使菌种的生活环境不致急剧变化，生产发酵剂的培养基最好与成品的原料相同。

三、酸乳的加工

酸乳的加工工艺流程如图 10-1 所示。

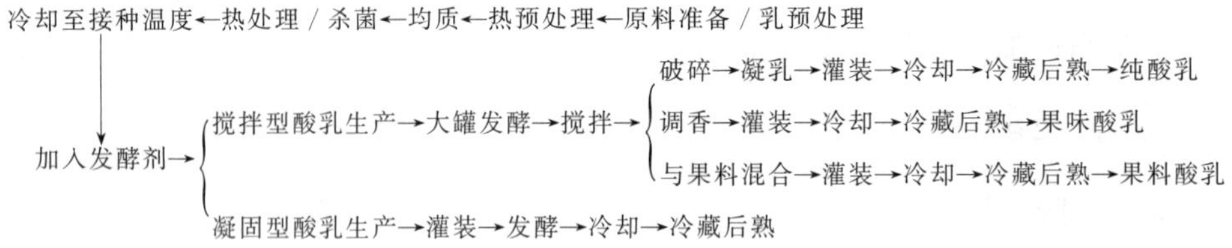

冷却至接种温度←热处理／杀菌←均质←热预处理←原料准备／乳预处理

↓

加入发酵剂→

- 搅拌型酸乳生产→大罐发酵→搅拌→
  - 破碎→凝乳→灌装→冷却→冷藏后熟→纯酸乳
  - 调香→灌装→冷却→冷藏后熟→果味酸乳
  - 与果料混合→灌装→冷却→冷藏后熟→果料酸乳
- 凝固型酸乳生产→灌装→发酵→冷却→冷藏后熟

图 10-1　酸乳加工工艺流程

1. 原料准备

酸牛乳的配合可使用全脂牛乳，也可用各种配合原料。生产中对原料要求严格。原料乳必须新鲜，酸度不超过 18°T，脂肪含量在 3.2％以上，非脂乳固体含量在 8.5％以上，脱脂乳的非脂乳固体应在 8.3％以上。对原料乳要定期进行抗生素的检查。常规检查采用酒精试验，要求用 68％中性酒精试验而不凝固。使用明胶、琼脂等作稳定剂，用量为 0.3％～0.5％。

2. 均质

在发酵过程中及最后的贮藏和运输过程中都必须防止脂肪分离，这一点对脂肪含量相对较高的产品尤为重要。另外，对于凝固型酸乳的生产也特别重要，因为凝固型酸乳不再进行搅拌。

生产中，牛乳的最佳均质方法为二次均质，均质压力选择为：第一次均质 20～25MPa，温度为 60～70℃；第二次均质 25～30MPa，温度为 60～70℃。

3. 热处理／杀菌

牛乳的最佳预热温度和时间一般应选择 80～85℃，15～30min；或 90～95℃，5～10min。

4. 冷却

经过热处理后的牛乳，需要冷却到一个适宜的接种温度。通常在板式换热器的热回收段里完成冷却；也有在间歇的贮罐或搅乳器里制作酸乳，允许通过冷水夹套或贮罐冷却（有效的水浴）。考虑到接种罐罐壁的温度、冷发酵剂的加入和潜热的影响，测得的冷却段的实际温度很可能会比所需要的高 1～2℃，这主要取决于容量、搅拌方式、输送距离等。

5. 添加发酵剂

冷却之后，加入已制备好的生产发酵剂。接种量为 1％～3％。混合发酵剂菌种配合使用比例有下列两种：①保加利亚乳酸杆菌∶嗜热乳酸链球菌＝1∶1；②保加利亚乳酸杆菌∶乳酸链球菌＝1∶2。

6. 发酵

在现代的自动化工厂里，搅拌型和凝固型酸乳都是连续化生产的。在搅拌型和液态/饮用型酸乳的生产中，大罐培养是在热水夹套式的大培养罐内完成的（比如 5000～10000L）。至于凝固型酸乳则是在零售容器中进行发酵的，其培养温度取决于所用的发酵剂微生物和计划培养的时间。零售容器中凝固型酸乳的发酵一般是在热风培养室内进行的。

酸乳发酵时间随发酵剂而异，通常采用保加利亚乳杆菌和嗜热链球菌作为混合发酵剂，在 45～46℃下发酵约 4h；若采用保加利亚乳杆菌和链球杆菌混合发酵剂，需在 33℃下发酵 10h 左右。发酵室温度应保持恒定，室内可装有通蒸汽的风机进行温度调节控制。发酵过程中，由于乳酸菌的生长产生酸味，酪蛋白凝聚成凝块。

7. 搅拌

在搅拌型和液态/饮用型酸乳生产中采用这一过程，且在破坏热凝乳的凝胶结构和乳清蛋白的结合中是必不可少的。缓慢搅拌（2～4r/min）5～10min，通常可获得均匀的混合物。搅拌也具有抑制发酵剂活性和降低产酸速度的作用。

8. 二次冷却

一般在发酵酸乳达到理想的酸度后直接进行冷却。这一理想酸度取决于酸乳的类型、冷却方法、排空发酵罐所需的时间和所要求的最终酸度，一般在 pH 4.5～4.6。

9. 冷藏

酸乳发酵后的成品因为没有经过任何形式的热处理（如巴氏杀菌、高温短时杀菌或超高温灭菌），因此在到达消费者手中之前都必须冷藏，包括大部分货架期在 15～21d 的酸乳也需要冷藏销售。

前发酵结束的酸乳，应立即移到 0～5℃的冷库进行冷却保存。由于酸乳本身温度不能马上降至 4～6℃，所以仍有一个继续发酵的过程，这是以产生芳香味为主的阶段，称为后发酵阶段。当后发酵完成后，制品仍冷藏于 0～5℃的冷库中等待出厂。此时的酸度达到 80.0～120.0°T。

四、酸乳饮料的生产

酸乳饮料分为配制型酸乳饮料和发酵型酸乳饮料两种。配制型酸乳饮料是以鲜乳、乳粉为原料，加入水、糖液、酸味剂等调制而成的产品。这里主要介绍发酵型酸乳饮料。

发酵型酸乳饮料，指脱脂乳经乳酸菌或酵母菌发酵后制成的饮料。按照浓度可分为浓缩型酸乳饮料和稀释型酸乳饮料。稀释型酸乳饮料按其是否含有活性乳酸菌，又可分为活菌型酸乳饮料和杀菌型酸乳饮料。我国目前市面上销售量最大的为杀菌型酸乳饮料。

酸乳饮料的生产工艺流程见图 10-2。

工作发酵剂（→接种）；杀菌←溶解←砂糖、稳定剂、酸味剂（→均质）

脱脂乳→加热杀菌→冷却→接种→发酵→冷却→均质→杀菌→冷却→灌装→二次杀菌

图 10-2 酸乳饮料的生产工艺流程

按此工艺流程生产的为杀菌型酸乳饮料。活菌型酸乳饮料无需最后二次杀菌步骤，但对加工过程中工艺控制要求高，且必须无菌灌装，并且销售过程中需冷藏销售。

项目二 酸牛奶酒和酸马奶酒的生产

酿制奶酒以兽乳或畜乳为原材料，比较珍贵，富有营养。在按原料划分的各类酒中，马奶酒、牛奶酒、驴奶酒和骆驼奶酒等，是具有独特风格的品种。

牛奶酒也称酸牛奶酒，是一种以牛乳为原料，通过酵母和乳酸菌发酵后，制成的含乙醇的酸乳饮料。特点是含碳酸较多，呈发泡状，牛乳味、低度的酒味与酵母的酸味糅合在一起，风味比较独特。

马奶酒又称马奶子酒、马酒或酸马奶酒，是以马乳为原料，通过乳酸发酵和酒精发酵而制成。传统的酿造方法还常加一块马肉，以促使发酵。

一、酸牛奶酒的生产

酸牛奶酒为一种利用牛乳、乳酸、酵母发酵而制成的产品。在酸牛奶酒中，乙醇是由开菲尔酵母和开菲尔圆酵母产生的，其酒精含量可达1%。

1. 生产工艺流程

酸牛奶酒的生产工艺流程如图10-3所示。

母发酵剂←开菲尔粒
↓　　　　↑
过滤——→洗涤
↓
工作发酵剂
↓
原料乳→杀菌→均质→热处理→冷却→接种→培养→成熟→包装

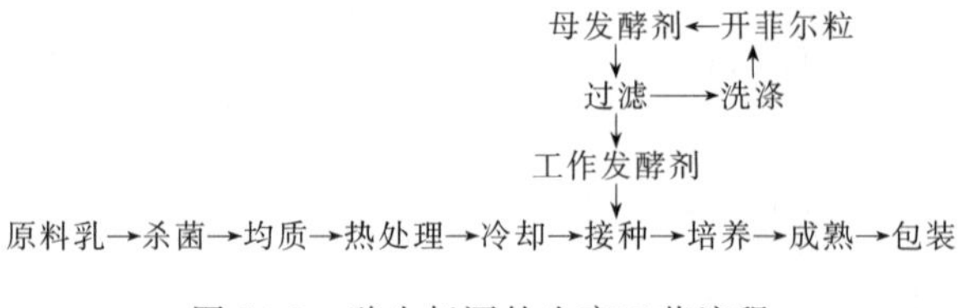

图10-3　酸牛奶酒的生产工艺流程

2. 开菲尔粒

生产中使用的开菲尔粒是由数种乳酸菌和酵母菌组成的小如绿豆、大如小指头、形状不规则、淡黄色而有弹性的混合菌块。菌块内的乳酸菌在菌体外蓄积黏性多糖，作为菌块的支撑体，其他构成菌则附着在其上。

在牛乳中进行继代培养时，开菲尔粒以一定的速率增殖，但各个菌块菌相平衡继续保持不变。

开菲尔粒是以乳酸菌和酵母菌为基础的小生态系。不同地区、不同培养时期的天然开菲尔粒，其构成菌未必很固定，其菌群可能有多种组合。其中的乳酸菌主要有乳酸链球菌、乳酸杆菌乳链球菌二乙酰亚种、肠膜明串珠菌、嗜热乳杆菌、嗜酸乳杆菌、干酪乳杆菌等，酵母菌则有开菲尔圆酵母、酿酒酵母、假丝酵母和乳酸酵母，此外，还有醋酸细菌、枯草杆菌、开菲尔杆菌等多种微生物。

3. 工艺要点

生产牛奶酒原料乳要求同酸乳一致，原料乳必须标准化至非脂乳固体超过8.0%，且应在12.5～17.5MPa压力下均质，采用85～87℃、5～10min，或90～95℃、2～3min进行热处理，并冷却至22～25℃，接种工作发酵剂2%～3%，在此温度下发酵8～12h，至酸度达90～100°T，并在8～12h缓慢冷却并成熟，产品需贮藏在8℃条件下。

二、酸马奶酒的生产

酸马奶酒中，乙醇是由圆酵母产生的，其酒精含量一般为0.1%～1.0%。

1. 工艺流程

酸马奶酒的生产工艺流程如图10-4所示。

发酵剂
↓
马乳→杀菌→冷却→发酵→灌装至瓶中→成熟→封盖→冷藏

图10-4　酸马奶酒的生产工艺流程

2. 工艺要点

马奶酒的发酵剂由乳糖发酵性酵母及乳酸菌组成。发酵剂在25～26℃下经10～12h发酵后，冷却到6～8℃作为工作发酵剂。发酸剂的酸度为140～150°T。鲜马乳或经巴氏杀菌马乳在31～35℃接种上述一定量的工作发酵剂，接种后乳的酸度为83°T左右，温度为25～26℃，搅拌10～15min，然后在前1h的发酵过程中，搅拌3～4次，每次1～2min，2～3h后搅拌30～60min，直到产品产生良好的风味。马奶酒灌装到瓶中，经一段时间成熟，使其进行酒精发酵和气体形成，然后再封盖，包装后的瓶放于冷库中终止乳酸发酵。

项目三　干酪的制造

干酪是指在乳（牛乳、羊乳及其脱脂乳、稀奶油等）中加入适量的乳酸菌发酵剂和凝乳酶，乳蛋白（主要是酪蛋白）凝固后排除乳清，并将凝块压成所需形状而制成的产品。制成后未经发酵成熟的产品称为新鲜干酪；经长时间发酵成熟而制成的产品，称为成熟干酪。国际上将这两种干酪统称为天然干酪。

一、干酪的分类

按干酪的成分和组成可分为表10-1所示类型。

表10-1　干酪按成分和组成分类

干酪类型	无脂成分中的水分/%	干基脂肪含量/%	特点
超硬	＜51	＞60	高脂型
硬质	49～55	45～60	全脂型
半硬	53～63	25～45	半脂型
半软	61～68	10～25	低脂型
软质	＞61	＞10	脱脂型

二、发酵剂与凝乳酶

干酪制作使用微生物的目的是在凝乳过程中促进产酸，酸的产生促进了加热时凝乳的收缩，且借助胶体的脱水作用促进了水分的排出，同时也赋予干酪不同的质构和风味。

1. 发酵剂

（1）发酵剂种类　干酪发酵剂就是指专门培养的用于制作干酪所用的微生物菌种。发酵剂主要有两个作用：产酸和促进干酪成熟。它分为细菌发酵剂和霉菌发酵剂两大类。

（2）发酵剂的繁殖　发酵剂繁殖的传统方法是从实验室开始的，第一步以4～8个冷冻干燥或液体培养物作为初始发酵剂，通常选择2～4个实验室发酵剂准备用于培养。液体形式的发酵物称之为“母”发酵剂，用产酸活性测试其产酸能力。产酸活性是指22～30℃培养4h在乳中产生酸的能力，30℃应介于0.35%～0.45%。第二步测其37℃的生产性，以决定其生长的临界温度。第三步应测试其对噬菌体的耐受性。

2. 凝乳酶

凝乳酶在干酪生产中的最主要作用是使牛乳凝固，为排出乳清提供条件，而凝乳酶本身对于干酪成熟过程中风味成分的产生也起着很重要的作用。除了几种类型的新鲜干酪是通过乳酸来凝固，其他所有干酪的生产全是依靠凝乳酶或类似酶的反应而形成凝块。在传统干酪生产中将来源于犊牛皱胃（第四胃）的皱胃酶用作凝乳酶。目前凝乳酶的种类包括：动物性凝乳酶，来源于牛胃、猪胃和羊胃；植物性凝乳酶，来源于无花果树液和菠萝果实；微生物凝乳酶，来源于霉菌和酵母菌。

随着生物工程技术的开发和应用，人类已能将控制犊牛皱胃酶合成的DNA在微生物细胞中得以表达，即用微生物来合成皱胃酶获得成功，并得到美国食品和药物管理局（FDA）的认定和批准。美国公司生产的生物合成皱胃酶制剂已在美国、瑞士、英国、澳大利亚等国广泛应用。

三、干酪的生产工艺

在干酪生产的最初阶段，牛乳在酸或凝乳酶的作用下形成凝胶，凝胶形成后对凝乳的处理决定了干酪的特性。干酪生产的基本工艺流程如图10-5所示。

原料→标准化→杀菌→冷却→添加发酵剂→调整酸度→加氯化钙→加色素→加凝乳酶
↓
成品←上色挂蜡←成熟←盐渍←成型压榨←乳清排出←加温←搅拌←凝块切割

图10-5 干酪生产的工艺流程

在实际生产中，最初阶段都是相同的，但盐渍、成型、成熟工序会依干酪类型的不同有很大差异。主要的工艺要求如下。

1. 原料乳的预处理

原料乳的预处理主要包括净乳、标准化和原料杀菌三个步骤。实际生产中，多采用60℃，30min或71～75℃，15min。为确保杀菌效果，防止丁酸发酵，生产中常添加适量的硝酸盐或过氧化氢。对硝酸盐的添加量应特别注意，太多时能抑制正常发酵，还会影响成熟速度、色泽及风味。

2. 添加发酵剂和预酸化

原料乳经杀菌后，直接泵入干酪槽中，干酪槽为水平长椭圆形或方形不锈钢槽，而且具有加热和冷却功能。原料冷却到30～32℃，然后按要求加入活化好的发酵剂，加入量为原料的1%～2%，30～32℃下充分搅拌3～5min，发酵时间30～60min，最后酸度控制在0.18～0.22g/mL。加入发酵剂可以发酵乳糖产生乳酸，提高凝乳酶的活性，缩短凝乳时间，促进切块后凝块中乳清的析出。更重要的是在成熟过程中，发酵剂利用本身的各种酶类促进干酪的成熟，防止杂菌的滋生。

3. 添加食品添加剂

在干酪成熟前或乳升温至凝乳温度28.9～30.0℃前，需添加食用色素和其他添加剂（$NaNO_3$或$CaCl_2$）。添加前，色素无需稀释，但必须分配均匀并搅拌至乳中。其他添加剂需以溶液形式添加，按要求的量加入。

4. 干酪质构的形成——凝乳

加入凝乳酶后，凝胶一旦形成，凝乳中的水分便通过脱水收缩过程排出。经凝乳酶的作用，酪蛋白的凝胶网络形成，切割凝乳时，凝胶网络开始收缩，干酪制造实质上是利用凝乳酶和发酵剂使乳蛋白质凝固排除乳清的过程。凝乳切割后升温将提高凝乳中水分的排出速率，切割凝乳、在乳清中搅拌凝乳以及盐浓度决定了干酪中的水分含量。

5. 干酪成熟

干酪成熟是指人为地将新鲜干酪置于较高或较低的温度下，长时间存放，通过有益微生物和酶的作用，使新鲜的凝块转变成具有独特风味、组织状态和外观的过程。干酪的成熟依赖下列因素：①温度；②湿度；③凝乳的化学、生物组成；④凝乳的微生物构成。

项目四 新型发酵乳制品的生产

一、双歧酸乳的生产

双歧杆菌酸乳（简称双歧酸乳）是近年来开发的酸乳新品种，它不仅具有营养丰富、适宜的感官特征及良好的风味，还有很好的保健作用。双歧酸乳与普通酸乳相比具有以下特征：①较轻的酸味；②后发酵的能力有限；③和其他发酵乳制品相比苦味较轻；④形成具有生理活性的L-(+)-乳酸；⑤兼具营养和生理功能。

在生产工艺方面，双歧杆菌酸乳除发酵剂、发酵条件不同于一般酸乳外，对原料要求、净乳、标准化、均质、杀菌均和一般酸乳相同。

1. 发酵剂

纯双歧杆菌菌种多用两歧双歧杆菌，也可用长双歧杆菌。含双歧杆菌的混合发酵剂中，肠道菌如嗜酸乳杆菌和双歧杆菌一起培养是有益的。嗜热链球菌或乳酸片球菌加入发酵剂中可帮助酸化。现在混合发酵剂中最为典型的是两歧双歧杆菌、嗜酸乳杆菌和嗜热链球菌混合发酵剂，被称为BAT。

2. 发酵条件

双歧杆菌的接种温度介于36～42℃，BAT接种温度是38～42℃。纯双歧杆菌发酵乳培养6～8h即可产酸，对于BAT发酵乳产酸培养时间是2.5～4h。若混合发酵剂中存在重要生理价值的非快速产酸菌，则培养时间可能≥12h。

二、益生菌剂制品的生产

益生菌剂又称微生态制剂，这是基于对消化道微观生态学的深入研究，阐明了其中存在菌群生态平衡的机理之后，利用现代生物技术研制出的继抗生素之后的新一代产品。一般多制成复合活菌剂使用，进入胃肠道后主要控制致病菌在肠道生长，以达到恢复肠道菌群平衡和使身体健康的目的。这种菌剂的作用方式大体上有以下几方面。

① 生成乳酸，降低肠内pH，不利于致病菌生长；

② 产生过氧化氢，可对几种潜在的病原菌起杀灭作用；

③ 防止毒胺或氨的生长；

④ 产生抗生素作用；

⑤ 产生某些酶而有助消化；

⑥ 合成B族维生素；

⑦ 通过释放细胞壁多糖蛋白刺激免疫系统，增强机体免疫功能。

目前国内已确认的适宜作益生菌的菌种仅有乳酸杆菌、链球菌、芽孢杆菌、双歧杆菌以及酵母菌等十几种。益生菌制品是当前的研究热点，相关论文和专著较多，具体生产工艺可参阅相关专著。

三、大豆酸乳的生产

大豆酸乳是用豆乳、标准化牛乳乳酸和生物前体培养剂制成的功能性食品。它以大豆为主要原料，经制浆、调配、发酵而成，滋味和外观颇似酸乳。大豆酸乳的主要品种有凝固型豆酸乳、营养豆酸乳（如双歧豆酸乳）、搅拌型豆酸乳。

大豆酸乳的生产工艺流程见图 10-6。

大豆去杂→前处理(热烫、浸泡、磨浆)→均质→加配料→杀菌
↓
成品←检验←后发酵(4℃，10h)←前发酵←分装←冷却接种

图 10-6　大豆酸乳的生产工艺流程

项目五　发酵乳制品的质量控制

一、发酵乳的质量标准

根据 GB 19302—2010《食品安全国家标准　发酵乳》的质量指标如下。

1. 感官要求

感官要求应符合表 10-2 的规定。

表 10-2　感官要求

项目	要求		检验方法
	发酵乳	风味发酵乳	
色泽	色泽均匀一致，呈乳白色或微黄色	具有与添加成分相符的色泽	取适量试样置于 50mL 烧杯中，在自然光下观察色泽和组织状态，闻其气味，用温开水漱口，品尝滋味
滋味、气味	具有发酵乳特有的滋味、气味	具有与添加成分相符的滋味和气味	
组织状态	组织细腻、均匀，允许有少量乳清析出；风味发酵乳具有添加成分特有的组织状态		

2. 理化指标

理化指标应符合表 10-3 的规定。

表 10-3　理化指标

项目		指标		检验方法
		发酵乳	风味发酵乳	
脂肪①/(g/100g)	≥	3.1	2.5	GB 5413.3
非脂乳固体/(g/100g)	≥	8.1	—	GB 5413.39
蛋白质/(g/100g)	≥	2.9	2.3	GB 5009.5
酸度/°T	≥	70.0		GB 5413.34

① 仅适用于全脂产品。

3. 微生物限量

微生物应符合表 10-4、表 10-5 的规定。

二、再制干酪的质量标准

根据 GB 25192—2010《食品安全国家标准　再制干酪》要求如下。

表 10-4 微生物限量

项目	采样方案①及限量(若非指定，均以 CFU/g 或 CFU/mL 表示)				检验方法
	n	c	m	M	
大肠菌群	5	2	1	5	GB 4789.3 平板计数法
金黄色葡萄球菌	5	0	0/25g(mL)	—	GB 4789.10 定性检验
沙门菌	5	0	0/25g(mL)	—	GB 4789.4
酵母 ≤	100				GB 4789.15
霉菌 ≤	30				

① 样品的分析及处理按 GB 4789.1 和 GB 4789.18 执行。

表 10-5 乳酸菌数

项目	限量/[CFU/g(mL)]	检验方法
乳酸菌数① ≥	1×10^6	GB 4789.35

① 发酵后经热处理的产品对乳酸菌数不作要求。

1. 感官要求

感官要求应符合表 10-6 的规定。

表 10-6 感官要求

项目	要求	检验方法
色泽	色泽均匀	取适量试样置于 50mL 烧杯中，在自然光下观察色泽和组织状态，闻其气味，用温开水漱口，品尝滋味
滋味、气味	易溶于口，有奶油润滑感，并有产品特有的滋味、气味	
组织状态	外表光滑；结构细腻、均匀、润滑，应有与产品口味相关原料的可见颗粒。无正常视力可见的外来杂质	

2. 理化指标

理化指标应符合表 10-7 的规定。

表 10-7 理化指标

项目	指标					检验方法
脂肪（干物中）①(X_1)/%	$60.0\leqslant X_1\leqslant75.0$	$45.0\leqslant X_1<60.0$	$25.0\leqslant X_1<45.0$	$10.0\leqslant X_1<25.0$	$X_1<10.0$	GB 5413.3
最小干物质含量②(X_2)/%	44	41	31	29	25	GB 5009.3

① 干物质中脂肪含量(%)：X_1=[再制干酪脂肪质量/(再制干酪总质量－再制干酪水分质量)]×100%。

② 干物质含量(%)：X_2=[(再制干酪总质量－再制干酪水分质量)/再制干酪总质量]×100%。

3. 微生物限量

微生物应符合表 10-8 的规定。

表 10-8 微生物限量

项目	采样方案①及限量(若非指定,均以 CFU/g 表示)				检验方法
	n	c	m	M	
菌落总数	5	2	100	1000	GB 4789.2
大肠菌群	5	2	100	1000	GB 4789.3 平板计数法
金黄色葡萄球菌	5	2	100	1000	GB 4789.10 平板计数法
沙门菌	5	0	0/25g	—	GB 4789.4
单核细胞增生李斯特菌	5	0	0/25g	—	GB 4789.30
酵母 ≤	50				GB 4789.15
霉菌 ≤	50				

① 样品的分析及处理按 GB 4789.1 和 GB 4789.18 执行。

复习题

1. 酸乳有哪些生理功能？
2. 简述酸乳的种类及加工工艺。
3. 简述酸乳发酵剂的种类及制备。
4. 什么叫干酪发酵剂？干酪发酵剂的作用是什么？
5. 简述天然干酪的一般生产工艺。

实训九　乳酸菌的分离

【实训目的】

了解食品微生物菌种复壮技术的三种方法，掌握发酵乳制品生产菌种的复壮方法。

【实训原理】

生产菌种在长期保藏过程中要发生衰退现象。菌种衰退的原因是有关基因发生突变。尽管微生物个体的变异可能是一个瞬间的过程，但菌种呈现衰退却需要较长的时间。

菌种衰退表现形式主要有以下几个方面：第一，菌落和细胞形态的改变；第二，生长速度变慢或产生孢子减少；第三，综合生产性能下降；第四，对生长环境的适应能力下降。

常用的复壮方法基本可分为下列三种。

（1）分离纯化

① 菌落纯　即从种的水平上来说是纯的。如将稀释菌液在琼脂平板上划线分离，表面涂布或先倾注接种平板，再与尚未凝固的琼脂培养基混匀，获得单菌落。

② 细胞纯　是单细胞或单孢子水平上的分离方法，它可达到分离单个细胞的水平。

（2）宿主复壮　对于寄生型微生物退化菌株，可直接接种到相应的动植物体内，通过寄主体内的作用来提高菌株的活性或提高它的某一性状。

（3）淘汰已衰退的个体　通过物理、化学方法处理菌体（孢子），使其死亡率达到 80% 以上或更高一些，存活的菌株一般比较健壮，从中挑选出优良菌种，达到复壮目的。

食品微生物菌种的复壮技术主要采用第一种方法。

【实训材料】

（1）需复壮菌种　德氏乳杆菌保加利亚亚种、嗜热链球菌脱脂乳试管培养物，分别简称为3号菌、9号菌。

（2）培养基　改良MRS琼脂培养基或番茄汁琼脂培养基。

（3）试剂　无菌生理盐水（9mL/试管，45mL/100mL三角瓶，内带玻璃珠）、0.1mol/L NaOH标准溶液、0.5%酚酞指示剂、0.005%钌天青标准溶液、革兰染色液。

（4）器材　100mL三角瓶、带橡胶塞的无菌大试管、无菌吸管（1mL、5mL、10mL）、无菌培养皿、碱式滴定管、小三角瓶、量筒、温度计、酒精灯、接种环、蜗卷铂耳环、载玻片、无菌超净工作台、旋涡混合器、恒温培养箱、恒温水浴槽、温度计、鼓风干燥箱、高压蒸汽灭菌锅、冰箱、电子天平、显微镜等。

【实训步骤】

1. 样品稀释

将待复壮菌种培养液在旋涡混合器上混合均匀，用无菌吸管吸取样品5mL，移入盛有45mL无菌生理盐水带玻璃珠的三角瓶中，充分振荡混匀，即为10^{-1}的样品稀释液。然后另取一支吸管自10^{-1}三角瓶内吸取1mL移入10^{-2}试管内，依此方法进行系列稀释至10^{-6}。

2. 倾注法培养（平板分离）

用3支1mL无菌吸管分别精确吸取10^{-4}、10^{-5}、10^{-6}试管的稀释液各0.1mL对号注入已编号的无菌培养皿中，倒入熔化并冷却至50℃左右的改良MRS琼脂培养基（或番茄汁琼脂培养基）10～15mL，于水平位置迅速转动平皿使之混匀。凝固后倒置于40℃恒温培养箱中培养48h或37℃培养48～72h。

3. 观察菌落特征

对上述平板长出的菌落进行肉眼观察，必要时在低倍镜下观察。不要打开皿盖，以防污染。

4. 纯化培养

从上述不同培养基平板中分别挑取10个典型的3号菌和9号菌单菌落接种于MRS琼脂培养基和脱脂乳试管中，置40℃恒温培养箱中培养24h，牛乳培养基37℃培养至乳凝固。

5. 镜检形态

挑取上述试管培养物1环，进行涂片、革兰染色，油镜观察3号菌或9号菌的个体形态，确定菌种健壮、无杂菌污染后，进行菌种扩大培养。

6. 菌种扩大培养

按1%的接种量，将上述液体试管纯粹培养物接种于盛100mL灭菌脱脂乳的三角瓶中，另以同样方法分别接种具有较高活性的3号菌或9号菌作为对照，置于40℃恒温培养箱中培养至乳凝固，一般37℃培养过夜至乳凝固后进行菌种活性测定。

7. 测定菌种的活性

（1）肉眼观察　观察并记录用脱脂乳扩大培养菌种的凝乳时间。

（2）酸度测定　用NaOH滴定法测定3号菌或9号菌培养液的酸度。

（3）还原钌天青能力测定　测定还原钌天青所需的时间。测定流程如下：

灭菌脱脂乳9mL→加入1mL单一菌种发酵剂→加入1mL钌天青标准溶液→混匀

↓

推知发酵剂的菌种活性←观察褪色所需时间←37℃水浴

（4）活菌计数　采用稀释倾注平板培养法测定活菌数量。

【实训报告】

描述德氏乳杆菌保加利亚亚种（3号菌）、嗜热链球菌（9号菌）的菌落形态，并绘图说明它们的个体形态；挑选出凝乳时间最短、酸度最高、还原钊天青时间最短、活菌数最高的优良菌株。

【实训思考】

某乳品企业生产酸乳的菌种活性下降，出现产酸慢的现象，请设计简明实验方案解决。

实训十　酸乳生产工艺研究

【实训目的】

理解酸乳加工的原理，掌握凝固型酸乳的加工工艺流程，掌握凝固型酸乳主要成分检测方法，熟知酸乳的国家质量标准。

【实训原理】

凝固型酸乳是指在零售容器中进行乳酸发酵的酸乳制品，乳酸菌在适宜的温度下使蛋白质发生一定程度的降解而形成预消化状态，并且使酸乳具有凝固的形态和良好的风味。市售玻璃瓶装的和部分塑料杯装的酸乳多是这种发酵形式。

乳糖在乳糖酶的作用下，首先将乳糖分解为2分子单糖，进一步在乳酸菌的作用下生成乳酸。乳糖发酵后使乳的酸度升高，乳蛋白凝集形成凝乳，即得到酸乳产品。

嗜热链球菌和保加利亚乳杆菌对乳糖的催化反应：

$$\underset{\text{乳糖}}{C_{12}H_{22}O_{11}} + \underset{\text{水}}{H_2O} \longrightarrow \underset{\text{乳酸}}{4C_3H_6O_3}$$

理论上1分子乳糖可生成4分子乳酸，但实际上因乳酸达到一定程度即可抑制乳酸菌本身的活性（乳酸达0.8%～1%时），因此一般乳酸发酵时乳中还有10%～30%以上的乳糖不能分解。乳蛋白在发酵剂作用下的主要代谢产物是可溶性氮化合物和氨基酸。它们对酸乳的物理结构、发酵剂菌种生长和风味起着直接或间接的作用。酸乳风味主要源于乳酸和羰基化合物，芳香味由羰基化合物的量和比例决定。

【实训材料】

超净工作台、恒温培养箱、冰箱、水浴锅、三角瓶、量筒、灭菌锅、天平、烧杯、皮筋、蜡纸。脱脂牛乳（不含抗生素和防腐剂）、蔗糖、粉末发酵剂。

【实训步骤】

（1）生产发酵剂的制备

① 选择优质脱脂乳作为发酵底物。对用于制作生产发酵剂的器具进行彻底消毒灭菌，作为底物用的乳进行UHT灭菌。灭菌后尽快冷却至培养温度或更低。

② 用粉末发酵剂，在无菌操作环境下接种到底物乳中，接种量为0.5%～1%，并充分

搅拌。

③ 将接种过的底物乳置于40～45℃条件下，恒温培养2～6h。

④ 达到期望发酵状态后，迅速冷却，密封，放于2～5℃的冰箱冷藏待用。

(2) 量取500mL鲜乳于烧杯中，在水浴锅中加热到50℃左右，加入4%蔗糖搅拌溶解。

(3) 将溶有糖的牛乳装入清洗干净的三角瓶中（每瓶装200mL），放入灭菌锅中100℃杀菌15min。杀菌后乳液迅速冷却到40～45℃。

(4) 将已备好的生产发酵剂进行充分搅拌，使菌体从凝乳块中游离分散出来。在超净工作台下，将发酵剂接种于已灭菌冷却后的三角瓶乳液中，搅拌均匀。发酵剂的添加量为3%～5%。

(5) 将接种后的三角瓶用蜡纸封口，再用橡皮筋扎紧，静置于恒温培养箱中，发酵温度42℃，发酵时间约3～5h，至乳基本凝固为止。

(6) 将发酵好的酸乳及时放入0～4℃冰箱，冷却12～24h即可。

【质量检验】

1. 酸乳质量标准

(1) 产品中的乳酸菌数不得低于1×10^{6}CFU/mL。

(2) 食品营养强化剂的添加量应符合GB 2760—2014和GB 14880—2012的规定。

2. 主要成分检测

(1) 蛋白质的检测：按GB 5009.5检验方法。

(2) 脂肪的检测：按GB 5413.3检验方法（罗慈-哥特里法）。

(3) 非脂乳固体的检测：按GB 5413.39检验方法（减量法）。

(4) 酸度的检测：按GB 5413.34检验方法。

(5) 乳酸菌：按GB 4789.35检验方法。

【实训报告】

1. 将制成的酸乳按照色泽、滋味、气味、组织状态等几个方面进行感官评价。
2. 检测产品的主要成分并与市售商品做比较。

【实训思考】

1. 为什么要选择不含抗生素的牛乳作为原料？
2. 控制酸乳质量应注意哪些方面？

模块十一　发酵果蔬制品生产技术

学习目标

1. 熟悉发酵果蔬制品生产现状与发展趋势。
2. 掌握泡菜生产技术。
3. 熟悉果蔬汁发酵饮料的生产。

必备知识

一、果蔬制品的生产现状

近年来，我国水果、蔬菜生产发展迅速，但是由于果蔬产品流通不畅和贮藏加工业薄弱，有许多果蔬产品因为滞销而烂掉，造成严重的损失，从而出现了“果贱伤农”的现象，所以依赖果蔬产品的贮藏保鲜和加工技术，可以使果蔬得到合理贮藏和加工，是果蔬业规模发展的重要环节。果蔬贮藏和加工业的发展又反过来会促进种植业的发展，具有更重要的经济效益和社会效益。

同发达国家相比，我国果蔬加工技术比较落后，目前贮运加工仅占总产量的5％～10％，而发达国家则占20％～60％。全国果品的加工能力与国际上发达国家比较相差很大。另外，由于所用的加工原料品种不一，缺乏适宜的加工品种，又加上一些厂家多选用残次果进行加工，因此，造成加工产品褐变严重，营养和香气损失较多，降低了商品等级。同时，这些残次果在运输和贮存过程中，部分发生腐烂，也造成了霉菌污染，还有些原料受到农药污染，从而使产品从原料开始就无法保证质量。

二、果蔬制品的发展趋势

(1) 果蔬加工品种的选育、引进和示范　现在，我国果蔬加工缺少满足不同加工需求的专用原料品种。我国农作物生产基于历史的原因，主要追求高产，忽视质量，更没有考虑加工的特殊性，导致加工企业处于原料“有啥用啥”的原始状况，使得我国果蔬加工产品在内在质量、生产效率、风味、价格等方面都无法与国外竞争。

(2) 现有果蔬加工生产技术的改造和产品质量的提高 可采用分子蒸馏法，回收果汁香气并增香到果汁中，也可利用超滤设备和生产工艺澄清果汁和蔬菜汁，生产过程中执行HACCP体系。

(3) 果品加工副产品的综合利用 利用果仁（子）加工食用油脂和提取食用蛋白，利用果皮提取果胶，利用果菜渣生产果渣粉加入其他产品中，也可以从果菜渣中提取活性多糖、果胶、可食用低聚糖等。

项目一　泡菜的生产

泡菜是我国一种传统的大众化食品，产地遍及全国各地，以四川泡菜最有名。其制作容易、设备简单、成本低廉、营养丰富、鲜香脆嫩、取食方便，深受广大群众的喜爱。同时，泡菜也富含有乳酸，有助于开胃、增加食欲、增强营养等。

一、泡菜的传统生产

1. 工艺流程

泡菜的传统生产工艺流程见图11-1。

```
                  2%～6%食盐水      2%～10%食盐水
                        ↓               ↓
生鲜蔬菜→挑选→洗净→出坯→泡制→出坛→泡菜
                                        ↑
                        20%～30%老盐水、香料包
```

图11-1　泡菜的传统生产工艺流程

2. 工艺要点

(1) 原料的选择 适于制作泡菜的蔬菜很多，茎根类、叶菜、果菜、花菜等均可，但以肉质肥厚、组织紧密、质地脆嫩、不易软化者为佳。要求原料新鲜，鲜嫩适度，无破碎、霉烂及病虫害。

(2) 泡菜容器——泡菜坛 泡菜坛一般以陶土为原料两面上釉烧制而成，坛形两头小中间大，坛口有坛沿，为水封口的水槽，槽深5～10cm。除此之外，还可用玻璃钢、涂料铁等制作泡菜坛，但要求使用材料的卫生安全性绝对符合食品的要求，材料自身不与泡菜盐水和蔬菜起化学反应。

在使用前，必须认真清洗和检查泡菜坛，检查内容有两点。

① 看坛子是否漏气，是否有裂缝、砂眼。

② 检查坛沿的水封性能是否良好，坛盖下沿是否可以淹没在密封水层以下，水槽中的水是否会进入坛内等。

(3) 原料的预处理 原料在泡菜前要进行适宜的整理，摘去老黄叶，切去厚皮等不可食用及病虫害腐烂部分。然后用清水进行洗涤，对一些个体大的蔬菜种类，如萝卜、莴苣等，可切成厚0.6cm、长3cm的长条；辣椒整个泡制；黄瓜、冬瓜等剖开去瓤，然后切成长条状；大白菜、芥菜剥片后切成长条。蔬菜整理好后略加晾晒，通过晾晒去掉原料表面的明水后即可入坛泡制；也可晾晒时间长一些，使原料的表面萎蔫后再入坛泡制。

(4) 出坯 一般在原料的表面清洗后要进行腌坯，这样也称为出坯。其目的是利用食盐渗透压除去蔬菜中的部分水分，浸入盐味和防止腐败菌的滋生，同时也能保持正式泡制时的盐水浓度。腌坯一般用食盐将原料腌制几小时或几天，去掉原料中过多的水分，也可去掉原料中的异味。但出坯时，除脱水外，也会使原料中的可溶性固形物有些损失，尤其是出坯时间长时，原料中养分的损失更大。

（5）泡菜盐水的配制 腌制泡菜一般使用井水或自来水。盐水含盐量控制在6%～8%，使用的食盐一般为精盐，且要求食盐中的苦味物质极少。在泡制时如为了加速乳酸发酵则可加入3%～5%浓度为20%～30%的优质陈泡菜水和适量香辛料，以增加乳酸菌数量。此外，如为了促进发酵或调色调味，也可向泡菜中加入3%左右的食糖；或者为了增加风味，在制作泡菜时加入其他一些调味料，如黄酒、白酒、红辣椒、花椒、八角、橙皮等。

（6）泡制与管理

① 入坛泡制 将预处理的原料装入坛中，要装得紧实，装到一半放入香料，再装入其他原料。装到离坛口6～8cm时，用竹片将原料卡住，再加入盐水淹没原料。盐水加到液面距坛口3～5cm为止，切忌原料露出液面，否则容易变质。泡制1～2d后，原料因水分渗出而下沉，这时可再补加原料。

② 泡制期的发酵过程 根据微生物的活动和乳酸积累量的多少，分为三个阶段。

a. 发酵初期 在原料装坛后，原料表面带入的微生物会迅速活动，开始发酵。由于溶液的pH值较高，原料中还有一定量的空气，故发酵初期主要是一些不耐酸的肠膜明串珠菌、小片球菌、大肠杆菌及酵母菌较为活跃，并迅速进行乳酸发酵及微弱的酒精发酵，产生乳酸、乙醇、醋酸及CO_2。此时的发酵以异型乳酸发酵为主，溶液的pH值下降至4.5～4.0，CO_2大量排出，水封槽的槽水中有间歇性气泡放出，并使坛内逐渐形成嫌气状态，以利于植物乳杆菌的正型乳酸发酵。此期为泡菜的初熟阶段，时间为2～5d，泡菜的含酸量可达到0.3%～0.4%。

b. 发酵中期 由于乳酸的积累，pH值降低和嫌气状态的形成，此时属正型乳酸发酵的植物乳杆菌的活动较为活跃，细菌数可达到（5～10）$\times 10^7$个/mL，乳酸积累可达到0.6%～0.8%，pH值下降至3.5～3.8，大肠杆菌、不耐酸的细菌大量死亡，酵母菌的活动也受到抑制。此期为泡菜的完熟阶段，时间为5～9d。

c. 发酵后期 正型乳酸发酵继续进行，乳酸积累量可达1.0%以上。当乳酸含量达1.2%以上时，植物乳杆菌也受到抑制，菌数下降，发酵速度减慢甚至停止。

③ 泡菜的成熟期 主要是针对上述的乳酸发酵过程成熟期中原料、盐水的种类及气温都会对泡菜的成熟度有一定的影响。

④ 泡制中的管理 泡制期间要加强槽水的管理。水封槽中的槽水一般用清洁的饮用水或10%的盐水。在发酵后期，很容易造成坛内部分真空，使水封槽中的槽水被倒吸入坛内。这样会将杂菌带进坛内，降低坛内盐水浓度，所以水封槽以加入盐水为好。若使用的是清水，则应经常更换，发酵期间每天揭盖1～2次，防止槽水被吸入坛内。若使用的是盐水，则在发酵期间适当补加槽水，以保证盖下能浸没在槽水中，保持良好的密封状态。

泡菜泡制好后，取食时开盖要轻，以防止将槽水带入坛内。取食用的筷子或夹子应清洁卫生，严防将油脂带入坛内。

（7）成品保存 泡菜成熟后一般要求及时取食，否则贮存过程中品质会下降。对保存的泡菜要一种原料装一个坛，不能混装。同时泡制盐水浓度要适当提高，并向坛内加入适量白酒，槽水要保持清洁，并保持坛内良好的密封条件。

二、泡菜的工业化生产

1. 工艺流程

泡菜工业化生产工艺流程见图11-2。

20%～30%食盐 发酵 发酵

生鲜蔬菜→挑选→洗净→入池→盐腌→管理→成坯→脱盐→脱水→泡制→出坛→配制→灭菌→冷却→贴标→检验→泡菜成品

调色、香、味（→配制）

图 11-2 泡菜工业化生产工艺流程

2. 工艺要点

(1) 原料的选择 根据原料的耐贮性，将制作泡菜的原料分为3类：一是可泡一年以上的原料，如大蒜、苦瓜、洋姜等；二是可泡3～6个月的原料，如萝卜、四季豆、辣椒等；三是随泡随吃的原料，如黄瓜、莴苣、甘蓝等。

(2) 咸胚 为了保证工业化生产，须先将新鲜蔬菜用食盐保藏起来，即先制成咸胚，以随时用随时生产。咸胚的制作是层菜层盐，食盐用量为下层30%、上层60%、表面层10%，最后达成平衡盐水浓度为22°Bx。

(3) 咸胚脱盐后的处理方式 一种为入坛泡制，然后出坛配料；另一种为脱盐彻底，经压榨或离心脱水，加入添加剂直接调色、调味。

(4) 灭菌 工业化生产泡菜最关键的工序之一是灭菌，可大大提高泡菜的货架期，一般用巴氏灭菌法。

(5) 贴标、检验 灭菌后的泡菜应立即冷却，然后贴标，经检验合格后方可出厂。

项目二 果汁发酵饮料的生产

果汁发酵饮料是以果汁为原料，利用酵母菌或乳酸菌发酵而成的饮料，分为酒精饮料和非酒精饮料两大类。

一、酵母菌发酵果汁饮料的生产

1. 工艺流程(图 11-3)

原料→榨汁→澄清→接种→发酵→过滤→调配→杀菌→成品

图 11-3 酵母菌发酵果汁饮料生产工艺流程

2. 工艺要点

(1) 原料及处理 选择成熟、新鲜的水果清洗、沥干后，视原料不同，用不同方法取果汁。对含汁液较多的柑橘（去皮）、猕猴桃、桃（去核）、杨梅、葡萄等可直接打浆榨汁，对苹果、山楂等则采用先破碎、打浆，然后榨汁的方法取果汁。榨取的果汁先经过滤去除一部分沉淀后，得到浑浊果汁，然后对需要澄清的果汁根据不同品种添加0.2%果胶酶或1%明胶等，用以澄清果汁。经澄清的果汁可通过压滤机、离心分离机等进行过滤，除去固形物后加入7%蔗糖调整糖度。

(2) 接种、发酵 发酵所用的酵母有葡萄酒酵母、尖端酵母和啤酒酵母以及中型假丝酵母、枣椰球拟酵母等。这些酵母进行扩大培养后，以1%～3%的量接入果汁中，20～30℃发酵2～3d后，经过滤得到发酵滤液。未通过滤膜的残液含有酵母菌，可用作下次发酵的菌种。

(3) 调配、杀菌 将果汁滤液加糖、香味料等适应口感，80℃灭菌5～10min。这种酵母菌果汁发酵饮料由于是通过酒精发酵生产的，所以香味浓郁，风味独特，是用酒精等配制的饮料所无法比拟的。

二、乳酸菌发酵果汁饮料的生产

1. 工艺流程（图 11-4）

吸附剂、糖（加入调整）　乳酸菌（加入接种）

原料→果汁→调整→杀菌→冷却→接种、发酵→调配、灌装

图 11-4　乳酸菌发酵果汁饮料生产工艺流程

2. 工艺要点

（1）原料及处理

① 原料选择　选择含酸较少的成熟新鲜水果进行制汁发酵，如香蕉、成熟的柿子、枣、梨、荔枝等。对酸度大的水果，如柑橘、葡萄、杏、桃、樱桃、苹果等，应采用对果汁降酸的方法，克服果汁含酸量较高、抑制乳酸菌生长繁殖的难题。

② 果汁制作　同酵母菌发酵果汁饮料的果汁制取。

③ 果汁调整　制备好的果汁 pH＜4.5 时可按果汁量的 3%加入硅藻土（粒状）或聚酰胺树脂等吸附以降酸，常温下搅拌 20min，静置 40min 后进行过滤。如果滤液浑浊不清，可再静置过滤，直至汁液清澈为止。在果汁中加入白砂糖或葡萄糖及 3%的乳糖，调整可溶性固形物含量至 8%～10%，确保乳酸菌在果汁中能充分发酵。

④ 果汁灭菌　将过滤后的果汁经热交换器加热至 90～95℃进行瞬时杀菌，再经过热交换器冷却降温至 30～35℃，备用。

（2）发酵剂制备　发酵所用的乳酸菌有嗜热链球菌、干酪乳杆菌、嗜酸乳杆菌和保加利亚乳杆菌等。将牛乳分装于试管（10mL/管）、三角瓶（500mL、300mL/瓶）、种子罐 115℃灭菌 15min，冷却，将菌种接入牛乳试管中 40℃培养；凝乳后以 1%量接种于三角瓶中，40℃培养；凝乳后以 2%～3%量接种于种子罐中，40℃培养，凝乳后即可作为生产发酵剂。

（3）接种、发酵　将牛乳培养乳酸菌种子依据果汁液总量 3%加入，搅拌后封缸发酵。接种温度和发酵温度应保持在 35℃左右，当菌数达到 5×10^{8} 个/mL 时，可终止发酵。

（4）调配、灌装　发酵结束时，将发酵液进行过滤，用无菌水调 pH 3.3～3.5，调糖度为 7%～10%，适当加入香味料以适应口感。生产活菌果汁乳酸饮料，在调配后直接装瓶、压盖，4℃下贮藏；生产灭菌果汁乳酸饮料，调配后经 20～30MPa 均质处理，装瓶、压盖后加热至 90℃灭菌，冷却即为成品。

项目三　蔬菜汁发酵饮料的生产

以蔬菜汁为原料，利用酵母菌或乳酸菌发酵而成的饮料为蔬菜汁发酵饮料。

一、酵母菌发酵蔬菜汁饮料的生产

以各种蔬菜汁为原料，利用一般酵母或特种酵母发酵酿制成的饮料为酵母菌发酵蔬菜汁饮料。

1. 工艺流程（图 11-5）

蔬菜汁→灭菌→冷却→接种→发酵→离心→母液→加水稀释→配料、混匀→灭菌→成品

图 11-5　酵母菌发酵蔬菜汁饮料生产工艺流程

2. 工艺要点（以麦芽汁发酵为例）

取含麦芽浸出物40%的水溶液，90℃灭菌，冷却到35℃，接种脆壁克鲁维酵母，使酵母数达到5×10^6个/mL，于30℃静置发酵30h，所得发酵液酒精含量1.2%（体积分数），pH 4.0左右。经离心分离，得发酵母液。然后发酵液加3倍水稀释，添加适量砂糖和香精。95℃灭菌，制成麦芽汁发酵饮料。

二、乳酸菌发酵蔬菜汁饮料的生产

以各种蔬菜汁为主要原料，少量乳品为辅助原料，利用乳酸菌发酵酿制成蔬菜汁发酵饮料。

1. 工艺流程（图11-6）

蔬菜汁→调pH→灭菌→冷却→接种→发酵→过滤→配制→成品

图11-6 乳酸菌发酵蔬菜汁饮料生产工艺流程

2. 工艺要点（以胡萝卜汁发酵为例）

取新鲜胡萝卜汁（糖度6.0%）100质量份，固形物96%的脱脂奶粉5质量份，混合均匀，溶解，调pH 6.5，于95℃灭菌，冷却到35℃，接种保加利亚乳杆菌，菌数达到2×10^6个/mL，于37℃静置发酵约10h。当发酵液的pH为4.0左右时，终止发酵。发酵液过滤，除菌体，添加砂糖和香精，混匀，95℃灭菌，冷却，即为胡萝卜汁发酵饮料。

三、酵母菌和乳酸菌混合发酵果蔬汁饮料的生产

此类饮料以麦芽汁和果蔬汁为原料，利用酵母菌和乳酸菌混合发酵制成。

1. 工艺流程（图11-7）

配料→调节pH→灭菌→冷却→接种→发酵→离心→配制→成品

图11-7 混合发酵果蔬汁饮料生产工艺流程

2. 工艺要点

取含麦芽浸出物15%的水溶液80质量份和番茄汁20质量份混合后，用重碳酸钙调pH 6.5，95℃灭菌，冷却到30℃后，分别接种乳酸克鲁维酵母和脆壁克鲁维酵母以及嗜热链球菌和保加利亚乳杆菌，于30℃静置发酵25h。所得发酵液的酒精含量为0.9%（体积分数），pH 4.0左右。将此发酵液离心分离，在分离液中添加砂糖和香精，加热到95℃进行灭菌，冷却即为成品。

项目四 发酵果蔬制品的质量控制

一、影响发酵果蔬制品颜色的物质——色素

1. 叶绿素

叶绿素主要由叶绿素a和叶绿素b两种色素组成，叶绿素a呈蓝绿色，叶绿素b为黄绿色，通常它们在植物体内以3∶1的比例存在。叶绿素是果蔬进行光合作用所必需的物质，集中分布在绿色果蔬细胞的叶绿体中。叶绿素在许多绿叶菜（如菠菜、油菜）中含量很多；未成熟的果实中也含有较多的叶绿素，但当果实成熟时，随着叶绿素受到水解酶的分解逐渐消失，而同时使原来共存于叶绿体的类胡萝卜素呈现出红色或黄色，使果实具有美丽的色

泽。叶绿素不溶于水，易溶于乙醇、丙醇、乙醚、氯仿、苯等有机溶剂中。叶绿素不稳定，在酸性介质中形成脱镁叶绿素，绿色消失，呈现褐色，例如大部分长期贮藏的冷冻蔬菜、罐藏和腌渍的蔬菜均可不同程度地发生脱镁变化，色泽变褐；在碱性介质中叶绿素分解生成叶黄素、甲醇和叶绿酸，叶绿酸呈鲜绿色，较稳定，如与碱进一步结合可生成绿色的叶绿酸钠（或钾）盐，则更稳定，绿色保持得更好。叶绿素在有氧或见光的条件下，极易遭受破坏而失绿。

2. 类胡萝卜素

类胡萝卜素广泛存在于果蔬中，其颜色表现为黄、橙、红。果蔬中类胡萝卜素有 300 多种，但主要有胡萝卜素、番茄红素、番茄黄素、辣椒红素、辣椒黄素和叶黄素等。

类胡萝卜素分子中含有一条由戊二烯组成的共轭烯链，属于多烯色素，是高度共轭的多烯类化合物，它是从浅黄到深红色的脂溶性色素。类胡萝卜素的耐热性强，即使与锌、铜、铁等金属共存时也不易被破坏；遇碱稳定；在有氧条件下，易被脂肪氧化酶、过氧化酶等氧化脱色，尤其是紫外线也会促进其氧化。完整的果蔬细胞中类胡萝卜素比较稳定。类胡萝卜素在碱性介质中比在酸性介质中稳定，在蔬菜产品加工中相对较稳定。

3. 花青素

花青素是一类水溶性色素，以花青苷的形式存在于各类果蔬中，它是形成蔬菜果实红、紫红、蓝紫、蓝等颜色的色素，主要存在于果皮或果肉细胞的细胞液中，呈现红、蓝、紫色。花青素随着苯环上取代基的种类与数目变化，颜色也随之发生变化。当苯环上羟基数目增加时，颜色向蓝紫方向移动；而当甲氧基数目增加时，颜色向着红色方向移动；当间位碳的羟基被甲氧基取代时，则红色加深。

同时，花青素的颜色还随着 pH 的增减而变化，呈现出酸红、中紫、碱蓝的趋势。

4. 黄酮类色素

黄酮类色素也是一类水溶性的色素，与葡萄糖、鼠李糖、半乳糖、木糖、芸香糖等结合成苷类而存在，其水溶液呈涩味或苦味。它与花青素一样，也属于含有酚类基团的色素，但比花青素稳定。黄酮类物质在酸性条件下无色，在碱性时呈现黄色，铁盐作用会变成紫褐色或绿色。

二、影响发酵果蔬制品风味的物质——香味物质

果蔬所含有的挥发性物质的主要成分为醇、酯、醛、酮、酸、烃类等，且具有芬芳的气味，故又称为芳香物质或挥发性物质。也有少量的果蔬芳香物质是以糖苷或氨基酸形式存在的，在酶的作用下分解，生成挥发性物质才具备香气，如苦杏仁、蒜油等。正是由于这些物质的存在，赋予果蔬特定的香气和味感。果蔬的香味物质多在成熟时开始合成，进入完熟阶段时大量形成，产品风味也达到了最佳状态。

蔬菜中的芳香物质成分极其复杂、种类繁多、含量极微。芳香物质在蔬菜中存在部位也随种类不同而异，许多蔬菜的芳香成分存在于种子中。由于许多蔬菜含有特有的芳香物质，故可利用各种工艺提取，作为香料使用。大部分果蔬的芳香物质为易氧化物质和热敏物质，蔬菜加工中长时间加热可使芳香物质消失。

水果的风味物质是多种多样的。苹果含有 100 多种芳香物质，香蕉含有 200 多种，草莓中已经分离出 150 多种，葡萄中现已检测出近 80 种。但与其他成分相比，水果中的香味物质甚微，除了柑橘果实外，其他的含量通常在百万分之几。水果的香味物质以酯类、醇类物质为主，而蔬菜中则主要是一些含硫化合物和高级醇、醛等。

三、影响发酵果蔬制品口感的物质

1. 甜味物质

不同种类果蔬的含糖量差异很大，其中水果含糖量较高，而蔬菜中除胡萝卜等含糖量较高外，大多都很低。一般水果的含糖量在7%～15%，蔬菜含糖量在5%以下。

2. 酸味物质

不同品种的果蔬，有机酸种类和含量不同。如苹果总酸量为0.2%～1.6%，梨为0.10%～0.5%，葡萄为0.3%～2.1%。通常幼嫩的果蔬含酸量较高，随着逐渐发育成熟，酸的含量会因呼吸消耗而降低，使糖酸比提高，导致酸味下降。

3. 苦味物质

苦味物质主要来自一些糖苷类物质，由糖基与苷配基通过糖苷键连接而成。当苦味物质与甜、酸或其他味感恰当组合时，就会赋予果蔬特定的风味，果蔬中的苦味物质组成不同，性质也各异。

4. 辛辣味物质

适度的辛辣味有助于促进消化分泌、增进食欲。辣椒、生姜、葱、蒜等含有大量的辛辣味物质，它们的存在与这些蔬菜的食用和加工品质具有密切关系。

5. 涩味和鲜味物质

果蔬的涩味主要来自单宁类物质，当单宁含量达0.25%左右时就可感到明显的涩味。鲜味物质主要来自一些具有鲜味的含氮化合物，包括氨基酸、酰胺和肽，其中以L-天冬氨酸和L-天冬酰胺最为重要。

四、影响发酵果蔬制品组织质地的物质

果蔬质地良好的具体体现为脆、绵、硬、软、细嫩、粗糙、致密、疏松等。这些质地指标与其品质密切相关，是评价品质的重要指标。

五、发酵果蔬制品的质量规格

① 果汁饮料是可发酵或未经发酵的，浆状或非浆状，适合人类直接消费的饮料。它通过掺和果汁，或将水果可食部分总体捣碎，或筛分完好、成熟的水果而制得。它可以是浓缩的或非浓缩的，也可以加水、糖分或蜂蜜，并主要是采用物理方法防腐的饮料。

② 果汁饮料中主体果汁成分应不少于总体成分的50%。除非因高酸、高果肉成分及为了保持主体风味而必须保持某一低含量，在这种情况下水果成分允许少于25%。

③ 果汁饮料可以含有一种或多种糖分。因此，蜂蜜可以作为糖化剂使用。

④ 可以添加柠檬或酸橙果汁作为酸化成分，但添加量以不影响果汁饮料主体风味为度。

⑤ 在20℃用折光仪检测未调节酸度果汁饮料中可溶性固形物，其读数不应超过20%（质量分数）。

⑥ 果汁饮料中乙醇不应超过3g/kg。

⑦ 果汁饮料可以含有一些符合通用标准的食品添加剂。

⑧ 果汁饮料应装至其容器之水容积的90%（体积分数）以上，这里的水容积是指20℃时用蒸馏水充满整个容器时水的体积。

复习题

1. 发酵果蔬制品的种类包括哪些内容？简述我国发酵果蔬制品的发展趋势。
2. 影响发酵果蔬制品的因素有哪些？
3. 泡菜的传统生产工艺流程是什么？
4. 果蔬汁发酵饮料生产过程中重点环节是什么？请举例说明。

实训十一　泡菜生产工艺研究

【实训目的】

通过学习泡菜的生产工艺，了解产品配方中的基本原料和成品的独特风味，掌握泡菜的主要操作规程。

【实训原理】

利用微生物的发酵作用，分解有机物，生成大量的乳酸等有机酸，同时生成酮类、醇类等物质，使泡菜芳香脆嫩、风味独特。

【实训材料】

各种新鲜蔬菜、调味料、香辛料、食盐等。泡菜坛、天平、台秤、温度计、白瓷盘、各种刀具、石头、竹片、泡菜坛等。

【实训操作】

1. 配方

各种新鲜蔬菜 10kg，食盐 2.5kg，白酒、料酒 300g，花椒、红糖等各 200g，干红辣椒 500g，八角、白果等各 10g。

2. 原料选择

凡是组织紧密、质地脆嫩、肉质肥厚且在腌制过程中不易软化的新鲜蔬菜均可作为泡菜的原料。例如大头菜、球茎甘蓝、萝卜、甘蓝、嫩黄瓜等均可作为泡菜原料，但菠菜、苋菜、小白菜等由于质地柔软，泡制过程中容易软化，所以不宜作为泡菜原料。

泡菜的原料要新鲜，无腐烂，无农药污染。白菜、蒜薹及青椒等品种以稍老为好；刀豆、子姜及黄瓜等品种选用较嫩的原料。

香辛料等辅料要干净，无杂质。

3. 称量

按配方准确称量原辅材料。

4. 原料处理

新鲜原料充分洗涤后，将不宜食用的部分（粗皮、粗筋、须根、老叶等）剔除，根据原料的体积大小决定是否切分，块型大且质地致密的蔬菜应适当切分，特别是大块的球茎类蔬菜。清洗、切分的原料沥干表面水分后备用。

将洗干净的菜坯放在阳光下晒至萎蔫后再进行腌制，可使泡菜质脆味美。对于白菜等不宜日晒，采用晾干方法使其失水后再腌制就可以保持其本味和颜色。

5. 盐水的配制

盐水是泡菜腌制过程中微生物生长繁殖与发酵的介质，盐水对产品的质量有很大的影响，所以对配制盐水所用水和盐都有一定的要求，井水、泉水或硬度较大的自来水均可用于配制泡菜用的盐水，因为硬水有利于保持泡菜成品的脆性。经处理的软水用于配制泡菜用的盐水时，需加入占原料 0.05%的钙盐。池塘水、湖水与田间水不宜用于配制泡菜用的盐水。应选用苦味物质（$MgSO_4$ 与 Na_2SO_4）含量少，且氯化钠含量在 99%以上的精盐。

盐水的含盐量为 2%～8%，为了提高泡菜的品质，还可在盐水中加入 2%的红糖、3%的红辣椒以及其他香辛料，香辛料应用纱布包盛装后置于盐水中。将水和各种配料一起放入锅内煮沸，冷却后备用。冷盐水中也可以加 2.5%的白酒与 2.5%的黄酒。

6. 入坛泡制

泡菜坛在使用前必须清洗干净，如果泡菜坛内壁粘有油污，应用去污剂清洗干净，然后再用清水冲洗 2～3 次，倒置沥干坛内壁的水后备用。将准备就绪的蔬菜装入泡菜坛内，装至半坛时，将香辛料包放入，再装原料至坛口 6cm 处即可。用竹片将菜压住，以防腌渍的原料浮于盐水面上。随后注入配制好的冷盐水，要求盐水将原料淹没。首次腌制时，为了使发酵迅速，并缩短成熟时间，将新配制的冷盐水在注入泡菜坛前进行人工接入乳酸菌，或加入品质优良的陈泡菜汤。将假盖盖在坛口，坛盖扣在水槽上，并在水槽内注入清水或食盐溶液。

7. 发酵

发酵室干燥、通风、光线明亮；门安装防蝇、防尘设备；发酵室内温度一般为20～25℃。

泡菜的成熟期与原料种类、泡制时的气温有关，对于新配制的盐水进行泡菜制作时，夏天需 5～7d，冬天需 7～10d，叶菜类的成熟期较短，块根、块茎类菜的成熟期较长。

8. 保存

成品在室温下保存，最好有水封。

【实训报告】

总结发酵果蔬基本过程及原理。

【实训思考】

1. 制作泡菜时，材料应如何选择？
2. 泡菜制作过程有哪些注意事项？

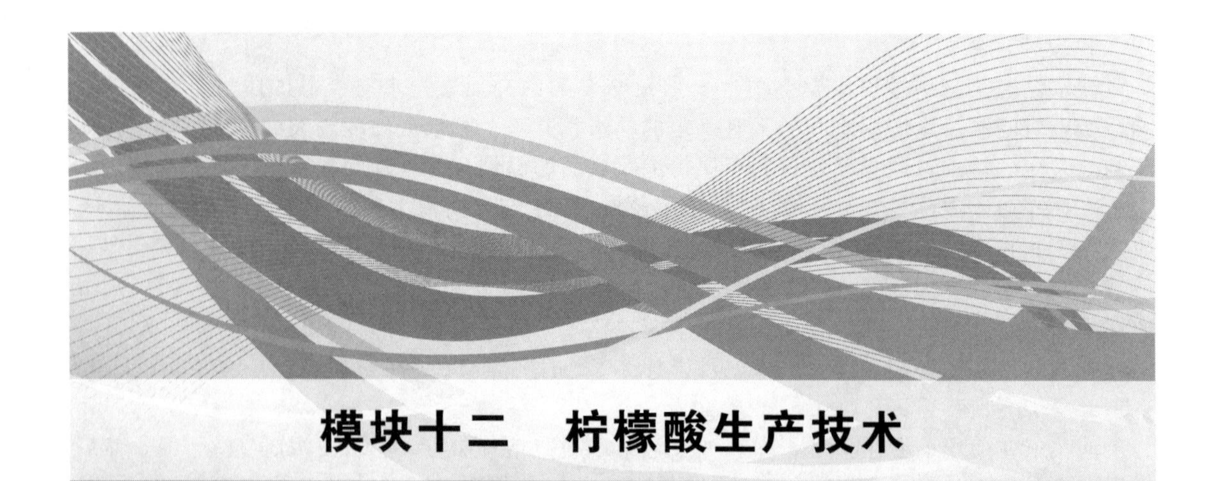

模块十二　柠檬酸生产技术

学习目标

1. 掌握柠檬酸的生产工艺。
2. 掌握柠檬酸的发酵机理。
3. 掌握柠檬酸的发酵微生物。

必备知识

一、柠檬酸生产的历史与发展趋势

柠檬酸又名枸橼酸，是存在于柠檬等水果中的一种有机酸。柠檬酸是生物体主要代谢产物之一，在自然界中分布很广。早在1784年，瑞典化学家首次从柠檬汁中提取出柠檬酸，并制成结晶。后来，德国科学家在1891年发现微生物产生柠檬酸的能力。但直到20世纪初，这种有机酸仍然绝大部分是从柠檬汁中提取的。1952年，美国实验室首先采用深层发酵法大规模生产柠檬酸，以后，深层发酵法逐渐流行起来。

我国薯类原料来源丰富，利用薯干粉原料深层发酵是我国柠檬酸生产的一大特色。对酵母菌利用正烷烃的柠檬酸发酵进行研究并获得成功，建厂投产。我国石油资源丰富，这方面工作仍然有深入研究的必要。

新技术、新材料、新设备的应用有了很多新的收获。不少相关行业的成果，如酶技术、膜技术及先进装置等越来越多地被采用。特别是提取技术的重大突破和新提取生产线的建成投产，在柠檬酸工业史上，具有划时代的意义。

二、柠檬酸的性质及安全性

柠檬酸是一种三元羧酸，结构式为：

$$HOOC-CH_2-\overset{\displaystyle COOH}{\underset{\displaystyle OH}{\overset{|}{\underset{|}{C}}}}-CH_2-COOH$$

柠檬酸可以由微生物发酵法生产，也可以由化学合成法生产。

1. 柠檬酸的性质

柠檬酸为无色半透明晶体，或白色颗粒，或白色结晶性粉末，无臭，虽有强烈酸味但令人愉快，稍有一点后涩味。它在温暖空气中渐渐风化，在潮湿空气中微有潮解性。

柠檬酸结晶形态因结晶条件不同而不同，有无水柠檬酸 $C_6H_8O_7$，也有含结晶水的柠檬酸 $2C_6H_8O_7 \cdot H_2O$、$C_6H_8O_7 \cdot H_2O$ 或 $C_6H_8O_7 \cdot 2H_2O$。商品柠檬酸主要是无水柠檬酸和一水柠檬酸。

柠檬酸有羧基和羟基存在，极易溶于水，溶解度随温度升高而增大。柠檬酸能溶于乙醇，而不溶于醚、氯仿、苯、甲苯、CS_2、CCl_4 及脂肪酸中。柠檬酸是一种较强的有机酸，有 3 个 H^+ 可以电离。

$$H_3Ci \xrightleftharpoons{K_1} H_2Ci^- + H^+$$

$$H_2Ci^- + H_2O \xrightleftharpoons{K_2} HCi^{2-} + H_3O^+$$

$$HCi^{2-} + H_2O \xrightleftharpoons{K_3} Ci^{3-} + H_3O^+$$

式中，Ci 代表柠檬酸根。

2. 保健作用及安全性

柠檬酸为食用酸类。柠檬酸可增强体内正常代谢，适当的剂量对人体无害。在某些食品中加入柠檬酸后口感好，并可促进食欲。根据 GB 1886.235—2016《食品安全国家标准　食品添加剂　柠檬酸》可作为食品添加剂使用。

三、柠檬酸发酵原料

柠檬酸发酵原料的种类很多。广义上来说，任何含淀粉和可发酵糖的农产品、农产品加工品及其副产品、某些有机化合物以及石油中的某些成分都可以作为柠檬酸发酵原料。

1. 淀粉质原料及其处理

淀粉质原料主要是甘薯、木薯、马铃薯及其薯干、薯粉、淀粉及薯渣、淀粉渣、玉米淀粉等。国内薯干原料发酵生产柠檬酸的水平较高，产酸 12%以上，转化率 95%以上，周期低于 96h，发酵指数大于 30kg/(d・m^3 发酵罐)。

(1) 薯干的粉碎　薯干为片状或条状，必须先进行粉碎。粉碎在工厂中常称为磨粉。对于液化法处理，粉碎度要求较细，一般粒度在 0.4mm 左右，即选用 40 目筛网；而糖化法要求粒度在 0.8mm 左右，即选用 20 目筛网。

(2) 淀粉质原料的糖化　黑曲霉虽有糖化能力，但柠檬酸发酵菌种的糖化或液化能力不强。为了缩短发酵时间，淀粉质原料是要经过糖化或液化处理。国外淀粉质原料处理多采用糖化法，而我国主要采用液化法，具体采用的方法与原料种类有关。玉米淀粉适宜用糖化法，而薯类淀粉适宜用液化法。糖化法根据催化剂不同可以分为酸法糖化和酶法糖化。

液化法是我国柠檬酸工业上的特色方法，利用黑曲霉糖化酶能力强的特点，即淀粉的液化是由外加液化酶完成，而后续的糖化是由发酵菌种（黑曲霉）自身完成的。淀粉的液化是由 α-淀粉酶催化完成的。液化方法有间歇法和连续法两种。

2. 糖类原料及其处理

糖类原料主要是工业用粗制糖类，如粗蔗糖、工业葡萄糖、饴糖、甘蔗糖蜜等。柠檬酸发酵中，蔗糖最为适宜；工业葡萄糖在适宜条件下产酸率也高；甘蔗糖蜜是甘蔗制糖工业的副产品，糖蜜不经处理而直接稀释后发酵时，柠檬酸产率往往很低，因为糖蜜中所含的金属离子和营养物能促进菌体过度生长，阻碍产酸。目前多数生产中，糖蜜要经过一些处理才能满足发酵。糖蜜处理的方法主要有黄血盐处理法、EDTA 处理法、离子交换法、吸附处理法（利用活性炭、皂土、白土等）。

3. 石油原料

石油原料中可供发酵的成分主要是 $C_{10}\sim C_{20}$ 的正烷烃。以正烷烃作原料生产柠檬酸，转化率高。20 世纪 70 年代起，国内外已经进行大量的研究，通过遗传学的方法使副产物含量大大减少。正烷烃生产柠檬酸原料单耗低，但发酵通气量大，产热高。

四、柠檬酸生产中的微生物及菌种的扩大培养

1. 柠檬酸生产中的微生物

柠檬酸是三羧酸循环的成员之一，在生物体中广泛存在。微生物中能向体外分泌和在环境中积累柠檬酸者也很多。但在工业生产上有价值的只有几种曲霉和酵母，其中黑曲霉是现在工业上最常用的菌种。酵母中常用的菌种有解脂假丝酵母、季也蒙毕赤酵母等。

(1) 黑曲霉 黑曲霉是生命力很强的一种微生物，具有分解淀粉、蛋白质、脂肪、果胶等多种物质的活性强大的酶系，因此在自然界分布很广，易从土壤和腐烂的植物材料中分离出来。

(2) 酵母 解脂假丝酵母一般都是从含有动植物油或矿物油的材料中分离出来的，不能发酵任何糖类，能同化的酚类和醇类也很少，但分解脂肪的能力很强。

2. 菌种的扩大培养

菌种扩大培养是以少量的微生物原种开始，经过数代繁殖培养，以获得足够量的菌种培养物供生产上应用。菌种扩大培养是在培菌间完成。培菌间包括菌种保藏室、预备室、灭菌室、培养室、干孢子收集和保藏室等。

黑曲霉菌种的扩大培养一般要经过三个阶段。相应的阶段依次称为一级、二级和三级种子培养。扩大培养的工艺流程和各级的培养方法因地而异，按照最终成品的形式可以区分为麸曲生产和孢子生产，前者是用固体曲培养，后者是液体表面培养或固体表面培养，经过收集生产出纯粹的黑曲霉孢子。

(1) 麸曲生产工艺流程 麸曲生产方法在我国较为普遍，操作简便、成本低，但孢子不易收集。第一级为斜面培养，第二级为茄子瓶培养（也有用大量斜面培养的），第三级为麸曲培养，麸曲中的孢子不单独收集，全部曲用于发酵罐的接种。整个过程可以简单表示如下：

$$原种\xrightarrow{一级}斜面\xrightarrow{二级}茄子瓶\xrightarrow{三级}麸曲$$

(2) 孢子生产工艺流程 第一级也是斜面培养，第二级是三角瓶液体表面培养，第三级是液体表面培养，容器采用体积较大的铝盆等。最后将表面培养的菌膜干燥，干孢子单独收集起来备用。整个过程可简单表示如下：

$$原种\xrightarrow{一级}斜面\xrightarrow{二级}三角瓶\xrightarrow{三级}铝盆\longrightarrow收集$$

五、柠檬酸的发酵机理

黑曲霉可以由糖类、乙醇和醋酸等发酵产生柠檬酸，这是一个非常复杂的生理生化过程。现在普遍认为柠檬酸是经过 EMP 途径、丙酮酸羧化和三羧酸循环形成的，但是原料不同，所经过的生化途径也不同。

1. 经 EMP 途径生物合成柠檬酸

在酵母酒精的发酵机理（EMP 途径）被揭示和 Krebs 在 1940 年提出三羧酸循环学说以后，柠檬酸的发酵机理才渐渐被人们所认识。Jagnnathan 等（1953 年）证明，黑曲霉中存在 EMP 途径所有的酶。Shu 等（1954 年）证实葡萄糖分解代谢中，约 80%是经过 EMP 途

径。虽然 M. Donough 等（1958 年）发现在形成柠檬酸的条件下，磷酸戊糖（HMP）循环的酶也存在于黑曲霉中，但 HMP 循环主要在孢子产生阶段活跃，因为它提供了核酸合成等所需要的前体物质。现在已统一认为，EMP 途径在己糖的柠檬酸发酵中起主要作用，丙酮酸是由这个途径产生的。

$$\underset{\text{葡萄糖}}{C_6H_{12}O_6}+2ADP+2Pi\xrightarrow{EMP}\underset{\text{丙酮酸}}{2C_3H_4O_3}+2ATP+2H_2$$

$$\underset{\text{丙酮酸}}{2C_3H_4O_3}+\underset{\text{辅酶 A}}{CoASH}\xrightarrow{\text{丙酮酸脱羧酶}}\underset{\text{乙酰辅酶 A}}{2CH_3COSCoA}+CO_2+H_2$$

$$\underset{\text{丙酮酸}}{C_3H_4O_3}+CO_2\xrightarrow{\text{丙酮酸羧化酶系}}\underset{\text{草酰乙酸}}{C_4H_4O_5}$$

$$\underset{\text{草酰乙酸}}{C_4H_4O_5}+\underset{\text{乙酰辅酶 A}}{2CH_3COSCoA}+H_2O\xrightarrow{\text{柠檬酸合成酶}}\underset{\text{柠檬酸}}{C_6H_8O_7}+\underset{\text{辅酶 A}}{CoASH}$$

2. 三羧酸循环途径生物合成柠檬酸

柠檬酸是三羧酸循环（TCA）成员之一。黑曲霉中三羧酸循环如图 12-1 所示。

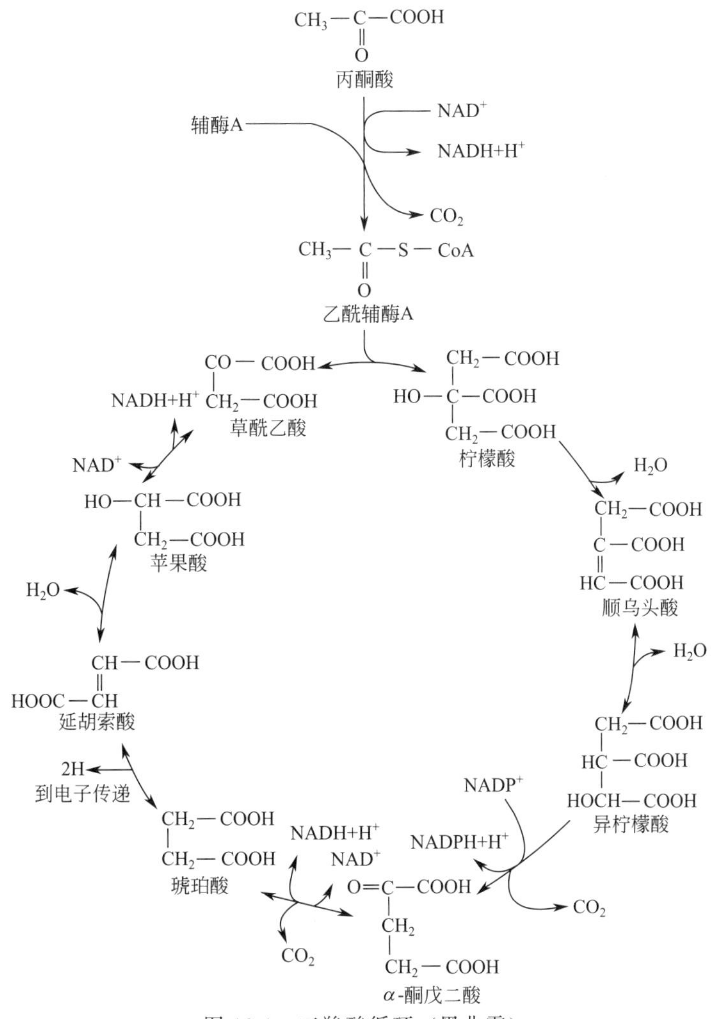

图 12-1　三羧酸循环（黑曲霉）

引自：李阜棣，胡正嘉. 微生物学. 北京：中国农业出版社，2000.

3. 经 HMP 途径生物合成柠檬酸

葡萄糖经过磷酸戊糖酶的作用分解产生戊糖，通过转酮或者转醛后形成丙糖，最终转化成柠檬酸。总反应式为：

$$6C_6H_{12}O_6+13.5O_2+91ADP+91Pi \longrightarrow 5C_6H_8O_7+16H_2O+6CO_2+91ATP$$

4. 其他合成柠檬酸的途径

其他合成柠檬酸的途径包括丙酮酸羧化合成柠檬酸途径、以乙酸生物合成柠檬酸途径、由正烷烃生物合成柠檬酸途径等。

项目一　柠檬酸的发酵

柠檬酸发酵是利用微生物在一定条件下的生命代谢活动而获得产品的。不论采用何种微生物，柠檬酸发酵都是典型的好氧发酵。

柠檬酸发酵工艺的发展分为三个阶段：20 世纪 20 年代为第一阶段，由青霉和曲霉表面发酵生产；第二阶段开始于 20 世纪 30 年代，曲霉的深层发酵逐渐得到发展；第三阶段是 20 世纪 50 年代至今，以黑曲霉深层发酵为主，并进行着表面发酵和固体发酵。

一、表面发酵工艺

表面发酵是利用生长在液体培养基表面的微生物代谢作用，将可发酵性原料转化为柠檬酸的过程。这种工艺出现最早，主要用于糖蜜原料的发酵。采用表面发酵工艺具有设备简单，投资少，投产快，操作技术简单，能耗低，原料粗放，适于高浓度发酵，产酸浓度高等优点。但表面发酵也存在的一定问题：设备占地面积大，劳动强度高，发酵时间长，菌体生成量多，影响产酸等。

二、固体发酵工艺

固体发酵是将发酵原料及菌体被吸附在疏松的支持物（载体）上，经过微生物的代谢活动，将原料中的可发酵成分转化为柠檬酸。采用固体发酵工艺具有下述优点：设备简单，投资少，操作简单，能耗低，适应性强，原料粗放，发酵时间短，一般只需 2～3d。固体发酵工艺存在的缺点是：设备占地面积大，劳动强度大，传质传热困难，产率和回收率较低，副产物多等。

1. 固体发酵设备

固体发酵工艺类似于我国传统白酒工业中的制曲，因此固体发酵培养基简称为“醅”。根据醅层厚度不同，固体发酵可分为薄层法和厚层法，薄层法的醅层厚度在 5cm 以下，而厚层法的厚度可达几十厘米。两者空气供给的状况不同，因而需要采用不同的设备。

（1）薄层发酵设备　薄层固体发酵在发酵室内进行。发酵室也称为“曲房”，它的要求与表面发酵室类似，需要配置无菌空调设备。室内放置发酵盘架，以 8～10 层为宜，盘架层垂直间距为 15～20cm。

薄层发酵的容器可以采用发酵盘（曲盘、竹扁等）。曲盘的厚度在 6～8cm，材料可以是木质、铁质或铝质加涂料，或采用不锈钢，盘底最好是假底或多孔筛板，以利于通气。

（2）厚层发酵设备　厚层醅与空气的接触面小，所以需要在容器底部设置假底和空气通道，以协助供氧，这种设备称为发酵箱，又称为厚层通风制曲箱，简称曲箱。曲箱由假底隔为上下两层，上层深度为 5～60cm，下层为 20cm，箱宽约 1m，长度可以在很大范围内变化，单端通风一般不超过 20m，双端通风可达 40m。

(3) 蒸料设备 蒸料的目的是使淀粉糊化，兼有灭菌作用。蒸料常用的简易设备是双层简易蒸锅，如图 12-2 所示；也有机械化程度较高的旋转式蒸料锅，如图 12-3 所示。

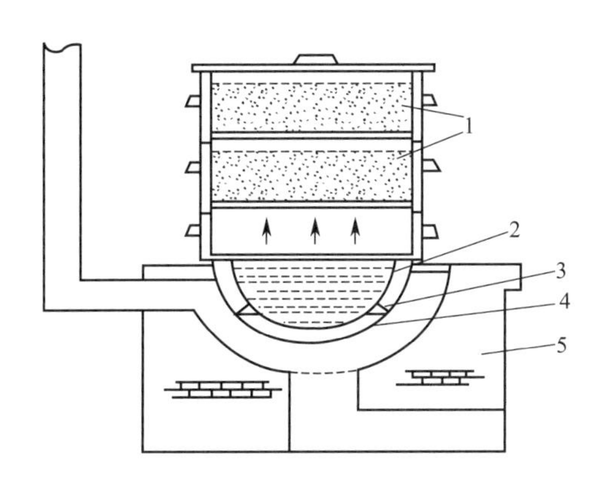

图 12-2 双层简易蒸锅

1—物料；2—内锅；3—铁圈；4—外锅；5—灶

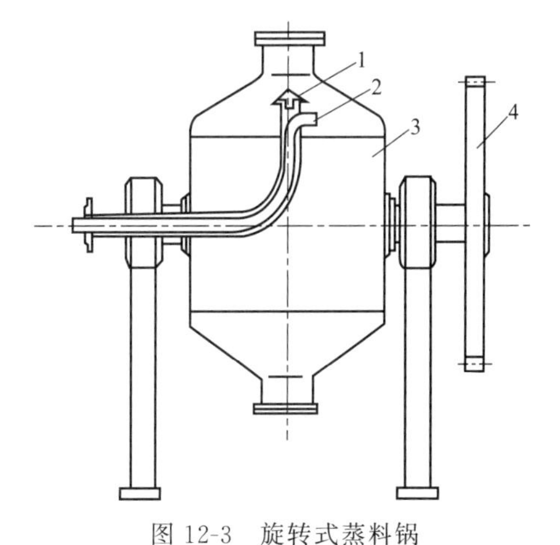

图 12-3 旋转式蒸料锅

1—帽罩；2—喷水喷汽管；3—器身；4—齿轮

2. 固体发酵原料

固体发酵几乎可以采用表面发酵和深层发酵的任何原料，并加上疏松载体（如麸皮、米糠、玉米皮、甘蔗渣等）即可。固体发酵的突出优点在于它能利用液体发酵难以利用的原料，目前在工业上有实用价值的原料主要是甘薯渣、木薯渣等。辅助原料主要是米糠和麸皮，再添加2%～3%的 $CaCO_3$。

3. 培养基

(1) 种曲培养基 麸皮，100kg；$CaCO_3$，10kg；$(NH_4)_2SO_4$，0.5kg；水，100kg。

(2) 薯渣发酵醅 每 100kg 干渣中加入 $CaCO_3$ 2kg、米糠 11kg。

4. 培养基制备

(1) 种曲制备 种曲制备和培养方法与菌种扩大培养中的麸曲生产方法相同。

(2) 薯渣醅的配料 先将干料薯渣、$CaCO_3$ 及含氮辅料拌在一起，混匀，先后洒水拌料。拌好的物料让其浸润吸水膨胀，30min 后送入锅内蒸煮。

(3) 蒸料 其目的是杀死杂菌和使原料中淀粉膨胀糊化。正常物料常压蒸 90min，100kPa 表压下蒸 50min，有污染的物料增加 10～15min。

(4) 摊晾 熟料出锅以后要趁热用扬麸机扬散，摊在预先准备好的场地上。整个摊晾过程都必须严格执行无菌操作。

(5) 补水接种 摊晾至 37℃以下时要立即补水接种，否则搁置过久会使淀粉回生，降低淀粉利用率和产酸率，也增加了污染杂菌的机会。一般补水以 71%～77%较好。种曲的用量为甘薯渣干重的 0.2%～0.3%。

(6) 装盘进室 曲醅要边疏松边装入盘内，千万不可压实。装料厚度 6～7cm，装好后立即送入曲房上架。

5. 发酵

(1) 薄层发酵法 曲醅入室的品温在 30～35℃，在孢子发芽和菌丝开始发育时代谢热很少，品温逐渐下降。在此前 18h 内，品温应维持在 27～31℃；18～48h 内由于代谢热大量释放，品温可维持在 38～43℃，但不得更高；48h 后品温很快降至 35℃左右，直至发酵结束。

上述适宜的品温主要通过室温加以控制，一般室温控制在26～30℃，曲房相对湿度在85%～90%即可。

发酵终点由酸度决定。测定由48h开始，每12h测一次，72h后要密切注意酸度变化，每4h测一次，在酸度最高时出料。

（2）厚层发酵法 固体厚层发酵是在薄层发酵的基础上发展起来的。特点是必须由容器的假底向上通风，以供给氧气和带走热量。厚层发酵过程的控制仍然是温度和湿度，最高品温不得超过40℃。温湿度主要靠通风量和进风温湿度加以控制。

三、深层发酵工艺

深层发酵是微生物菌体均匀分散在液相中，利用溶解氧发酵时不产生分生孢子，全部菌体细胞都参与合成柠檬酸的代谢。深层发酵的优点：发酵体系是均一的液体；传热传质良好，不存在盲区；设备占地面积小，生产规模大；发酵速率高；产酸率高，菌体生成量少；操作机械化；发酵副产物少；产品质量高。

1. 深层发酵工艺流程

不同原料的深层发酵工艺大同小异，主要差别在于前面的原料处理工艺，而在发酵工段的区别仅在于两个方面，即是否采用种子培养和是否采用补料工艺。

（1）糖蜜深层发酵工艺流程 如图12-4所示，糖蜜由总贮罐3流至分贮罐4，流送量按1d（24h）用量计算，再泵送至称量罐6，经称量后自流到蒸煮锅14内，在锅内进行预处理，先加1∶0.5的水稀释，并加热至80℃。硫酸泵送至分贮罐8，在配酸罐9内配制成10%硫酸溶液，再经计量罐13加到蒸煮锅14内，与初步稀释的糖蜜混合。黄血盐在配制罐10内配成10%的溶液，泵送到计量罐12，也加到蒸煮锅14内，加热30～40min处理，最后调整pH 7.0～7.2。

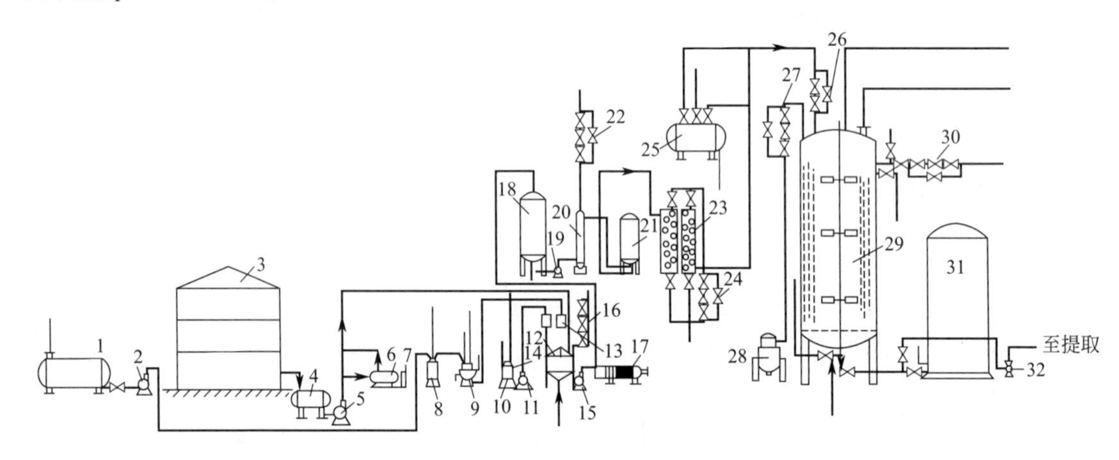

图12-4 糖蜜深层发酵工艺流程

1—硫酸总贮罐；2,5,11,15,19,32—泵；3—糖蜜总贮罐；4—糖蜜分贮罐；6—称量罐；7—磅秤；8—硫酸分贮罐；9—配酸罐；10—黄血盐配制罐；12—黄血盐计量罐；13—硫酸计量罐；14—蒸煮锅；16,22,24,26,27,30—仪表装置点；17—板框压滤机；18—贮罐；20—连消塔；21—维持罐；23—冷却器；25—补料贮罐；28—消泡剂罐；29—发酵罐；31—发酵罐贮罐

处理后的糖蜜经板框压滤机17滤除被黄血盐沉淀的普鲁士蓝等杂质，送入贮罐18。灭菌时，连续泵送经过连消塔20及维持罐21，经冷却器23至32～33℃后进入发酵罐29，发酵罐装液60%。这种培养液含糖3%和适量无机盐（NH_4NO_3、KH_2PO_4、$MgSO_4 \cdot 7H_2O$

等），作为初始的培养液，以促进菌体生长。

（2）薯干粉深层发酵工艺流程 薯干粉发酵的工艺流程简单，如图12-5所示。营养盐用硫酸铵，灭菌后只加入种子罐中。种子培养基冷却至36℃左右接种麸曲，在36℃左右通风培养20～30h，由无菌压缩空气（经接种站）输入发酵罐中。发酵培养基也冷却到35℃左右接种，发酵在35℃左右进行，通风搅拌培养4d。当酸度不再上升，残糖降到2g/L以下时，立即泵送到贮罐中，及时进行提取。

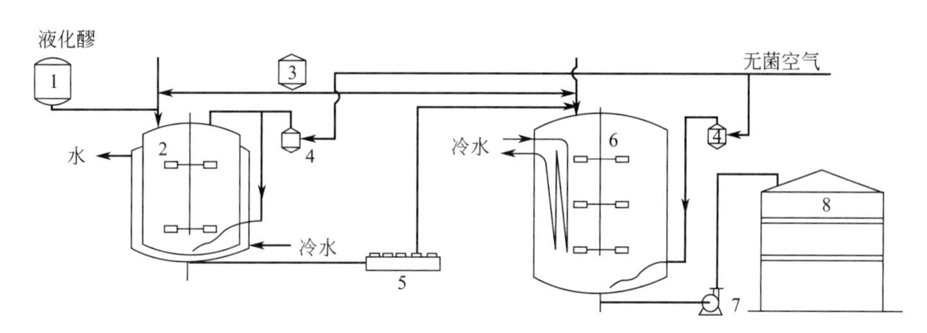

图12-5 薯干粉深层发酵工艺流程

1—硫酸铵罐；2—种子罐；3—消泡剂罐；4—分过滤器；
5—接种站；6—发酵罐；7—泵；8—发酵罐贮罐

2. 种子培养

种子培养的目的是使黑曲霉孢子发芽，并发育成产酸型菌丝球作为接种物。国内大多数柠檬酸工厂均采用这种方法，但在少数工厂不用这种方法，而是将麸曲或孢子直接接种到生产罐中。采用种子培养工艺有下列优点：缩短了生产罐的发酵时间，一般可缩短30h左右；种子培养的质量易于控制；有利于防止杂菌污染；总能耗低。

（1）种子培养基 种子培养基的设计与发酵培养基有关。一般说来，它的成分接近于发酵培养基，这可以提高种子进入生产罐以后的适应性，并且给原料的采购和培养基制备的操作带来方便。

① 蔗糖发酵的种子培养基

蔗糖	25～50kg	NH_4NO_3	2.25kg
KH_2PO_4	0.3kg	$MgSO_4 \cdot 7H_2O$	0.25kg
1mol/L HCl	100L	加水至1000mL	

② 水解糖发酵的种子培养基

还原糖	50～60kg	NH_4NO_3	2.5kg
KH_2PO_4	0.5kg	$MgSO_4 \cdot 7H_2O$	0.25kg
加水至1000mL		HCl调至pH 5	

（2）种子培养工艺要点

① 培养基的灭菌 灭菌分为连续灭菌和间歇灭菌两种方法。间歇灭菌在种子罐内直接进行，一般要求在搅拌下，于120℃灭菌30min。

② 接种 接种物可以是黑曲霉孢子或麸曲，两者均应制成悬浮液，从种子罐的接种口倾入罐中，接种量以100000个/mL为宜。于35℃左右静置培养（浸泡）5～6h后再接到种子罐中。

③ 培养 在34～35℃下进行，罐表压维持2～50kPa。通风量根据培养阶段决定。

培养到10～12h时，菌丝开始出现横隔膜，并且开始有分枝。这时培养基可能剧烈起泡。消泡可以采用25～30mL工业油酸或植物油（菜籽油、棉籽油、豆油等）下脚。培养到20～24h时，菌体量大大增加，通常停止产生泡沫，培养液体积明显增加，液体变稠，色浅，这时通气量要增加到70～72m^3/h。培养到28～36h时，培养物应该是浅黄褐色、被小气泡饱和、能够浮起来的菌丝球。

一般工厂使用培养18～28h的种子，此时的菌丝直径应为24μm，有横隔膜，具有3～4个液泡，菌丝旺盛分枝，末端钝圆。培养液呈暗褐色。

种子培养成熟不能及时接入发酵罐，可降温至20～25℃，维持罐压50～100kPa。如果种子供应不上，可以将发酵罐中已培养26～28h的培养物用于接种，再用新鲜培养基补充。

(3) 种子培养液质量要求

① 显微镜检查　菌丝生长健壮，结成菊花形小球，球直径不超过100μm，每毫升含菌球数在1万～2万，无异味，无杂菌污染迹象。

② pH　2～2.5。

③ 酸度　1.5%～2%。

④ 种龄　20～30h（根据具体情况确定）。

3. 深层发酵

(1) 深层发酵培养基及其配制

① 蔗糖发酵培养基

蔗糖	200kg	1mol/L HCl	10L
$MgSO_4 \cdot 7H_2O$	0.25kg	KH_2PO_4	0.15kg
NH_4NO_3	1.1kg	加水至1000mL	

② 水解糖发酵培养基

还原糖	170～180kg	pH	3.5
$MgSO_4 \cdot 7H_2O$	0.25kg	KH_2PO_4	0.3kg
NH_4NO_4	2.5kg	加水至1000mL	

③ 糖蜜发酵培养基　稀培养液与种子培养基相同，补料为黄血盐处理后的糖蜜，含糖250g/L左右，pH 6.8～7.0。

④ 薯干粉发酵培养基　薯干粉220～280kg，加水至1000mL。

(2) 接种　接种前必须对接种管道进行灭菌，灭菌与大罐灭菌同时进行。接种后关闭接种阀，仍打开通气阀。种子罐与接种管道要及时清洗，排除残余料液。

(3) 发酵

① 糖蜜培养基深层发酵　以100m^3气升式发酵罐为例，发酵温度一直维持在(31±1)℃，当产酸期放热量很大时，应该降低进风温度，以维持产酸条件。

发酵过程的通气量按表12-1的数据加以控制。发酵过程中要定期测定糖度、pH、酸度和菌体量等参数，并且要镜检菌丝球形态及有无杂菌污染。

表12-1　100m^3气升式发酵罐的通气量

发酵时间/h	通气量/(m^3/h)	发酵时间/h	通气量/(m^3/h)
0～3	100～150	14～15	1200
4～5	400	16～17	1400
6～7	550	18～19	1600
8～9	750	20～21	1900
10～11	900	22以后	2200
12～13	1150		

② 薯干粉培养基深层发酵

a. 温度控制　整个发酵过程控制温度32～36℃。一般采用自动控制。

b. 罐压控制　一般控制在表压0.1MPa。

c. 风量控制　$50m^3$ 标准机械搅拌发酵罐的参考通风量如下：

0～18h　　0.08～0.1m^3/h

18～30h　　0.12m^3/h

30h以后　　0.15m^3/h

罐体积小于 $50m^3$ 时通风量要适当增大，大于 $50m^3$ 则要减小。

d. 搅拌转速　国内薯干粉深层发酵的通用式发酵罐都采用箭叶涡轮搅拌桨，搅拌转速控制如表12-2。

表12-2　搅拌转速控制

罐容积/m^3	搅拌转速/(r/min)	罐容积/m^3	搅拌转速/(r/min)
5	160～200	50	90～115
25～30	110～120	80	90～110

e. pH控制　在薯干粉发酵中，黑曲霉还担负着糖化的任务，糖化的适宜pH在4.0左右。

f. 发酵过程监测　发酵过程的上述参数可以通过仪表监测，而酸度和糖度一般靠化学方法检测。

g. 放罐条件　以酸度不再增加或残糖不再降低为放罐条件，整个发酵过程需要90～100h。

薯干粉发酵的总糖一般140～160kg/m^3，产酸浓度120～150kg/m^3，转化率达93%～97%。

项目二　柠檬酸的提取

柠檬酸成熟发酵醪中除了含有主要产品柠檬酸之外，尚含有残糖、菌体、蛋白质、色素和胶体物质、无机盐、有机杂酸以及原料带入的各种杂质。

柠檬酸提取工艺有钙盐法、萃取法、离子变换法和电渗析法等，其中钙盐法在我国比较普遍使用。

一、工艺流程

发酵液经过加热处理后，滤去菌体等残渣，在中和桶中加入 $CaCO_3$ 或石灰乳中和，使柠檬酸以钙盐形式沉淀下来，废糖水和可溶性杂质则过滤除去。柠檬酸钙在酸解槽中加入 H_2SO_4 酸解，使柠檬酸游离出来，形成的硫酸钙（石膏渣）被滤除，作为副产品利用。这时得到的粗柠檬酸溶液通过脱色和离子交换净化，除去色素和胶体杂质以及无机杂质离子。净化后的柠檬酸溶液浓缩后结晶出来，离心分离晶体，母液则重新净化后浓缩、结晶。柠檬酸晶体经干燥和检验后包装出厂。我国用钙盐法提取柠檬酸的工艺流程如图12-6所示。

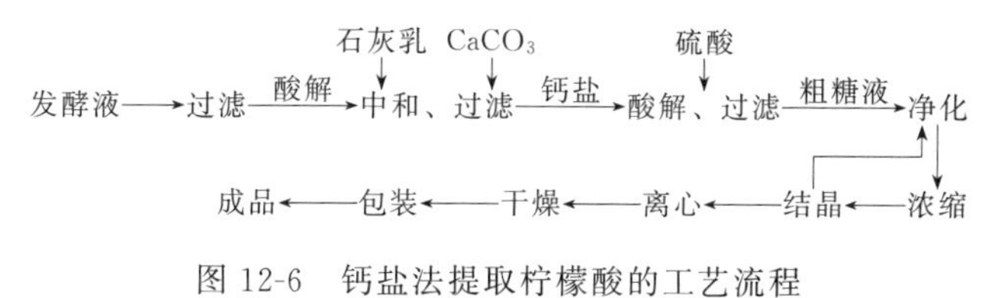

图12-6　钙盐法提取柠檬酸的工艺流程

二、工艺要点

1. 发酵醪的特性

柠檬酸成熟发酵醪含固形物为 90～270g/L；菌体含量 50～150g/L；总酸含量 70～200g/L（以柠檬酸计，除去菌体以后），其中柠檬酸占总酸的 80%～99%；pH 一般 1.5～2.5，酵母石油发酵 pH 4～6。

(1) 杂酸含量 含葡萄糖酸 0.2%～0.5%；草酸 0.1%～0.3%；石油发酵主要是异柠檬酸 30%～48%。另外，存在少量三羧酸循环中的其他酸，如琥珀酸、苹果酸、草酰乙酸和 α-酮戊二酸等。

(2) 残糖含量 正常发酵情况下为 2～20g/L，糖蜜发酵残糖较多为 10～20g/L，其中含有较多非发酵性糖和糖的分解产物。酵母石油发酵液还含有较多钙盐。

柠檬酸成熟发酵醪呈黄褐色至深褐色，其颜色深浅与所用原料等因素有关。

2. 发酵液过滤

过滤常用的固液两相分离方法，其原理是利用过滤介质两侧的压力差，让液相透过介质与固相分离。过滤设备主要有板框压滤机、全自动板框压滤机、真空转鼓过滤机、真空带式过滤机等。

3. 中和

(1) 原理 柠檬酸与钙盐反应可以生成柠檬酸钙。受其溶解度的限制，柠檬酸钙会在液相中沉淀析出，从而达到与可溶性杂质分离的目的。常用的中和剂是碳酸钙粉或石灰乳，与柠檬酸的反应如下：

$$2C_6H_8O_7 \cdot H_2O + 3CaCO_3 \longrightarrow Ca_3(C_6H_5O_7)_2 \cdot 4H_2O + 3CO_2 + H_2O$$

$$2C_6H_8O_7 \cdot H_2O + 3Ca(OH)_2 \longrightarrow Ca_3(C_6H_5O_7)_2 \cdot 4H_2O + 4H_2O$$

根据上述反应式，可以算出中和需要的加碱量，即每中和 100kg 一水柠檬酸，需要 $CaCO_3$ 71kg 或 $Ca(OH)_2$ 53kg（折合 CaO 40kg）。

另外，发酵液中存在的主要杂酸草酸和葡萄糖酸，也能在中和时形成钙盐。

草酸 $C_2H_2O_4 + Ca^{2+} \longrightarrow CaC_2O_4 + 2H^+$

葡萄糖酸 $2C_6H_{12}O_7 + Ca^{2+} \longrightarrow Ca(C_6H_{11}O_7)_2 + 2H^+$

在热的中和液中，草酸钙可以在 pH3 以下沉淀析出，从而可以先分离出来。葡萄糖酸钙溶解度很大，一直处于溶解状态，不会混到柠檬酸钙沉淀中。

(2) 工艺流程 中和工艺包括中和与柠檬酸钙的分离，如图 12-7 所示。过滤后的发酵液由贮液槽泵送到中和桶中（柠檬酸配位化合后的母液加水稀释后也可同样处理），通入蒸汽直接加热至 70℃，加入碳酸钙粉浆进行中和。中和到达终点后继续保温 85～90℃搅拌20～30min，然后放到抽滤槽中滤去废糖液，并用 85℃以上的热水洗涤钙盐，直至残糖洗尽为止。

柠檬酸滤液的中和也可以是连续的。连续中和工艺流程如图 12-8 所示。柠檬酸液由泵送入预热器升温，进入管道中和器，碳酸钙浆同时泵入管道中和器，二者一边进行中和反应，一边进入中和桶，在桶中再用少量碳酸钙调节终点。产生的 CO_2 由立式刮板式消泡器排出，液体得到回收。中和结束后同样进至抽滤桶。连续中和工艺可以通过 pH 控制系统调节酸液与钙液的比例，实现自动控制。

4. 酸解

(1) 原理

① 酸解反应与用酸量 酸解的反应式如下：

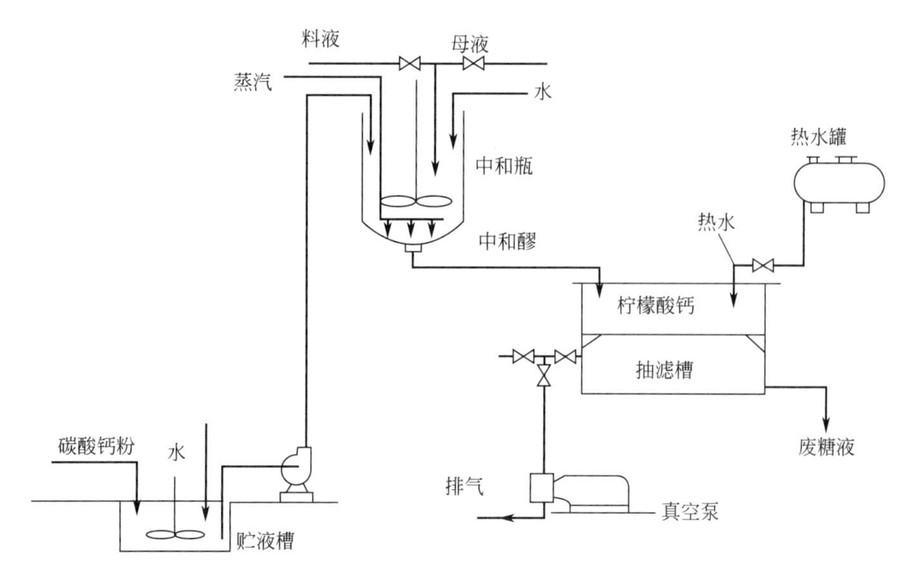

图 12-7 中和工艺流程

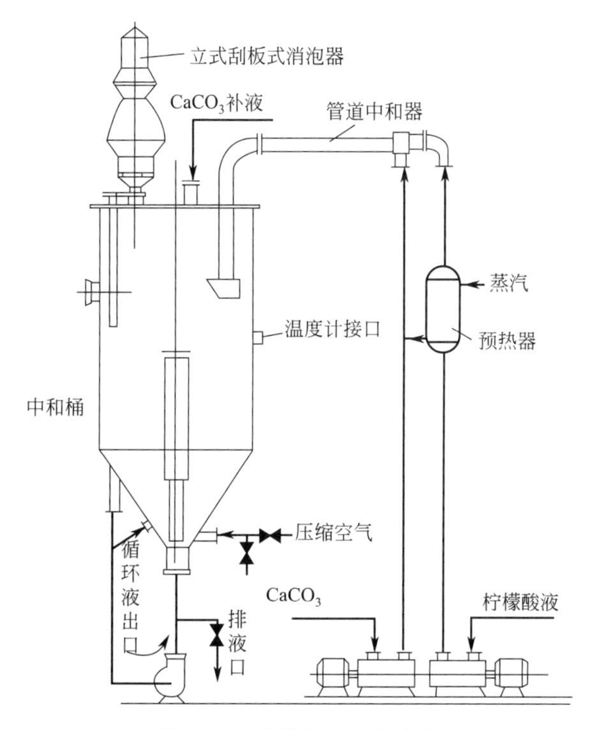

图 12-8 连续中和工艺流程

$$Ca_3(C_6H_5O_7)_2 \cdot 4H_2O + 3H_2SO_4 + 2H_2O \longrightarrow 2C_6H_8O_7 + 3CaSO_4 \cdot 2H_2O$$

酸解时硫酸是逐步添加的，所以柠檬酸三钙先转变成柠檬酸氢钙，再生成柠檬酸一钙，最后游离出柠檬酸。每千克柠檬酸需要工业硫酸（相对密度 1.80～1.84）765.6g。硫酸的用量也可以根据中和剂的消耗量进行估计，即每千克 CaO 相当于 1750g H_2SO_4，或每千克 $Ca(OH)_2$ 相当于 1324.3g H_2SO_4，但实际应该加入的量要比这样的计算量少，这是因为中和时有可溶性钙盐（如葡萄糖酸钙）生成，以及中和剂制备和柠檬酸钙洗涤时都有所损失。

② 石膏的形成 酸解时形成的硫酸钙有 3 种：二水硫酸钙（$CaSO_4 \cdot 2H_2O$）、半水硫

酸钙（$CaSO_4 \cdot 0.5H_2O$）、无水硫酸钙（$CaSO_4$）。

这 3 种形态的形成取决于溶液的过饱和度和温度。过饱和度高，易形成无水硫酸钙。在过饱和度一定的条件下，主要取决于温度。在 80℃以下形成二水硫酸钙，80～95℃范围内二水硫酸钙和半水硫酸钙混合存在，95～100℃以上形成半水硫酸钙和无水硫酸钙，140℃以上只生成无水硫酸钙。

硫酸钙的溶解度与柠檬酸浓度、硫酸浓度和温度有关，酸浓度升高和温度升高都使溶解度降低。所以为了减少硫酸钙的溶解量，酸解温度一般在 85℃以上。

③ 酸解时的净化　酸解的同时可以进行净化操作，以除去液相中的色素、胶体物质及金属离子。

a. 脱色　酸解液中的色素等高分子物质可以用粉状活性炭吸附脱除。

b. 除 SO_4^{2-}　酸解液中过量的 SO_4^{2-} 可以用钡盐沉淀法除去。

c. 除 Fe^{3+}　可以用亚铁氰化钙去除，反应生成普鲁士蓝沉淀。

黄血盐（亚铁氰化钾）也有类似的作用，但采用亚铁氰化钾还兼有除 SO_4^{2-} 的作用，避免生成可溶性钾盐，K^+ 增多会降低后续柠檬酸结晶收率，使母液中柠檬酸离子增多。

d. 除 Pb^{2+}、As^{3+}　铅和砷可以以硫化物沉淀法去除，通常采用粒状硫化钡（粒径 1～2mm），它在酸性介质中形成气体硫化氢，硫化铅和三硫化二砷的溶解度极微，沉淀随同石膏滤除。

（2）工艺流程　酸解工艺流程如图 12-9 所示。

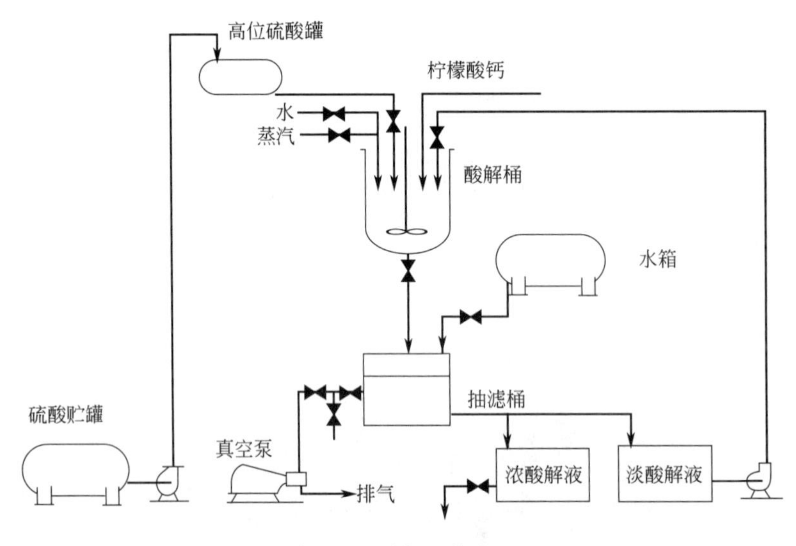

图 12-9　酸解工艺流程

（3）工艺要点　称量好柠檬酸钙在酸解桶内加入 2 倍钙盐重量的稀酸液或水，开动搅拌，小心倒入钙盐调成浓浆状，同时开蒸汽升温至 40～50℃，以每分钟 1～3L 的速度加入 30°Bé 硫酸。当加酸量达到预定加酸量的 80%～85%时，开始用 pH 试纸检测，并放慢加酸速度。当 pH 达到 2 时，要用双管法检查终点。到达终点后升温至 85℃，搅拌数分钟进行净化操作。

视酸液色度深浅加入 10～30g/L 粉状活性炭，直至保温 30min 后酸液呈淡草黄色为止。

酸解完成后放料到抽滤桶中，桶中滤布应事先洗净，铺平整。开始的滤液若不够澄清，必须复滤。酸液贮罐中的沉淀主要也是石膏，应该复滤。取清液送入下一工段。如果净化操作在分离石膏后单独进行，操作与上述基本相同，最后单独过滤一次。

5. 净化

酸解除去石膏渣以后的粗柠檬酸溶液中含有色素和胶体物质 Fe^{3+}、Ca^{2+}、Cu^{2+}、Mg^{2+}等多种金属阳离子以及 SO_4^{2-} 等阴离子杂质。净化的目的是要除去这些杂质，使最终成品的质量符合一定的标准。现行柠檬酸工业上采用的净化方法主要是吸附脱色和离子交换。

（1）工艺流程 如图 12-10 所示，酸解后的粗柠檬酸液由高位槽自流到脱色柱脱色，脱色液由低位槽经泵送入高位槽，再自流入离子交换柱，在柱中除去阳离子杂质以后汇入离子交换液贮槽，最后进入浓缩结晶工段。

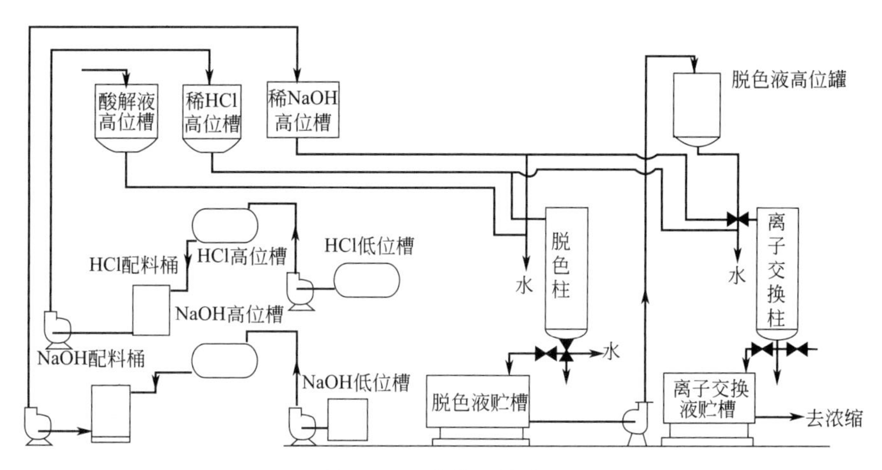

图 12-10 净化工艺流程

（2）工艺要点 将澄清的酸解液由高位槽引入装有 122 树脂或 GH-15 活性炭的脱色柱中，控制洗出渣的速度，开始流出的稀酸单独处理。待流出液 pH 降到 2.5 时，表明柠檬酸大量流出，开始收集，使之流入脱色液贮槽。当流出液色泽超过规定标准时，停止脱色，进行再生操作，色泽应在白色背景下观察。

6. 浓缩

酸解净化后的柠檬酸溶液浓度只有 20%～25%（质量分数），需要浓缩到 70%（质量分数）以上才能进行结晶操作。

浓缩工艺有直接浓缩法和两段浓缩法。前者是一次将溶液浓缩到所需浓度，适用于净化后 $CaSO_4$ 含量已符合要求的场合。后者是先将酸液浓缩到 45%左右（相对密度 1.25 左右），放入沉淀槽保温，让所含的 $CaSO_4$ 结晶析出滤除，再进行第二段浓缩。

为了使浓缩过程中料温不超过 60℃，就要维持较高的真空度，蒸发室内的压力不得超过 1.4kPa，加热蒸汽压力不超过 100kPa 表压，蒸发速度要与抽气速度相配合，蒸发过快则难以维持必要的真空度。

7. 结晶

工业上柠檬酸的结晶是从溶液中析出晶体柠檬酸的过程。柠檬酸结晶不仅要求产品纯度高，回收率高，而且对产品的晶形、晶体粒度和粒度分布也有规定要求，是控制成品质量的关键环节之一。

结晶主要设备有冷却式结晶器、蒸发式结晶器、真空式结晶器及连续结晶器等。

8. 干燥

经过离心洗涤与母液分离后的柠檬酸晶体，其表面上吸附有少量水分，称为湿晶体。湿晶体含有2%～3%游离水。干燥的目的是除去这种游离水，使柠檬酸晶体成品游离水含量低于1%（一水柠檬酸）或0.4%（无水柠檬酸）以下。

干燥包括两个基本过程：其一是提供能量（热量）使水分蒸发；其二是除去汽化后的水分。前者是传热和相变过程，后者是传质过程。

目前工业柠檬酸的干燥均采用空气干燥，设备主要采用烘房、振动干燥器或沸腾干燥器。

项目三　柠檬酸的质量控制

根据GB 1886.235—2016《食品安全国家标准　食品添加剂　柠檬酸》的感官要求、理化要求见表12-3、表12-4。

表12-3　感官要求

项目	要求	检验方法
色泽	无色或白色	取适量试样置于清洁、干燥的白瓷盘中，在自然光线下，观察其色泽和状态
状态	结晶状颗粒或粉末，无臭，味极酸，一水柠檬酸在干燥空气中略有风化	

表12-4　理化指标

项目		指标	
		无水柠檬酸	一水柠檬酸
柠檬酸含量/%		99.5～100.5	99.5～100.5
水分/%		≤0.5	7.5～9.0
易炭化物	≤	1.0	1.0
硫酸灰分/%	≤	0.05	0.05
硫酸盐/%	≤	0.010	0.015
氯化物/%	≤	0.005	0.005
草酸盐/%	≤	0.01	0.01
钙盐/%	<	0.02	0.02
铅(Pb)/(mg/kg)	≤	0.5	0.5
总砷(以As计)/(mg/kg)	≤	1.0	1.0

复习题

1. 简述柠檬酸发酵的原理。
2. 柠檬酸发酵的原料有哪些？作用是什么？
3. 柠檬酸发酵的方法有哪些？有何优缺点？
4. 简述柠檬酸的提取工艺。

模块十三　黄原胶及单细胞蛋白生产技术

学习目标

1. 掌握黄原胶、单细胞蛋白的特性、应用价值、生产技术要点、产品具体应用、产品质量评价等方面的相关知识。

2. 了解黄原胶、单细胞蛋白目前在国内外的生产和应用情况及市场发展前景。

项目一　黄原胶的生产

一、黄原胶的结构及性质

黄原胶别名汉生胶、黄胶，又称黄单胞多糖。它是由野油菜黄单胞杆菌以碳水化合物为主要原料，经通风发酵、分离提纯后得到的一种微生物高分子酸性胞外杂多糖，是一种具有重要经济价值的生物高聚物。常见的黄原胶是一种类白色或浅黄色的粉末，具有长链高分子的一般性能，即溶液具有黏性。黄原胶侧链具有较多的官能团，且在水溶液中呈多聚阴离子聚合物，由此导致的分子之间斥力使得其水溶液黏性较强。在高温和高离子浓度条件下，其聚合物链伸展成为相对僵硬的螺旋状杆，稳定性提高，不易遭受酸、碱和酶的攻击。因此，在冷水和热水中，黄原胶均具高黏度，且有高耐酸、耐碱、耐盐特性，热稳定性极好。负电侧链的存在还使其具有很好的悬浮性和流变性等。

另外，不同的理化条件等可影响黄原胶侧链糖单元酸性基团解离，因此其水溶液中的多聚阴离子构象是多样的，不同条件下表现出不同的特性。所以，黄原胶的特性会在一定程度上受到理化条件的影响，但影响不是特别大。分子侧链末端含有丙酮酸基团的多少，对其性能有很大影响。

由于以上原因，黄原胶具有较好的增稠性、乳化性、流变性、悬浮性等，在食品、钻井、精细化工等许多行业都有很好的应用前景。

二、黄原胶生产的现状与发展趋势

黄原胶是 20 世纪 70 年代逐渐在应用方面获得扩展的新型发酵产品。由于其优越的使用性能，应用范围越来越广。1983年，世界卫生组织（WHO）和联合国粮农组织（FAO）正式批准黄原胶可作为食品工业稳定剂、乳化剂、增稠剂使用。在食品、化妆品、医药甚至石油开采等诸多领域，黄原胶都发挥着其不可替代的作用，并且用途还将越来越广。

黄原胶工业化生产技术日趋完善，尤其是生物技术的发展使黄原胶的发酵产率、糖转化率、发酵液浓度等指标大大提高，发酵周期大大缩短。目前，世界上黄原胶生产最高水平已达到 $50m^3$ 单罐发酵年产量200～240t；淀粉投料由4%～5%提高到8%～9%；发酵黄原胶已达到5%左右；原料多糖转化率接近80%；发酵周期由72～96h缩短为48～52h。

我国1979年才开始对黄原胶进行研究开发，并于20世纪80年代投入商品化生产。与国外相比，目前国内黄原胶应用与生产尚处于起步阶段，首要任务是集中力量加强黄原胶规模化生产技术开发，扩大生产规模，提高产品质量，降低生产成本。

三、黄原胶在食品工业中的应用

黄原胶在各种天然增稠剂中黏度最高（低浓度即产生高黏度）而且稳定；能适应一般的加压蒸煮工艺过程；能适应食品范围内的pH；在盐、糖溶液中能保持稳定；有很强的抗酶降解能力；有很好的悬浮及乳化稳定性；与食品中的各种添加剂及其他组分相容性良好；有很好的持水性，可保持食品水分；由于其假塑性，溶液易于泵送、灌注及倾倒，并有助于某些产品的赋形，形成良好的口感。例如含有黄原胶的调味汁，将瓶子晃动就很容易倒出，但在食品静置时就会增加黏度，从而使调味功能得到强化。因此，黄原胶广泛应用于面包、乳制品、冷冻食品、饮料、调味品、酿造食品、糖果、糕点、汤料和罐头等食品中作为稳定剂、乳化剂、悬浮剂、增稠剂和加工辅助剂。

四、黄原胶的生产工艺

1. 菌种

黄原胶是采用微生物发酵进行生产的，菌种的分离获得是黄原胶生产的第一步。性能优良的菌种，是发酵生产成功的关键因素之一，是发酵生产高产率、高品质产品的基本保障。

能产生黄原胶的微生物较多，黄单胞菌属的许多种类菌株都能产生黄原胶。为提高野生型菌株的黄原胶产量，可将获得的野生型菌株进行诱变选育或进行基因工程改造，以获得性状优良（如产量高，黄原胶的黏度、稳定性、盐溶性和耐温性提高等）的菌株。

黄原胶生产的菌种大多是从甘蓝黑腐病病株上分离到的甘蓝黑腐病黄单胞菌，也称野油菜黄单胞菌。另外，还有菜豆黄单胞菌、锦葵黄单胞菌和胡萝卜黄单胞菌等。我国目前已开发出的菌株有南开-01、山大-152、山大-008、山大-L4和山大-L5。这些菌株一般呈杆状，革兰阴性，产荚膜。在琼脂培养基平板上可形成黄色黏稠菌落，液体培养可形成黏稠的胶状物。

2. 培养基优化

与进行其他微生物培养时的培养基一样，黄原胶发酵培养基也由碳源、氮源、矿物质元素、水等组成。碳源一般是葡萄糖、蔗糖、淀粉等糖类，玉米淀粉、蔗糖糖蜜、乳糖糖蜜等是物美价廉的碳源，国外用作黄原胶发酵的碳源多数是葡萄糖。黄单胞菌容易利用有机氮源，而不易利用无机氮源。有机氮源包括鱼粉蛋白胨、大豆蛋白胨、鱼粉、豆饼粉、谷糠等，其中以鱼粉蛋白胨为最佳，它对产物的生成有明显的促进作用，一般使用量为0.4%～0.6%。无机氮源有铵盐、硝酸盐等。实践中发现无机离子如 Mg^{2+}、Na^{+}、Ca^{2+}、Fe^{2+}、Zn^{2+}、Mn^{2+}、I^{+} 等是黄单胞菌细胞中某些酶的激活剂，适量添加这些离子可以提高黄原胶的产量，因此培养基中往往还添加轻质碳酸钙、NaH_2PO_4、$MgSO_4$ 等，对黄原胶的合成有明显的促进作用。

培养基对黄单胞菌合成黄原胶的影响是巨大的，因此探索黄单胞菌的最适培养基十分必要。许多学者经过研究得到较为优良的培养基配方，这些配方在组成上稍有差别，可能受到发酵菌种、原料质量、地域、气候、人为误差等因素的影响。莫晓燕等通过正交试验考察各种因素对发酵过程的影响，结果表明，在对发酵液黏度的影响，$CaCO_3$ ＞ KH_2PO_4 + $MgSO_4$ ＞碳源＞碳源和氮源的交互作用＞氮源；对产胶率的影响，KH_2PO_4 + $MgSO_4$ ＞ $CaCO_3$ ＞碳源＞碳源和氮源的交互作用＞氮源；得到一个较好的培养配方：淀粉 4%，鱼粉 0.3%＋豆饼粉 0.3%，$CaCO_3$ 0.3%，KH_2PO_4 0.5%＋$MgSO_4$ 0.25%，接种量 5%，柠檬酸 0.025%，$FeSO_4$ 0.025%，28℃培养 72h，发酵液黏度为 8.74Pa·s,黄原胶产率 2.91%，丙酮酸含量为 3.32%。在发酵过程中适量提高碳氮比可以提高碳源的转化率，进而提高黄原胶的产量。例如南开大学的南开-01 菌种所使用的摇瓶发酵培养基如下：玉米淀粉 4%，鱼粉蛋白胨 0.5%，轻质碳酸钙 0.3%，自来水配制，pH 7.0。在大罐生产中将鱼粉蛋白胨改成鱼粉直接配料，其他原料不变。

在实际研究和生产中，都应根据自身的条件，借鉴各方已经取得的有效经验，对培养基进行优化。另外需要注意的是，种子培养基、扩大培养用的摇瓶培养基及发酵培养基由于培养目的不同，在原料配比上应有差别。种子培养基由于主要生产的是菌体，因此一般碳氮比较低，即含有较多的氮源；用摇瓶培养基进行扩大培养的目的也是得到较多的菌体，但是要让菌种适应发酵罐中的培养条件，除碳氮比介于种子培养基和发酵培养基之间外，其他成分基本接近发酵培养基的水平。

3. 发酵生产及发酵条件优化

经过半个世纪的发展，黄原胶的生产工艺现已较为成熟，底物转化率高达 60%～70%，国外的一些杂志称其为“基准产品”，将其他发酵产品的产率与之对比进行评价。目前，国内外采用比较多的生产工艺流程见图 13-1。

保藏菌种→斜面活化→摇瓶种子培养(或茄子瓶培养)→一级、二级种子扩大培养(种子罐)
↓
成品包装←粉碎←烘干←分离提取←发酵液←发酵罐

图 13-1 黄原胶发酵生产工艺流程

国外发酵罐目前逐步由搅拌式发酵罐改为气升式发酵罐，以减少能耗，国内发酵罐多为标准型通用反应器；后处理国外采用物理脱水与化学沉淀相结合的办法，我国多采用乙醇沉淀法，酒精消耗量很大，因此国内的生产工艺还需要改进。

发酵培养条件对黄原胶的产率和质量有较大影响，因此，在实践中往往需要对其进行优化。比较重要的培养条件因素有接种量、培养温度、通气量等。

(1) 接种量 一般摇瓶发酵的接种量小于生产发酵的接种量，摇瓶发酵的接种量一般为 1%～5%，生产发酵接种量为 5%～8%甚至 10%。

(2) 发酵温度 发酵温度不仅影响黄原胶的产率，还能改变产品的结构组成。研究指出，较高的温度可提高黄原胶的产量，但降低产品侧链末端丙酮酸的含量。实践证明，如需提高黄原胶产量，应选择温度范围在 31～33℃；要增加丙酮酸含量，就应选择温度范围在 25～31℃。两项因素兼顾，28℃左右是比较好的选择。

(3) pH pH 范围在中性时最适于黄原胶的生产，随着产品的产出，酸性基团增多，pH 降至 5 左右。研究表明，控制反应 pH 对菌体生长有利，但对黄原胶的生产没有显著影响。

(4) 供氧 黄原胶生产属高需氧量发酵，在发酵过程中需要连续供氧，因此培养过程中补氧很重要。生产过程中发酵液的黏度大，氧气在发酵过程中溶解和传递困难，供氧成为黄原胶发酵的限制因素。摇瓶发酵的供氧量取决于摇瓶速率，一般摇瓶速率在200～300r/min左右；发酵罐培养的供氧量在0.6～1m^3/(m^3·min)左右，实际生产中需通过测定发酵罐中的氧气量而对通风量加以调节。实践发现，在发酵过程中通入纯氧，可以提高约40%的黄原胶产量。

(5) 发酵过程中碳源、氮源的调节与控制 在氮源浓度较低时，随氮源浓度的提高，细胞浓度增加，黄原胶的合成速率加快，黄原胶产率也相应提高。起始氮源在中等浓度时，细胞浓度和黄原胶的合成速率均有提高，发酵时间缩短，但黄原胶的产率却降低，这是因为细胞生长过快，使用于细胞生长及维持细胞生命的糖量增加，用于合成黄原胶的糖反而减少，导致黄原胶产率下降。如果采用发酵后期流加糖的方法，使糖浓度始终维持在一定的水平，那么，由于补加的糖只用于细胞维持生命活动及合成黄原胶，而没有生长的消耗，从而产率比间歇发酵有较大提高。

若起始氮源的浓度再提高，虽然细胞浓度有所增加，但黄原胶产率及合成速率却降低，其主要原因是“氧限制”。高浓度细胞随着发酵的进行，发酵液黏度不断增大，体积传质系数降低，造成氧供应能力逐渐下降，合成速率变慢，产率降低。

4. 分离提取

经过发酵后，最终的发酵液中除含黄原胶（3%左右）外，还有菌丝体、未消耗完的碳水化合物、无机盐及大量液体。黄原胶成品分食品级、工业级和工业粗制品级，生产不同用途的黄原胶，分离提纯方法不同。

(1) 发酵液预处理法

① 先将发酵液用6mol/L HCl酸化，然后加入工业酒精使黄原胶沉淀。

② 发酵液稀释后加少量乙醇进行预处理，离心除去菌体，再添加乙醇沉淀出黄原胶。

(2) 除杂法 经离心法、过滤法或酶处理法预处理除去菌体及不溶性杂质，并对发酵液进行浓缩。

① 过滤法：先用水稀释，再加硅藻土过滤除去菌体。

② 灭活＋酶法降解：目前有多种方法可灭活发酵液中的菌体，化学试剂容易改变pH而降低产品中的丙酮酸含量，因此一般采取巴氏灭菌法。此法由于温度较高，还可提高黄原胶的溶解度，并在一定程度上降低了溶液的黏度，利于随后的离心或过滤，但要注意温度不能过高，使其发生降解。一般80～130℃维持10～20min，pH控制在6.3～6.9，杀死菌体后再用中性蛋白酶分解菌体。除去菌体后可以降低黄原胶产品的总氮含量。

(3) 超滤浓缩法 黄原胶发酵液经预处理除去菌体后，可用超滤法进行浓缩，提高发酵液中黄原胶的浓度（特别是对稀释过滤后的发酵液）。通常将发酵液浓缩至黄原胶浓度为6%左右，再用乙醇沉淀法提取，此法将比直接用乙醇沉淀法提取黄原胶节约3～4倍乙醇。发酵液经硅藻土过滤后也可直接用乙醇沉淀法提取，或用盐酸沉淀法提取工业级产品。

(4) 沉淀分离法 沉淀黄原胶的方法有加盐、加酸、加入可溶于水的有机溶剂[如乙醇、异丙基乙醇（IPG）等]，或将以上方法综合运用。现就目前生产上常用的主要沉淀分离方法作简单介绍。

① 钙盐-工业酒精沉淀法 在酸性条件下，加入氯化钙与黄原胶形成黄原胶钙凝胶状沉

淀（盐析）；然后加入酸性乙醇脱去钙离子，形成短絮状沉淀。过滤后，在沉淀中加入乙醇并用氢氧化钾溶液调节 pH。钙盐沉淀法生产工艺流程如图 13-2。

发酵液→去除菌体→调 pH(6mol/L HCl)→盐析(3% $CaCl_2$ 水溶液)→脱钙(酸性乙醇)
↓
成品←包装←粉碎←干燥←调 pH(10% KOH)←乙醇洗涤←过滤

图 13-2 钙盐沉淀法生产工艺流程

② 有机溶剂沉淀法（一般用乙醇） 将发酵液用 6mol/L HCl 酸化后加入工业酒精沉淀黄原胶。过滤后沉淀物先后用工业酒精和 10% KOH 洗涤、过滤，将所得黄原胶干燥后进行粉碎、过筛即制得成品。本法由于直接用 HCl 和工业酒精进行酸化沉淀，没有除去菌体，仅能制得较粗的工业级黄原胶。而制取食品级黄原胶，应在上面方法的基础上增加离心除去菌体和多次乙醇沉淀、洗涤的操作，从而提高成品纯度。

有机溶剂沉淀法工艺简单，产品质量高，工业化、规模化生产技术成熟，是目前国内采用的主要分离提纯方法。但该方法溶剂用量大，需要溶剂回收设备，投资较大，生产成本高。此法提取率在 95%以上。

③ 絮凝法 先用絮凝剂与黄原胶作用产生絮状沉淀，然后将沉淀物脱水，得到固形物含量为 25%左右的湿滤饼；用固体多糖在适当条件下洗涤上述湿滤饼，使其变为水溶性多糖滤饼。然后过滤，将水溶性滤饼干燥，经粉碎、筛分后得到合格的黄原胶成品。

④ 直接干燥法 本法采用滚筒干燥或喷雾干燥等方法，直接将发酵液进行干燥，从而制成工业粗制品级的黄原胶。该方法因为没有分离提纯工序，所以成品质量差，限于对黄原胶质量要求不高的工业场合使用，有利于降低产品成本。

⑤ 超滤脱盐法 本法采用现代分离技术，对高分子的黄原胶与小分子的无机盐和水进行超滤分离，将黄原胶发酵液浓缩至 2.5%～5%，而无机盐浓度从 10%降低至 0.5%～1%，然后再进行喷雾干燥。本法与直接干燥法相比，产品质量有所提高，达到工业精制品等级。

⑥ 酶处理-超滤浓缩法 本法用酶处理发酵液，将蛋白质水解，从而使发酵液变得澄清，简化离心过滤这一步工序。本法使用的酶包括碱性、酸性或中性蛋白酶，或用复合酶共同进行作用。用酶处理后，不但发酵液澄清度提高，而且氮含量降低，过滤性能得到改善，在微孔过滤中过滤速度可提高 3～20 倍，成品质量也有所提高。

⑦ 非醇低 pH 提取法 培养放罐后用稀盐酸调 pH 为 2，得黄原胶沉淀，经脱水干燥后得淡黄色成品。在后提取工艺中完全不使用乙醇等有机溶剂。与通常的溶剂提取法相比，该法大大降低生产成本，不需要溶剂回收、贮存装置、提取设备及车间，节约能源，也不要求防爆。

综上所述，黄原胶的分离提取方法很多，但在应用上都受到各自条件、特点的制约。不同级别的产品需采用不同的方法进行分离提取，以保证产品的质量。

(5) 沉淀物过滤及洗涤 将经过处理沉淀下来的产品进行分离通常采用过滤法。经过滤得到的粗胶含有较多杂质，可用乙醇溶液等进行初步洗涤。

(6) 精制 高品质的黄原胶，在经过初步纯化后，还需要进一步精制（高度纯化）才能得到符合质量要求或市场需求的产品，可采用重新溶解进行超滤、沉淀、洗涤和分离（即重复分离提取）或其他方法进行精制。

(7) 干燥、粉碎、筛分，成品包装 根据 GB 1886.41—2015《食品安全国家标准 食品添加剂 黄原胶》或用户对黄原胶质量的要求，黄原胶经提取、精制后，还需要进一步干燥、粉碎、筛分和包装制成各种黄原胶产品。

黄原胶黏度大，干燥操作困难，常用的方法有真空干燥法、喷雾干燥法、盘式连续干燥法、滚筒干燥法和沸腾干燥法等。真空干燥法简便易行，可用于生产各种等级的黄原胶产品；喷雾干燥法不预处理发酵液，不除菌体，直接进行喷雾干燥，所得产品杂质含量多、颜色深、黏度较小，产品通常为工业级；滚筒干燥法、沸腾干燥法等用于生产食品级黄原胶。

五、黄原胶的质量标准（GB 1886.41—2015）

1. 感官要求

感官要求应符合表13-1的规定。

表13-1 感官要求

项目	要求	检验方法
色泽	类白色或浅米黄色	取适量试样置于清洁、干燥的白瓷盘中，在自然光线下观察色泽和状态
状态	颗粒或粉末	

2. 理化指标

理化指标应符合表13-2的规定。

表13-2 理化指标

项目		指标
黏度/cP[1]	≥	600
剪切性能值	≥	6.5
干燥失重/%	≤	15.0
灰分/%	≤	16.0
总氮/%	≤	1.5
丙酮酸/%	≥	1.5
铅(Pb)/(mg/kg)	≤	2.0

3. 微生物学指标

微生物学指标应符合表13-3的规定。

表13-3 微生物学指标

项目		指标
菌落总数/(CFU/g)	≤	5000
大肠菌群/(MPN/g)	≤	3.0
沙门菌		0/25g
霉菌和酵母/(CFU/g)	≤	500

[1] $1cP=10^{-3}Pa\cdot s$。

项目二 单细胞蛋白的生产

一、单细胞蛋白的概述

微生物细胞中含有丰富的蛋白质，例如酵母菌蛋白质含量占细胞干物质的45%～55%；细菌蛋白质占干物质的60%～80%；单细胞藻类（如小球藻等）蛋白质占干物质的55%～60%；霉菌菌丝体蛋白质占干物质的30%～50%。而植物中含蛋白质最高的大豆，其蛋白质含量也不过是35%～40%。这些微生物所含的蛋白质和氨基酸大部分质量优良，容易被人和动物吸收利用，氨基酸的组成较为齐全，含有人体必需的8种氨基酸，尤其是含有谷物中含量较少的赖氨酸。因此，微生物可以作为很好的蛋白质来源和营养补充剂。

1. 单细胞蛋白的定义及分类

单细胞蛋白（SCP）又称微生物蛋白、菌体蛋白，是指酵母或细菌等这些单细胞微生物所生产的蛋白质。按生产原料不同，单细胞蛋白可以分为石油蛋白、甲醇蛋白、甲烷蛋白等；按产生菌的种类不同，又可以分为细菌蛋白、真菌蛋白等。1967年在第一次全世界单细胞蛋白会议上，将微生物菌体蛋白统称为单细胞蛋白。

2. 单细胞蛋白的营养价值

SCP营养价值高，含较多的粗蛋白，蛋白质含量40～60g/100g，其中氨基酸组分齐全，赖氨酸等必需氨基酸含量较高，同时还含有多种维生素、碳水化合物、脂类、矿物质以及丰富的酶类和生物活性物质（如辅酶A、辅酶Q、谷胱甘肽、麦角固醇等），是一种具有较高价值的蛋白。

3. 生产SCP的微生物种类

可用于生产SCP的微生物种类很多，在选择时应从食用安全性、加工难易、生产效率和培养条件等方面考虑，其中最重要的是安全、无毒和不致病。目前用于生产SCP的微生物包括四大类群：非致病和非产毒的酵母、细菌、霉菌和藻类。

二、单细胞蛋白的生产特性

1. 生产效率高，生产条件易控制

单细胞蛋白生产效率高，比动植物高成千上万倍，这主要是因为微生物的生长繁殖速度快。一般蛋白质生产速度同猪、牛、羊等体重的倍增速度相似。微生物蛋白的质量倍增时间比牛、猪、鸡等快千万倍，在适宜条件下，细菌倍增时间为0.5～1h，酵母菌为1～3h，霉菌和绿藻类为2～6h，植物为7～14d，牛为30～60d，猪为28～42d。一个SCP工厂所产蛋白质相当于562500亩[1]土地所产的大豆蛋白质。另外，SCP的生产不受季节气候的制约，易于人工控制，同时由于是在大型发酵罐中立体式培养，占地面积少。

2. 可以完全工业化大规模生产

单细胞蛋白的生产过程比较简单，因此，单细胞蛋白可以在发酵罐中实现工业化大规模生产，比农业生产需要的劳动力少，不受季节、土地和气候的限制。许多国家单细胞蛋白的生产已具有很大的规模，德国、美国、加拿大等国早已用单细胞高活性生物饲料代替鱼粉。

---

[1] 1亩=666.7m^2。

3. 育种工作易于进行

单细胞生物易诱变，比动植物品种容易进行改良，采用物理、化学、生物学方法都可以方便地实现定向诱变育种，从而获得蛋白质含量高、质量好、味美、易于实现蛋白质提取的优良菌种。

4. 种源种类多、易得

用于生产单细胞蛋白的微生物种类很多，包括细菌、放线菌、酵母菌、霉菌以及某些原生生物等。

5. 利用原料广，可就地取材，廉价

可以变废为宝，利用农副产品的下脚料甚至是工业废水、烃类及其衍生物进行生产，这些资源数量多，且用后可以再生，还可实现环保。

6. 使用设备简单，占地面积小

单细胞蛋白可以在大型发酵罐中立体式培养，占地面积小。

三、单细胞蛋白在食品工业中的应用

农副产物原料培养的微生物所产生的单细胞蛋白，如酵母蛋白具有黏性、凝胶性、起泡性、水合性、成纤性和组织成型性等功能特性，因此，除可作为食品直接食用外，还可广泛应用于食品加工中。由于单细胞蛋白氨基酸组成齐全，维生素、矿物质含量丰富，因此，常作为营养强化剂而添加到食品中，用以提高各类产品的蛋白质生物价和营养价值。用作食品工业原料的单细胞蛋白生产工艺与用作饲料的工艺大致相同，只不过在原料上要求较为严格，后续处理过程方面也要求更加仔细，且往往将单细胞蛋白进行精深加工，精制得到所需的成分再应用于食品。

四、单细胞蛋白的生产历史及开发应用前景

单细胞蛋白（SCP）生产已有 70 多年的历史。早在第二次世界大战期间，德国因缺乏蛋白质和维生素食品，建立起生产单细胞蛋白的工厂。随后，许多国家都建立生产 SCP 的工厂。1973 年第二次国际 SCP 讨论会上，英国的 ICI 公司以甲醇为原料生产的饲用 SCP，商品名为“布鲁丁”，年产量 70 万吨。德国的黑斯伍公司也以甲醇为原料，培养细菌生产食用 SCP。SCP 的生产可以补充蛋白质供应的不足。当今，全世界人口迅速增长，要确保充足的蛋白质供给是一个十分严峻的问题。因此，发展 SCP 生产工业，意义极其重大。

20 世纪 60 年代中期，生产单细胞蛋白的原料主要以石油、乙醇、甲醇及天然气为主。20 世纪 70 年代中后期，由于世界范围的石油危机，转向以工业废料、农副产品加工下脚料及农作物粗纤维为主要原料生产单细胞蛋白，这类原料来源广泛，成本低廉，成为当今各国生产单细胞蛋白的主要方向。单细胞蛋白生产可利用一些废弃物，减少环境污染，为人类提供蛋白质，是具有广阔发展前景的现代生物技术产业。

因此，对原料进行适当预处理、选育优良菌种、生产过程进行优化设计及采取适当措施处理 SCP 而使其符合安全性与食用性标准，是当前食品行业科技工作者所面临的重大课题。另外，开发一些具有特殊营养和使用功能的单细胞蛋白菌种也将有很好的应用前景，如上海酵母厂培育成的能富集微量元素的硒酵母、锌酵母等。

五、单细胞蛋白的生产工艺

1. 单细胞蛋白生产用种源及原料

(1) 种源 单细胞蛋白是通过培养单细胞生物而获得的菌体蛋白质。用于生产 SCP 的单细胞生物主要是酵母菌（啤酒酵母、假丝酵母、石油酵母等）、霉菌（曲霉、木霉、根霉、青霉等）、放线菌、担子菌、无毒微型藻类（小球藻、绿藻、螺旋藻等）和非病原细菌（芽孢杆菌、枯草杆菌、拟杆菌、乳酸杆菌、双歧杆菌、乳酸球菌、光合细菌等）。

(2) 原料 生产单细胞蛋白的原料来源非常广，一般有以下几类。

① 农业废弃物、废水，如秸秆、甘蔗渣、甜菜渣、木屑等含纤维素的废料及农林产品的加工废水；

② 工业废弃物、废水，如食品、发酵工业中排出的含糖有机废水、亚硫酸纸浆废液等；

③ 石油、天然气及相关产品，如原油、柴油、甲烷、乙醇、正烷烃等；

④ H_2、CO_2 等。

最有前途的原料是可再生的植物资源，如农林加工产品的下脚料、食品工厂的废水下脚料等。这些资源数量多，而且使用后可以再生，利用这些原料还可达到保护环境、防治环境有机污染的目的。

2. 生产单细胞蛋白的一般工艺流程

如图 13-3 所示。

菌种选取→菌种扩大培养→发酵罐培养→分离菌体→洗涤或水解→干燥

图 13-3 单细胞蛋白的生产工艺流程

(1) 菌种选取 应用于生产的菌种要按照以上所述种源标准进行选取，有时可以利用各种育种技术对选到的野生型菌株进行进一步的诱变育种，以得到更加优质高效的菌种。由于种源丰富，基因工程等技术现在较少应用到单细胞蛋白的生产中。

(2) 菌种扩大培养 先在无菌室内或超净工作台内接种原种，然后转到斜面培养基上培养，再转到三角瓶中液体振荡培养，最后再在小种子罐、大种子罐中进行培养。培养基用料要求不高：碳源为单糖或多糖；氮源，原料中蛋白质不足时可添加硫酸铵或尿素；矿物质为过磷酸钙和硫酸亚铁等；也可添加一些有利于菌体生长的生长素。

(3) 灭菌 所用的培养液以及所提供的空气都必须灭菌，前者多采用蒸汽加热灭菌，后者常用陶瓷多孔过滤器去除细菌。

(4) 培养 温度和 pH 都应适宜，通风供氧，搅拌或翻滚料，并注意糖的浓度。

(5) 分离菌体 冷却后用高速离心机或滤布过滤。在生产中为了使培养液中的养分得到充分利用，可将分离后的上清液重新利用。对较难分离的菌种可加入絮凝剂，以便于分离。

(6) 洗涤、干燥 如果作为动物饲料的 SCP，一般只需离心收集菌种，经洗涤就进行喷雾干燥或滚筒干燥；而作为食品则需除去大部分核酸，因为人体不容易消化核酸，而微生物含有较多的 DNA 和 RNA，核酸代谢会产生大量的尿酸，可能产生肾结石或痛风。

下面以酵母菌为菌种举例说明 SCP 的生产工艺操作条件。

3. 以酵母菌为菌种利用有机废水进行的 SCP 生产工艺

该工艺大致可分为三个步骤。

(1) 原料的处理及培养基的制备 不同的有机废水或同一种有机废水采用不同的生产菌，其原料处理方法也不同，一般富含还原糖的有机废水不需处理，直接加一定比例的营养盐经灭菌后即可用于发酵，而以酵母菌为菌种的 SCP 生产则需要进行淀粉的水解。因此，在进行原料的处理时需根据具体情况采用合理的方法。

（2）酵母的培养

① 种子培养　从斜面经过三角瓶、卡氏罐（卡氏罐是一种内部镀锡总容积 3～8L 的铜制器具，也可用白铁皮制造），最后扩大到酵母罐。一般种子培养基多数采用麦芽汁（9～12°Bé），pH 调至 4.2～4.5，培养温度 25℃，通风培养 20～24h 。

② 发酵　一般酵母罐容积 20～100m^3 不等，和一般发酵相同，首先空罐灭菌，培养基灭菌，冷却接入种子即进入发酵阶段。在发酵过程中，温度控制在 26～30℃，pH 控制在 4.2～4.5，通气培养 14h 即发酵完成。培养酵母的目的是获得大量的菌体，而要获得大量的菌体，碳、氮必须充足，但糖含量过多反而会抑制菌体的生长。为了解决这个问题，可采用流加糖发酵法分次加糖，使发酵液始终保持一定的浓度，这样可避免过多的糖分影响菌体生长，又可使菌体有足够的糖分利用。

（3）酵母的分离　发酵结束后一般培养液中约含 5%～10%酵母，要在尽可能短的时间内（最好 1h 内）将酵母从培养基中分离出来。因为培养基所含有的酵母代谢产物会影响酵母的品质，所以发酵结束后经一定的冷却后要马上进行酵母分离。分离得到酵母再用 4～6 倍冷水洗涤、分离，迅速冷却（这样可以限制细胞生物量的损失），得到的酵母浓缩液送至板框式压滤机或圆筒式过滤器中过滤，一般得到 65%浓缩酵母，最后以 30℃热风干燥至水分约 6%～8%，并制成粒状或块状，经真空或充氮气，低温贮藏。

六、单细胞蛋白的安全性及营养性评价

任何一种新型食品的问世，都会存在可接受性、安全性等问题，单细胞蛋白也不例外。因此，单细胞蛋白在使用前一定要经过安全性和营养性评价。目前，联合国粮农组织（FAO）、世界卫生组织（WHO）、国际标准化组织（ISO）等有关的国际组织成立了专门的 SCP 委员会，进行相关的评价工作。目前针对 SCP 的评价主要有下列几方面。

1. 安全性评价

安全性评价是关系到 SCP 能否作为饲料和食品的首要问题。联合国蛋白质咨询组（PAG）对 SCP 安全性评价做出的规定为：生产用菌株不能是病原菌，不产生毒素；对生产用资源也提出一定要求，例如农产品来源的原料中重金属和农药残留量应极少，不能超过要求；在培养条件和产品处理手段方面要求无污染、无溶剂残留和热损害；最终产品应无病菌、无活细胞、无原料和溶剂残留。产品还必须进行小动物毒性实验（小白鼠和大白鼠）和 2 年致癌实验后，再进行人体临床试验，测定 SCP 对人体的可接受性和耐受性。美国食品和药物管理局（FDA）同时规定，必须对致癌性多环芳香族化合物等的病原性、感染性、遗传性等进行充分评估。

2. 营养性评价

对 SCP 的营养性评价，除化学分析数据外，最终取决于生物测定。生物测定的方法有生长法和氮平衡法两种：生长法是测定蛋白质效率比（PER）；氮平衡法是测定蛋白质生物价（BV）。PER 和 BV 值越高说明蛋白质质量越好。SCP 另一个重要指标是核糖核酸（RNA）含量，通常细菌蛋白和酵母蛋白中 RNA 含量都较高，而一般真菌蛋白和螺旋藻蛋白中含量则较低。人们如果摄入过多 RNA，就会导致尿酸含量高于安全标准，有可能引起痛风和肾结石等病症，因此，单细胞蛋白产品生产过程中，降低菌体 RNA 含量成为必不可少的工艺环节。此外，有些菌体蛋白制品虽然安全且有营养，但因其气味、口味、色泽和质

地问题，也难以被接受为食品蛋白。

复习题

1. 试述黄原胶的特性。
2. 黄原胶的用途都有哪些？
3. 试述黄原胶的生产工艺及各工艺步骤的优化措施。
4. 黄原胶的市场前景如何？
5. 什么是单细胞蛋白？
6. 简述单细胞蛋白的营养价值及发展单细胞蛋白生产的意义。
7. 单细胞蛋白的生产生物学特性都有哪些？为什么？

模块十四　新型发酵食品及新型发酵技术

学习目标

1. 了解新型发酵食品的类型和保健作用。
2. 掌握新型发酵食品的制作工艺。
3. 了解新型发酵技术在发酵食品中的应用。
4. 掌握新型发酵技术的原理。

项目一　新型发酵食品

一、粮油发酵新型饮料

以粮谷类和油料植物种子为主要原料，除可以直接发酵生产饮料，也可以利用其胚乳、胚芽及粮油加工副产物为原料，采用生物发酵或酶分解等工艺生产一系列饮料。

1. 谷物胚类发酵饮料

这类饮料是利用谷物胚（小麦、黑麦、燕麦、玉米等的副产品——胚）为原料，选取适宜菌种发酵酿制而成的一类饮料。这类饮料因选取原料谷物胚，因而含有丰富的不饱和脂肪酸及脂溶性维生素，还有丰富的胚乳蛋白、粗纤维、微量元素等，营养价值较高。

下面以小麦胚发酵饮料为例简要说明其制作方法。

小麦胚的营养价值极高，含有 8 种人体必需氨基酸（尤其是赖氨酸含量十分丰富）、丰富的不饱和脂肪酸、维生素和微量元素，特别是铁和锌含量十分丰富。以小麦胚为主要原料，辅以适量的蔗糖、牛乳，经乳酸菌发酵后可调配成营养价值高、风味独特的小麦胚发酵饮料。

(1) 工艺流程　小麦胚发酵饮料工艺流程见图 14-1。

小麦胚→灭酶、钝化→磨浆→调配→杀菌→接种→发酵→调配→均质→灌装→杀菌→成品

图 14-1　小麦胚发酵饮料工艺流程

(2) 工艺要点

① 原料　选用制粉的副产品小麦胚（经提纯或脱脂的更好）分离去除其中较多的麸皮

及异物，使麦胚的纯度达85%以上。

② 灭酶、钝化　以选用100℃蒸汽或煮沸处理5～10min为宜，这样既可钝化脂肪氧化酶，又可减少麦胚中蛋白质的热变性程度。

③ 磨浆、调配　将麦胚浸泡后磨浆，加入蔗糖、牛乳（或乳粉）、甜味剂、稳定剂等。

④ 杀菌　采用蒸汽间接加热，100℃，10～20min。

⑤ 接种　杀菌后的料液冷却到40～43℃，接种保加利亚乳杆菌和嗜热链球菌（1∶1混合），接种量为5%～7%。

⑥ 发酵　乳酸菌在麦胚液中的最佳培养温度为41～45℃，培养时间为4～6h，然后在5～8℃放置24～36h。

⑦ 调配、均质　发酵后的浆液可按口味需要适量添加果汁、可可粉及香料等进行调配，然后进行二次均质处理，均质压力为25MPa，均质温度为70～80℃，使产品微粒化。

⑧ 杀菌　适宜条件为121℃，10min。麦胚液经乳酸菌发酵后，酸味柔和，香气醇正，并保留麦胚中的营养物质，营养价值极高。

2. 胚芽类发酵饮料

这类饮料是将发芽的谷物制成胚芽汁，如大麦、小麦、黑麦、燕麦、稻谷、玉米等，将其中一种或几种混合在一起，在一定温度和水分下，利用胚乳中的营养成分进行发芽，当谷芽长度达到粒长的1.5～2.0倍时（这时酶的活性最强），用干燥法除去芽根，将谷物胚芽粉碎，用温水浸提或加入淀粉酶进行糖化，得到胚芽浸出物或胚芽糖化液，再选用适当的菌种（如乳酸菌、酵母等）进行发酵，最后制成风味独特、口味宜人的胚芽发酵饮料。以麦芽汁发酵饮料为例说明其制作工艺。

由于麦芽汁含有多种营养成分，所以是生产饮料的一种较好的原料，但因其具有一种很浓的异味，尤其在生产冷饮时，所以限制其生产。而这种异味完全可以通过微生物发酵而除去。如乳酸菌不仅能除掉麦芽汁的异味，还赋予其特殊香味，因此可利用乳酸菌发酵，制成乳酸菌发酵麦芽汁饮料，也可以利用酵母菌或酵母和乳酸菌混合发酵制成饮料。

(1) 乳酸菌发酵麦芽汁饮料　用乳酸菌发酵麦芽汁和果汁制成的饮料，不仅具有大麦麦芽独有的清香，还夹杂浓郁的果香，饮料中含有大量的游离氨基酸、糖类、有机酸、维生素和微量元素，有助于开胃、健脾、改善肠胃功能等。

① 工艺流程　乳酸菌发酵麦芽汁复合饮料工艺流程见图14-2。

菌种多次活化→母发酵剂→工作发酵剂
↓
麦芽汁(与果汁混合)→杀菌→冷却→接种→前发酵→后发酵→过滤→调配→杀菌→冷却→成品

图14-2　乳酸菌发酵麦芽汁复合饮料工艺流程

② 工艺要点

a. 浸麦　大麦加水浸泡，浸麦温度以13～18℃为宜，采用间隔性浸泡处理，先浸泡一段时间（15～20h），再放置一段时间（8～10h），然后再加水浸泡使总时间在20～34h。

b. 催芽　将浸泡后的麦粒进行堆积处理，保持适当温度和时间可进行发芽。发芽温度最高不得超过33℃。麦芽长到麦粒的2/3～3/4时进行干燥。

c. 干燥　发芽期即将结束时，通入大量30℃干空气，使根芽凋萎，用40～80℃热干空气干燥至麦芽水分3.0%～4.0%，立即用除根机除根得半成品麦芽。

d. 制取麦芽汁　麦芽粉碎后，加入63～70℃的热水进行抽提，主要是麦芽靠自身的多种酶类进行糖化得麦芽浸出液，过滤所得清液即为麦芽汁，浓度以5%～18%为宜。

e. 接种　所用菌种可以是保加利亚乳杆菌，也可以是干酪乳杆菌或粪肠球菌。

f. 发酵　若用保加利亚乳杆菌发酵，发酵温度为37℃，时间为20～24h；用干酪乳杆菌或粪肠球菌，发酵温度为35～37℃，时间为70～72h。发酵液pH 4.0～4.5，一般不低于pH 4.0。

g. 过滤　发酵结束后的麦芽汁呈白色浑浊状，这种含活菌体的发酵液可直接作为饮料饮用，不必除去菌体，通过过滤除去菌体的饮料为澄清透明型饮料。

h. 配制　为提高饮料的风味，可随意进行浓缩、加糖、调香及充入CO_2等，浓缩可采用反渗透法或真空浓缩，干燥采用喷雾干燥法。

（2）增香酵母发酵麦芽汁饮料　这种饮料是以麦芽汁或麦芽汁和果蔬汁或麦芽汁和乳清酶解物为原料，经增香酵母发酵而酿成的低醇饮料（酒精含量在1%以下）。由于巧妙地利用了麦芽汁、果蔬汁和乳清酶解物的各种营养成分，故该饮料营养丰富，具有原料香味和发酵香味所形成的更加复杂的复合香味。增香酵母发酵麦芽汁饮料工艺流程见图14-3。

发酵←接种←冷却←杀菌←麦芽汁←果蔬汁或乳清酶解物

调配→灌装→成品

过滤→调配→灌装→成品

浓缩→干燥

图14-3　增香酵母发酵麦芽汁饮料工艺流程

3. 谷物发酵饮料

谷物发酵饮料是利用谷物（小麦、黑麦、燕麦、大米、糙米、玉米等）为原料，选取适宜菌种发酵酿制而成的一类饮料。以燕麦充气发酵饮料为例说明其制作方法。燕麦含矿物质、维生素E、维生素B_1、维生素B_2、膳食纤维等，对高血脂、高血压、肥胖症和便秘有一定的辅助疗效，燕麦具有丰富的营养价值。

（1）工艺流程　燕麦充气发酵饮料工艺流程见图14-4。

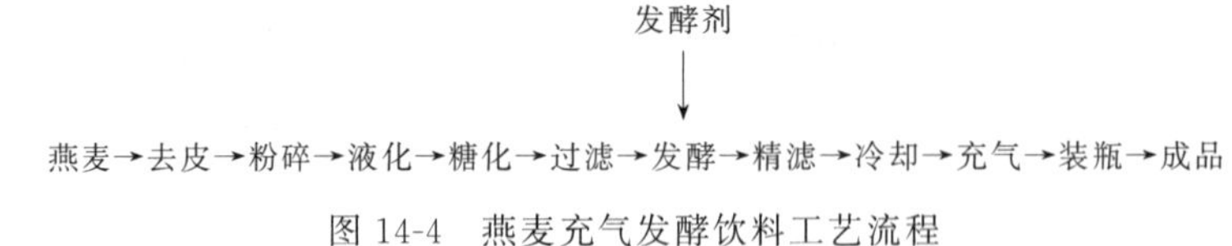

图14-4　燕麦充气发酵饮料工艺流程

（2）工艺要点

① 燕麦汁的制备　将燕麦浸泡、磨浆、液化、糖化、过滤制得燕麦糖化汁，然后按糖化汁∶水＝1∶1.5的比例稀释，即得燕麦汁。

② 燕麦汁的乳酸发酵　将酸乳用乳酸菌菌种以燕麦汁进行驯化培养得生产发酵剂，以5%接种量接种到燕麦汁中，加蔗糖8%，42～43℃下培养6h左右。

③ 燕麦发酵饮料的调制　发酵成熟的饮料原液进行过滤，得到澄清、透亮的饮料原液。然后加白糖、蜂蜜等调配，冷却后按原液∶水＝1∶1的比例加入净化无菌碳酸水，装瓶压盖。

4. 油料植物种子类发酵饮料

油料植物种子类发酵饮料是以油料植物种子（大豆、核桃、花生、葵花籽、芝麻等）为原料，选取适宜乳酸菌发酵酿制而成的一类饮料。以发酵型核桃花生乳饮料为例说明其制作方法。利用乳酸菌发酵生产发酵型的核桃花生乳饮料，成品不仅营养丰富、香味独特，且易被消化吸收。

（1）工艺流程　发酵型核桃花生乳饮料工艺流程见图14-5。

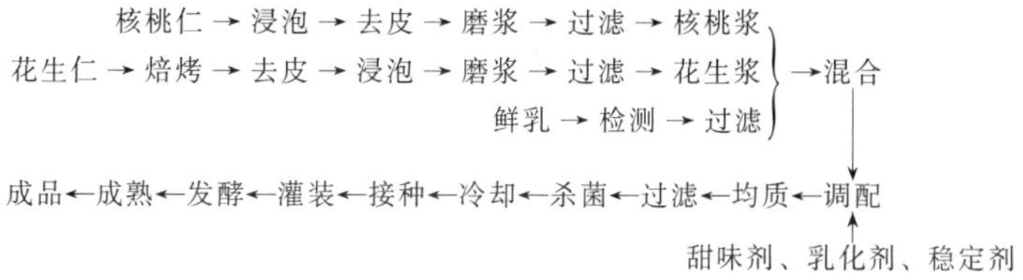

核桃仁→浸泡→去皮→磨浆→过滤→核桃浆
花生仁→焙烤→去皮→浸泡→磨浆→过滤→花生浆 } →混合
鲜乳→检测→过滤

成品←成熟←发酵←灌装←接种←冷却←杀菌←过滤←均质←调配
↑
甜味剂、乳化剂、稳定剂

图 14-5 发酵型核桃花生乳饮料工艺流程

（2）工艺要点

① 核桃浆的制备 核桃仁先用热水浸泡约 20min 后，用 7％的氢氧化钠溶液煮沸 5min，以流动水冲洗干净，然后在 0.36％～0.38％的盐酸溶液中浸泡 10min，再用清水冲洗，将去皮后的核桃仁以 1∶4 的比例加入 60℃的软水进行磨浆、过滤，即成核桃浆。

② 花生浆的制备 先将花生在 120℃烘箱中焙烤 17min。焙烤后的花生仁要进行去皮处理，再用 60℃的温水浸泡 4h，与约 80℃的水以 1∶1 的比例进行磨浆，用 0.01％氢氧化钠溶液调节 pH 值，后经过滤得花生浆。

③ 鲜乳处理 验收后的鲜乳经过滤，再加入适量脱脂奶粉调节固形物含量。

④ 混合 将核桃浆、花生浆、鲜乳以 1∶5∶4 的比例混合均匀。

⑤ 调配 将甜味剂、稳定剂、乳化剂分别用蒸馏水溶解后，加入上述混合液中。

⑥ 均质 将调配好的混合液在 20～30MPa 压力下均质。

⑦ 杀菌、冷却、接种 杀菌温度应控制在 90℃，时间为 20min。杀菌后要迅速将混合液冷却到 42～45℃，将冷却后的混合液接种 4％的生产发酵剂。

⑧ 分装、发酵 将接种后的乳液分装后放入生化培养箱中，在 44℃的温度条件下培养 4h。

⑨ 冷却、后熟 从培养箱中取出发酵产品迅速冷却到 10℃以下，再放入冰箱中，在2～5℃条件下存放 12～24h，即得成品。

二、发酵法生产食品添加剂

根据国际上对食品添加剂的要求，发酵法代替化学合成法生产食品添加剂已成为食品添加剂发展的必然趋势。

1. 葡萄浆

葡萄浆又称高果糖浆，是近 30 年来发展起来的一种重要的甜味剂，因其甜度较高（相当于蔗糖甜度的 1.5 倍），被广泛用于糖果、糕点、饮料中。由于果糖在人体内的代谢不需要胰岛素，同时又不易被细菌所利用导致龋齿，因此用于糖尿病患者食品及儿童食品中。

玉米酶解生产葡萄浆工艺流程见图 14-6。

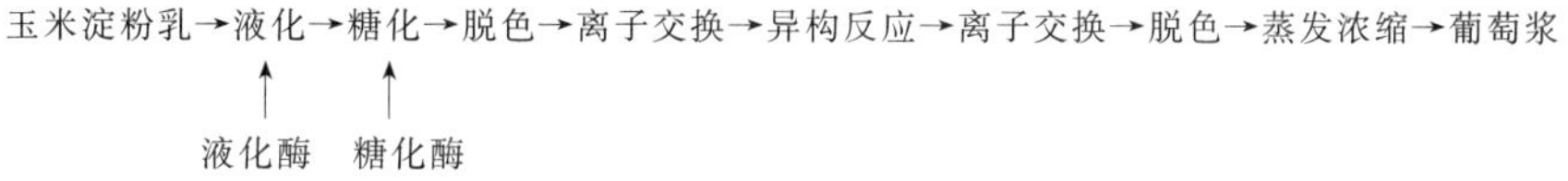

玉米淀粉乳→液化→糖化→脱色→离子交换→异构反应→离子交换→脱色→蒸发浓缩→葡萄浆
↑ ↑
液化酶 糖化酶

图 14-6 玉米酶解生产葡萄浆工艺流程

2. 植酸

植酸即 B 族维生素的一种肌醇六磷酸酯，是以米糠、玉米等为原料，用现代科技手段提纯、浓缩而成，主要用作食品工业抗氧化剂、防腐剂、发酵促进剂和螯合剂等，是一种性能优越的绿色食品添加剂。

植酸的原料来自玉米、米糠等，化工辅料为工业一级品的氢氧化钠、盐酸、硫酸以及各种阴阳离子交换树脂、脱色树脂、分析纯活性炭，其废水为氢氧化钠、盐酸、硫酸的中和产物，pH 值呈中性，对环境无害。

现以玉米淀粉厂生产的废弃物植酸钙（菲汀）为原料，简单介绍植酸生产的 3 种工艺流程。

（1）传统型 传统型植酸的生产工艺流程见图 14-7。

菲汀→酸溶→过滤→中和→洗涤（反复）→酸化
↓
包装←成品检测←脱色←浓缩←阳离子交换柱←过滤

图 14-7 传统型植酸的生产工艺流程

（2）新工艺 主要是用新型树脂进行除杂和脱色等。植酸生产的新工艺流程见图 14-8。

菲汀→酸溶→过滤→阳离子交换柱→阴离子交换柱
↓
包装←成品检测←浓缩←脱色（树脂）←阳离子交换柱

图 14-8 植酸生产的新工艺流程

（3）与现代纳米技术相结合 其生产工艺流程见图 14-9。

菲汀→酸溶→过滤→超滤膜（纳滤膜）过滤（反复）→阳离子交换柱
↓
包装←成品检测←浓缩（或用纳滤膜浓缩）←脱色（树脂）

图 14-9 与现代纳米技术相结合的生产工艺流程

3. 食品风味物质

食品风味物质的工业化产品，主要包括香味剂、酸味剂、鲜味剂等，是食品中不可缺少的组成部分和影响食品质量的重要成分。

（1）微生物香味剂 微生物对酒、发酵调味品、乳制品、面食等传统发酵食品的风味形成起着决定性的作用，且不同微生物菌种、发酵条件和底物原料会产生不同的风味。由微生物产生的有代表性的香味物质有以下几种。

① 萜烯类化合物 具有香精油的特殊香味，以五碳异戊二烯为基本单位，具有开链、闭链、环式、饱和或不饱和结构。产萜烯类的微生物大多是真菌，属子囊菌，还有酶及生香酵母等。

② 内酯类化合物 具有果味、椰子味、奶油味、可可味、坚果味等，是食品香气主要成分。微生物能生产具有旋光特性的内酯，比化学合成内酯更优越。

③ 酯类化合物 是果香的主要成分。早在 100 多年前，科学家就发现并合成这类果味酯及利用微生物生产果味酯的方法。

④ 吡嗪类化合物 吡嗪为含氮的杂环化合物，是热加工食品的典型香味成分，有咖啡味、巧克力味、爆米花味、坚果味、香蕉味等，是国际通用型香料的主要成分。牛肚菌中含有吡嗪；谷氨酸棒状杆菌、枯草杆菌发酵能产生 4-甲基吡嗪等。

⑤ 双乙酰 是发酵乳制品中奶油香味的重要成分。乳品发酵生产双乙酰的微生物有葡聚糖明串珠菌、嗜柠檬酸明串珠菌、乳酸链球菌亚种等，在柠檬酸盐的培养基中产生双乙酰。

⑥ 蘑菇香味剂 蘑菇香味的主要成分是不挥发的谷氨酸等。营养性蘑菇抽提物调味料在欧洲、美国、日本市场很流行。

⑦ 酶转化风味物质　应用酶促风味前体物转化为风味物质或直接合成、提取风味物质，用于增强食品风味，或除去、掩盖食品杂味、异味，是食品风味生物技术的研究热点。酶具有很强的催化功能，并对反应有选择性、对基质有专一性。食品原料中的蛋白质、脂肪、碳水化合物和核酸等成分，均可通过相应的酶促反应，转化或生成特定的风味物质。利用酶促反应生产风味物质具有广阔的前景。

(2) 微生物鲜味剂（食品增味剂） 食品增味剂全称为食品风味增强剂，又称鲜味剂，是指具有鲜美的味道，可用于补充或增强食品风味的一类物质。食品增味剂是一类重要的食品添加剂，在现代食品工业的新品研发和快速发展中具有不可替代的作用。目前常用的食品增味剂大约有 40 多种，而且还处于不断发展之中，但是对其分类还没有统一的标准。一般可根据其来源和化学成分进行分类。根据其来源可分为动物性、植物性、微生物和化学合成增味剂等。根据其化学成分的不同分为氨基酸类、核苷酸类、有机酸类和复合增味剂等。食品增味剂不影响酸、甜、苦、咸 4 种基本味和其他呈味物质的味觉刺激，而是增强其各自的风味特征，从而改进食品的可口性。食品增味剂能引发食品原有的自然风味，是多种食品的基本呈味成分。目前，我国批准许可使用的食品增味剂主要有 L-谷氨酸钠（MSG）、5′-鸟苷酸二钠（GMP）、5′-肌苷酸二钠（IMP）、5′-呈味核苷酸二钠、琥珀酸二钠、L-丙氨酸、甘氨酸，以及动植物水解蛋白、酵母抽提物等。

利用基因工程和细胞工程技术，可以培育生产鲜味调味料所需要的新型原料和优良菌株。为了增强调味品的鲜味，目前广泛采用的方法是利用蛋白酶水解作用生产动植物蛋白水解提取物、酵母浸膏和鱼贝类浓缩浸膏等，用于生产第三代、第四代鲜味调味料，这样不仅可以进一步增强鲜味，还可以增强风味和营养价值。酵母浸膏又称酵母提取物，是酵母自溶和酶解及发酵过程中的氨基酸、核苷酸、生物肽等混合物提纯精制而成，属新型氨基酸调味剂，其肌苷酸、鸟苷酸含量为 5%，高的可达 20%，特别鲜美，能提升肉味，协调动物、植物蛋白水解物的鲜味。此外，还可以利用生物技术，包括植物组织培养法、微生物发酵法、微生物酶转化法等来生产新型的食品增味剂。

4. 微生物色素

微生物色素是微生物次级代谢产物，由微生物发酵产生，因此不受季节、地域、气候的影响，易于规模化生产。微生物的培养基大多为植物淀粉，来源广，价格低廉，所以微生物色素成本较低，是一类优良天然色素来源，具有较大的发展潜力。目前，国内外对微生物色素的研究多见于利用红曲霉菌产红色素、黄色素；利用红酵母产虾青素；利用霉菌等产 β-胡萝卜素等。

三、微生物油脂

1. 微生物油脂的概念

微生物油脂又叫单细胞油脂（SCO），是酵母、霉菌和藻类等产油微生物在一定条件下将碳水化合物转化并贮存在菌体内的油脂，主要是由不饱和脂肪酸组成的甘油三酯，在脂肪酸组成上与植物油如菜籽油、棕榈油、大豆油等相似，是以 C_{16} 和 C_{18} 为主的脂肪酸。多不饱和脂肪酸是含有 2 个或 2 个以上双键且碳原子数为 16～22 的直链脂肪酸，主要包括 γ-亚麻酸、二高 γ-亚麻酸、花生四烯酸、二十碳五烯酸和二十二碳六烯酸。不饱和脂肪酸可以广泛应用于医药、食品、化妆品和饲料等领域，其主要来源有植物、鱼油、微藻和微生物。由于微生物具有生长周期短、培养简单、不饱和脂肪酸含量高等特点，因而利用微生物生产不饱和脂肪酸成为近年来国内外的研究热点。

2. 微生物油脂的生产工艺

微生物油脂生产工艺流程见图 14-10。

筛选菌种→菌种扩大培养→收集菌体→干菌体预处理→油脂提取→精制

图 14-10 微生物油脂生产工艺流程

(1) 生产油脂菌种的筛选 产油微生物应符合预定的要求，如选择产 γ-亚麻酸的菌株或油脂含量高的菌株等；产油菌株的油脂积累量在 50%以上，油脂生成率高于15%～18%；所产油脂对人、畜安全，并具有良好的风味和消化吸收性；生长速度快，抗污染力强；能利用食品工业的废弃物，菌体细胞易于回收；能进行深层培养以适应工业化生产的需要；油脂提取操作简单。生产油脂的微生物有酵母、霉菌、细菌和藻类等，其中真核微生物酵母、霉菌和藻类能合成与植物油组成相似的甘油三酯，而原核微生物细菌则合成特殊的脂类。

(2) 微生物油脂的生产原料 随着工业生物技术的发展，微生物油脂发酵从原料到工艺过程都不断取得新进展，很多原料都可以作为微生物生长所需的发酵培养液，而开发廉价原料也成为人们研究的热点。

① 工业废弃物 在工业化生产中，经常产生的废液如糖蜜、乳清、废糖液、豆制品工业废液、黑废液（造纸工业中含有戊糖和己糖的亚硫酸纸浆）以及食品加工中新产生的废料、废液等，都是制造微生物油脂很好的原料。

② 农作物秸秆 通过预处理后，其中的纤维素和半纤维素在催化剂的作用下水解，分别转化为五碳糖和六碳糖，经过简单提纯可以获得浓度较高的糖液。而这些糖液可用于微生物发酵的原料，从而获得可制取生物柴油的微生物油脂。

③ 高糖植物 粗放种植的高糖植物，如甘薯、木薯和菊芋等，也是微生物油脂生产的优良原料，其中甘薯耐瘠、耐旱，抗风力强，适应性强，产量高。

④ 能源作物 某些具有高效光合作用能力的植物能快速生长，积累生物量，经过处理即得到碳水化合物，是油脂发酵的理想原材料。

(3) 菌体培养 不同种属的微生物，其油脂含量、油脂成分各不相同。即使同一种微生物在不同的培养条件下，其产油量和油脂成分也不尽相同。相关的培养条件主要有碳源、氮源、温度、金属离子、生长时期及菌丝老化、种龄和接种量、温度、pH、通气量、前体与表面活性剂、前体促进剂等。微生物培养可采用液体培养法、固体培养法和深层培养法。研究真菌生产油脂的发酵条件和发酵工艺对菌种的发酵条件优化具有重要指导作用。

(4) 油脂的提取和精制 一般微生物可用压榨法和溶剂萃取法提取，但由于真菌油脂多包含在菌体细胞内，在制取真菌油脂时应对菌体细胞进行必要的处理，以得到较高的提取率。

目前菌体的处理有下列 4 种方法。

① 干燥菌体与沙一起磨碎；

② 稀盐酸处理，如将酵母与稀盐酸共煮，则细胞分解便得到油脂，效率很高；

③ 自溶法，将酵母在 50℃下保温 2～3d，自行消化后回收油脂；

④ 用乙醇或丙酮使结合蛋白变性。

四、功能性食品

所谓功能性食品，是指在某些食品中含有某些有效成分，具有对人体生理作用产生功能性影响及调节的功效，实现“医食同源”，使人们的膳食具有良好的营养性、保健性和治疗性，从而达到健康及延年益寿的目的。因此，这类功能性食品在保健食品产业中形成一个新的主流，也是发展的必然趋势。利用发酵工程生产功能食品或功能性成分，包括多不饱和脂肪酸、新型低聚糖、糖醇、有益菌、大型真菌、超氧化物歧化酶（SOD）的开发等。

1. 多不饱和脂肪酸

（1）二十碳五烯酸和二十二碳六烯酸 二十碳五烯酸（EPA）和二十二碳六烯酸（DHA）是在海洋动物及植物性浮游生物中普遍含有的两种 ω-3 系列不饱和脂肪酸，是人体必需脂肪酸，对防治心血管疾病有着非常重要的作用。近年来，随着营养及医药作用被进一步研究，其抗炎、抗癌、避孕及促进大脑发育的作用也逐渐被人们发现，因而备受青睐。其商业来源长期以来只来自海洋鱼类及它们的油中，如鲭鱼、沙丁鱼、金枪鱼以及松鱼等均含有较多的脂肪组织，在许多国家都被用来生产鱼油及 DHA、EPA 系列产品。但由于鱼油中 ω-3 系列脂肪酸的含量因鱼的种类、季节、捕捞的地理位置不同而异，造成 DHA、EPA 的含量并不稳定，而且由于鱼油固有的鱼腥味和氧化不稳定性，因此寻找 EPA、DHA 的商业化生产的可替代性来源受到了广泛关注。海洋鱼类自身并不能合成 EPA 和 DHA，必须从其海洋食物链中获得这些脂肪酸，在海洋食物链中 EPA 和 DHA 的主要生产者是海洋藻类。除海洋藻类外，还有一些海洋微生物含有大量的 EPA 和 DHA，都是商业化生产 EPA 和 DHA 的可能性来源。

微生物生物合成 EPA 和 DHA 的代谢途径如图 14-11。

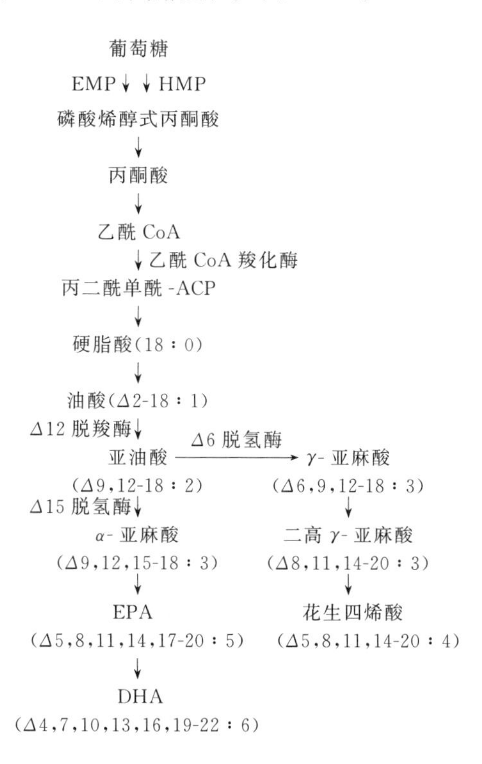

图 14-11 微生物生物合成 EPA 和 DHA 的代谢途径

微生物通常也是从单不饱和脂肪酸油酸开始，用与高等生物同样的酶系合成多不饱和脂肪酸，在这个途径中主要有两种酶反应——链的延长和脱饱和，分别由相应的膜结合延长酶和脱饱和酶所催化，链的延长即从供体乙酰 CoA 或丙酰 CoA 引入两个碳原子延长碳链，而脱饱和体系由微粒体膜结合的细胞色素 b5、NADH-细胞色素 b5 还原酶和脱饱和酶组成。

这两种酶反应相结合，通过在油酸链上两个脱饱和反应引入两个双键后，进一步链延长和脱饱和产生 EPA 和 DHA。

近年来，利用微生物发酵法生产多不饱和脂肪酸 EPA 和 DHA 的研究已经取得了很大的进展，国外已有商业生产的成功先例，我国目前这方面的工作则刚刚起步，所进行的工作主要集中在以下几个方面。

① 从海洋生物群中继续筛选 EPA 和 DHA 含量高的且易于分离提纯的海洋真菌、细菌和微藻；

② 对现有的几种高产 EPA 和 DHA 的微生物继续进行诱变等改造，以提高其生产能力，并对现有发酵工艺和反应器进行改进；

③ 开发简单高效的 DHA 和 EPA 浓缩提纯技术。

随着基因工程等现代生物技术的发展，对海洋微生物进行基因改造、筛选，发酵工艺技术下游分离提纯技术的改进，微生物发酵法作为利用鱼油生产 EPA 和 DHA 的替代方法生产 EPA 和 DHA，也将获得更大的进步。

(2) α-亚麻酸 α-亚麻酸（ALA）即全顺式 9,12,15-十八碳三烯酸，是广泛存在于自然界中的不饱和脂肪酸，是人体必需的脂肪酸，在人体代谢中具有重要的生理作用。ALA 是二十二碳六烯酸（DHA）和二十碳五烯酸（EPA）的前体，人体自身酶可将亚麻酸转化为 DHA 和 EPA。ALA 的许多生理功能都是通过后者起作用的。研究表明，α-亚麻酸可以在一定程度上抑制肥胖；α-亚麻酸及其代谢物有抑制过敏反应和炎症等作用；α-亚麻酸能促进脑、视觉发育以及促进幼体的生长和发育。若 α-亚麻酸缺乏将对脑、视觉发挥正常功能造成不利影响。富含 α-亚麻酸的添加剂可改善奶牛乳质，使乳脂率、乳蛋白、总干物质、游离脂肪酸、ω-3 型多不饱和脂肪酸和 ω-6 型多不饱和脂肪酸含量提高。食物中通常含有脂肪酸的混合物，藻类、深海鱼、虾贝类所含脂肪酸主要是 α-亚麻酸系列。

(3) γ-亚麻酸 γ-亚麻酸是人体必需的一种不饱和脂肪酸，对人体许多组织特别是脑组织的生长发育至关重要。γ-亚麻酸具有明显的降血压、降低血清甘油三酯和胆固醇水平的功效。可利用经筛选高含油的鲁氏毛霉、少根根霉等蓄积油脂较高的菌株为发酵剂，以豆粕、玉米粉、麸皮等作培养基，经液体深层发酵法制备。

2. 新型低聚糖

功能性甜味剂是指能调节人体生理功能，增强免疫力，治疗和预防多种疾病，而且适合于某些有特殊生理要求的人食用的甜味剂。其中重要的一类就是新型低聚糖。低聚糖又称寡糖，是指由 2～10 个单糖通过糖苷键聚合起来的糖类。新型低聚糖除具有低热、耐酸、保湿性等良好的理化特性外，还具有重要的生理作用。市场上已出售的功能性低聚糖，主要有耦合糖、帕拉金糖、环糊精、低聚果糖、低聚半乳糖、大豆低聚糖、乳果低聚糖、低聚木糖、麦芽低聚糖、异麦芽低聚糖、二蔗酮糖以及棉籽糖等。最近一些常见的多糖以及其降解得到的低聚糖已引起广泛关注，均可利用发酵途径生产。

3. 大型真菌

功能性的有效成分主要来自那些名贵中药材（如灵芝、冬虫夏草、茯苓、香菇、蜜环菌等食药用真菌），因为这些真核微生物含调节机体免疫功能、抗癌或抗肿瘤、防衰老的有效成分，这是发展功能性食品的一个最主要原料来源。一方面直接取自天然源的药用真菌，用于功能性食品的开发；另一方面通过发酵途径进行工业化生产，大量获取。灵芝、冬虫夏草等食药用真菌发酵培养都取得成功，通过发酵途径生产这类药用真菌所具有的有效成分，按科学配比掺入功能性食品的研究，必将发挥特定的功能作用。

4. 超氧化物歧化酶

超氧化物歧化酶（SOD）是一种广泛存在于生物体内，能清除生物体内的超氧阴离子自由基（O_2^-），清除机体中自由基产生和维持这一动态平衡的一种金属酶。SOD 具有保护生物体、防止衰老、治疗疾病等作用，广泛存在于动植物和微生物细胞中，鉴于动植物特别是动物血液来源较少，而微生物具有可以大规模培养的优势，故利用微生物发酵法制备 SOD 将具有很大实际意义，能制备 SOD 的菌株有酵母、细菌及霉菌。

五、发酵法生产维生素

维生素可用于药品、营养药品、饲料添加剂和食品添加剂生产，维生素产业的发展涉及医药工业、精细化工、饲料工业和食品工业等多个领域。目前被公认为维生素的有 13 种，脂溶性维生素包括维生素 A、维生素 D、维生素 E 和维生素 K；水溶性维生素包括维生素 B_1、维生素 B_2、维生素 B_6、维生素 B_{12}、泛酸、烟酸、叶酸、生物素和维生素 C；还有几种被认为是类维生素，如生物类黄酮（称为维生素 P）、脂肪酸（称为维生素 F）、胆碱、肉碱和辅酶 Q 等。我国维生素生产已有 70 余年历史，现已发展成为世界级少数能够生产全部维生素产品的国家和全世界维生素的重要生产基地。

1. 豆渣发酵生产核黄素

核黄素（维生素 B_2）是一种水溶性维生素，具有热稳定性，但是对光却十分敏感，如果暴露在阳光下会遭到严重破坏。此外，过量的酸、碱条件也会使核黄素发生分解反应。核黄素在动物性食品中含量比较丰富，而在植物性食品中含量一般都很低，且在谷类食品加工中极易受到损失，故核黄素作为营养强化剂多添加在谷类食品中。利用豆渣发酵生产核黄素是综合利用豆制品生产的下脚料的有效方法之一。

（1）工艺流程 豆渣发酵生产核黄素工艺流程见图 14-12。

原料→接种→培养→灭菌→烘干→粉碎→过筛→成品→装袋（核黄素渣粉）→氧化物结晶

图 14-12 豆渣发酵生产核黄素工艺流程

（2）菌种与培养 参与豆渣生产核黄素的菌种是阿氏假囊酵母。

① 斜面培养 培养基成分包括蛋白质 1%、氯化钠 0.5%、葡萄糖粉 1%、磷酸二氢钠 0.5%、琼脂 1.5%～2.0%、水 1L，pH 6.8。加压 270kPa 灭菌 20～30min，于 28℃下培养 24h 后，表面长成白色菌体，培养 48h 更旺盛，变黄色，培养 72h 呈黄色，96h 呈淡黄色菌落，培养 4～5d 即长成，保存于 4～10℃下，以防变异。室温 20℃时需隔 15～30d 移接一次，低温保存 1～2 个月移接一次。

② 种子培养 利用液体或固体培养。液体培养基同斜面培养，但不加琼脂。在 28℃下振荡培养 1～2d，或人工摇动。第 1 天每隔 3～4h 振荡 1～2min，第 2 天每隔 2～3h 振荡1～2min，培养 3～5d。固体培养时取鲜豆渣，在 80～90℃下烘干，除去水分至 30%（手捏成团，一触即散），装入卡氏瓶，270kPa 加压灭菌 30min，即可接种，于 28℃下培养 6～8d 即成。经检验无杂菌即可进行发酵生产。

③ 固体发酵 取烘干豆渣，以豆渣与水之比为 1∶(1.4～1.5) 的加水量拌匀装瓶，270kPa 加压灭菌 30min，冷却至 30℃后接种，固体接种用不锈钢匙拌匀。由于豆渣装量占瓶体的 1/3～1/2，应使豆渣呈疏松状，以利于保存。每克产品含 3～5mg 核黄素，过 100 目筛即为成品。

2. 大豆乳清发酵生产维生素 B_{12}

维生素 B_{12} 又称为钴胺素，是一类含有钴的咕啉类化合物总称。维生素 B_{12} 是人体组织代谢过程中所必需的维生素，是人和其他哺乳动物维持生长和促进红细胞生长的重要因子，在临床上用于治疗恶性贫血和恢复造血功能等。维生素 B_{12} 广泛应用于医药、食品和畜牧业，主要由微生物发酵得到。脱氮假单胞菌和费氏丙酸杆菌是主要的生产菌种。与之相应，维生素 B_{12} 存在好氧和厌氧两条生物合成途径，生物合成过程十分复杂，两条合成途径大体相同又各有特点。维生素 B_{12} 发酵产量的提高有待于菌种的改良和发酵工艺的改进。

大豆乳清（黄浆水）在微需氧条件下，通过微生物培养可生产维生素 B_{12}。

（1）工艺流程 大豆乳清发酵生产维生素 B_{12} 工艺流程见图 14-13。

大豆乳清→离心→澄清液 }
菌种培养 } →拌菌→培养发酵→分离菌体→干燥→成品

图 14-13 大豆乳清发酵生产维生素 B_{12} 工艺流程

（2）菌种与培养 菌种可选用费氏丙酸杆菌。

① 菌种培养 培养基按 1L 大豆乳清加 10g 葡萄糖、5g 酵母浸膏、1g 酸性酪蛋白、1.5g 胰酪蛋白、0.3mg 生物素、4mg 泛酸钙、1.6g NaH_2PO_4、1.6g K_3PO_4、12mg $CoSO_4 \cdot 7H_2O$、0.4g $MgCl_2 \cdot 6H_2O$、10mg $FeSO_4 \cdot 7H_2O$，pH 6.8。前期培养实行静态培养，培养温度 30℃，时间 40～96h；后期培养以 100r/min 的速度搅动，但不必通风，培养温度控制在 30℃，pH 为 7。

② 分离菌体 发酵液通过高速离心，分离出菌体。菌体经干燥，每克干细胞含维生素 B_{12} 899μg。

3. 维生素 C

维生素 C 又名抗坏血酸，是一种水溶性维生素，为白色结晶或结晶性粉末，无臭，味酸，久置易变黄，在水中易溶，在乙醇中略溶，在氯仿或乙醚中不溶。维生素 C 具有较强的还原性，其结构中的烯二醇基不稳定，易氧化为二酮基。维生素 C 的用途非常广泛，常被用作食品添加剂或抗氧化剂，在医药和临床上亦有广泛应用，在治疗维生素 C 缺乏病、感冒、心血管缺陷、高胆固醇、糖尿病、精神抑郁症等疾病方面均有重要的用途。维生素 C 广泛存在于人体以及动植物体内，人体自身不能合成，需从外界摄取。在几十年的工艺发展中，维生素 C 的工艺发生了较大的变化，目前维生素 C 主要的生产方法是莱氏法和两步发酵法。

（1）莱氏法 是最早生产维生素 C 的方法，其以葡萄糖为原料，先经生黑醋杆菌发酵生成 L-山梨糖，再经酮化及 NaClO 氧化、转化和精制得到维生素 C。

（2）两步发酵法 是以 D-山梨醇为原料，经生黑醋杆菌及假单胞菌发酵得发酵液。与莱氏法相比，此法省略酮化和 NaClO 氧化过程，简化工艺，避免使用丙酮、NaClO、发烟硫酸等化学物质，极大地改善了操作环境。采用此法得到的发酵液收率高，目前收率可达到 90%以上，除主料山梨醇消耗较高外，其他辅料消耗较低。

4. 左旋肉碱（L-肉碱）

L-肉碱旧称维生素 B_T，分子式 $C_7H_{15}NO_3$。它是一种类维生素制品，与动物体内脂肪酸代谢有关，主要功能是作为载体将长链脂肪酸从线粒体膜外输送到膜内，以促进脂肪酸的氧化，将脂肪代谢，生成能量。

由于人和大多数动物自身可以合成 L-肉碱，因此它并不是真正意义上的维生素。尽管如此，已有越来越多的研究确认，L-肉碱是一种特定条件下的必需营养素。如对婴幼儿来说，由于自身合成L-肉碱的能力相当有限，营养主要依靠母乳供给，因此有必要在婴儿配方食品中补充适量的L-肉碱。人体若由于某些代谢性疾病（如糖尿病）或体力消耗过甚，就有可能抑制肉碱的生物合成，干扰其利用或增加其分解代谢速率，进而造成人体L-肉碱的缺乏和细胞能量代谢的紊乱，表现为肌肉软弱无力以及肌纤维大量脂肪堆积，对这部分人进行L-肉碱的补充也是客观需要的。此外，对素食者来说，由于蔬菜中L-肉碱的含量甚微(甚至没有)，也只能通过额外补充的形式来满足健康的需要。总之，靠生物合成和食物供给可以获得一定的L-肉碱，但这仅仅是维持生命所必需的量，而绝不是最佳量，人体还必须适当补充L-肉碱，以保持最佳的健康状态。

近年来的研究证明，L-肉碱具有以下多种生理功能：L-肉碱是将脂肪酸以脂酰基形式从线粒体膜外转运到膜内的载体，可促进体内脂肪酸的运输与氧化；可降低血清胆固醇及甘油三酯的含量；L-肉碱是使精子成熟的一种能量物质，具有提高精子数目与活力的功能；L-肉碱可提高机体的耐受力，缩短剧烈运动后身体的恢复期，减轻剧烈运动带来的身体的紧张感和疲劳感。

最早获得L-肉碱的方法为提取法，从450g牛肉浸膏中可获得0.6g结晶L-肉碱；从56kg牛乳中可提取出含20％ L-肉碱的乳糖粉末100g 。由于提取法原料处理量大，步骤繁杂，效率较低，并不具备工业化生产的价值，因此，人们探索出L-肉碱的不对称化学合成法、酶法和微生物发酵法的生产工艺。

酶法生产L-肉碱的菌种为大肠杆菌SW13-Co-17，原料是巴豆甜菜碱等。

(1) 工艺流程 酶法生产L-肉碱的工艺流程见图14-14。

斜面菌种→种子培养→进罐发酵→加巴豆甜菜碱底物转化→离心去蛋白→离子交换柱去杂→浓缩→离子交换柱色谱→活性炭精制→结晶→重结晶→成品

图14-14 酶法生产L-肉碱的工艺流程

(2) 选育高转化率的微生物产碱菌株 采用酶法生产L-肉碱需要能将巴豆甜菜碱高效转化的微生物产酶菌株，而且它不利用肉碱，因为产物肉碱极易被微生物消耗。选育一株能转化底物巴豆甜菜碱，又不同化肉碱的大肠杆菌变异株SW13-Co-17，进一步对筛选菌种提高水平，进行产酶条件和酶转化条件研究，使酶转化率比较稳定，且生产L-肉碱发酵水平达到15g/L以上。

(3) 酶转化产物肉碱与底物巴豆甜菜碱的分离技术 由于肉碱与巴豆甜菜碱性质极为相近，产物肉碱与底物巴豆甜菜碱很难分离。通过色谱分离、结晶，并结合化学处理方法，解决了酶转化产物肉碱与底物巴豆甜菜碱的分离问题，得到了高质量的中试产品。

(4) 未转化底物巴豆甜菜碱的回收利用 目前菌种对底物的转化率为40％～50％，未转化底物巴豆甜菜碱需回收使用，以提高总转化率。

六、微生物发酵生产多糖

多糖是由多个单糖分子缩合、失水而成，是一类分子结构复杂且庞大的糖类物质。有由一种类型的单糖组成的多糖，如葡聚糖、甘露聚糖、半乳聚糖等；也有由两种以上的单糖组成的杂多糖，如含有氨基糖的葡糖胺等。

许多微生物在生长代谢过程中，能够合成附着在细胞表面或分泌到胞外溶液中的无定形黏液，即微生物胞外多糖（EPS），又称微生物代谢胶。近年来，微生物胞外多糖以其安全无毒、理化性质优良等特性越来越受到食品、制药和化妆品等诸多行业的关注。到目前为止，已大规模生产的微生物胞外多糖主要有黄原胶、结冷胶、可得然胶、葡聚糖、普鲁兰多糖等。

微生物多糖是细菌、真菌和蓝藻等微生物在次级代谢过程中产生的、对微生物有保护作用的生物高聚物。随着生物技术的发展，细菌多糖在生产和生活中发挥着越来越广泛的作用。这些细菌多糖可以在人工控制条件下利用各种废渣、废液进行生产，减轻了环保压力，应用前景比动植物多糖更为广阔。美国生物技术副产品协会主要致力于增加农产品的附加值及防治农业活动中所产生的污染物的研究，近年来的研究调查显示，细菌多糖的应用已成为当前生物产品在农业领域中应用的五大主题之一。

1. 细菌多糖

（1）β-葡聚糖

① β-葡聚糖的构成和功能　β-葡聚糖是一种完全由 α-D-吡喃葡萄糖单体组成的多糖，普遍存在于细菌、真菌、酵母和植物细胞中，是一种非特异性免疫增强剂。它对多种动物具有免疫增强作用，并能促进动物生长；可以提高特异性免疫功能，从而使疫苗更加有效；有抗肿瘤、抗辐射和促进伤口愈合等生理功能。

② 微生物发酵生产葡聚糖　β-葡聚糖的来源广泛，例如可以从植物、真菌中提取获得，也可以通过发酵法生产获得，或用酶水解生产。目前最具商业生产意义的是美国 NRRL 研究所的 NRRL B-512 肠膜明串珠菌，发酵时肠膜明串珠菌的葡聚糖蔗糖转化酶催化蔗糖生成葡聚糖和果糖。

产生葡聚糖的主要微生物见表 14-1。

表 14-1　产生葡聚糖的主要微生物

菌名	栖息处
肠膜白色念珠菌	变质蔗汁、腌菜、腌鱼
聚糊精白色念珠菌	变质蔗汁、乳制品
嗜柠檬酸白色念珠菌	乳制品
变异链球菌	人的牙齿和骨溃疡中
乳杆菌属中的某些乳杆菌及酵母菌	人的牙齿中

引自：宋少云，廖威. 葡聚糖的研究进展. 中山大学学报：自然科学版，2005，44（增刊 2）：229-232.

（2）其他细菌多糖

① 结冷胶　是美国 Kelco 公司继黄原胶之后成功开发的一种微生物胞外多糖，过去曾称杂多糖 PS-60，于 20 世纪 70 年代末被发现。与同类的产品相比，结冷胶用量少（0.25%的使用量就可以达到琼脂 1.5%使用量的凝胶强度），凝固点、熔点和弹性、硬度都可以调节，并有很好的呈味性能，形成的凝胶有很高的透明度和强度，热稳定性好且耐酸。其很快获得美国食品和药物管理局（FDA）批准，用于食品工业，我国 1996 年也批准其作为食品添加剂使用（CNS 号 20.027，INS 号 418）。目前发现的产生菌有少动鞘脂单胞菌以及鞘氨醇单胞菌 ATCC 31461 一个抗氨节的突变株。

结冷胶的产生菌少动鞘脂单胞菌是从植物体中分离获得的一种好氧的革兰阴性菌。它能在以葡萄糖、蔗糖、麦芽糖等糖类作碳源，含无机氮源或有机氮源及磷酸盐和微量元素的培养基中生长，其最适培养温度为 30℃。国外众多学者对结冷胶的产生菌种、生产培养基、发酵条件等做了大量的研究，其目的是为了提高菌株生产结冷胶的性能，降低生产成本，扩大结冷胶在工业上的应用。

② 可得然胶　又称热凝胶、热凝多糖，不溶于水，完全由D-葡萄糖残基经β-葡萄糖苷键在C-1和C-3连接形成的β-(1→3)-葡聚糖。由于其水悬液加热便可以形成凝胶，故在食品生产领域被广泛应用。它是一种食品添加剂，主要应用于面类食品、水产加工、肉类食品加工（香肠、火腿肉等）、豆腐加工、果冻制作等方面。可得然胶很容易分散在冷水中，加热可形成低度凝胶（热可逆性）和高度凝胶（热不可逆性），当水分散液被加热到80℃以上后形成热不可逆性的胶体。生产可得然胶的微生物有粪产碱杆菌10C3菌株以及后来发现的土壤杆菌属的许多菌株。

③ 半乳葡聚糖　具有很多独特的性能，如耐酸碱、耐高盐，低浓度即具有高黏度，并在较高温度范围内稳定等，可以作为增稠剂、凝胶剂、成膜剂、抗结晶剂、保水剂等广泛应用于石油和食品等领域。半乳葡聚糖是一类由葡萄糖、半乳糖组成的杂多糖，通常含有丙酮酸、乙酸及丁二酸取代基，丁二酸型多糖或琥珀聚糖是指含有丁二酸取代基的半乳葡聚糖。能产生半乳葡聚糖的微生物有土壤杆菌属、根瘤菌属和产碱杆菌属、假单胞菌属等，其中土壤杆菌属所见报道较多。

④ 细菌纤维素　是由纯的D-葡萄糖聚合而成，不掺杂其他多糖。细菌纤维素具有很强的亲水性、持水性、凝胶性、稳定性及完全不被人体消化等特点，作为增稠剂应用于食品工业中，亦可作为固体食品的成型剂、分散剂和结合剂等。能产生细菌纤维素的微生物有醋酸杆菌属、土壤杆菌属、假单胞杆菌属、无色杆菌属、产碱杆菌属、根瘤菌属、八叠球菌属和动胶菌属等的某些种。

⑤ 普鲁兰多糖　是出芽短梗霉菌体分泌的一种黏性多糖。普鲁兰多糖具有极佳的成膜性、成纤性、阻氧性、可塑性、黏结性及易自然降解等独特的理化和生物学特性，无毒无害，对人体无任何副作用。

2. 真菌多糖

真菌多糖的研究始于20世纪50年代，因其具有某种独特生理活性，目前已成为研究的热点。研究表明，真菌多糖具有提高人体免疫功能、降血糖、降血脂、预防糖尿病以及抗肿瘤、抗衰老等功能。真菌多糖的获得有两个来源：一是从食用菌子实体中提取分离获得；二是深层发酵法生产，后者具有周期短、成本低、产量大等优点。

(1) 灵芝多糖　有报道表明，目前已分离到200多种灵芝多糖，在单糖组成、糖苷键构型、分子量、旋光度、溶解度及黏度等某些理化性质方面存在显著差异。

① 发酵培养基　碳源可以为蔗糖、葡萄糖等，氮源可以为黄豆饼粉、蛋白胨、酵母膏等有机氮，另外需要添加适量七水硫酸镁、磷酸二氢钾等化合物，pH 5.0～5.5。接种量10%左右，好氧发酵。发酵过程中pH变化较大，当菌丝变细、少数菌丝自溶、菌丝含量为15%～20%、pH降到2.5～3.0时，可以放罐。发酵过程发酵液中溶解氧水平影响多糖的产量。

② 灵芝多糖的分离纯化　发酵结束后通过过滤的方法收集到菌丝体，经过预处理、热水浸提、乙醇沉淀、脱蛋白、脱色素、离子交换柱色谱、浓缩、冷冻干燥等过程获得多糖成品。

(2) 香菇多糖　香菇多糖发酵培养基中碳源有葡萄糖、蔗糖等，氮源有干酵母、蛋白胨等，另外添加适量磷酸二氢钾、七水硫酸镁、氯化钠、氯化锌、氯化钙、维生素B_1、维生素B_2等，pH维持在5.5左右。深层发酵至培养液由棕黄色变为淡褐色，并散发出酒香味时终止发酵。收集菌丝体，分离纯化得香菇多糖。

(3) 虫草多糖　虫草多糖组分由甘露糖、半乳糖、葡萄糖等组成，为高度分支杂多糖。

大量药理试验表明，虫草多糖具有抗肿瘤功能，可增强单核巨噬细胞的吞噬能力，提高小鼠血清中IgG含量的能力，对体外淋巴细胞转化有促进作用和抗辐射等。

(4) 其他真菌多糖

① 金针菇多糖　金针菇多糖是从金针菇中提取的水溶性多糖，含EA3、EA5、EA6和EA7共4种纯组分。金针菇多糖主要通过恢复和提高免疫力的方式来达到抑制肿瘤的目的。

② 云芝多糖　是云芝提取物中的主要活性成分，富含以β-1,3、β-1,4、β-1,6糖苷键连接的葡聚糖，另有甘露糖、木糖、半乳糖、鼠李糖和阿拉伯糖。同时，多糖链上结合着小分子蛋白质（多肽）组成蛋白多糖（PSP），口服有效，可明显提高患者的细胞免疫功能和体液免疫功能，增强机体对化学治疗的耐受性，减少感染与出血。

除以上所述的几种真菌多糖外，银耳多糖、灰树花多糖、姬松茸多糖、羊肚菌多糖等也是当前研究的热点。

项目二　新型发酵技术

随着现代生产工艺和生产要求的不断提高，一些新型的发酵技术不断出现，比如生料发酵技术、固态发酵技术、微酸发酵新技术，它们已经在酒精等发酵工业得到了一定的应用。

一、生料发酵技术

生料酿酒技术在20世纪50年代首先由日本人提出。20世纪70年代中东战争爆发引起世界性的能源危机，各行各业为了避免今后再受到能源问题的影响，而积极寻求各种途径，生料酿酒技术便在此背景下应运而生，并且各国专家学者争相研究。

1. 生料发酵酿酒技术的机理

所谓生料酿酒就是指酿酒原料不用蒸煮、糊化，直接将生料淀粉进行糖化和发酵。其技术关键就是生淀粉颗粒的水解糖化，在淀粉酶水解糊化淀粉中，蒸煮的目的就是在加热条件下，促使淀粉分子的螺旋形结构链拉长切断，破坏淀粉分子间的氢键，使淀粉容易接受酶的作用，从而水解淀粉。而生料糖化浸出液中的糖化酶有一定的生淀粉亲和力，在淀粉本身具有的吸附力的双重作用下，将生淀粉水解成葡萄糖。那些容易被生淀粉吸附的糖化酶，其水解生淀粉的能力就强。

(1) 具有生淀粉糖化能力的微生物菌种　绝大多数能产葡萄糖淀粉酶的微生物主要以霉菌为主，其次是细菌，它们产的葡萄糖淀粉酶都有一定的生淀粉糖化能力，其糖化水解速率和能力与微生物种类及培养方法有关。能产具有生淀粉糖化能力的淀粉酶的菌种有黑曲霉、根霉、泡盛曲霉、罗尔伏格菌Ahug627、扣囊拟内孢霉、米曲霉、毛霉、枯草杆菌、芽孢杆菌、球菌等。目前用于生料糖化的菌种主要是黑曲霉和根霉。

Ueda S. 等用玉米淀粉吸附技术分离根霉和黑曲霉的葡萄糖淀粉酶（GA），得到两种形式的酶GA Ⅰ和GA Ⅱ。其中GA Ⅰ能吸附在生淀粉上，对生淀粉有强的水解活性；而GA Ⅱ不能吸附到生淀粉上，对生淀粉的水解能力很弱。上田诚之助等报道认为GA Ⅰ是一种既能水解支链淀粉α-1,4-糖苷键，又能水解α-1,6-糖苷键的淀粉酶；而GA Ⅱ对α-1,6-糖苷键的水解能力明显低于对α-1,4-糖苷键的水解能力。因此，GA Ⅰ较GA Ⅱ具有较强的生淀粉水解能力。黄曲霉的淀粉酶系几乎全是α-淀粉酶，但其中GA Ⅰ的含量很低，仅为黑曲霉的1/10，因此黄曲霉的淀粉酶系水解生淀粉的能力很差。β-淀粉酶几乎不能水解生淀粉，所以含β-淀粉酶为主的麦芽淀粉酶系对生淀粉的水解能力也很差。只有含 GA Ⅰ较高的根霉和黑曲霉的淀粉酶系才具有较强的水解生淀粉的能力。

(2) 原料的品种与质量对糖化酶水解生淀粉速率的影响 就糖化发酵而言，只要所用糖化剂或酒曲中 GA Ⅰ的活性足够高，各种淀粉质原料都可用于生料发酵。在我国，用于酿酒的淀粉质原料主要有高粱、玉米、大米和薯干等。薯干原料由于含果胶质较多，原料如不蒸煮，则成品中甲醇含量会很高，因此薯干原料不宜用于生料酿酒。其余 3 种原料都可用于生料酿酒，淀粉出酒率：大米＞玉米＞高粱。其中高粱原料含有较多的单宁和色素，对糖化发酵有一定的抑制作用。在熟料发酵时，高温对单宁和色素有一定的破坏作用，因而熟料发酵的抑制作用相对较低，生料发酵时原料出酒率会有所下降。对于大米原料和玉米原料，由于没有熟料发酵中高温所造成的淀粉损失，生料发酵的原料出酒率比熟料有所提高。就成品质量而言，大米原料和高粱原料较好，而玉米原料酿酒时杂醇油含量较高（同熟料发酵一样），酒质较差。如果将玉米原料和高粱原料混合生料发酵，则可冲淡单宁等有害物质对糖化发酵的影响，既可保证较高的出酒率，又可获得较好的酒质。

由于生料发酵没有熟料发酵蒸煮过程中的杀菌作用，因此对原料的要求相对较高。用于生料酿酒的原料要求无杂质、无虫蛀、无霉烂变质现象，对于陈粮，一般说来只有水分含量较低的原料才能用于生料酿酒。关于原料的粉碎，细比粗好，易于糖化过程的进行，同时也不存在熟料发酵中粉碎过细会引起发黏和淀粉损失增加的问题。

(3) pH 对糖化酶水解生淀粉速率的影响 生料发酵为多酶系多菌种复合发酵，其各自的最适作用 pH 不尽相同。就生淀粉糖化而言，黑曲霉的淀粉酶的最适 pH 3.5，而根霉的淀粉酶的最适 pH 4.5，酵母菌大多在 pH 3.5～ 6.0 范围内发酵正常。一般地，生料发酵的初始 pH 在 4.0～6.0 范围内影响不大。有时为了控制杂菌和加速生淀粉的糖化，可加适量硫酸将初始 pH 调至 4.0 左右。

(4) 发酵温度对糖化酶水解生淀粉速率的影响 与熟料发酵相比，生料发酵周期长，发酵温度低。由于淀粉酶作用最适温度为 55～60℃，而生料酒精发酵工艺中，淀粉水解在常温下进行，温度较低，故淀粉酶作用缓慢，持续时间长，因此发酵周期相应延长。对于采用常温酿酒酵母的生料酒曲，适宜发酵温度为 26～32℃，短期最高发酵温度不宜超过 35℃；对于采用耐高温酒精酵母的生料曲，适宜发酵温度为 28～35℃，短期最高发酵温度不宜超过 38℃。温度过低，发酵缓慢，发酵周期延长；温度过高，酵母易衰老，发酵不彻底，且易升酸，酒质差，原料出酒率低。

(5) 发酵周期 这与原料种类、粉碎粒度、生料酒曲质量和发酵温度等因素有关，其中生料酒曲质量是最主要的因素。正常情况下，发酵 5～7d，酒精发酵已完成，醪液酒精含量达最高值，此后醪液酒精度会有所下降。但为了获得较好的酒质，发酵周期应适当延长至 10d 左右或更长，以便形成较多的风味物质。在发酵周期延长期间，温度应控制在 32℃以下，否则，极易升酸，引起原料出酒率大幅度下降，且酒质也不会提高。

2. 生料发酵在酿酒及其他工业中的应用

(1) 生料发酵在酿酒行业中的应用 生料发酵最初就是在酿酒的研究过程中出现的新技术，它是在传统酿造方法受到能源问题挑战的时候被提出的。国外的生淀粉发酵研究主要是在生淀粉制酒精领域方面，由于受生物技术的限制，其用酶和酵母量较大，未形成工业化生产，但做了许多探索性的基础研究工作，取得了一些科研成果。

我国在生料发酵研究方面虽然起步晚，但应用早，发展快。进入 20 世纪 80 年代，生料发酵制酒研究随着酶工程的发展取得了实质性进展。1983 年，四川省食品工业研究所就进行了生料发酵制酒精的工业化生产性试验，并取得了丰硕成果。到了20世纪90年代后期，随着我国糖化酶生产水平的提高和耐高温酿酒活性干酵母的问世，使生料发酵有了新的进步，技术逐渐成熟，并很快在全国各地得以迅速发展。

（2）生料发酵在其他行业中的应用

① 在酿醋工业中的应用　近年来，在酒精发酵工艺上国内外都进行了生淀粉原料直接糖化、酒精发酵的研究，但将原料不经蒸煮进行发酵的工艺应用到制醋上，目前国内研究尚不多。张恒成研究报道，以玉米粉、薯干粉为原料，利用生料发酵法生产液态醋，在酒精发酵阶段与蒸料酒精发酵法比较，除发酵时间要延长外，发酵结果基本相同。中试试验进一步证明，生料酒醪氧化转酸工艺结果也基本相同，各项指标均达到和超过了工艺标准的规定，可见生料法酿制液体回流醋工艺是可以推广应用的。在其经济效益分析中，节约能源70%，降低生产成本17%。北京王致和公司以大米为主料利用生料前稀态后固态发酵工艺酿造食醋，在糖化、酒精发酵阶段用生料酒曲代替麸曲、酵母，已获得成功并应用于生产。该种工艺发酵过程彻底，淀粉利用率高。雷玛莎研究报道，生料固态发酵食醋是以醋酸菌为主、其他有益菌群共存的一个多菌种体系，生化反应复杂，同时伴随着酯化反应，因此产物多、风味醇厚、酸味柔和、酸甜适口、回味绵长。

② 在单细胞蛋白生产中的应用　出于节约能源的目的，已有人研究将生料发酵技术应用到单细胞蛋白的发酵生产，但在国内的研究不是很多。利用具有较强生淀粉分解能力的霉菌和蛋白质含量高的酵母混合发酵生产单细胞蛋白，无论是开发新的蛋白质资源还是淀粉的综合利用，都不失为一条新的思路。陈桂光等研究了在木薯渣中接入有较强生淀粉分解能力的根霉R2和蛋白质含量高的酵母AS2.617进行混合发酵生产蛋白质饲料，可使原料粗蛋白含量从3.9%提高到22.43%，产品的氨基酸总量提高到15.22%。

3. 生料发酵的优越性及展望

生产实践证明，采用生料酿酒与传统的酿酒方法相比，能节约能源35%左右，而且能提高出酒率20%～30%，因此既节能又节粮，从而增加粮食等农产品的附加值，提高农村的地方经济，带动农业的发展，值得大力推广和采用，而且还能将劳动密集型转变为技术密集型，将纯粹手工操作变为机械化自动化操作，最终人工可减少50%，酿酒生产成本降低30%以上，从而可以增强企业的竞争力和生命力。

生料发酵虽起源于国外，但中国生料发酵技术在酿酒行业中已取得了很大的成功并获得全面推广，在其他食品工业（如味精、酱等的生料发酵）和化工、医药、环保、饲料等工业中还有待于进一步发展。

二、其他新型发酵技术

1. 变压生物转化技术

变压生物转化技术作为一种新型生物加工工艺，通过改变发酵过程中的压力，增加溶解氧，提高细胞膜通透性，使胞内代谢流向着目的产物方向加强，达到提高发酵产率的目的。

变压生物转化技术的作用机理是根据微生物本身特性，通过在生物反应的一定阶段施加温和压力（0.1～1.0MPa），使细胞代谢通量沿着目的产物方向加强。变压生物转化改变了传统微生物发酵过程中压力作为常量的做法，通过选择适宜的加压介质和加压方式，可以使微生物活性基本不受影响。加压可以改善难溶底物在水相中的溶解性能，改变微生物细胞膜的通透性，提高基质、产物的传质速率，改变微生物代谢流，最终达到提高发酵水平的目的。

2. 热管技术

热管是一种新型、高效的导热元件，依靠自身内部相变介质进行导热，主要由金属密封管、吸液芯及蒸汽通道3部分组成。热管具有很高的导热性、优良的等温性、热流密度可变性、热流方向的可逆性等优点。其中两相闭式热虹吸管（又称重力热管）简称热虹吸管，与普通热管不同的是，热管管内没有吸液芯，冷凝液从冷凝段返回到蒸发段不是靠吸液芯所产生的毛细力，而是靠冷凝液自身的重力。因此，热管的工作具有一定的方向性，蒸发段必须置于冷凝段的下方，这样才能使冷凝液靠自身重力得以返回到蒸发段。

一种新型的酒精发酵罐——热管酒精发酵罐，把热管合理地利用到酒精发酵罐中，并进行结构设计，反应机理是：当罐温未达到规定的上限（33℃）时，热管不工作，一旦罐温达到或超过规定的控温上限时，热管便自行启动，将多余的生物热传到热管冷凝段及其翅片，通过水冷或自然冷却达到控温目的，发酵过程中必须保证稳定而合适的温度环境。可见，若该热量不及时移走，必将直接影响酵母的生长和代谢产物的转化率。

复习题

1. 当前发酵工业有哪些新型发酵技术得到了应用？
2. 简要介绍你所了解的新型发酵食品。
3. 结合实际，谈谈我国发酵工业将向哪些方向发展。

参 考 文 献

[1] 王文芹，孔玉涵. 国内外发酵食品的发展现状. 发酵科技通讯，2007. 36 (2)：55-56.

[2] 梁宝东，闫训友，张惟广. 现代生物技术在食品工业中的应用. 农产品加工，2005.（1）：10-12.

[3] 孔庆学，李玲. 生物技术与未来食品工业. 天津农学院学报，2003，(2)：37-40.

[4] 王春荣，王兴国，等. 现代生物技术与食品工业. 山东食品科技，2004，(7)：31-32.

[5] 李琴，杜风刚. 双菌种制曲在酱油生产中的应用. 中国调味品，2003，(12)：36-37.

[6] 李平兰，王成涛. 发酵食品安全生产与品质控制. 北京：化学工业出版社，2005.

[7] 潘力. 食品发酵工程. 北京：化学工业出版社，2006.

[8] 何国庆. 食品发酵与酿造工艺学. 北京：中国农业出版社，2001.

[9] 刘慧. 现代食品微生物学实验技术. 北京：中国轻工业出版社，2006.

[10] 曹军卫，马辉文. 微生物工程. 北京：科学出版社，2002.

[11] 江汉湖. 食品微生物学. 北京：中国农业出版社，2002.

[12] 田洪涛. 现代发酵工艺原理与技术. 北京：化学工业出版社，2007.

[13] 牛天贵. 食品微生物学实验技术. 北京：中国农业大学出版社，2002.

[14] 张星元. 发酵原理. 北京：科学出版社，2005.

[15] 陆寿鹏，张安宁. 白酒生产技术. 北京：科学出版社，2004.

[16] 杨天英，逯家富. 果酒生产技术. 北京：科学出版社，2004.

[17] 王传荣. 发酵食品生产技术. 北京：科学出版社，2006.

[18] 王博颜，金其荣. 发酵有机酸生产与应用手册. 北京：中国轻工业出版社，2000.

[19] 赵谋明. 调味品. 北京：化学工业出版社，2001.

[20] 邓毛程. 氨基酸发酵生产技术. 北京：中国轻工业出版社，2007.

[21] 陈宁. 氨基酸工艺学. 北京：中国轻工业出版社，2007.

[22] 曾寿瀛. 现代乳与乳制品加工技术. 北京：中国农业出版社，2002.

[23] 骆承庠. 乳与乳制品工艺学. 北京：中国农业出版社，2003.

[24] 董胜利. 酿造调味品生产技术. 北京：化学工业出版社，2003.

[25] 杜连起. 风味酱类生产技术. 北京：化学工业出版社，2005.

[26] 邹晓葵. 发酵食品加工技术. 北京：金盾出版社，2008.

[27] 杨天英. 发酵调味品工艺学. 北京：中国轻工业出版社，2000.

[28] 叶兴乾. 果品蔬菜加工工艺学. 北京：中国农业出版社，2004.

[29] 徐斌. 啤酒生产问答. 北京：中国轻工业出版社，2000.

[30] 赵金海. 酿造工艺：下. 北京：高等教育出版社，2002.

[31] 孙彦. 生物分离工程. 北京：化学工业出版社，2003.

[32] 傅金泉. 黄酒生产技术. 北京：化学工业出版社，2005.

[33] 李艳. 发酵工业概论. 北京：中国轻工业出版社，1999.

[34] 王福源. 现代食品发酵技术. 北京：中国轻工业出版社，1998.

[35] 何国庆. 食品发酵与酿造工艺学. 北京：中国农业出版社，2001.

[36] 顾国贤. 酿造酒工艺学. 2 版. 北京：中国轻工业出版社，1996.

[37] 沈怡方等. 白酒生产技术全书. 北京：中国轻工业出版社，1998.

[38] 陆寿鹏. 果酒工艺学. 北京：中国轻工业出版社，1999.

[39] 上海酿造科学研究所. 发酵调味品生产技术. 北京：中国轻工业出版社，1999.

[40] 程丽娟. 发酵食品工艺学. 杨凌：西北农林科技大学出版社，2007.

[41] 王文甫. 啤酒生产工艺. 北京：中国轻工业出版社，1998.
[42] 张惟广，等. 发酵食品工艺学. 北京：中国轻工业出版社，2004.
[43] 胡文浪. 黄酒工艺学. 北京：中国轻工业出版社，1998.
[44] 刘素纯. 发酵食品工艺学. 北京：化学工业出版社，2019.
[45] 姜淑荣. 白酒生产实用技术. 北京：化学工业出版社，2014.